软件开发魔典

Android
从入门到项目实践（超值版）

聚慕课教育研发中心　编著

清華大學出版社
北　京

内容简介

本书采取“基础知识→核心应用→核心技术→高级应用→项目实践”结构和“由浅入深，由深到精”的学习模式进行讲解。

全书分为5篇共20章。首先讲解了Android的基础入门、Android Studio的使用、Android开发和面向对象与Android布局等基础知识，还深入学习了Android基本控件、Android高级控件、活动组件、Intent组件等核心应用，详细探讨了Android在开发中所提供的文件存储技术、多媒体技术和高级应用技术等。在项目实践环节主要讲述了Android在《飞机大战》游戏、员工管理系统和公交线路查询系统的开发应用。

本书旨在从多角度、全方位帮助读者快速掌握软件开发技能，构建从高校到社会的就职桥梁，让有志于从事软件开发工作的读者轻松步入职场。本书赠送的资源比较多，在本书前言部分对资源包的具体内容、获取方式以及使用方法等做了详细说明。

本书适合希望学习Android的初、中级程序员和希望精通程序开发的程序员阅读，还可作为大中专院校及社会培训机构的师生以及正在进行软件专业相关毕业设计的学生阅读。

图书在版编目（CIP）数据

Android从入门到项目实践：超值版 / 聚慕课教育研发中心编著. —北京：清华大学出版社，2019
（软件开发魔典）

ISBN 978-7-302-53061-9

Ⅰ. ①A…　Ⅱ. ①聚…　Ⅲ. ①移动终端—应用程序—程序设计　Ⅳ. ①TN929.53

中国版本图书馆CIP数据核字（2019）第098428号

责任编辑：张　敏
封面设计：杨玉兰
责任校对：胡伟民
责任印制：李红英

出版发行：清华大学出版社
网　址：http: //www.tup.com.cn, http: //www.wqbook.com
地　址：北京清华大学学研大厦A座　　邮　编：100084
社 总 机：010-62770175　　邮　购：010-62786544
投稿与读者服务：010-62776969, c-service@tup.tsinghua.edu.cn
质量反馈：010-62772015, zhiliang@tup.tsinghua.edu.cn
印 装 者：三河市铭诚印务有限公司
经　销：全国新华书店
开　本：203mm×260mm　　印　张：29　　字　数：860千字
版　次：2019年10月第1版　　印　次：2019年10月第1次印刷
定　价：99.00元

产品编号：075017-01

丛书说明

本套“软件开发魔典”系列图书，是专门为编程初学者量身打造的编程基础学习与项目实践用书。针对“零基础”和“入门”级读者，通过实例引导读者深入技能学习和项目实践。为满足初学者在基础入门、扩展学习、职业技能、项目实践 4 个方面的需求，特意采用“基础知识→核心应用→核心技术→高级应用→项目实践”的结构和“由浅入深，由深到精”的模式进行讲解。

我们的目标就是让初学者、应届毕业生快速成长为一名合格的程序员，通过演练积累项目开发经验，在未来的职场中获取一个高的起点，能迅速融入软件开发团队。

Android 最佳学习模式

本书以 Android 最佳的学习模式来分配内容结构，前 3 篇可使您掌握 Android 开发的基础知识、核心应用及核心技术，第 4、5 篇可使您拥有多个行业项目开发经验。遇到问题可学习本书同步微视频，也可以通过在线技术支持，让老程序员为您答疑解惑。

本书内容

全书分为 5 篇 20 章。

第 1 篇（第 1～4 章）为基础知识，主要介绍 Android 系统架构、Android 环境配置和使用、Andorid 开发基础知识、面向对象与 Android 布局等。通过本篇学习，读者会了解到 Android 的开发环境构建，掌握 JDK 的配置方法以及 Android 开发基础知识，为后面更好地学习 Android 开发打下坚实基础。

第 2 篇（第 5～8 章）为核心应用，主要讲解 Android 基本控件、Android 高级控件、活动组件和 Intent 组件等。通过本篇学习，读者对使用 Android 的控件和组件有较高的掌握水平。

第 3 篇（第 9～12 章）为核心技术，主要讲解资源文件管理、绘图与动画、多媒体应用开发和文件存储技术等。通过本篇学习，读者对 Android 开发的综合应用能力会有显著提升。

第 4 篇（第 13～17 章）为高级应用，主要讲解使用服务组件、SQLite 数据存储技术、广播与内容提供者、使用多线程和 Android 的网络应用等内容。通过本篇学习，读者可进一步提高运用 Android 编程的综合能力。

第 5 篇（第 18～20 章）为项目实践，主要讲解开发《飞机大战》游戏、开发员工管理系统和开发公交路线查询系统 3 个项目实践。通过本篇的学习，读者对 Android 在项目开发中的实际应用拥有切身的体会，为以后进行软件开发积累项目管理及实践开发经验。

系统学习本书后，可以掌握 Android 的基础知识、Android 编程综合能力、优良的团队协同技能和丰富的项目实践经验。我们的目标就是让初学者、应届毕业生快速成长为一名合格的初级程序员，通过演练积累项目开发经验和团队合作技能，在未来的职场中获取一个高的起点，并能迅速融入软件开发团队。

本书特色

1. 结构合理、易于自学

本书在内容组织和范例设计中充分考虑初学者的特点，由浅入深，循序渐进。无论您是否接触过 Android，都能从本书中找到最佳的起点。

2. 视频讲解、细致透彻

为降低学习难度，提高学习效率，本书录制了同步微视频（模拟培训班模式），通过视频除了能轻松学会专业知识外，还能获取老师的软件开发经验，使学习变得更轻松、有效。

3. 超多、实用、专业的范例和实践项目

本书结合实际工作中的应用范例逐一讲解 Android 的各种知识和技术，在项目实践篇中更以 3 个项目实践来总结、贯通本书所学，使您在实践中掌握知识，轻松拥有项目开发经验。

4. 随时检测自己的学习成果

每章首页中，均提供了“学习指引”和“重点导读”，以指导读者重点学习及学后检查；章后的“就业面试技巧与解析”根据当前最新求职面试（笔试）精选而成，读者可以随时检测自己的学习成果，做到融会贯通。

5. 专业创作团队和技术支持

本书由聚慕课教育研发中心编著和提供在线服务。您在学习过程中遇到任何问题，均可登录 http://www.jumooc.com 网站或加入图书读者（技术支持）QQ 群（529669132）进行提问，作者和资深程序员将为读者在线答疑。

本书附赠超值王牌资源库

本书附赠了极为丰富、超值的王牌资源库，具体内容如下：

（1）王牌资源 1：随赠本书“配套学习与教学”资源库，提升读者学习效率。

- 本书同步教学微视频录像（扫描二维码观看），总时长 14 学时。
- 本书 3 个大型项目案例以及实例源代码。
- 本书配套上机实训指导手册及本书教学 PPT 课件。

（2）王牌资源 2：随赠“职业成长”资源库，突破读者职业规划与发展瓶颈。

- 求职资源库：100 套求职简历模板库、600 套毕业答辩与 80 套学术开题报告 PPT 模板库。
- 面试资源库：程序员面试技巧、常见面试（笔试）题库、400 道求职常见面试（笔试）真题与解析。
- 职业资源库：程序员职业规划手册、软件工程师技能手册、常见错误及解决方案、开发经验及技巧集、100 套岗位竞聘模板。

王牌资源 3：随赠“Android 软件开发魔典”资源库，拓展读者学习本书的深度和广度。

- 案例资源库：200 个实例及源码注释。
- 项目资源库：7 个项目开发策划案。
- 程序员测试资源库：计算机应用测试题库、编程基础测试题库、编程逻辑思维测试题库、编程英语水平测试题库。
- 软件开发文档模板库：10 套八大行业软件开发文档模板库、40 个 Android 经典案例库、200 套 Android 特效案例库。
- 电子书资源库：Android 程序员职业规划电子书、Android 常见命令速查手册电子书、Android 常见函数速查手册电子书、Android 常见类库速查手册电子书、Android 常见错误及解决方案电子书、Android 开发经验及技巧大汇总电子书。

王牌资源 4：编程代码优化纠错器。

- 本助手能让软件开发更加便捷和轻松，无须安装配置复杂的软件运行环境即可轻松运行程序代码。
- 本助手能一键格式化，让凌乱的程序代码规整美观。
- 本助手能对代码精准纠错，让程序查错不再难。

上述资源获取及使用方法

注意：由于本书不配送光盘，因此书中所用资源及上述资源均需借助网络下载才能使用。

1. 资源获取

采用以下任意途径，均可获取本书所附赠的超值王牌资源库。

（1）加入本书微信公众号“聚慕课 jumooc”，下载资源或者咨询关于本书的任何问题。

（2）登录网站 www.jumooc.com，搜索本书并下载对应资源。

（3）加入本书图书读者（技术支持）QQ 群（529669132），读者可以打开群“文件”中对应的 Word 文件获取网络下载地址和密码。

qq 服务群

（4）通过电子邮箱 zhangmin2@tup.tsinghua.edu.cn 与我们联系，获取本书对应资源。

2. 使用资源

读者可通过 PC 端、App 端、微信端以及平板端学习与使用本书微视频和资源。

读者对象

本书非常适合以下人员阅读：

- 没有任何 Android 基础的初学者。
- 有一定的 Android 基础，想进一步精通 Android 编程开发的人员。
- 有一定的 Android 编程基础，没有项目实践经验的人员。
- 正在进行软件专业相关毕业设计的学生。
- 大中专院校及培训学校的教师和学生。

创作团队

本书由聚慕课教育研发中心组织编写，参与本书编写的主要人员有李正刚、陈梦、刘静如、刘涌、杨栋豪、王湖芳、张开保、贾文学、张翼、白晓阳、李伟、李欣、樊红、徐明华、白彦飞、卞良、常鲁、陈诗谦、崔怀奇、邓伟奇、凡旭、高增、郭永、何旭、姜晓东、焦宏恩、李春亮、李团辉、刘二有、王朝阳、王春玉、王发运、王桂军、王平、王千、王小中、王玉超、王振、徐利军、姚玉忠、于建彬、张俊锋、张晓杰、张在有等。

在本书的编写过程中，我们竭尽所能将最好的讲解呈现给读者，但也难免有疏漏和不妥之处，敬请广大读者不吝指正。若读者在学习中遇到困难或疑问，或有何建议，可发邮件至 zhangmin2@tup.tsinghua.edu.cn。另外，读者也可以登录我们的网站 http://www.jumooc.com 进行交流以及免费下载学习资源。

作　者

第1篇　基础知识

第2篇 核心应用

第 3 篇 核心技术

第 4 篇 高级应用

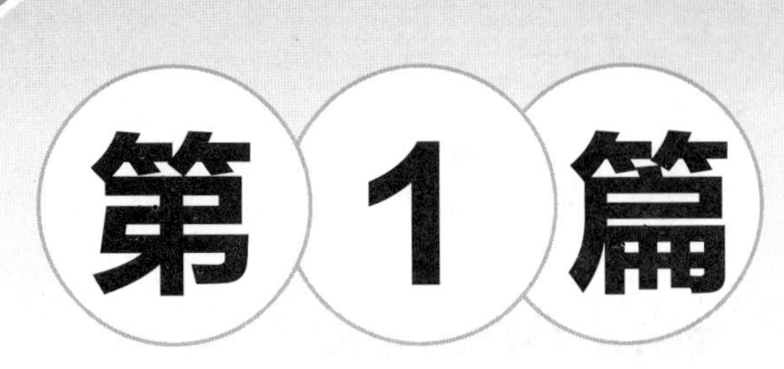

第1篇 基础知识

本篇是 Android 的基础知识篇。从 Android 的简介和使用 Android Studio 集成开发环境讲起，并介绍了 Android 开发需要了解的 Java 基础语法和面向对象编程与 Android 界面布局。

读者在学完本篇后将会了解到 Android 的基本概念，掌握 Android Studio 开发环境的构建、开发基础、程序流程控制及面向对象编程等知识，为后面更深入地学习 Android 打下坚定的基础。

- **第 1 章** 初识 Android
- **第 2 章** Android Studio 的使用
- **第 3 章** Android 开发基础知识
- **第 4 章** 面向对象与 Android 布局

第1章
初识 Android

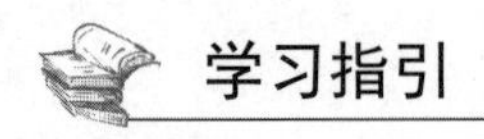

学习指引

从现在开始，我们将要进入奇幻的 Android 开发旅程。作为一个开发者来说，掌握 Android 的使用知识是必备的基础知识。本节将介绍 Android 入门知识，从而让更多的人了解和喜欢上 Android 开发。

重点导读

- 了解 Android 的简介。
- 了解 Android 的系统架构。
- 熟悉 Java 环境的配置。
- 掌握 Android Studio 的配置。

1.1 认识 Android

Android 本意指“机器人”，Google 公司将 Android 的标识设计为一个绿色机器人，表示 Android 系统符合环保理念。它是一个轻薄短小、功能强大的移动系统，是为手机打造的开放性系统。

1.1.1 Android 简介

第一代通信技术（1G）：是指最初的模拟、仅限语音的蜂窝电话标准。

第二代通信技术（2G）：是指第二代移动通信技术，代表为 GSM，以数字语音传输技术为核心。

第三代通信技术（3G）：是指将无线通信与国际互联网等多媒体通信结合的新一代移动通信技术。

第四代通信技术（4G）：又称 IMT-Advanced 技术，它包括了 TD-LTE 和 FDD-LTE。

Android 操作系统最初是由安迪·鲁宾（Andy Rubin）开发的。2005 年被 Google 公司收购，并于 2007 年 11 月 5 日正式向外界展示了这款系统。

Android 发布的主要版本及发布时间如表 1-1 所示。

表 1-1　Android 的主要版本及发布时间

系统版本及名称	API 版本	发布日期
Android 1.5 Cupcake（纸杯蛋糕）	3	2009.4.30
Android 1.6 Donut（甜甜圈）	4	2009.9.15
Android 2.0/2.0.1/2.1 Eclair（松饼）	5/6/7	2009.10.26
Android 2.2/2.2.1 Froyo（冻酸奶）	8	2010.5.20
Android 2.3 Gingerbread（姜饼）	9	2010.12.7
Android 3.0 Honeycomb（蜂巢）	11	2011.2.2
Android 3.1 Honeycomb（蜂巢）	12	2011.5.11
Android 3.2 Honeycomb（蜂巢）	13	2011.7.13
Android 4.0 Ice Cream Sandwich（冰激凌三文治）	14	2011.10.19
Android 4.1 Jelly Bean（果冻豆）	16	2012.6.28
Android 4.2 Jelly Bean（果冻豆）	17	2012.10.30
Android 4.3 Jelly Bean（果冻豆）	18	2013.7.25
Android 4.4 KitKat（奇巧巧克力）	19	2013.11.01
Android 5.0 Lollipop（棒棒糖）	21	2014.10.16
Android 6.0 Marshmallow（Android M）（棉花糖）	23	2016.5.18
Android 7.0 Nougat（Android N）（牛轧糖）	24	2016.8.22
Android 8.0 Oreo（Android O）（奥利奥）	26	2017.3.21
Android 9.0 Pie（Android P）（开心果冰激凌）	28	2018.8.7

1.1.2　Android 系统架构

Android 的系统架构采用了分层架构的思想。其从上到下共包括 4 层，分别是应用程序层、应用程序框架层、系统运行库层和 Linux 内核层。

Android 官方给出了一张系统架构图，如图 1-1 所示。

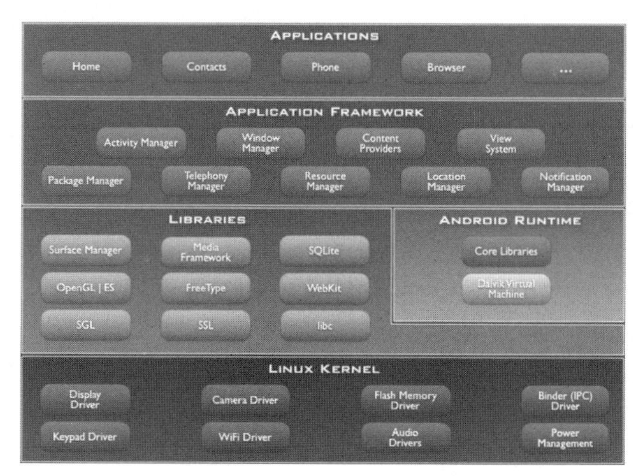

图 1-1　Android 系统架构图

1. 应用程序层

该层提供一些核心应用程序包，例如电子邮件、短信、日历、地图、浏览器和联系人管理等。同时，开发者可以利用 Java 语言设计和编写属于自己的应用程序，而这些程序与那些核心应用程序彼此平等、友好共处。

2. 应用程序框架层

该层是 Android 应用开发的基础，开发人员大部分情况下是在和它打交道。应用程序框架层包括活动管理器、窗口管理器、内容提供者、视图系统、包管理器、电话管理器、资源管理器、位置管理器、通知管理器和 XMPP 服务 10 个部分。在 Android 平台上，开发人员可以完全访问核心应用程序所使用的 API 框架。并且，任何一个应用程序都可以发布自身的功能模块，而其他应用程序则可以使用这些已发布的功能模块。基于这样的重用机制，用户便可以方便地替换平台本身的各种应用程序组件。

3. 系统库和 Android 运行时

系统库包括 9 个子系统，分别是图层管理、媒体库、SQLite、OpenGL EState、FreeType、WebKit、SGL、SSL 和 libc。

其中，SQLite 是遵守 ACID 的关系数据库管理系统，它包含在一个相对小的 C 程序库中；OpenGL（Open Graphics Library，开放图形库）是个定义了一个跨编程语言、跨平台的应用程序接口（API）的规范，它用于生成二维和三维图像。

Android 运行时包括核心库和 Dalvik 虚拟机，前者既兼容了大多数 Java 语言所需要调用的功能函数，又包括了 Android 的核心库，如 android.os、android.Net、android.media 等；后者是一种基于寄存器的 Java 虚拟机，主要实现对生命周期的管理、堆栈的管理、线程的管理、安全和异常的管理及垃圾回收等重要功能。

4. Linux 内核

Android 核心系统服务依赖于 Linux 内核，如安全性、内存管理、进程管理、网络协议栈和驱动模型。Linux 内核也是作为硬件与软件栈的抽象层。驱动：显示驱动、摄像头驱动、Flash 内存驱动、Binder（IPC）驱动、键盘驱动、WiFi 驱动、Audio 驱动和电源管理等。

1.2 环境配置

Android 是基于 Java 开发的，因此需要先配置好系统的 Java 开发环境，其次是 Android 开发环境及模拟器。

1.2.1 Windows 下配置 Java 环境

配置 Java 环境需要以下几个步骤。

步骤 1　在网页浏览器中输入网址 https://www.oracle.com，打开 Oracle 官方首页，如图 1-2 所示。由于 Java 被 Oracle 收购，因此所有后续的 Java 维护都是由 Oracle 来完成的。

步骤 2　单击左上角的 Menu 菜单，如图 1-3（a）所示。

步骤 3　从弹出的 Menu 菜单中找到 Developers 选项，并单击 Developers 菜单项，如图 1-3（b）所示。

步骤 4　在弹出的 Developers 子菜单中找到 Java 选项，并单击 Java 菜单项，跳转到 Java 页面，如图 1-4 所示。

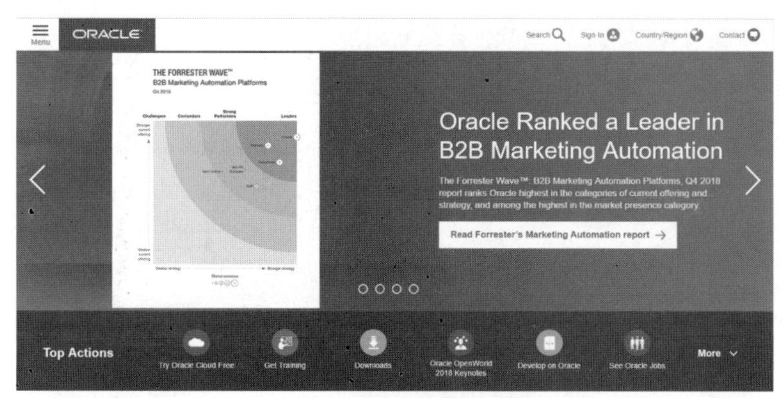

图 1-2 Oracle 官方首页

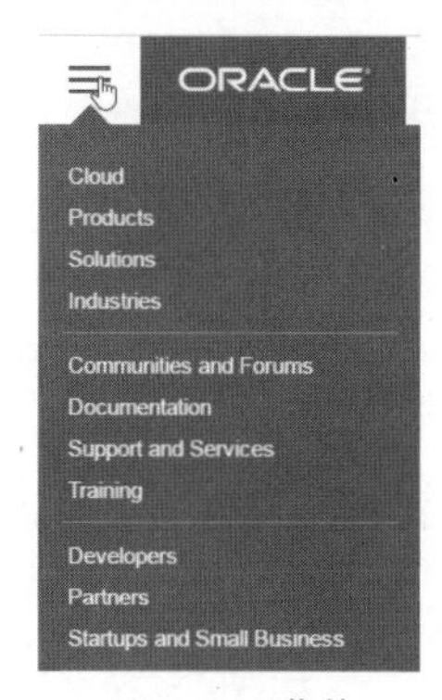

（a）Menu 菜单

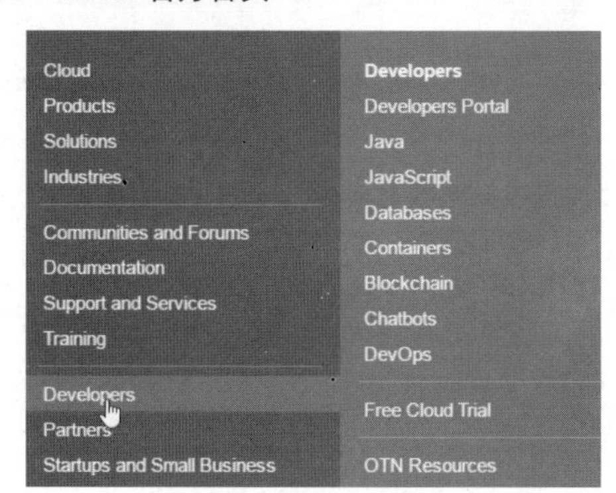

（b）Developers 子菜单

图 1-3 Menu 菜单和 Developers 子菜单

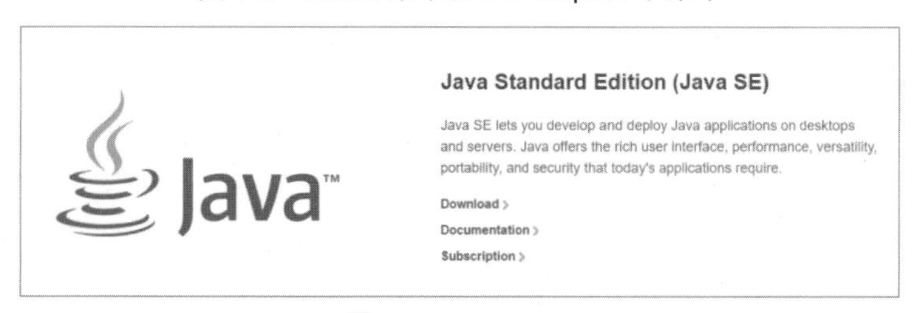

图 1-4 Java 页面

步骤 5 在 Java 页面中单击 Download 链接，跳转到 Java SE Overview 页面，如图 1-5 所示。

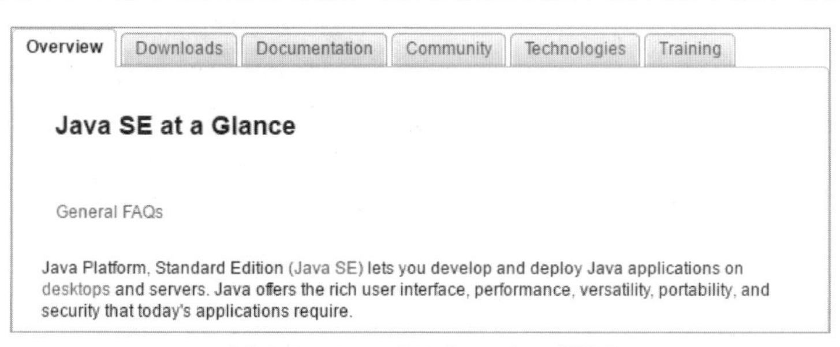

图 1-5 Java SE Overview 页面

步骤 6 在 Java SE Overview 页面中单击 Downloads 标签，切换到 Java SE 下载页面，找到 Java SE 8u191/Java SE 8u192 字样，其中 Java SE 代表 Java 标准版，还有 Java EE 代表 Java 企业版，8u191 代表 Java

的不同版本，由于 Java 是一款非常热门的软件，更新频繁，因此读者应以届时打开的页面为准，这里给出的是较新版的下载页面，如图 1-6 所示。

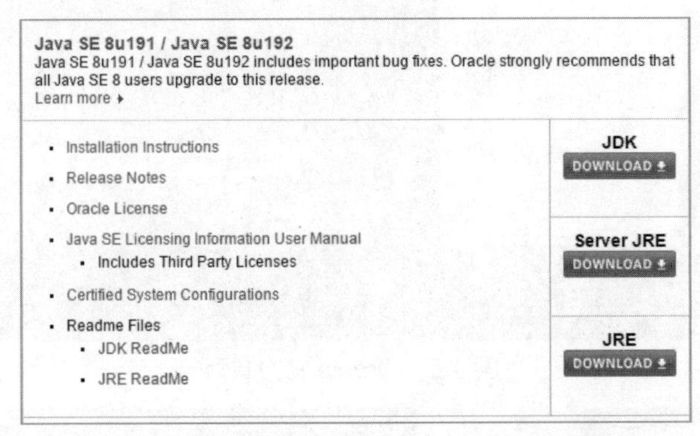

图 1-6　Java SE 8u191/Java SE 8u192 页面

步骤 7　在图 1-6 页面中单击 JDK 下方的 DOWNLOAD 按钮，切换到 Java JDK 下载页面，找到 Java SE Development Kit 的不同操作系统及版本选择页面，如图 1-7 所示。

步骤 8　此时接受许可协议才可以下载 Java JDK，因此需要选中 Accept License Agreement 单选按钮，切换到可下载状态，如图 1-8 所示。

Java SE Development Kit 8u191

You must accept the Oracle Binary Code License Agreement for Java SE to download this software.

Accept License Agreement　Decline License Agreement

Product / File Description	File Size	Download
Linux ARM 32 Hard Float ABI	72.97 MB	jdk-8u191-linux-arm32-vfp-hflt.tar.gz
Linux ARM 64 Hard Float ABI	69.92 MB	jdk-8u191-linux-arm64-vfp-hflt.tar.gz
Linux x86	170.89 MB	jdk-8u191-linux-i586.rpm
Linux x86	185.69 MB	jdk-8u191-linux-i586.tar.gz
Linux x64	167.99 MB	jdk-8u191-linux-x64.rpm
Linux x64	182.87 MB	jdk-8u191-linux-x64.tar.gz
Mac OS X x64	245.92 MB	jdk-8u191-macosx-x64.dmg
Solaris SPARC 64-bit (SVR4 package)	133.04 MB	jdk-8u191-solaris-sparcv9.tar.Z
Solaris SPARC 64-bit	94.28 MB	jdk-8u191-solaris-sparcv9.tar.gz
Solaris x64 (SVR4 package)	134.04 MB	jdk-8u191-solaris-x64.tar.Z
Solaris x64	92.13 MB	jdk-8u191-solaris-x64.tar.gz
Windows x86	197.34 MB	jdk-8u191-windows-i586.exe
Windows x64	207.22 MB	jdk-8u191-windows-x64.exe

图 1-7　Java SE Development Kit 8u191 页面

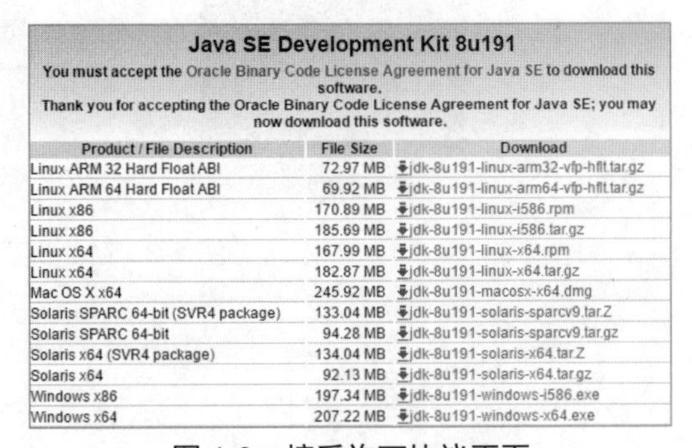

Java SE Development Kit 8u191

You must accept the Oracle Binary Code License Agreement for Java SE to download this software.

Thank you for accepting the Oracle Binary Code License Agreement for Java SE; you may now download this software.

Product / File Description	File Size	Download
Linux ARM 32 Hard Float ABI	72.97 MB	jdk-8u191-linux-arm32-vfp-hflt.tar.gz
Linux ARM 64 Hard Float ABI	69.92 MB	jdk-8u191-linux-arm64-vfp-hflt.tar.gz
Linux x86	170.89 MB	jdk-8u191-linux-i586.rpm
Linux x86	185.69 MB	jdk-8u191-linux-i586.tar.gz
Linux x64	167.99 MB	jdk-8u191-linux-x64.rpm
Linux x64	182.87 MB	jdk-8u191-linux-x64.tar.gz
Mac OS X x64	245.92 MB	jdk-8u191-macosx-x64.dmg
Solaris SPARC 64-bit (SVR4 package)	133.04 MB	jdk-8u191-solaris-sparcv9.tar.Z
Solaris SPARC 64-bit	94.28 MB	jdk-8u191-solaris-sparcv9.tar.gz
Solaris x64 (SVR4 package)	134.04 MB	jdk-8u191-solaris-x64.tar.Z
Solaris x64	92.13 MB	jdk-8u191-solaris-x64.tar.gz
Windows x86	197.34 MB	jdk-8u191-windows-i586.exe
Windows x64	207.22 MB	jdk-8u191-windows-x64.exe

图 1-8　接受许可协议页面

步骤 9　选择与系统相对应的版本进行下载，这里以 Windows x64 为例进行演示，单击 jdk-8u191-windows-x64.exe 链接，在打开的对话框中选择保存文件路径，单击“本地下载”按钮如图 1-9 所示。

步骤 10　双击下载好的安装程序图标，打开的启动安装界面如图 1-10 所示，单击“下一步”按钮。

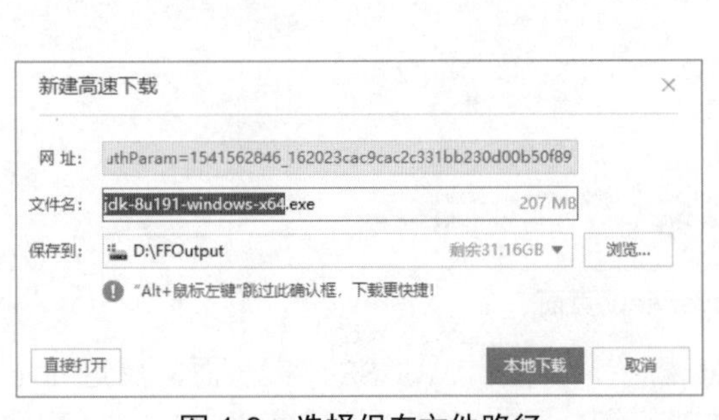

图 1-9　选择保存文件路径

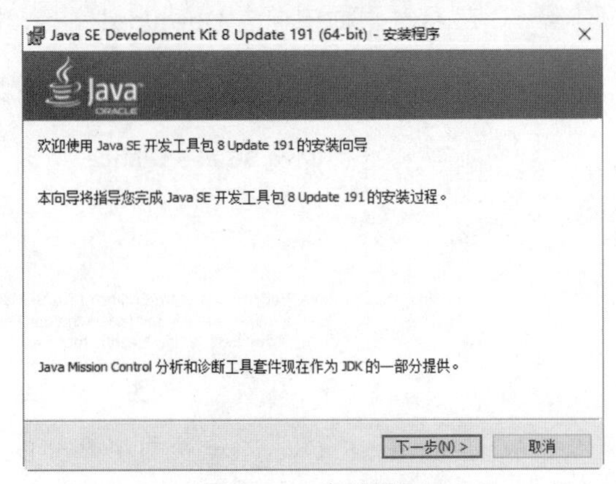

图 1-10　安装界面

步骤 11　在“定制安装”对话框中可以更改安装路径，也可以保持默认，这里保持默认，直接单击“下一步”按钮，如图 1-11 所示。

步骤 12　安装过程中可能会弹出“许可证条款中的变更”对话框，单击“确定”按钮即可，如图 1-12 所示。

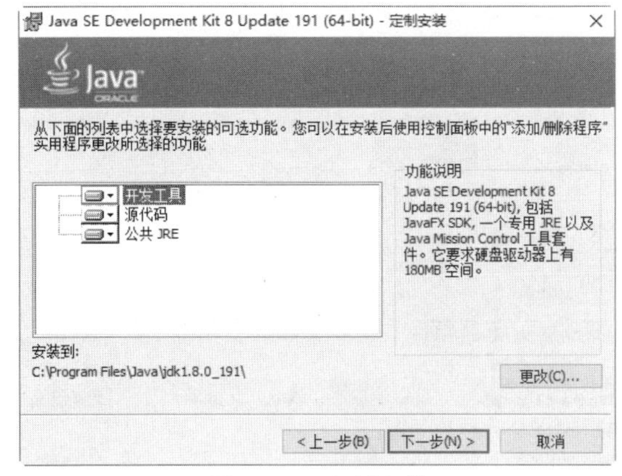

图 1-11　定制安装

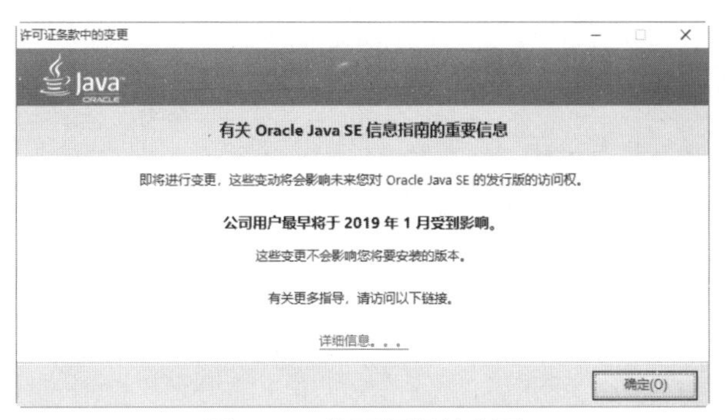

图 1-12　许可证条款变更

步骤 13　Java JDK 安装过程中会提示安装 Java JRE，JRE 选择与 JDK 同级的目录即可，如图 1-13 所示。选择好 JRE 目录后单击“下一步”按钮，完成安装。

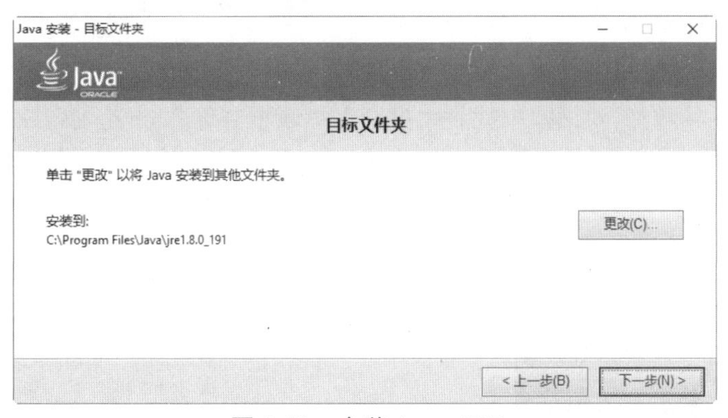

图 1-13　安装 Java JRE

步骤 14　安装完成后右击“此电脑”，在弹出的菜单中选择“属性”，如图 1-14 所示。

步骤 15　在属性对话框中选择“高级系统设置”，如图 1-15 所示。

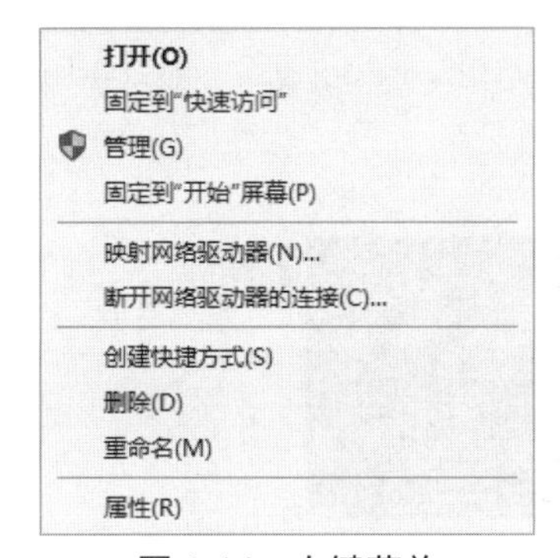

图 1-14　右键菜单

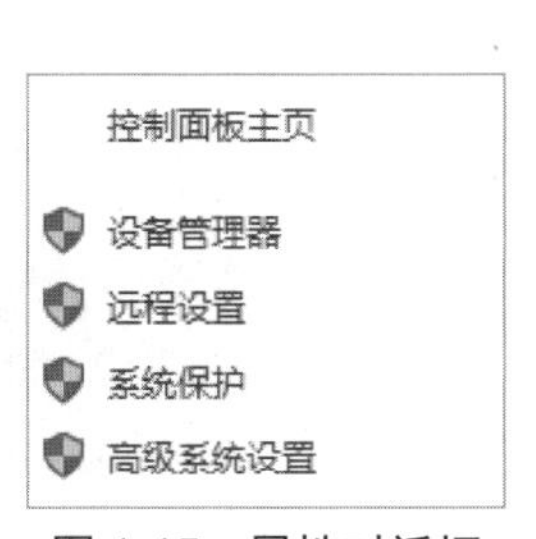

图 1-15　属性对话框

步骤 16　在“系统属性”对话框中，选择“高级选项卡”→“环境变量”选项，如图 1-16 所示。

步骤 17　默认安装 Java 会自动创建环境变量，选择“系统变量”中变量名为 Path 的环境变量，双击该变量查看如图 1-17 所示，如果没有添加，按照此格式将 JDK 及 JRE 加入系统环境变量即可。

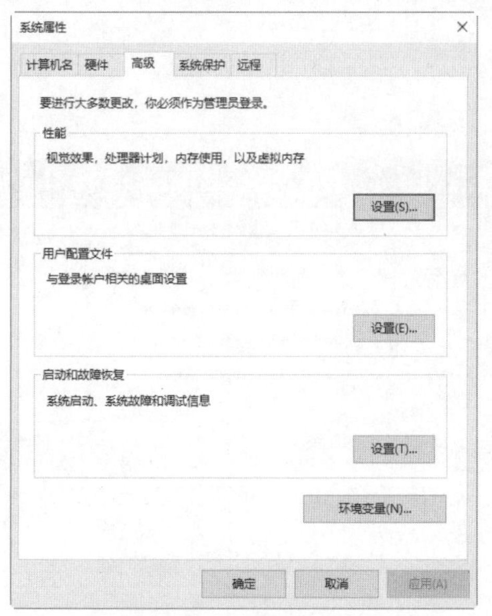

图 1-16　高级系统设置

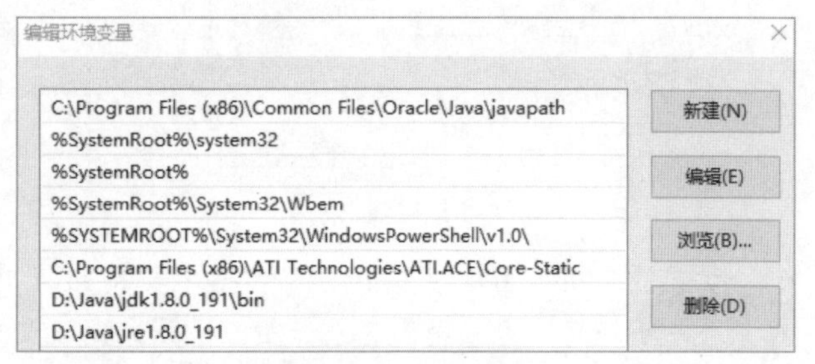

图 1-17　创建环境

步骤 18　右击“开始”菜单，在弹出的菜单中选择“运行”，如图 1-18 所示。

步骤 19　在打开的“运行”对话框中找到“打开”编辑框并输入 cmd，如图 1-19 所示，单击“确定”按钮。

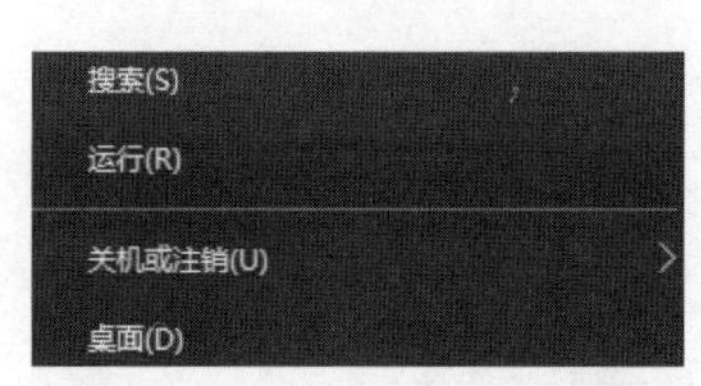

图 1-18　右击“开始”菜单

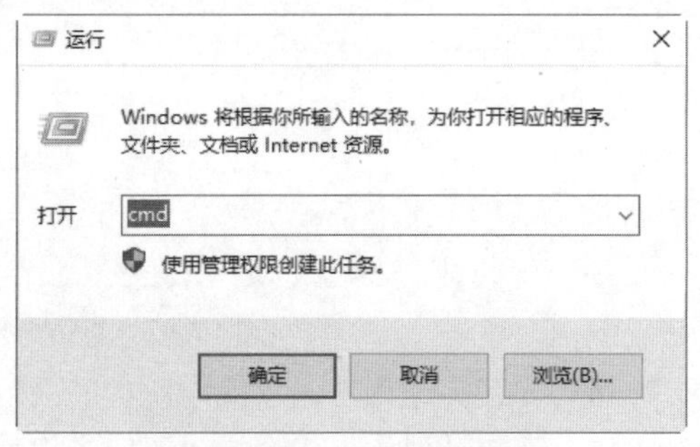

图 1-19　“运行”对话框

步骤 20　在打开的 cmd 命令行窗口中输入 java -version 命令，如图 1-20 所示。如果弹出版本信息，则证明 Java 环境已经搭建完成。

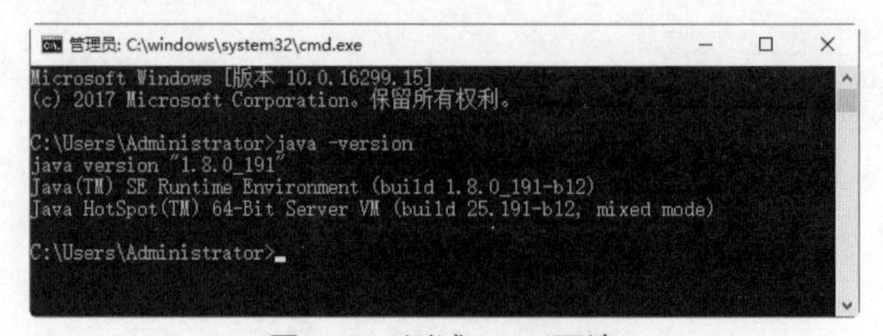

图 1-20　测试 Java 环境

1.2.2 Windows 下配置 Android Studio 环境

配置 Android Studio 环境需要以下几个步骤。

步骤 1 在网页浏览器中输入网址 https://developer.android.com/，打开 Android Studio 官网首页，如图 1-21 所示。

图 1-21 Android Studio 官网首页

步骤 2 在首页中选择 Android Studio，在弹出的菜单中选择 DOWNLOAD，打开的下载页面如图 1-22 所示。

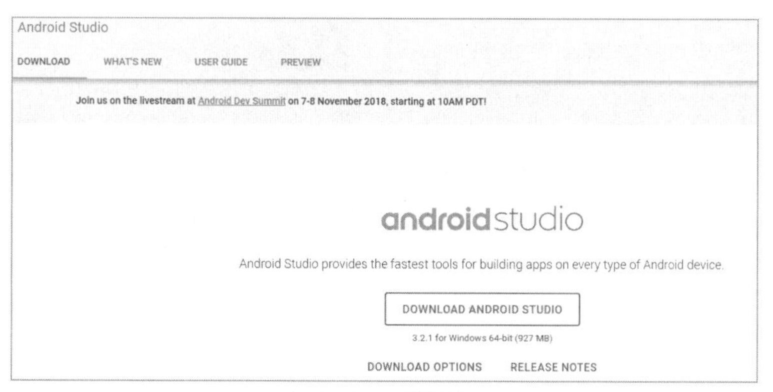

图 1-22 下载页面

步骤 3 在下载页面中单击 DOWNLOAD ANDROID STUDIO 按钮后，选中“我已阅读并同意上述条款及条件”单选按钮，如图 1-23 所示。

步骤 4 选择完许可协议后单击“下载 ANDROID STUDIO FOR WINDOWS”按钮，在打开的对话框中选择文件保存路径，单击“本地下载”按钮，如图 1-24 所示。

图 1-23 许可协议

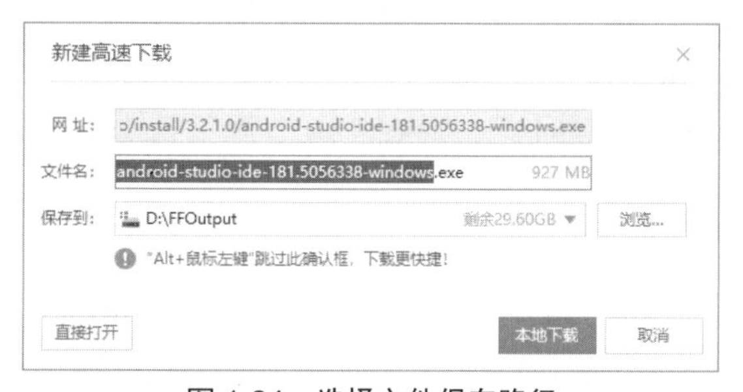

图 1-24 选择文件保存路径

步骤 5 完成下载后，展开文件保存路径，找到下载的文件，如图 1-25 所示。

步骤 6 双击下载好的文件图标，打开的启动安装界面如图 1-26 所示，单击 Next 按钮。

图 1-25　下载的文件

图 1-26　安装界面

步骤 7　在打开的界面中确认是否安装模拟器，保持默认，单击 Next 按钮，如图 1-27 所示。

步骤 8　在打开的界面中选择安装路径，选择完成后单击 Next 按钮，如图 1-28 所示。

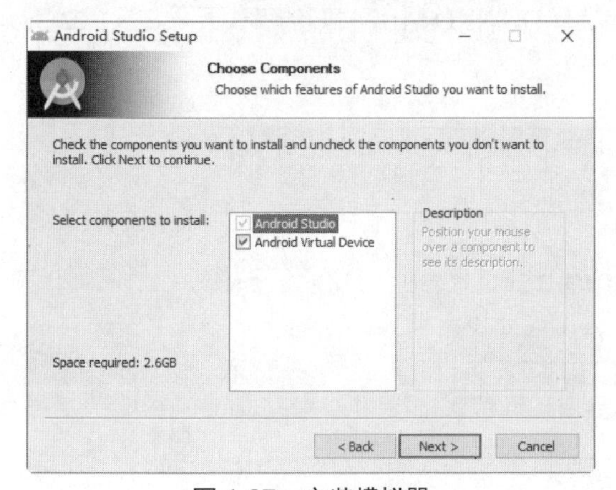

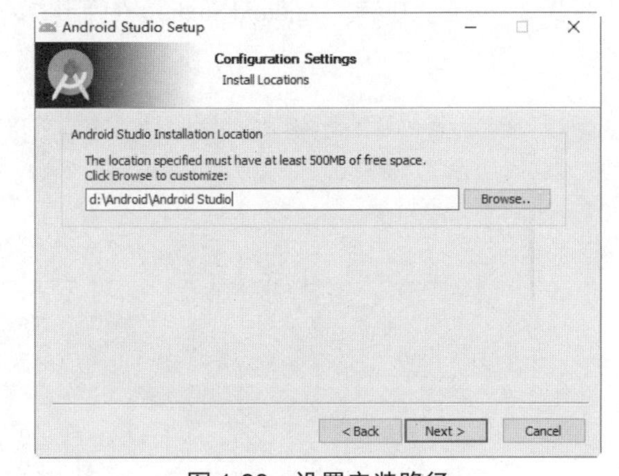

图 1-27　安装模拟器　　　　图 1-28　设置安装路径

步骤 9　在打开的界面中确认是否创建桌面图标，保持默认，单击 Install 按钮，如图 1-29 所示。

步骤 10　通过前面的设置，程序开始进入正式安装，如图 1-30 所示，然后单击 Next 按钮。

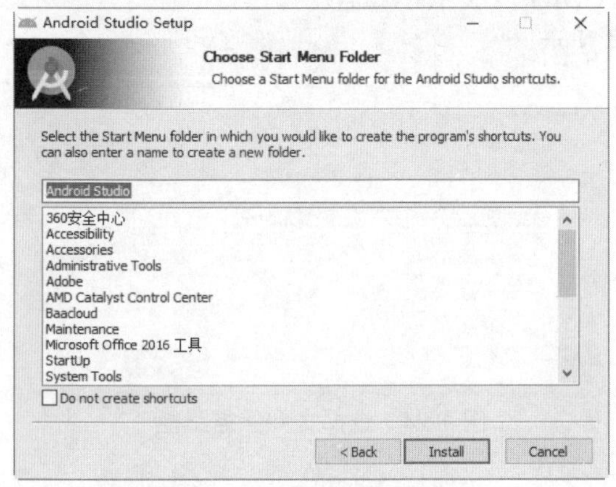

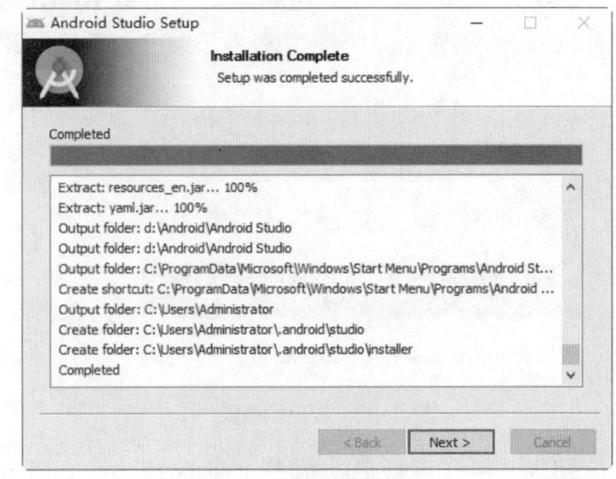

图 1-29　创建桌面图标　　　　图 1-30　开始安装

步骤 11　Android Studio 安装完成后，单击 Finish 按钮，如图 1-31 所示。

步骤 12　配置 Android SDK，选中 Do not import settings 单选按钮，如图 1-32 所示，然后单击 OK 按钮。

图 1-31　安装完成

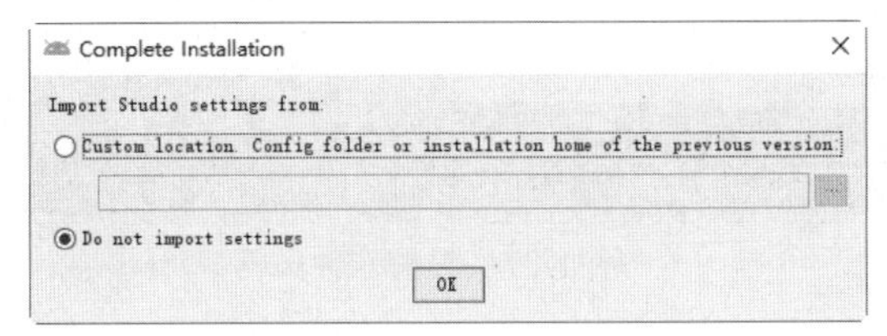

图 1-32　配置 Android SDK

步骤 13　启动 Android Studio，界面如图 1-33 所示。

步骤 14　初次启动无法访问 Android SDK 列表，单击 Cancel 按钮，如图 1-34 所示。

图 1-33　启动 Android Studio

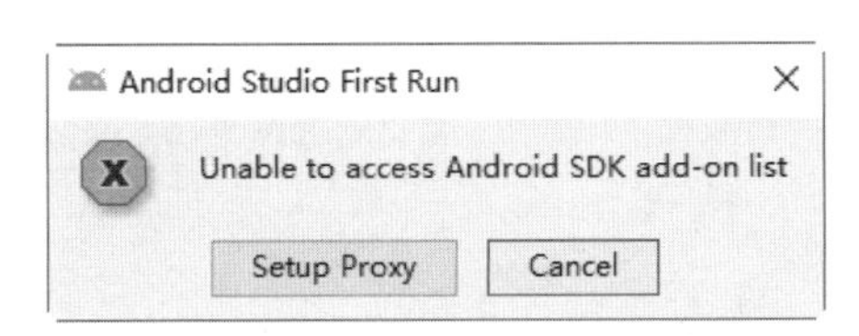

图 1-34　无法访问 SDK 列表

步骤 15　进入欢迎界面，保持默认，单击 Next 按钮，如图 1-35 所示。

步骤 16　进入安装向导界面，选中 Custom 单选按钮自定义安装，单击 Next 按钮，如图 1-36 所示。

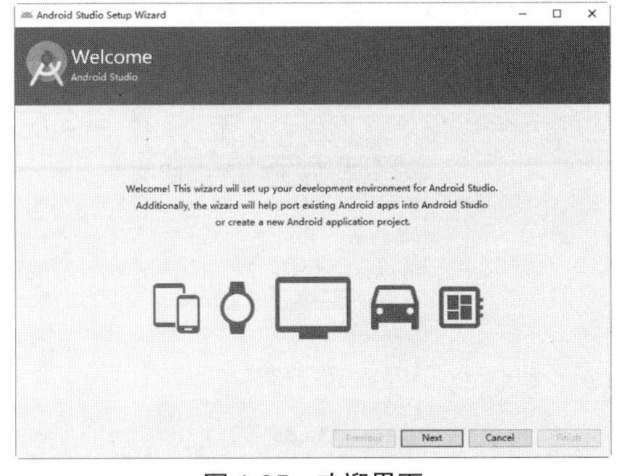

图 1-35　欢迎界面

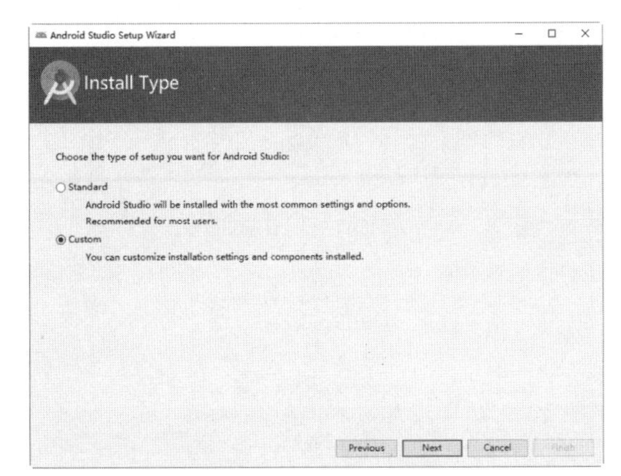

图 1-36　安装向导界面

步骤 17　设置软件风格，根据自己的喜好选择即可，单击 Next 按钮，如图 1-37 所示。

步骤 18　设置 Android SDK 路径，单击 Next 按钮，如图 1-38 所示。

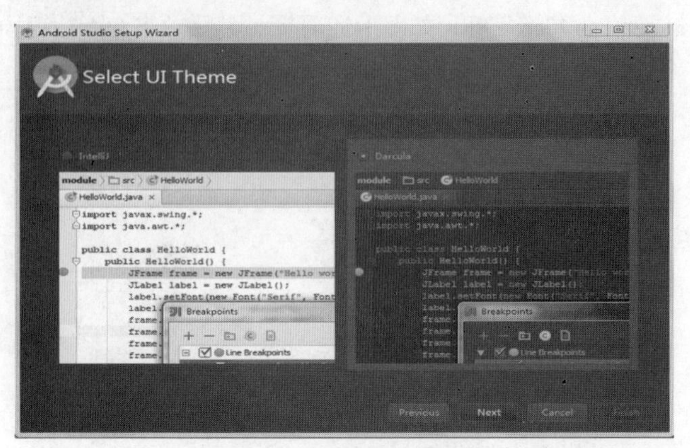

图 1-37　设置软件风格

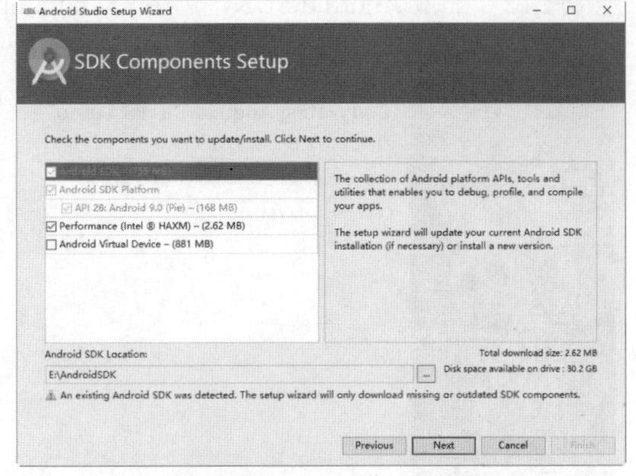

图 1-38　设置 SDK 路径

步骤 19　设置模拟器，保持默认，单击 Next 按钮，如图 1-39 所示。

步骤 20　完成设置后，在确认界面中单击 Finish 按钮，如图 1-40 所示。

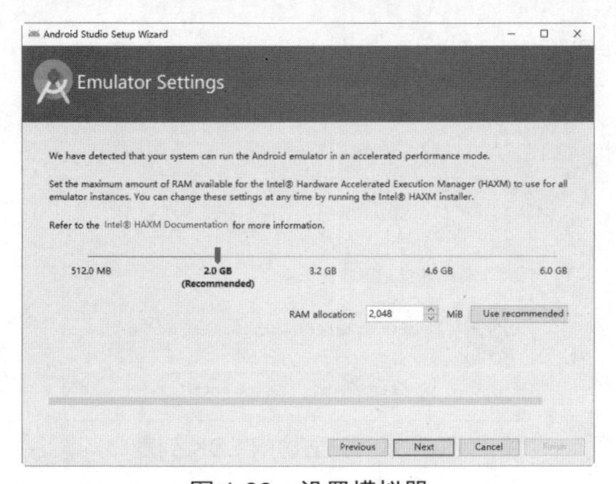

图 1-39　设置模拟器

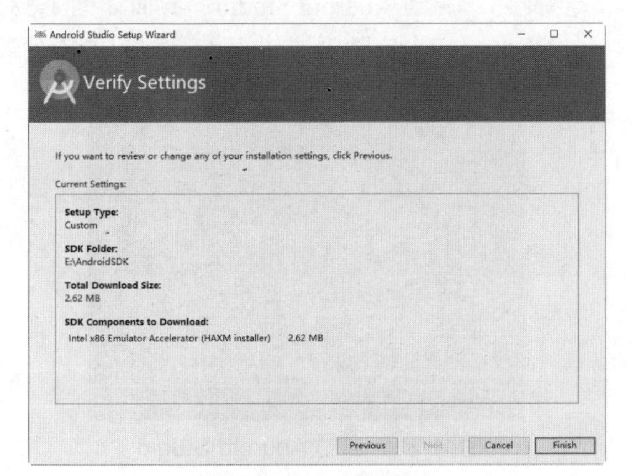

图 1-40　完成设置

步骤 21　Android Studio 初次启动界面，如图 1-41 所示。

步骤 22　单击 Configure 下拉按钮，在弹出的菜单中选择 SDK Manager 选项，如图 1-42 所示。

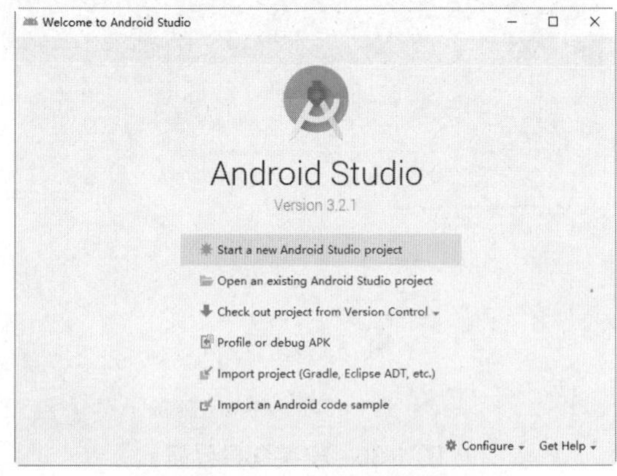

图 1-41　初次启动界面

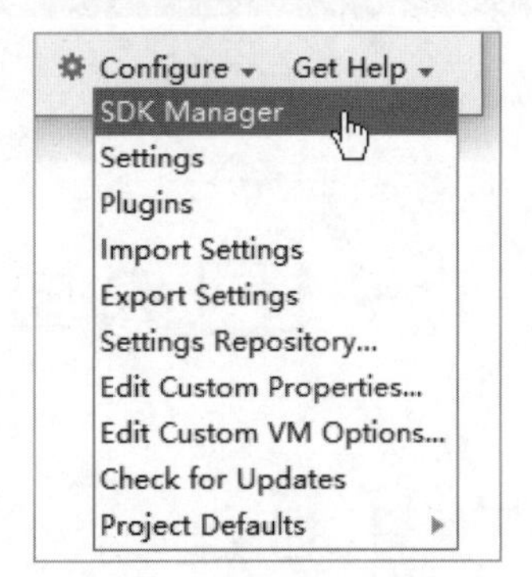

图 1-42　启动 SDK 管理器

步骤 23 如果硬盘空间足够大，建议勾选 Android 4.0 之后所有版本的 SDK，如图 1-43 所示。

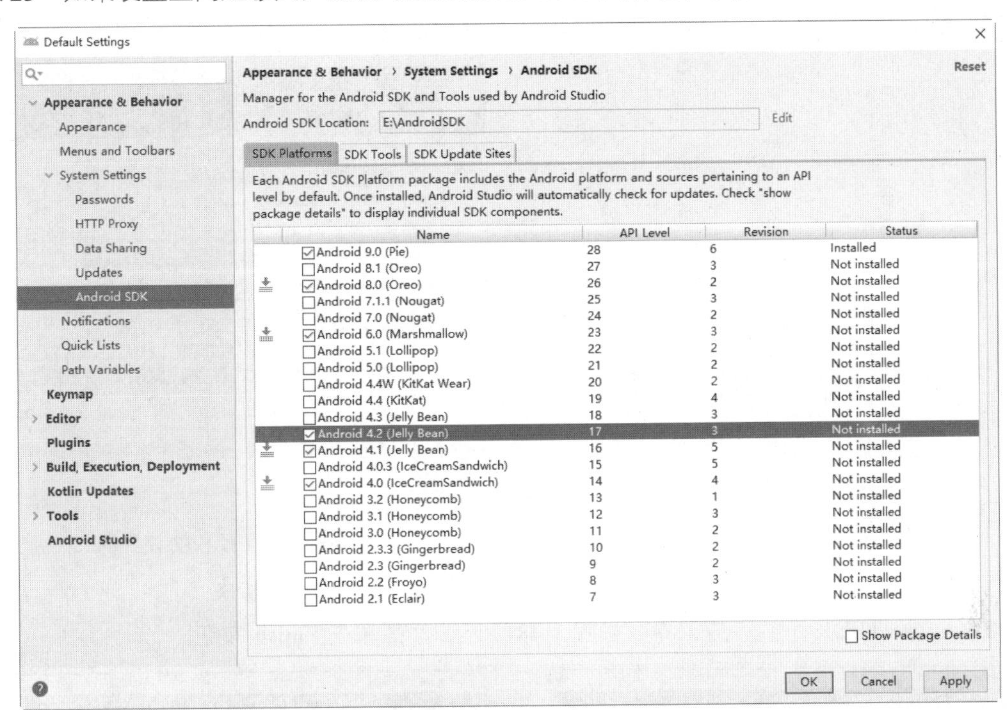

图 1-43 SDK 版本选择

步骤 24 切换到 SDK Tools 选项卡，勾选 Documentation for Android SDK，即 Android 开发 API 帮助文档，如图 1-44 所示。

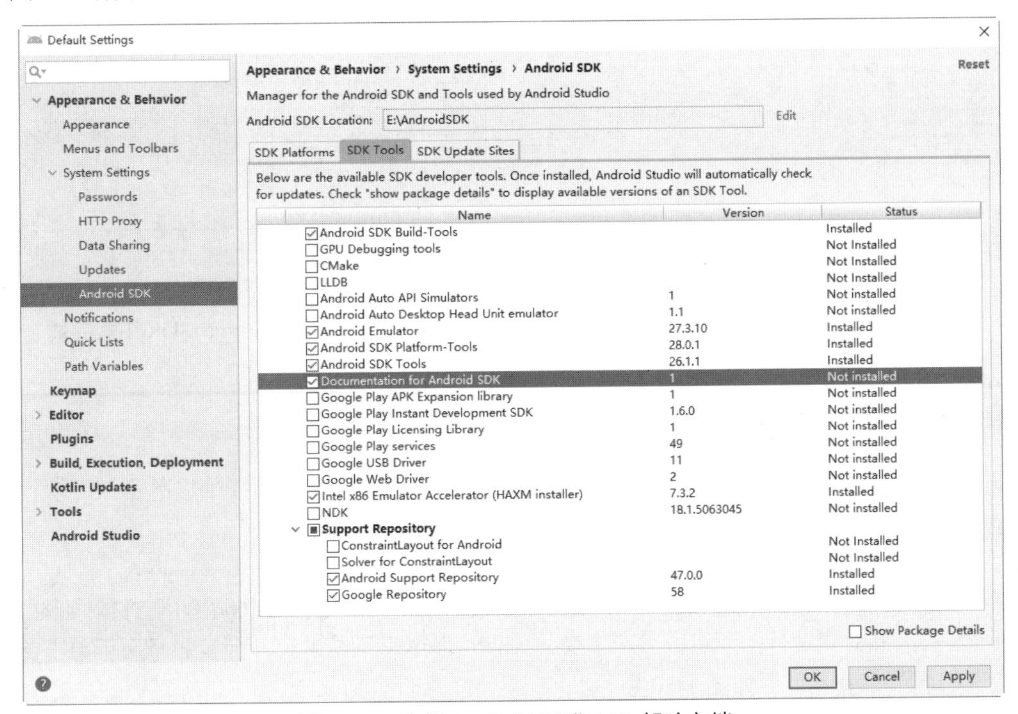

图 1-44 选择 Android 开发 API 帮助文档

步骤 25　确认 SDK 版本及下载项，确认后单击 OK 按钮，如图 1-45 所示。

步骤 26　授权协议界面，如图 1-46 所示。在其中选中 Accept 单选按钮，并单击 Next 按钮，即可开始下载。

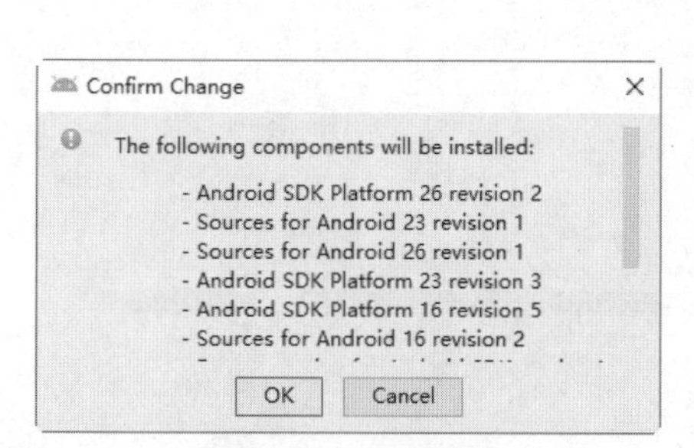

图 1-45　确认下载

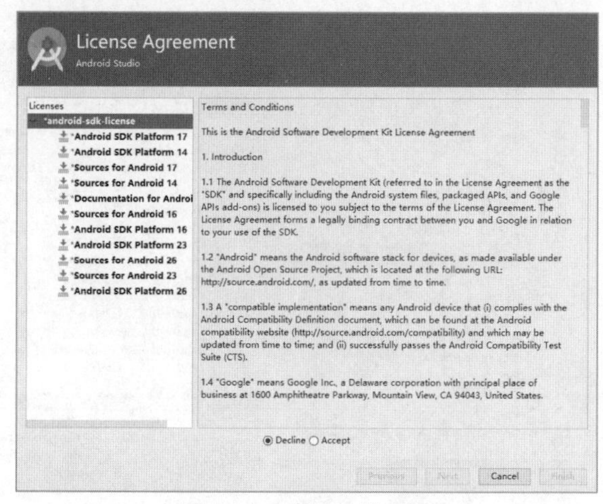

图 1-46　授权协议界面

步骤 27　下载 Android SDK 及选中下载项，等待下载完成，如图 1-47 所示。

步骤 28　Android SDK 下载完成，界面如图 1-48 所示，然后单击 Finish 按钮。

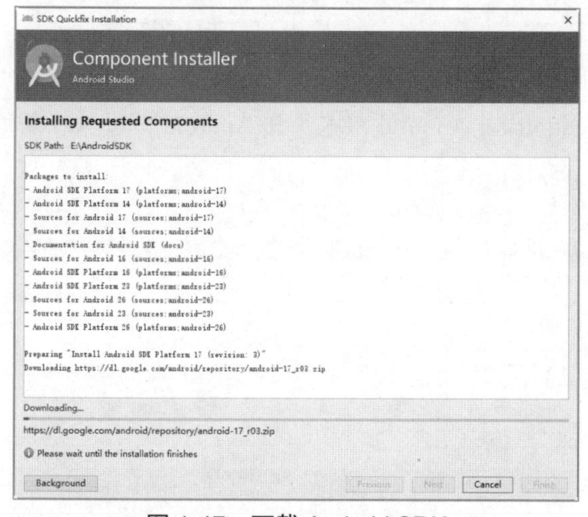

图 1-47　下载 Android SDK

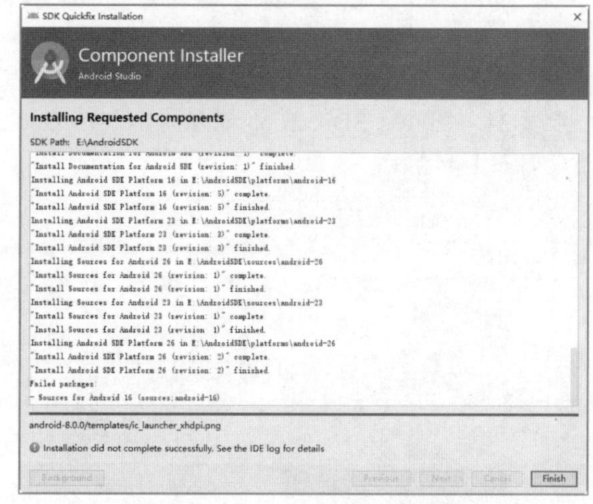

图 1-48　Android SDK 下载完成

1.2.3　配置 Genymotion 模拟器

Android 开发需要使用 Android 手机或模拟器进行测试，根据实际需要选择相应的测试环境，这里采用模拟器进行开发测试。

配置 Genymotion 环境需要以下几个步骤。

步骤 1　在网页浏览器中输入网址 https://www.genymotion.com/，打开 Genymotion 官网首页，如图 1-49 所示。

步骤 2　Genymotion 需要注册才可以进行下载，如何注册这里不做讲解，拥有账号后可单击首页右上角 Sign In 按钮进行登录，登录页面如图 1-50 所示。

步骤 3　登录完成后，单击 Download 按钮，进入下载页面，如图 1-51 所示。

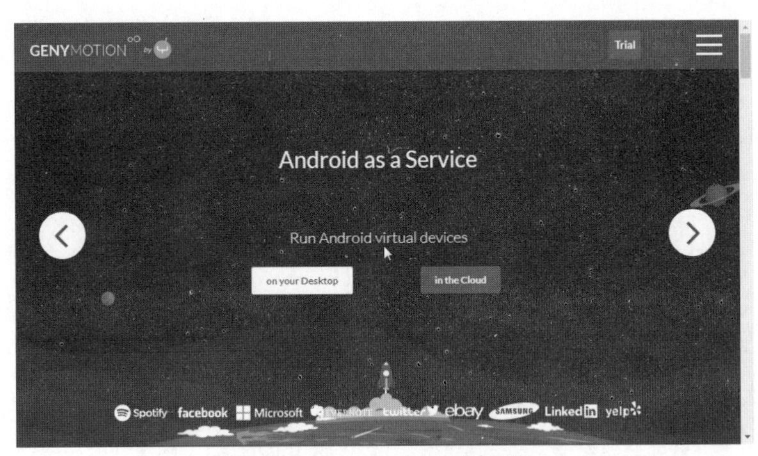

图 1-49 Genymotion 官网首页

图 1-50 登录页面

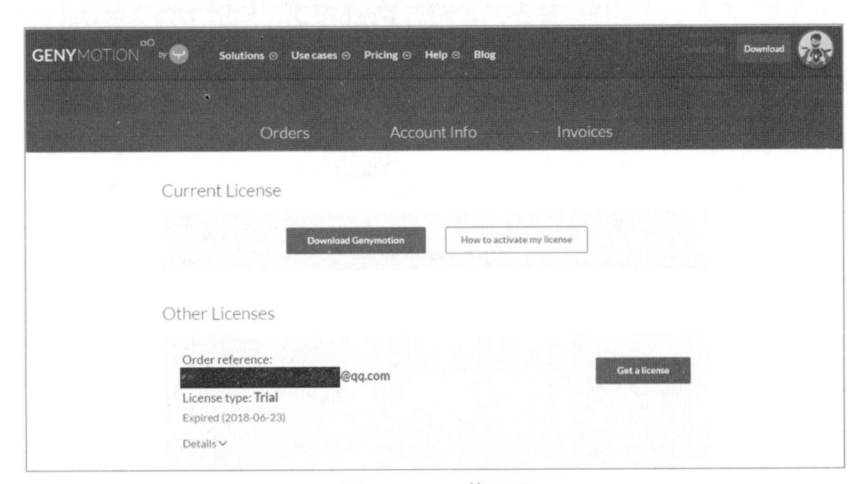

图 1-51 下载页面

步骤 4 在下载页面中有两个下载选项，第一项是包含 VirtualBox，第二项是单独的 Genymotion 安装包。由于 Genymotion 需要 VirtualBox 支持，因此这里选择第一项包含 VirtualBox 的安装包，如图 1-52 所示。

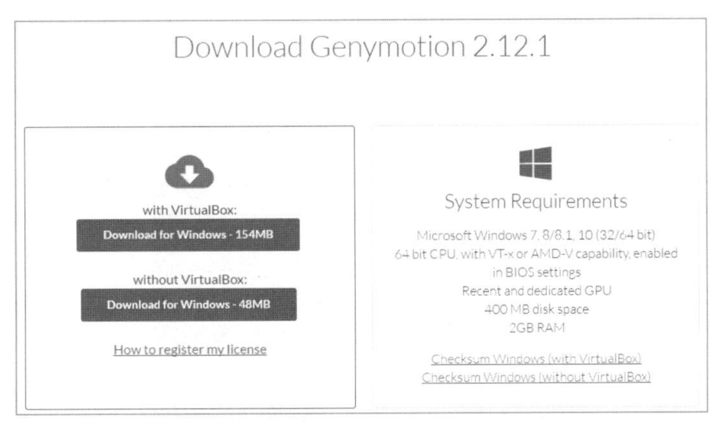

图 1-52 安装包选择

步骤 5 选择下载好的安装包，双击启动安装。在如图 1-53 所示的界面中设置安装路径，单击 Next 按钮。

步骤 6 确认在“开始”菜单创建快捷方式等，保持默认，单击 Next 按钮，如图 1-54 所示。

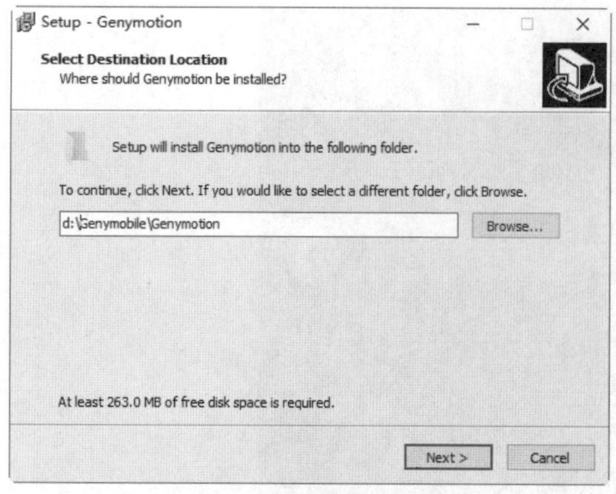

图 1-53　设置安装路径

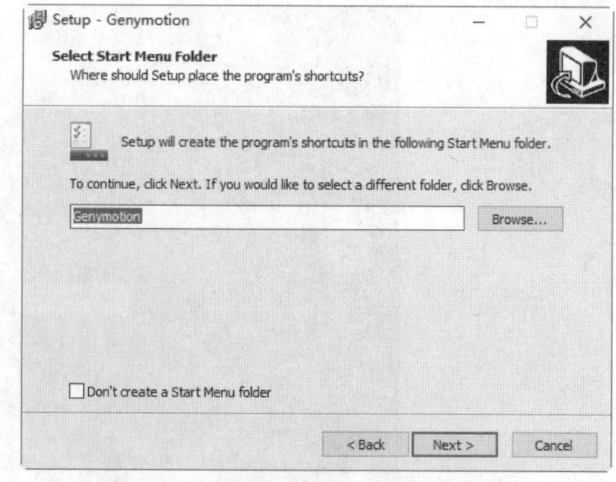

图 1-54　创建“开始”菜单快捷方式

步骤 7　确认创建桌面快捷方式，单击 Next 按钮，如图 1-55 所示。

步骤 8　启动安装程序，单击 Install 按钮，如图 1-56 所示。

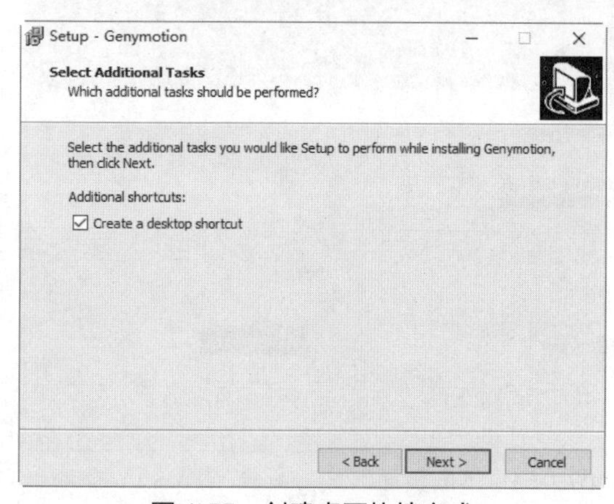

图 1-55　创建桌面快捷方式

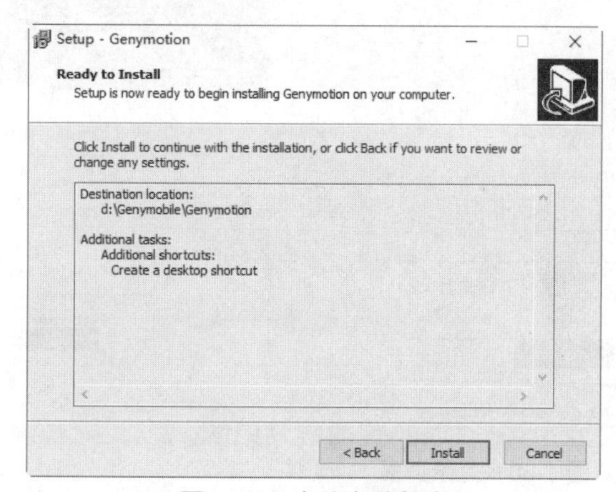

图 1-56　启动安装程序

步骤 9　安装过程中会提示安装 VirtualBox，如图 1-57 所示。

步骤 10　如果单击“取消”按钮，则进入 Genymotion 安装完成界面，单击 Finish 按钮即可，如图 1-58 所示。

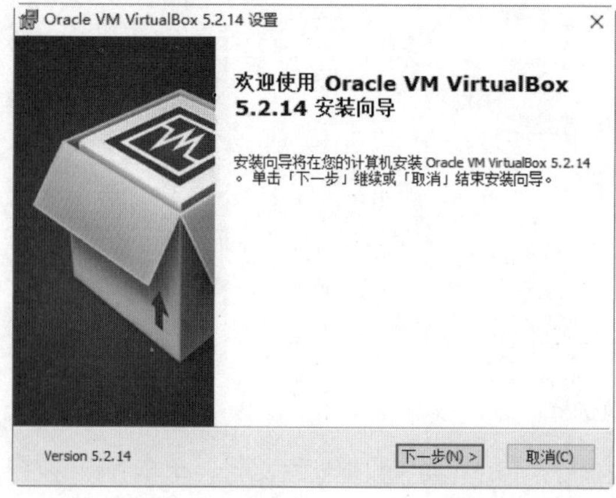

图 1-57　启动 VirtualBox 安装

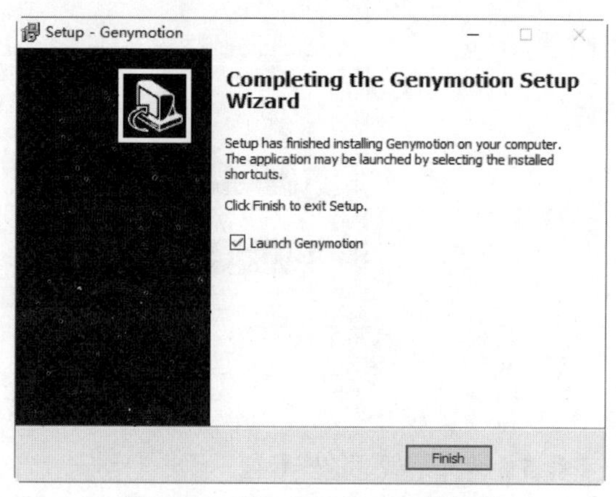

图 1-58　Genymotion 安装完成

步骤 11　如果在步骤 9 中单击“下一步”按钮，则开始安装 VirtualBox。选择 VirtualBox 安装路径，单击“下一步”按钮，如图 1-59 所示。

步骤 12　选择“注册文件关联”及“在桌面创建快捷方式”，单击“下一步”按钮，如图 1-60 所示。

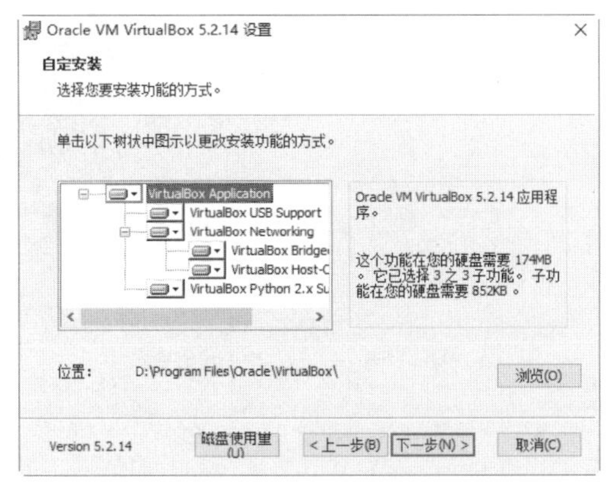

图 1-59　VirtualBox 安装路径

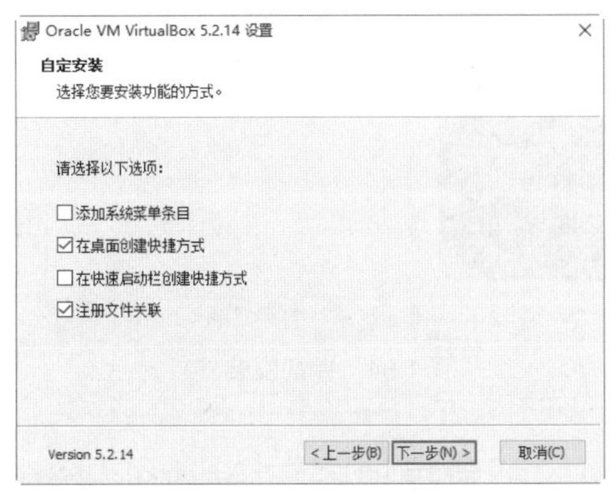

图 1-60　自定义安装项

步骤 13　在警告暂时中断网络连接界面中，单击“是”按钮，如图 1-61 所示。

步骤 14　启动 VirtualBox 安装程序，单击“安装”按钮，如图 1-62 所示。

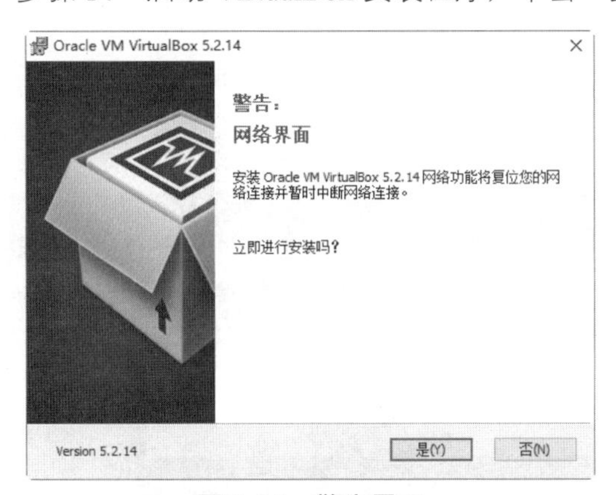

图 1-61　警告界面

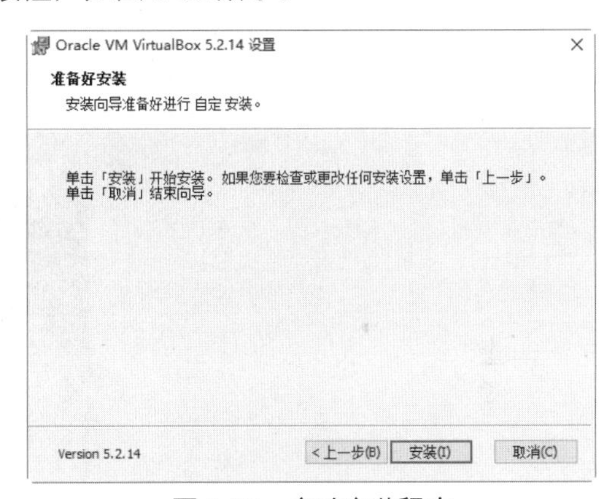

图 1-62　启动安装程序

步骤 15　系统警告是否安装设备软件，单击“安装”按钮，如图 1-63 所示。

图 1-63　系统安全警告

步骤 16　完成安装的界面如图 1-64 所示，单击“完成”按钮。

步骤 17　完成 VirtualBox 安装后，启动效果如图 1-65 所示。

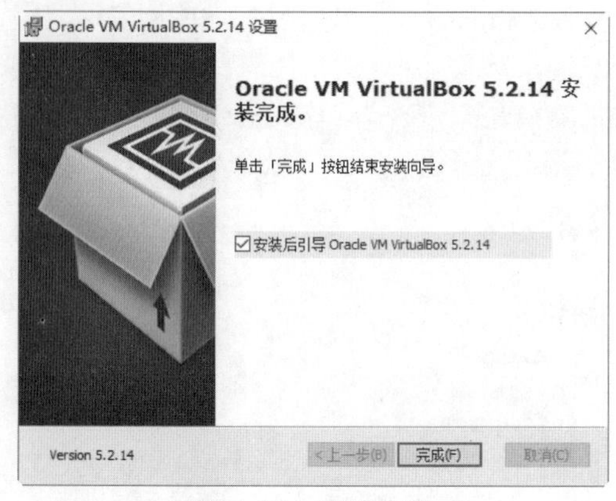

图 1-64　完成安装

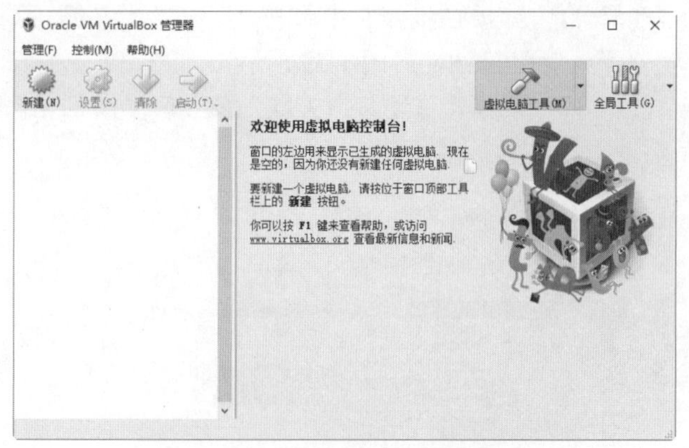

图 1-65　VirtualBox 启动效果

1.2.4　配置模拟器与 Android Studio 关联

安装完模拟器后，还需要将模拟器与 Android Studio 进行关联，这样才可以进行开发测试。

配置模拟器与 Android Studio 关联需要以下几个步骤。

步骤 1　双击 Genymotion 快捷方式图标，如图 1-66 所示。

步骤 2　首次运行 Genymotion 需要进行登录，欢迎界面如图 1-67 所示，单击 Singn in or enter a licese 按钮。

图 1-66　Genymotion 快捷方式图标

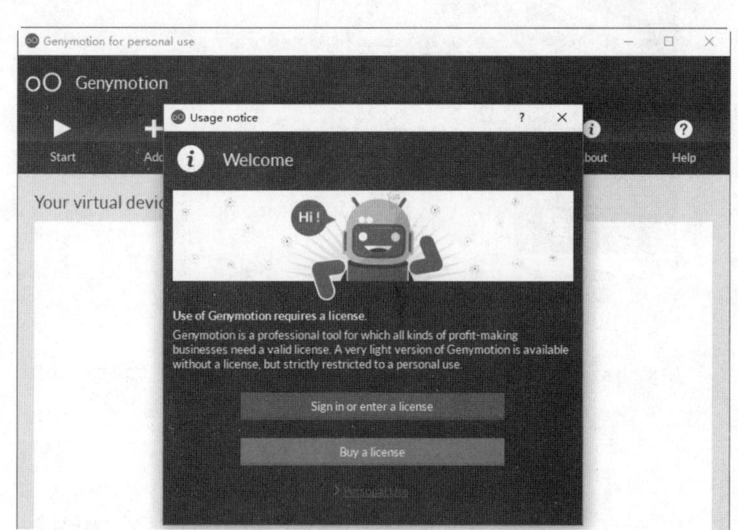

图 1-67　首次运行 Genymotion

步骤 3　登录后会打开个人使用许可界面，如图 1-68 所示。在其中勾选 I have read and understood the terms of the EULA 阅读许可，单击 Accept 按钮。

步骤 4　Genymotion 启动后的界面如图 1-69 所示，单击 Add 按钮。

步骤 5　首次启动时没有任何模拟器，如图 1-70 所示，并且需要进行登录，单击 Sing in 按钮。

步骤 6　在打开的如图 1-71 所示的 Sign in 对话框中输入账号和密码，单击 Sign in 按钮。

步骤 7　登录成功后可以选择安卓版本及设备模式，如图 1-72 所示，单击 Next 按钮。

步骤 8　选择完后会给出系统版本信息，如图 1-73 所示，然后单击 Next 按钮。

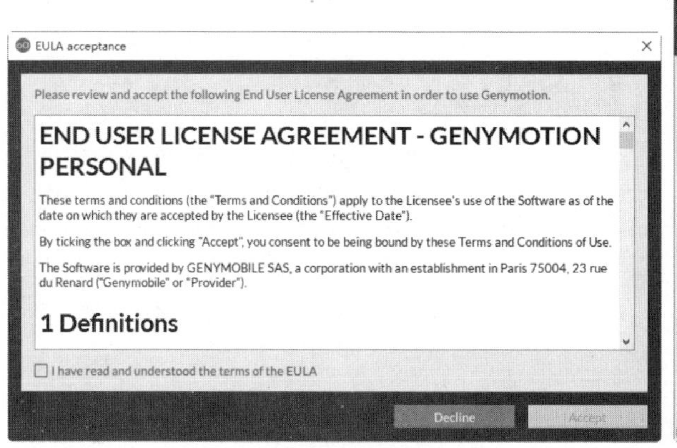

图 1-68 使用许可协议

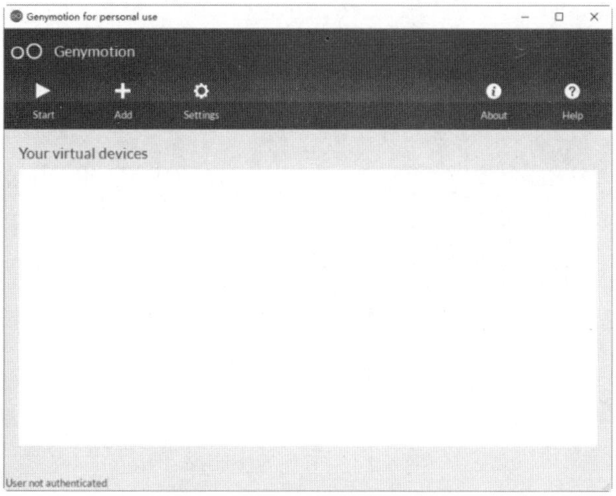

图 1-69 启动后的界面

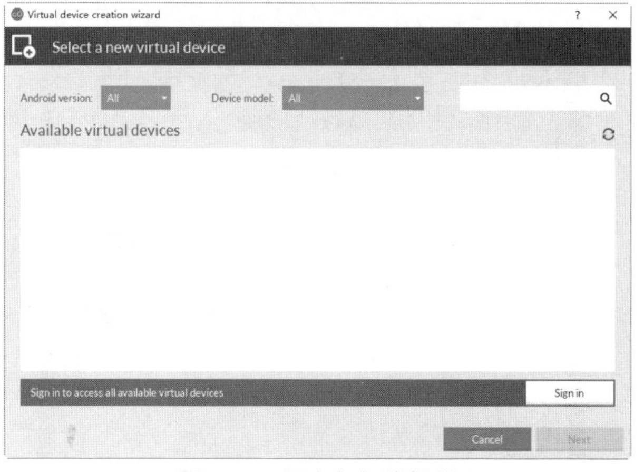

图 1-70 没有任何模拟器

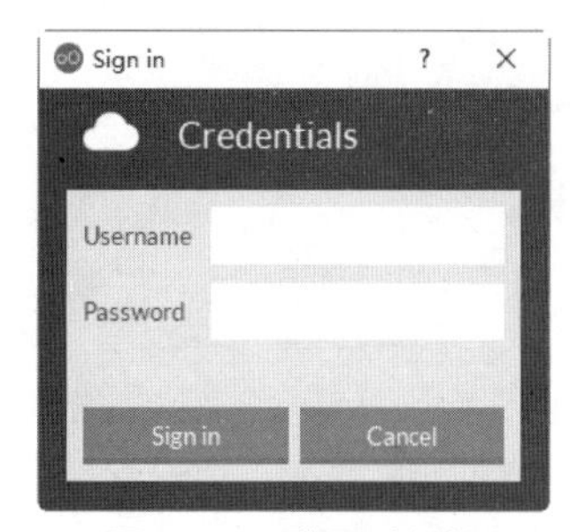

图 1-71 登录对话框

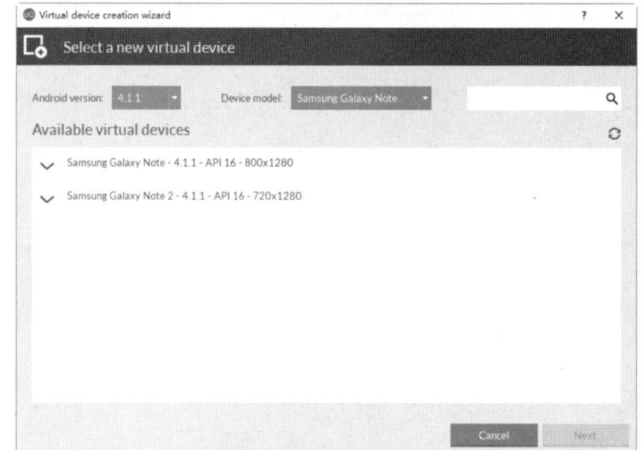

图 1-72 选择系统版本等

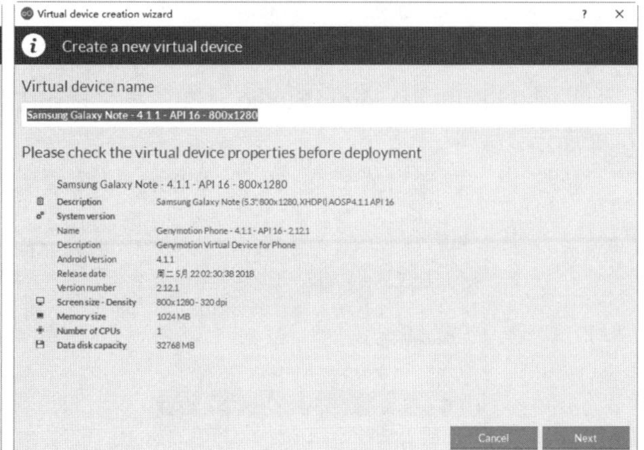

图 1-73 系统版本信息

步骤 9 下载模拟器的界面如图 1-74 所示，等待系统镜像下载完毕。

步骤 10 系统镜像下载完毕，单击 Finish 按钮，如图 1-75 所示。

步骤 11 此时，在 Genymotion 启动界面中会出现下载好的虚拟系统，如图 1-76 所示。

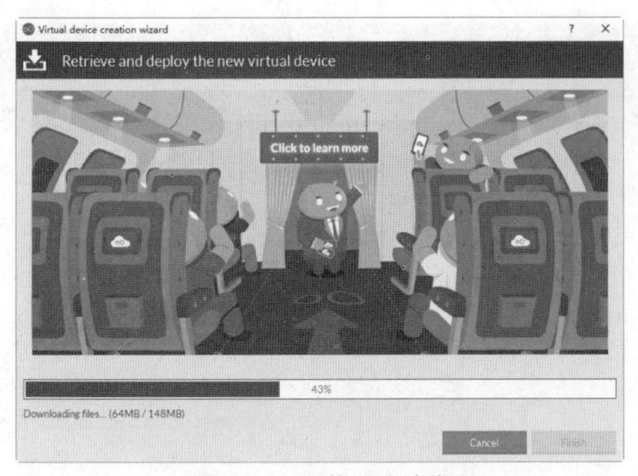

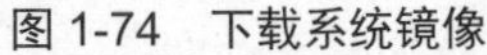
图 1-74　下载系统镜像

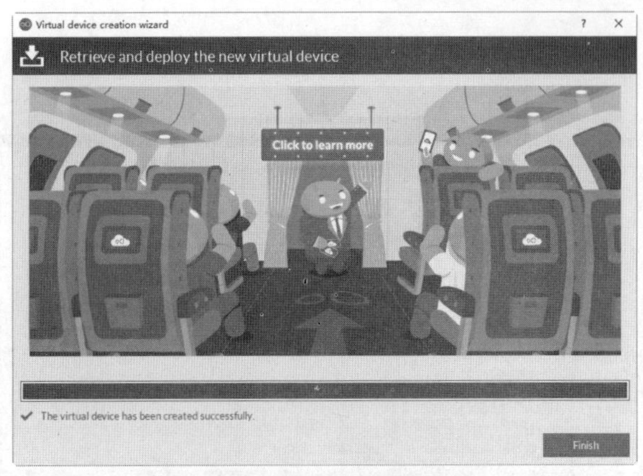

图 1-75　系统镜像下载完毕

步骤 12　单击 Settings 按钮，切换至 ADB 选项卡，配置 Android SDK 路径，如图 1-77 所示。

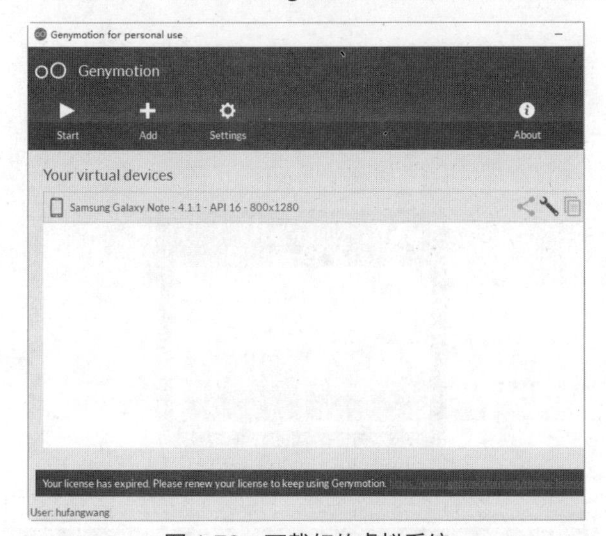

图 1-76　下载好的虚拟系统

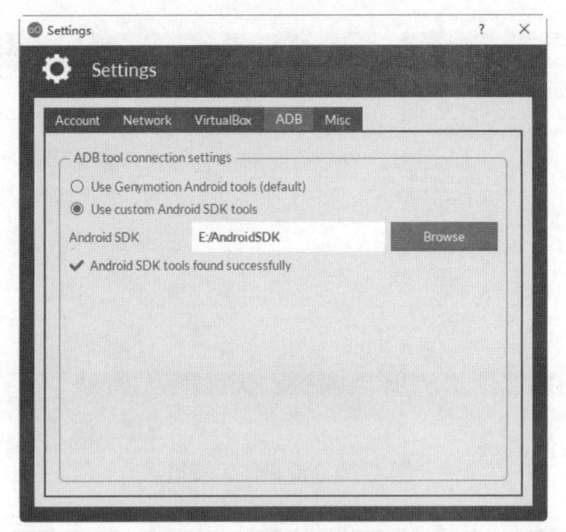

图 1-77　配置 SDK 路径

步骤 13　启动 Android Studio 开发工具，单击 File 菜单，在弹出的菜单中选择 Settings...菜单项，如图 1-78 所示。

步骤 14　在弹出的子菜单中选择 Plugins 菜单项，如图 1-79 所示。

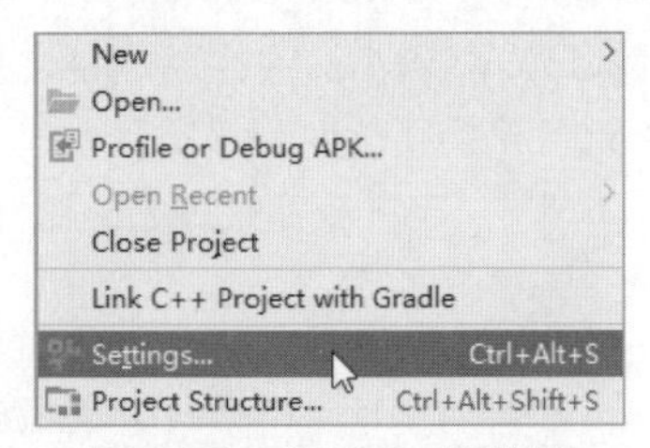

图 1-78　Settings 菜单项

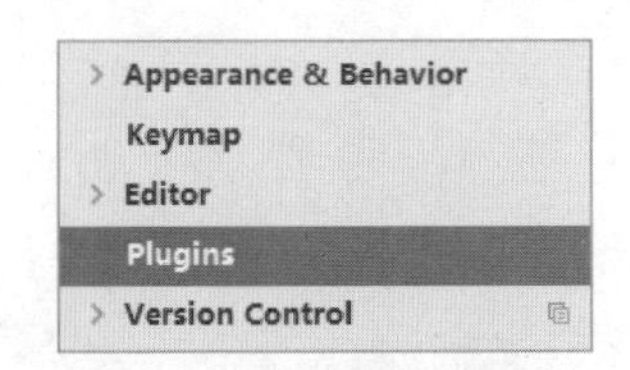

图 1-79　Plugins 菜单项

步骤 15　在打开的对话框下方单击 Browse repositories...按钮，如图 1-80 所示。

步骤 16　在打开的对话框中输入 geny，开始搜索 Genymotion。搜索到如图 1-81 所示的 Genymotion 后，单击 Install 按钮，即可安装该插件。

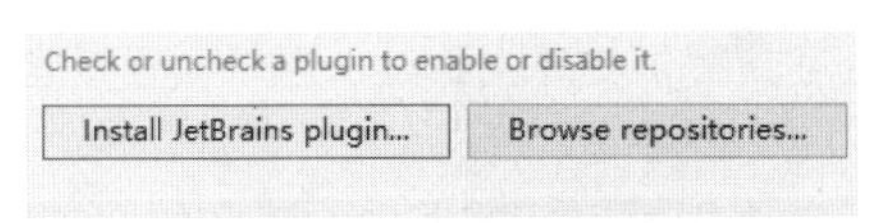

图 1-80 浏览插件库

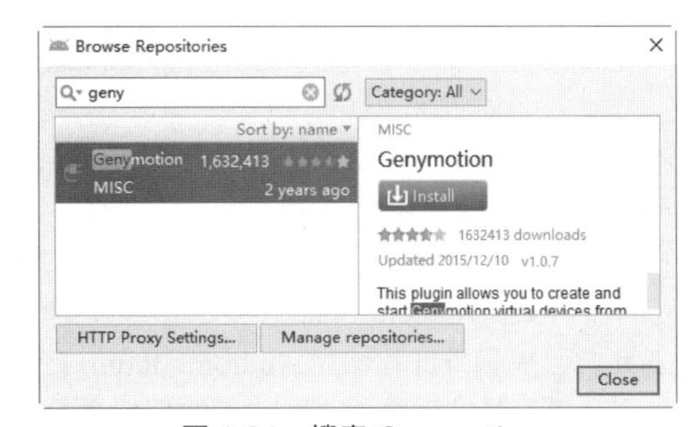

图 1-81 搜索 Genymotion

步骤 17 安装完插件后重启 Android Studio，在快捷工具栏上会多出 图标。

步骤 18 单击该图标，启动 Genymotion 配置界面，如图 1-82 所示。

步骤 19 单击...按钮，配置 Genymotion 安装路径，如图 1-83 所示。

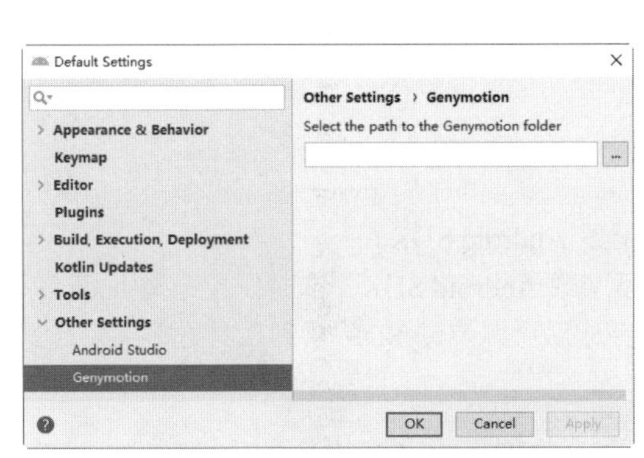

图 1-82 配置 Genymotion 界面

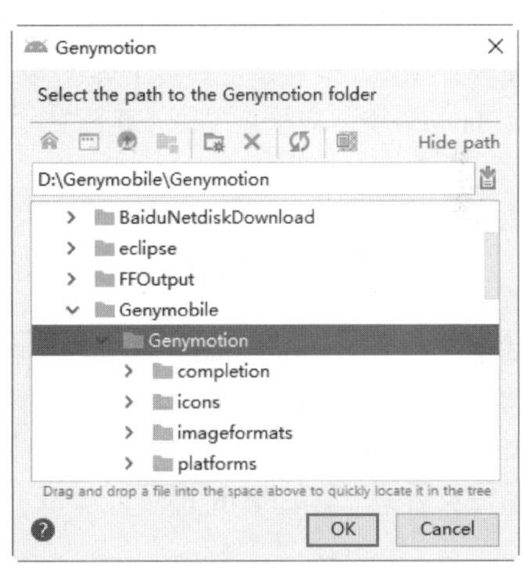

图 1-83 选择 Genymotion 安装路径

步骤 20 再次单击 Android Studio 中的 Genymotion 图标，打开的界面如图 1-84 所示。

步骤 21 单击 Start 按钮，可以启动一个 Genymotion 模拟器，如图 1-85 所示。

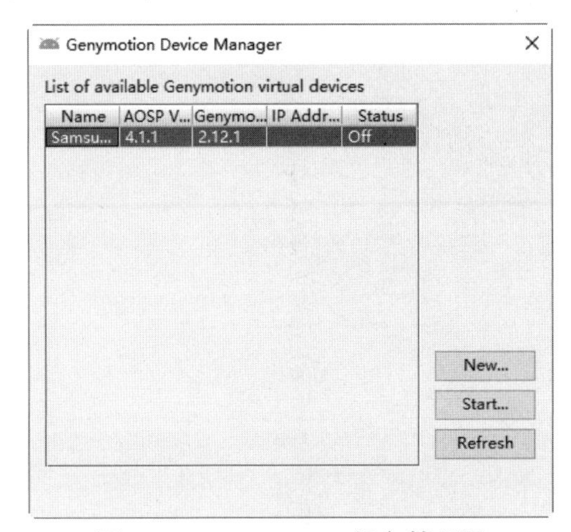

图 1-84 Genymotion 设备管理器

图 1-85 启动 Genymotion 模拟器

1.3 就业面试技巧与解析

本章详细讲解了 Android 的历史及 Android 的发展过程，还讲解了如何配置开发环境。

Android 配置开发环境分为以下 3 个步骤。

步骤 1　配置 Java 环境，因为 Android 开发是基于 Java 语言的。

步骤 2　配置 Android Studio 开发工具，这个工具是 Google 官方提供的开发工具，当然也有其他 Android 开发工具，但是官方推荐使用 Android Studio。

步骤 3　配置模拟器，这里选用的模拟器是 Genymotion。该模拟器运行速度快，对系统要求比较低，使用它可以提高开发效率。

1.3.1 面试技巧与解析（一）

面试官：打开 cmd 命令行窗口，输入 javac 命令，却提示找不到该命令，是什么原因？

应聘者：首先，检查是否安装 Java 环境，如果没有安装环境，应先安装并配置 Java 环境；其次，如果已经安装 Java 环境，应检查是否正确配置 Java 环境变量，如果没有正确配置 Java 环境，也会导致无法找到 javac 命令。

1.3.2 面试技巧与解析（二）

面试官：安装 Android Studio 集成开发环境时，如何配置 Android SDK？

应聘者：在安装 Android Studio 开发工具过程中会提示下载 Android SDK，这时如果选择下载，系统将自动配置好 Android SDK。如果选择稍后下载，等待安装完成后可以启动 SDK 管理工具进行下载（只需选择存放路径及需要下载的 SDK 即可）。

第 2 章 Android Studio 的使用

学习指引

在本章中我们主要学习 Android 的应用框架、创建应用、熟悉 Android Studio 功能及常用快捷键和操作技巧等内容。因为只有学会使用 Android 开发工具，开发人员才能更好地进行 Android 开发。

重点导读

- 熟悉 Android 的应用框架。
- 熟悉 Android Studio。
- 了解 Android Studio 的常用快捷键。
- 熟悉 Android Studio 的操作技巧。

2.1 Android 应用框架

2.1.1 创建第一个应用

使用 Android Studio 创建安卓工程需要以下几个步骤。

步骤 1　启动 Android Studio 开发工具，第一次启动 Android Studio 的欢迎界面如图 2-1 所示，选择 Start a new Android Studio project 创建一个新的工程文件。

步骤 2　在打开的对话框中可以设置工程名称、公司名称和工程文件存放路径等，如图 2-2 所示。

步骤 3　在打开的对话框中勾选 Phone and Tablet，如图 2-3 所示。

步骤 4　单击 Help me choose 链接，可以打开如图 2-4 所示的对话框。该对话框中提供了开发商统计的当前各个版本 Android 系统的使用情况，可以作为开发参考。

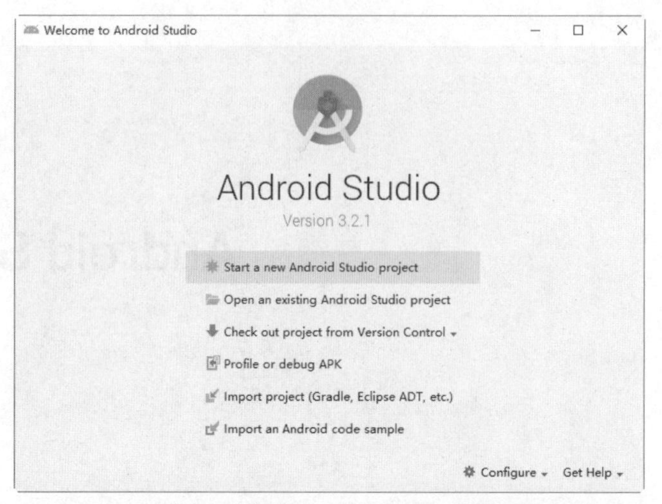

图 2-1　启动 Android Studio 界面

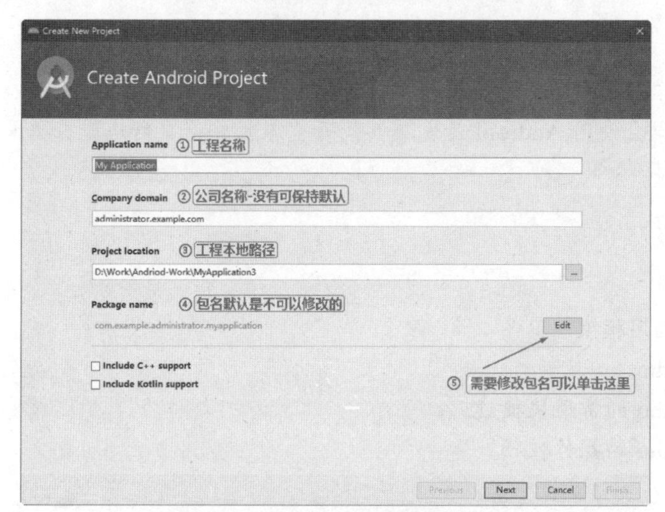

图 2-2　设置工程名称等信息

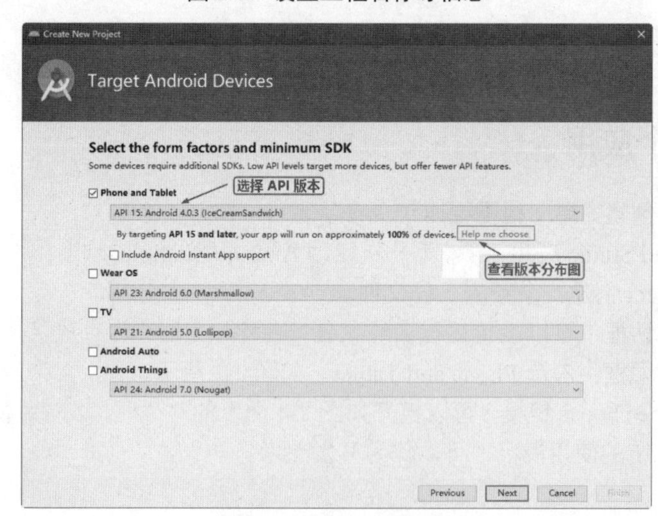

图 2-3　选择 API 版本

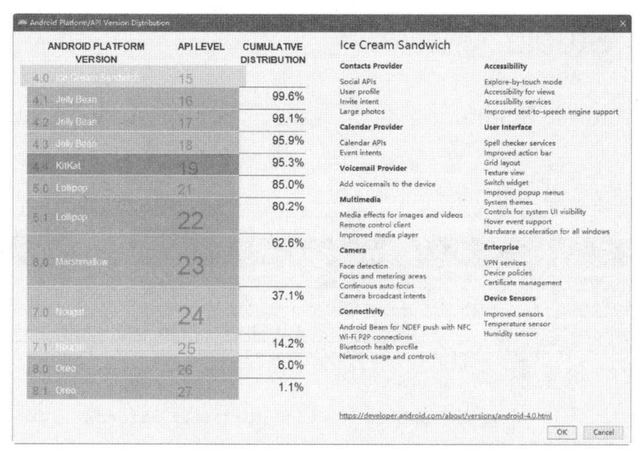

图 2-4　查看版本分布图

步骤 5　进入活动模板选择界面，如图 2-5 所示。从该界面中选择 Empty Activity 创建一个空的活动模板，选择完成后单击 Next 按钮。

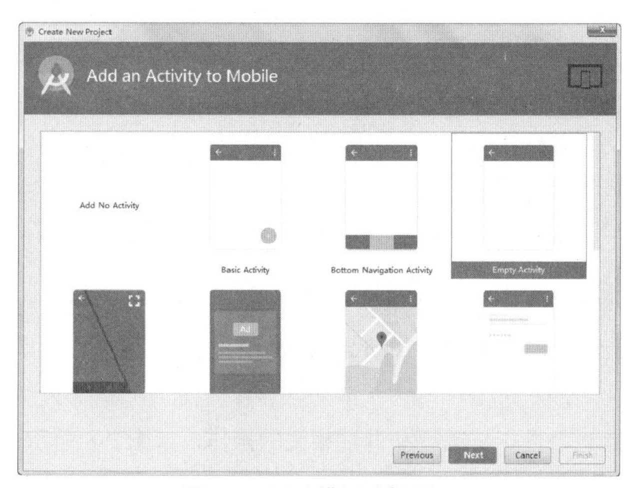

图 2-5　活动模板选择界面

步骤 6　进入活动配置界面，保持默认设置，如图 2-6 所示，然后单击 Finish 按钮。

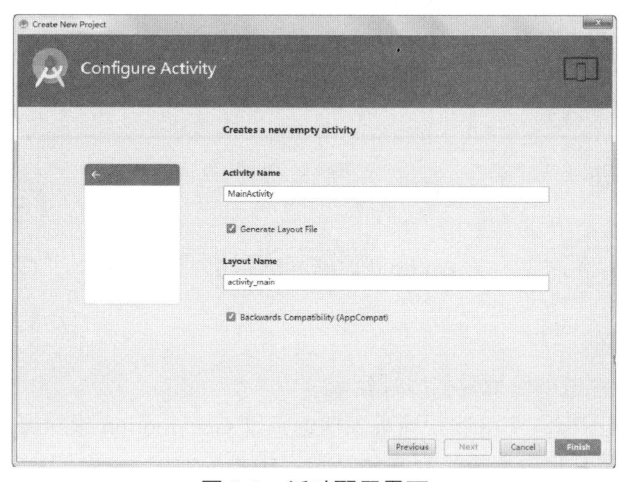

图 2-6　活动配置界面

2.1.2　熟悉 Android Studio

创建完应用后，需要对 Android Studio 工具有所了解。下面针对 Android Studio 工具的不同区域进行分类讲解。

Android Studio 整个工作区域如图 2-7 所示。

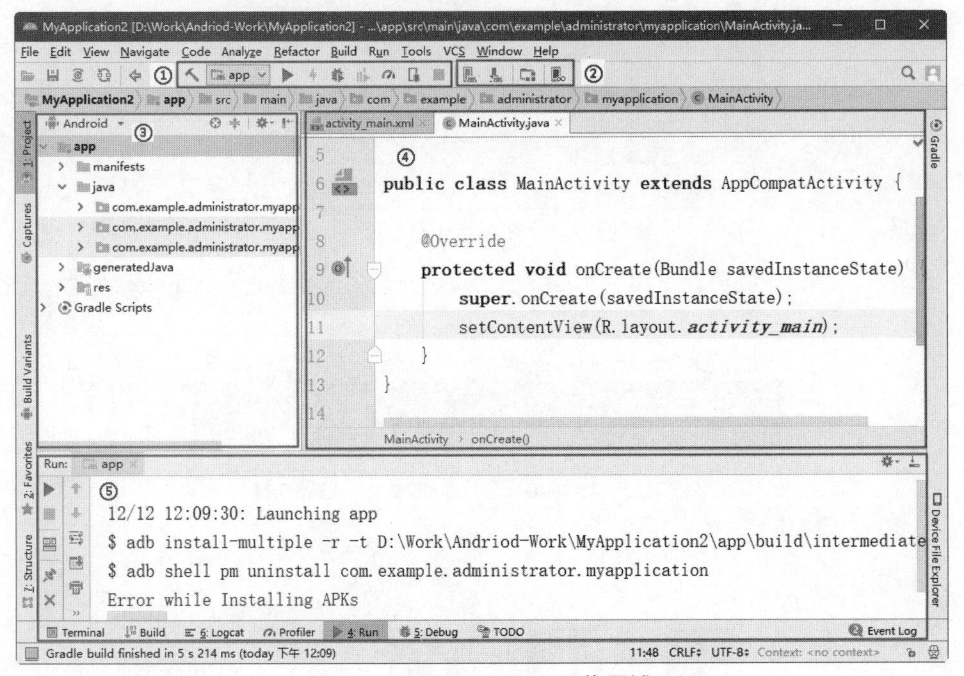

图 2-7　Android Studio 工作区域

其中可以分为 5 个区域。

区域 1：这个区域主要是用来进行与运行和调试相关的操作，如图 2-8 所示。

（1）编译中显示的模块。

（2）当前项目的模块列表。

（3）运行当前模块。

（4）更改应用。

（5）调试当前模块。

（6）测试当前模块代码覆盖率。

（7）进程分析器。

（8）调试安卓运行的进程。

（9）停止运行中的模块。

区域 2：这个区域主要是用来进行与 Android 设备和虚拟机相关的操作，如图 2-9 所示。

（1）Android 原生虚拟机。

（2）Android SDK 管理器。

（3）项目结构展示及一些与项目相关的属性配置。

（4）Genymotion 模拟器图标，使用该图标可以快速启动 Genymotion 模拟器。

区域 3：这个区域主要是用来进行与工程文件资源等相关的操作，如图 2-10 所示。

图 2-8　运行和调试区域

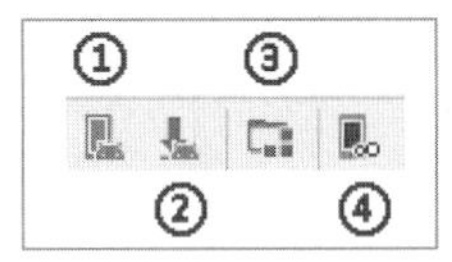

图 2-9　设备和虚拟机区域

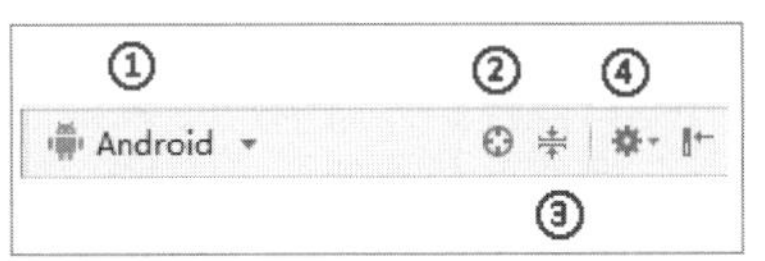

图 2-10　项目文件区域

（1）展示项目中文件的组织方式，默认是以 Android 方式展示的，还可以选择 Project、Packages、Scratches、ProjectFiles、Problems 等展示方式。新手开发时建议使用 Android，因为其去掉了一些复制的目录结构，后续还会使用到 Project 目录结构，这是完整的开发目录。

（2）定位当前打开文件在工程目录中的位置。

（3）关闭工程目录中所有的展开项。

（4）额外的一些系统配置，展开后是一个菜单，如图 2-11 所示。

区域 4：这个区域主要是用来编写代码和设计布局的，如图 2-12 所示。

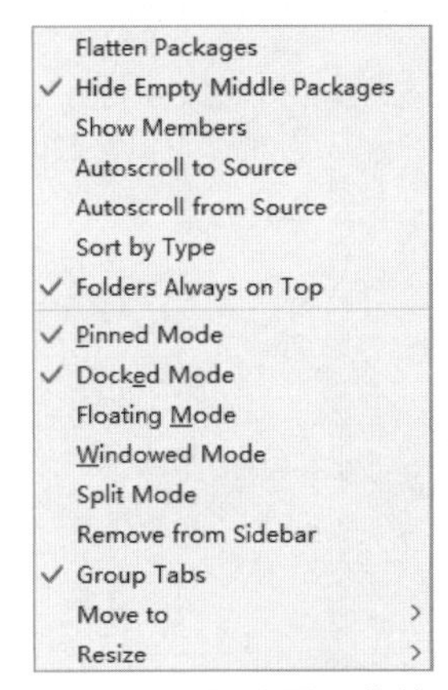

图 2-11　额外配置菜单

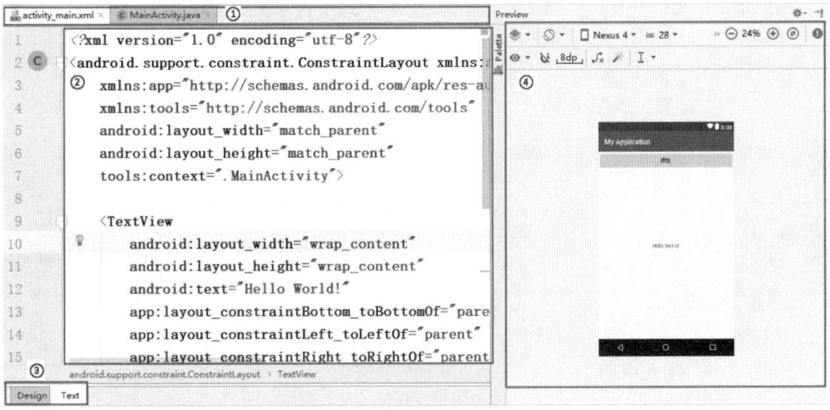

图 2-12　代码编辑区

（1）已打开文件的 Tab 页。

提示：在 Tab 页上按 Ctrl 键+单击鼠标会弹出一个菜单，其中会列出该文件的完整路径，如图 2-13 所示。

（2）代码编辑区域，在其界面中可以编写 Java 代码或布局文件的 XML 代码。

（3）布局编辑模式切换，Design 标签用来可视化设计布局，Text 标签用来编辑布局代码。

（4）UI 布局预览区域。

图 2-13　文件路径

区域 5：这个区域主要是用来查看一些输出信息的，如图 2-14 所示。

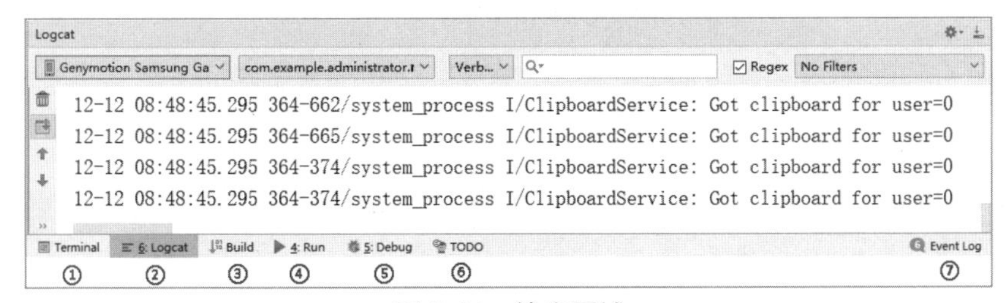

图 2-14　输出区域

（1）终端，在其界面中可以进行命令行的操作。
（2）自定义日志信息及系统日志信息查看。
（3）编译信息查看。
（4）应用运行后的一些信息。
（5）调试信息及操作。
（6）标有 TODO 注释的列表。
（7）事件及一些事件日志。

2.1.3 默认工程目录

项目创建完成后 Android Studio 开发工具会默认生成一些工程目录，熟悉每个工程目录的作用对以后开发是非常有帮助的。

Android Studio 开发工具为每一个工程创建的目录是相同的，如图 2-15 所示。

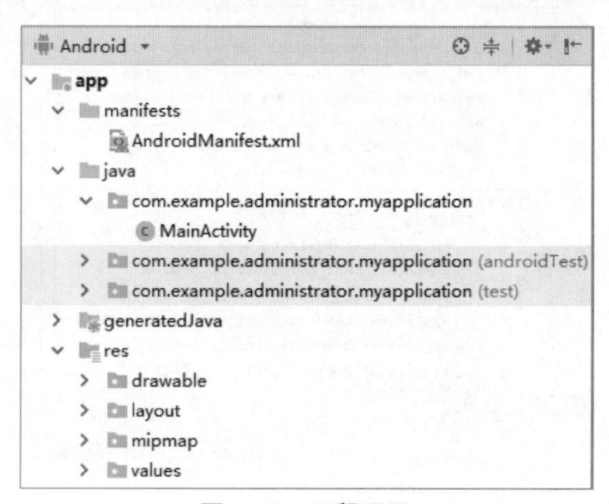

图 2-15　工程目录

1. manifests 目录

manifests 目录用于存放 AndroidManifest.XML 文件，该文件是整个 Android 项目的清单文件，其具体代码如下：

```
<--!定义了 xml 的版本与编码方式 -->
<?xml version="1.0" encoding="utf-8"?>
<--!定义了需要使用的架构，具体存放路径 -->
<manifest xmlns:android=http://schemas.android.com/apk/res/android
<--!定义了程序所在 java 包，应用包名是应用的唯一标识 -->
    package="com.example.administrator.myapplication" >
    <application
        android:allowBackup="true"                          //是否允许备份文件，允许
        android:icon="@mipmap/ic_launcher"                  //定义应用使用的图标
        android:label="@string/app_name"                    //定义应用的名称
        android:roundIcon="@mipmap/ic_launcher_round"       //定义圆角图标
        android:supportsRtl="true"
        android:theme="@style/AppTheme" >                   //定义使用的主题风格
<--!声明了一个 activity，MainActivity 是活动名，“.”表示与 app 包同目录-->
        <activity android:name=".MainActivity" >
```

```
<--!声明了一个 intent 过滤器-->
          <intent-filter>
<--!这两段代码决定了程序的入口，且 app 会被显示在 home 的应用程序列表-->
              <action android:name="android.intent.action.MAIN" />
              <category android:name="android.intent.category.LAUNCHER" />
          </intent-filter>
      </activity>
   </application>
</manifest>
```

2. java 目录

java 目录用于存放 java 源文件，业务功能都从这里实现。新生成的代码如下：

```
定义一个 MainActivity 类继承自 AppCompatActivity
public class MainActivity extends AppCompatActivity {
   @Override //子类重写父类方法标识
   protected void onCreate(Bundle savedInstanceState) {
       super.onCreate(savedInstanceState);        //使用父类方法实例化
       setContentView(R.layout.activity_main);    //设置布局文件
   }
}
```

3. res 资源目录

res 资源目录中又分别包含了 drawable 资源目录、layout 资源目录、mipmap 资源目录和 values 资源目录。

（1）drawable：存放各种位图文件（如.png、.jpg、.9png、.gif 等），除此之外可能是一些其他 drawable 类型的 XML 文件。

（2）layout：该目录下存放的是布局文件。另外在一些特殊场景下，还需要做屏幕适配，比如 480×320 这样的手机会另外创建一套布局——像 layout-480×320 这样的文件夹。

（3）mipmap：存放图标资源文件，其根据不同分辨率又进行了划分。

mipmap-hdpi：高分辨率。

mipmap-mdpi：中等分辨率。

mipmap-xhdpi：超高分辨率。

mipmap-xxhdpi：超超高分辨率。

（4）values：该目录用于存放一些资源文件，其中又包括以下几个文件。

demens.xml：定义尺寸资源。

string.xml：定义字符串资源。

styles.xml：定义样式资源。

colors.xml：定义颜色资源。

arrays.xml：定义数组资源。

attrs.xml：自定义控件的属性，自定义控件时用的较多。

theme0 文件和 styles 文件很相似，但是会对整个应用中的 Activity 或指定的 Activity 起作用，一般是改变窗口外观的，可在 Java 代码中通过 setTheme 使用，或者在 Android Manifest.XML 中为<application...>添加 theme 的属性。

注意：读者在参看其他源码时，可能看到过这样的 values 目录：values-w820dp 和 values-v11 等，前者中 w 代表平板设备、820dp 代表屏幕宽度；而后者中 v11 代表在 API(11)（即 Android 3.0）后才会用到。

2.1.4 Android 中的 R 文件

在进行 Android 开发的过程中，经常会遇到 R 文件报错，令许多初学者非常头疼。这个 R 文件到底是什么文件？本小节就一起来了解 Android 中的 R 文件。

在 Android Studio 默认工程目录中是找不到 R 文件的，需要切换到工程目录才可以查看 R 文件。找到 R 文件需要以下几个步骤。

步骤 1 单击 Android Studio 中的 Android→Project 目录，如图 2-16 所示。

步骤 2 切换到 Project 目录后，查看工程目录如图 2-17 所示。

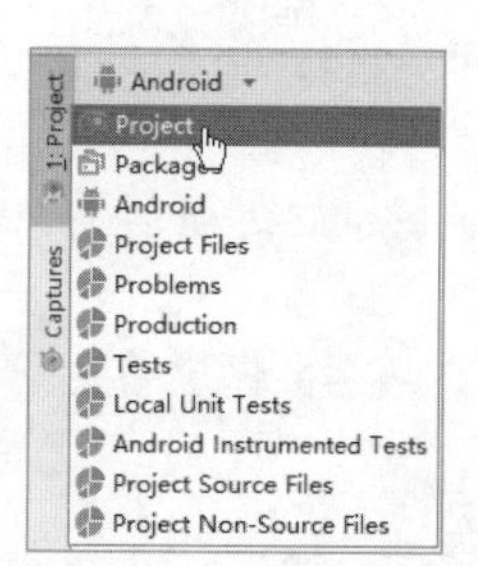

图 2-16 单击 Project 目录

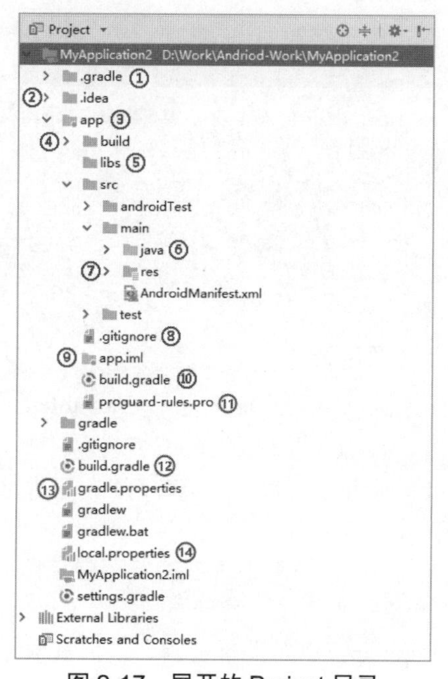

图 2-17 展开的 Project 目录

Project 目录中各子目录及文件的功能介绍如下。

（1）Gradle 编译系统，版本由 wrapper 指定。

（2）Android Studio IDE 所需要的文件。

（3）应用相关文件的存放目录。

（4）编译后产生的相关文件。

（5）存放相关依赖库。

（6）代码存放目录。

（7）资源文件存放目录（包括布局、图像及样式等）。

（8）git 版本管理忽略文件，标记出哪些文件不用进入 git 库中。

（9）Android Studio 的工程文件。

（10）模块的 gradle 相关配置。

（11）代码混淆规则配置。

（12）工程的 gradle 相关配置。

（13）gradle 相关的全局属性设置。

（14） 地属性设置（如 key 及 Android SDK 位置等属性设置）。

步骤 3 依次展开 app 目录对应项，便可以找到 R 文件，如图 2-18 所示。

步骤 4 双击打开 R 文件，在左侧代码编辑区便可以看到 R 文件的具体内容，如图 2-19 所示。

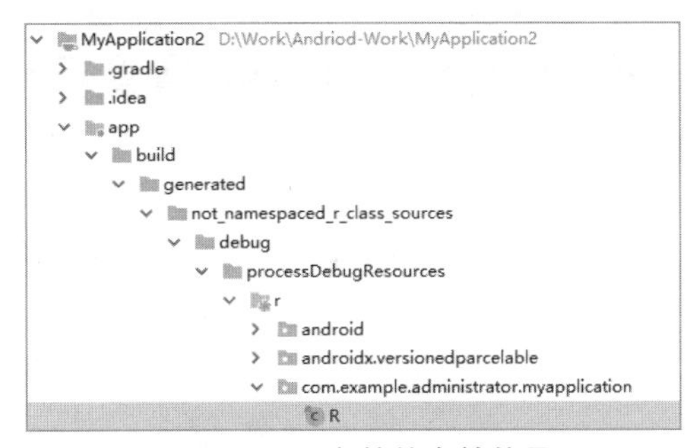

图 2-18 R 文件的存放位置

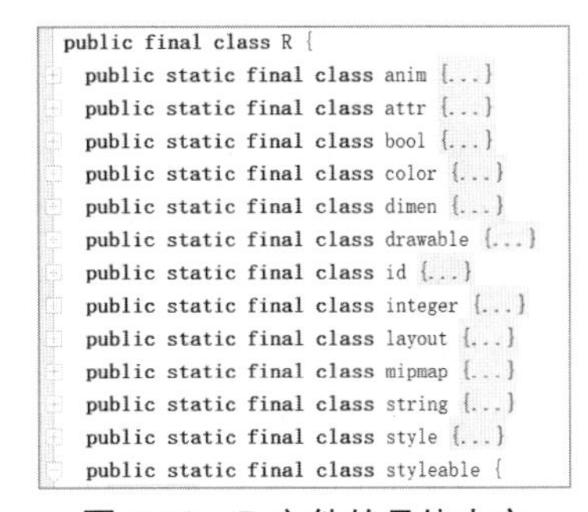

图 2-19 R 文件的具体内容

Android 应用程序被编译后会自动生成一个 R 类，其中包含了所有 res/目录下资源的 ID，如布局文件、资源文件及图片文件（values 下所有文件）的 ID 等。在编写 Java 代码需要用这些资源的时候，可以使用 R 类，通过子类 + 资源名或者直接使用资源 ID 来访问资源。

R.java 文件是活动的 Java 文件（如 MainActivity.java）和资源文件（如 strings.XML）之间的“胶水”。一般不建议直接修改 R.java 文件的内容，因为修改会破坏整个工程的资源信息。

如何通过 R 文件来实现资源调用呢？使用情况有两种：Java 代码中使用和 XML 代码中使用。

1. Java 代码中使用

Java 文本：

```
txtName.setText(getResources().getText(R.string.name));
```

图片：

```
imgIcon.setBackgroundDrawableResource(R.drawable.icon);
```

颜色：

```
txtName.setTextColor(getResouces().getColor(R.color.red));
```

布局：

```
setContentView(R.layout.main);
```

控件：

```
txtName = (TextView)findViewById(R.id.txt_name);
```

2. XML 代码中使用

通过@xxx 即可得到，比如这里获取文本和图片。

```
<TextViewandroid:text="@string/hello_world"
android:layout_width="wrap_content" android:layout_height="wrap_content"
android:background="@drawable/img_back"/>
```

但是有时候，R 文件并不能像预想的那样被生成出来或可以正确使用，以下总结了几个与 R 文件相关的错误及解决方案。

（1）XML 本身有错误。解决方案：把 console 中的信息清除（执行 clear 命令），再清除项目，这个时候，console 中会有很多红色的信息，参照这个肯定能准确地找到哪个文件报错了。

（2）编码格式不正确。解决方案：修改编码格式为 UTF-8。

（3）配置问题。常规解决方案：

①选择菜单 Project→Clean，前提是勾选上 Bulid Automatically（自动构建部署），会重新构建项目。因为一般情况下，R.java 文件在这个时候会重新生成一遍，如果工程有错，就不会自动生成。

②选择工程，右击选择 Android Tools→Fix Project Properties，这个操作有时可以修正一些错误。

③重新建一个空的工程，然后把这里面的代码、资源文件按照对应的包路径复制进去，重新生成一遍，或者从一个完好的项目中复制一个 R 文件进来，修改一下 XML 文件即可。

（4）默认的 SDK 版本问题。解决方案：修改 SDK 版本至合适版本，重新构建项目。

（5）Android Studio 包自动导入时误操作屏蔽了 R 文件。解决方案：打开 Android Studio 界面选择 File→Settings→Editor→General→Auto Import，打开自动引用设置界面，删除被屏蔽的 R 文件。

（6）当以上方法均没有起作用的时候，也可以尝试删除 gen 目录，重新编译，IDE 会自动生成 gen 目录及 R 文件。

2.2　常用快捷键和操作技巧

熟练使用 Android Studio 快捷键，同时熟练掌握 Android Studio 的一些操作技巧，能够提高开发速度。

2.2.1　常用快捷键

表 2-1　编辑相关快捷键

快　捷　键	功　　能
Ctrl+Space	补全代码
Ctrl+Shift+Space	智能代码补全
Ctrl+Shift+Insert	可以选择剪贴板内容并插入
Ctrl+P	显示参数信息
Ctrl+Q	显示注释文档
Shift+F1	如果有外部文档可以连接外部文档
Ctrl+鼠标	显示基本信息
Ctrl+F1	查找正在编辑的文件
Alt+Insert	生成代码（构造器、getter、setter、toString 等）
Ctrl+O	快捷覆写方法
Ctrl+I	实现接口的方法
Ctrl+Alt+T	快捷生成结构体（if-else、try-catch 等）
Ctrl+/	单行注释
Ctrl+Shift+/	多行注释
Ctrl+W	逐步扩大选中单词—语句—结构体—函数，直至文件
Ctrl+Shift+W	同上一个快捷键相反，为逐步减小选中范围
Alt+Q	上下文信息，快速看到当前的方法生命或类声明

续表

快 捷 键	功 能
Alt+Enter	导入包，快速修复
Ctrl+Alt+L	格式化代码
Ctrl+Alt+O	优化导入的类和包
Ctrl+Alt+I	自动缩进
Tab/Shift+Tab	增加/减少缩进，可以选中多行
Ctrl+X / Shift+Delete	剪切当前行或代码块到剪贴板
Ctrl+C / Ctrl+Insert	复制当前行或代码块到剪贴板
Ctrl+V / Shift+Insert	从剪贴板复制
Ctrl+Shift+V	到剪贴板查看最近内容，进行选择、剪切操作
Ctrl+D	快速复制行或块
Ctrl+Y	删除行
Ctrl+Shift+J	将下一行移到本行
Ctrl+Enter	智能分割，即快速开辟一个空行
Shift+Enter	创建下一行为空行（光标跟随）
Ctrl+Shift+U	大小写转换
Ctrl+Shift+[/]	选中代码至代码块
Ctrl+Delete	删除至单词尾部
Ctrl+Backspace	删除至单词头部
Ctrl+ +/−	折叠/展开代码块
Ctrl+Shift+ +/−	折叠/展开全部代码块
Ctrl+F4	关闭当前标签页

表 2-2　引用搜索相关快捷键

快 捷 键	功 能
Ctrl+F7 / Alt+F7	查询当前元素在当前文件中的引用
Ctrl+Shift+F7	在文件中高亮显示方法
Ctrl+Alt+F7	显示方法调用位置

表 2-3　模板快捷键

快 捷 键	功 能
Ctrl+Alt+J	显示相近的实时模板
Ctrl+J	导入模板

表 2-4　通用快捷键

快 捷 键	功 能
Alt+数字（1～9）	打开相应的工具栏
Ctrl+S	全部保存

续表

快　捷　键	功　　能
Ctrl+Alt+Y	同步
Ctrl+Shift+F12	是否最大化编辑器
Ctrl+Shift+F	添加到 Favorites
Ctrl+Shift+I	预览某个类或方法的实现
Ctrl+反引号	切换模板
Ctrl+Alt+S	打开设置窗口
Ctrl+Alt+Shift+S	显示工程结构
Ctrl+Shift+A	查找动作、快速调用必备“神器”
Ctrl+Tab	在标签页和工具栏中切换
Shift+鼠标左键	关闭标签页
Ctrl+Alt+Space	类名或接口名提示
Ctrl+P	方法参数提示
Alt+Shift+C	对比最近修改的代码
Alt+1	快速打开或隐藏工程面板
Ctrl+Shift+F7	高亮显示所有文本，按 Esc 键则高亮消失
Alt+Shift+↑/↓	上下移动行

表 2-5　导航栏相关快捷键

快　捷　键	功　　能
Ctrl+N	可以快速打开类
Ctrl+Shift+N	查找文件
Ctrl+Shift+Alt+N	查找类中的方法或变量
Alt+←/→	切换代码视图
F12	返回上一个工具栏
Esc	返回编辑器
Shift+Esc	隐藏上一个或最后一个活动的窗口
Ctrl+Shift+F4	隐藏窗口（如信息、标签等窗口）
Ctrl+G	跳转至指定行
Ctrl+E	最近浏览过的文件
Ctrl+Alt+←/→	返回至上次浏览的位置
Ctrl+Shift+Backspace	跳转到上次编辑的位置
Alt+F1	将正在编辑的元素在各个面板中定位
Ctrl+B 或 Ctrl+鼠标左键	快速打开光标处的引用或方法声明
Ctrl+Alt+B	跳转至实现处
Ctrl+Shift+I	快速查询定义

续表

快 捷 键	功 能
Ctrl+U	跳转至父类或父方法
Alt+ ↑ / ↓	跳转至上一个或下一个方法/内部类处
Ctrl+[或 Ctrl+]	跳到大括号的开头或结尾
Ctrl+F12	显示当前文件的结构
Ctrl+H	显示类结构图
Ctrl+Shift+H	方法层次
Ctrl+Alt+H	查找调用位置
F2 或 Shift+F2	高亮错误或警告快速定位
F4 / Ctrl+Enter	编辑/查看源代码
Alt+Home	显示导航栏
F11	设置/取消书签
Ctrl+F11	设置/取消记号标签
Ctrl+数字（1～9）	跳转至指定数字标记的标签
Shift+F11	显示书签

表 2-6 查找替换相关快捷键

快 捷 键	功 能
双击 Shift	全部搜索
Ctrl+F	查找
F3	查找下一个
Shift+F3	查找上一个
Ctrl+R	替换
Ctrl+Shift+F	指定路径查找
Ctrl+Shift+R	指定路径替换

表 2-7 重构相关快捷键

快 捷 键	功 能
F5	复制
F6	移动
Alt+Delete	安全删除
Shift+F6	重命名
Ctrl+F6	更改签名（访问修饰符、返回值及参数）
Ctrl+Alt+N	查看内联函数
Ctrl+Alt+M	抽取方法
Ctrl+Alt+V	抽取变量
Ctrl+Alt+F	抽取字段

续表

快　捷　键	功　　能
Ctrl+Alt+C	抽取常量
Ctrl+Alt+P	抽取参数

表 2-8　调试相关快捷键

快　捷　键	功　　能
F8	单步执行，不进入子函数
F7	单步执行，遇到子函数进入后继续单步执行
Shift+F7	智能单步执行
Shift+F8	跳出子函数至调用下一行
Alt+F9	运行至光标处
Alt+F8	计算表达式的值
F9	执行到下一个断点
Ctrl+F8	设置/取消断点
Ctrl+Shift+F8	显示断点界面
Shift+9	调试

表 2-9　编译和运行相关快捷键

快　捷　键	功　　能
Ctrl+F9	编译修改过的文件和依赖
Ctrl+Shift+F9	编译选中的文件、包和依赖
Alt+Shift+F10	选择配置并运行（弹出窗口后，可按住 Shift 键切换至调试）
Alt+Shift+F9	选择配置并调试
Shift+F10	运行
Ctrl+Shift+F10	使用上一次的配置运行

表 2-10　版本控制快捷键

快　捷　键	功　　能
Ctrl+K	提交工程到 VCS
Ctrl+T	从版本控制系统更新工程
Alt+Shift+C	查看最近修改过的文件
Alt+反引号	快速显示版本控制

2.2.2　操作技巧

本小节讲解一些开发中的实用技巧，这里不需要读者马上掌握，但是需要在学习过程中日积月累，这样才能记住并灵活使用这些技巧。

（1）书签

这是一个很有用的功能，在必要的地方设置标记，方便后面再跳转到此处。

通过选择菜单栏中的 Navigate→Bookmarks 可以打开书签操作菜单，如图 2-20 所示。

选中需要书签的代码，通过按快捷键 F11 可以添加或删除书签，添加时代码行号处会多出一个“√”的标记，如图 2-21 所示。

如果需要添加带标记的书签，可以通过按快捷键 Ctrl+F11 实现，此时书签图标将换成设定的标记，如图 2-22 所示。

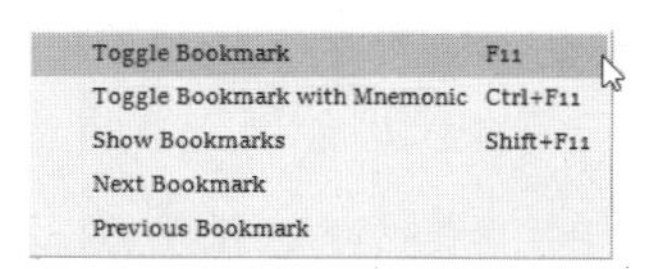

图 2-20 书签操作菜单

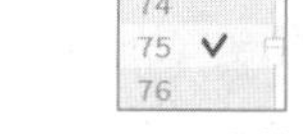

图 2-21 书签图标

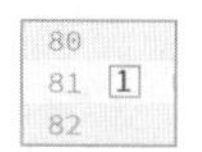

图 2-22 带标记书签

如果需要显示所有书签，可以通过按快捷键 Shift+F11 实现，此时会打开一个书签列表对话框，如图 2-23 所示。

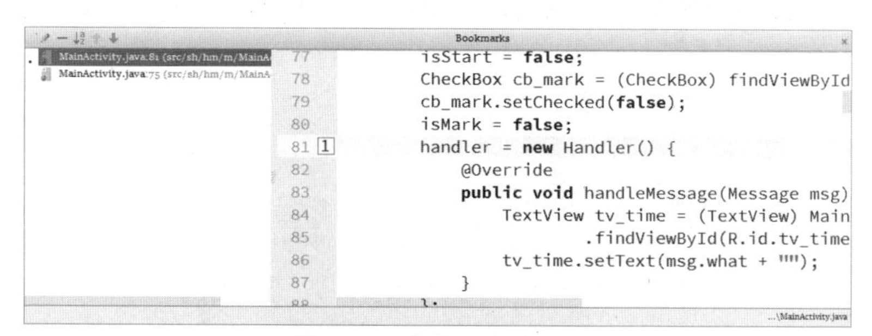

图 2-23 书签列表对话框

如果想快速跳转到带标记的书签处，可以通过按快捷键 Ctrl+标记实现。例如按快捷键 Ctrl+1，即可跳转到标记为 1 的书签处。

（2）快速隐藏所有窗口

在实际开发中，如果代码过长，可以通过按快捷键 Ctrl+Shift+F12 隐藏其他非代码窗口，以便于代码操作。

（3）隐藏工程管理窗口

通过按快捷键 Alt+1 可以隐藏工程管理窗口，以便全屏显示代码。

注意：快捷键 Alt+1 中，末尾是数字键“1”，不是字母键“l”，另外这个键不能使用小键盘中的数字键。

（4）高亮显示

如果需要查看某个变量或函数在代码中的位置，通过输入查找内容并按快捷键 Ctrl+Shift+F7，代码区中会对查找的变量或函数进行高亮显示，如图 2-24 所示。

```
56    protected void onCreate(Bundle savedInstanceState) {
57        super.onCreate(savedInstanceState);
58        drawables = Utils.getDrawable(MainActivity.this);
59        setContentView(R.layout.activity_main);
60        bombNumber = BOMBS[level % 3];
61        ((TextView) findViewById(R.id.tv_level)).setText(LEVEL[0]);
62        ((TextView) findViewById(R.id.tv_bomb)).setText(bombNumber + "");
63        ((TextView) findViewById(R.id.tv_time)).setText(0 + "");
64        initView();
65        initAction();
66    }
```

图 2-24 高亮显示

（5）返回之前操作的窗口

在实际开发中常需要在 Android Studio 各个窗口间进行切换，如果需要返回之前操作过的窗口，通过按快捷键 F12 即可快速返回。

（6）返回上一个编辑的位置

同返回上一个窗口类似，如果需要返回上一次编写代码的位置，通过按快捷键 Ctrl+Shift+Backspace 即可返回。

（7）在方法间或内部类间跳转

如果需要在方法间或内部类间进行跳转，可以通过按快捷键 Alt+↑/↓。

（8）定位到父类

如果需要查看某类的父类，可以通过按快捷键 Ctrl+U 实现。

（9）快速查找某个类

当工程中有多个类时，可以通过按快捷键 Ctrl+N 快速查找到某个类。

（10）快速查找某个文件

如果需要在工程中查找某个具体文件，可以通过按快捷键 Ctrl+Shift+N 实现。

（11）快速查看定义

在代码中，如果需要查看一个方法或类的具体声明，可以通过按快捷键 Ctrl+Shift+I 在当前位置开启一个窗口进行查看，如图 2-25 所示。

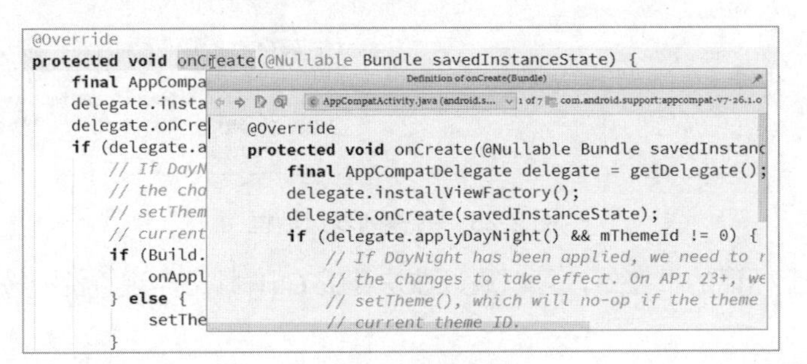

图 2-25　查看声明

（12）最近访问过的文件列表

通过按快捷键 Ctrl+E 可以打开一个最近访问过的文件列表，如图 2-26 所示。

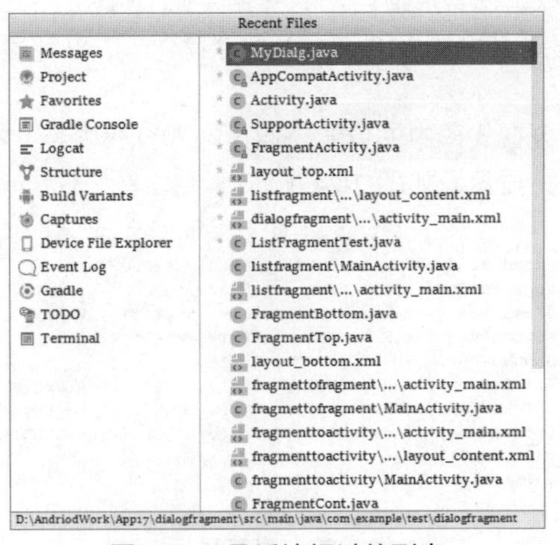

图 2-26　最近访问过的列表

（13）布局文件与活动文件切换

在实际开发中常需要在布局文件与活动文件间来回切换，在布局代码行号中有一个图标，如图 2-27 所示，单击即可切换至活动文件；同样在活动文件中也提供了相应的图标，如图 2-28 所示，单击即可切换至布局文件。

图 2-27　切换至活动文件的图标

图 2-28　切换至布局文件的图标

（14）扩大/缩小选择

在代码编辑中，如果需要选中一块代码可以按通过按快捷键 Ctrl+W 实现，不断按会发现选中的区域在不断扩大。如果需要缩小选中区域，可以通过按快捷键 Ctrl+Shift+W 实现。

2.3　就业面试技巧与解析

本章详细讲解了 Android Studio 集成开发环境的功能模块划分及每个模块中的具体功能，创建了第一个 Android 应用，并讲解了 Android 工程中不同目录的作用。在面试中考官会问到 Android 中不同目录的作用，其目的是：一方面考察应试者对工程目录的熟悉程度，另一方面通过 Android 工程目录可以反映出开发者的实际开发年限。

2.3.1　面试技巧与解析（一）

面试官： Android 工程中 R 文件的作用是什么？如果工程中找不到 R 文件，如何处理？

应聘者： Android 工程中的 R 文件相当于整个工程的库房管理处，任何一个组件都需要在这里进行备案（注册 ID）。一般自行创建的工程很少被发现无法找到 R 文件的情况，如果找不到可以重新启动开发工具；如果是导入其他工程找不到 R 文件的情况，可以通过选择 Build→Clean Project→Rebuild Project 重新编译工程，此时 Android Studio 中会显示错误信息，根据提示修改即可。

2.3.2　面试技巧与解析（二）

面试官： 在实际开发中，如果忘记关键字的书写，应该如何解决？

应聘者： Android Studio 集成开发工具有强大的代码补全功能，可以通过按快捷键 Ctrl+Space 进行代码补全。如果忘记某一个类中具体方法，可以先创建一个类，通过“.”操作符查看该类的所有方法；如果继承某个类需要重写相应的方法，可以通过按快捷键 Ctrl+O 调出重写方法窗口，快速重写父类方法。

第 3 章

Android 开发基础知识

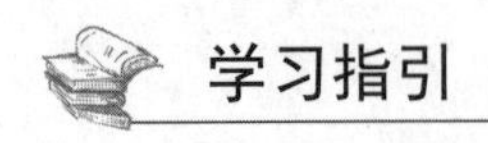

学习指引

由于 Android 是采用 Java 语言进行开发的，因此读者必须对 Java 语法有一定的了解。本章正是对后期 Android 开发进行了一个铺垫。

重点导读

- 了解基本数据类型。
- 掌握数值运算和类型转换。
- 熟悉流程控制。
- 掌握 while 循环、do while 循环和 for 循环。
- 熟悉数组的创建。

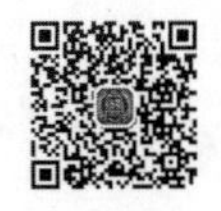

3.1 基本数据类型

任何一门编程语言都有自己的基本数据类型，Java 也不例外。本节将梳理 Java 中的基本数据类型。

3.1.1 字面值

在了解 Java 基本数据类型前，先了解几个计算机中的存储单位，如 bit、Byte、KB、MB 和 GB 等。

- bit：一个二进制位。
- Byte：8 个二进制位为一个字节。

1KB = 1024 字节

1MB = 1024KB

1GB = 1024 MB

以上这些是计算机中的基本单位及换算关系，需要读者进行熟记。

Java 中有以下 8 种基本数据类型。

① byte：字节型，Java 中最小的数据类型，在内存中占 8 位（bit），即 1 字节，取值范围为 -128～127（-2^{7}～$2^{7}-1$）之间，默认值为 0。

② short：短整型，在内存中占 16 位，即两字节，取值范围为 -32768～32767（-2^{15}～$2^{15}-1$）之间，默认值为 0。

③ int：整型，用于存储整数，在内存中占 32 位，即 4 字节。取值范围为 -2147483648～2147483647（-2^{31}～$2^{31}-1$）之间，默认值为 0。

④ long：长整型，在内存中占 64 位，即 8 字节，取值范围 -2^{63}～$2^{63}-1$ 之间，默认值为 0。

⑤ float：浮点型，在内存中占 32 位，即 4 字节，用于存储带小数点的数字（与 double 的区别在于，float 类型有效小数只有 6～7 位），默认值为 0.0f。

⑥ double：双精度浮点型，在内存中占 64 位，即 8 字节，用于存储带小数点的数字，默认值为 0.0d。

⑦ char：字符型，在内存中占 16 位，即两字节，用于存储单个字符，取值范围为 0～65 535，默认值为空。

⑧ boolean：布尔类型，在内存中占 1 位，用于判断真或假。

3.1.2　取值范围查看

本小节通过一个小的实例，演示 Java 中几种整数类型的取值范围。新建工程，工程命名为 app3 后，具体操作步骤如下。

步骤 1　打开新建工程，将左侧资源视图切换至 res 目录下的 layout 目录，如图 3-1 所示。

步骤 2　双击 activity_main.XML 布局文件，将代码视图切换至设计视图。在设计视图中有两个界面，左侧为效果展示界面，右侧为界面布局，如图 3-2 所示。

步骤 3　对界面进行简单布局，默认布局中会有一个文本框组件，拖动该文本框组件至合适的位置，再添加两个文本框控件，如图 3-3 所示。

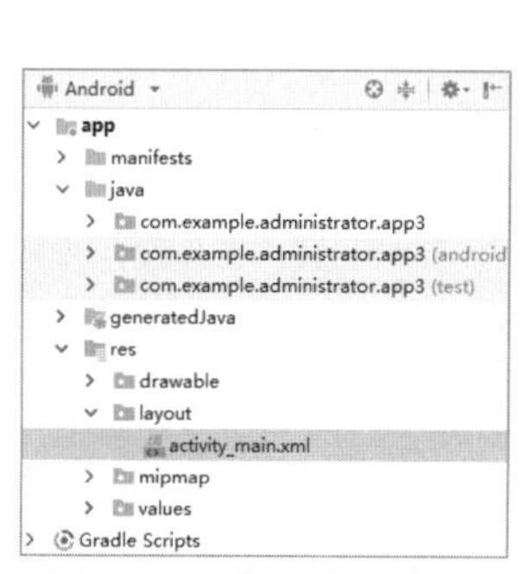

图 3-1　切换至布局文件

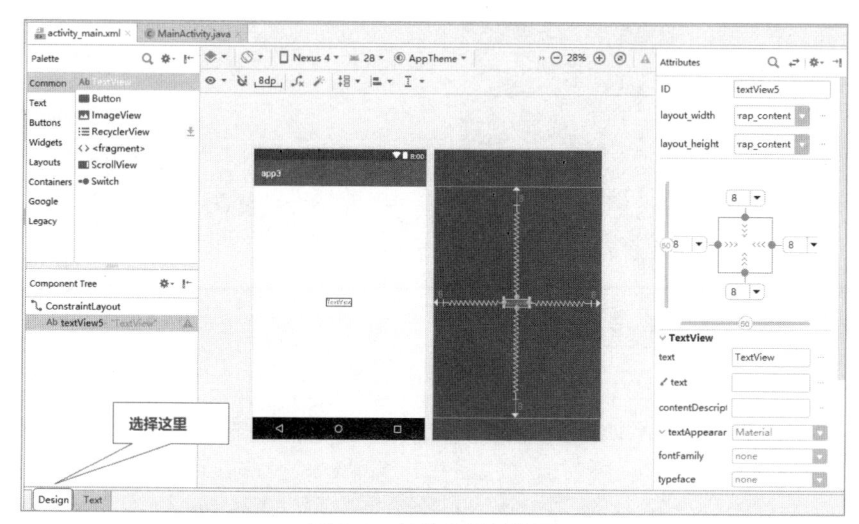

图 3-2　切换至设计视图

步骤 4　可以发现新添加的控件与系统创建控件不同，系统创建控件四周有波浪线，这个是布局约束。选中其中一个控件，其四周会出现空心圆圈，用鼠标选中一个圆圈，拖动至父布局边缘便可以形成约束，如图 3-4 所示。

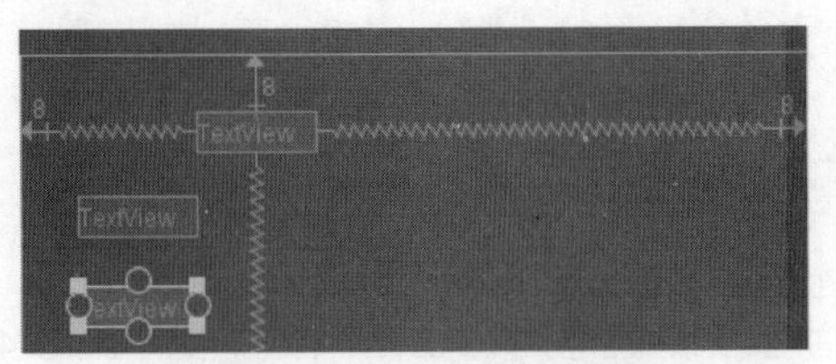

图 3-3　3 个文本视图控件

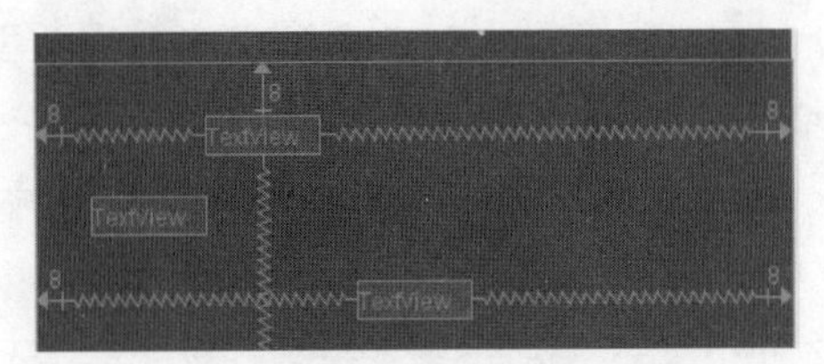

图 3-4　添加约束

步骤 5　选中某个控件后右侧会显示出该控件的属性，如图 3-5 所示。

步骤 6　修改 3 个控件的约束，修改 layout_width 属性为 match_const，如图 3-6 所示。

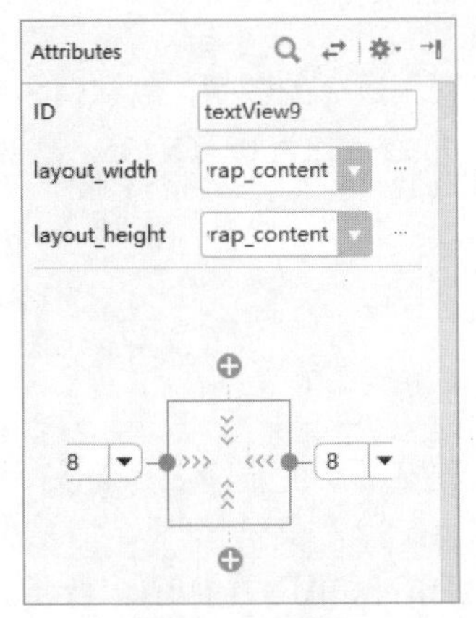

图 3-5　控件属性

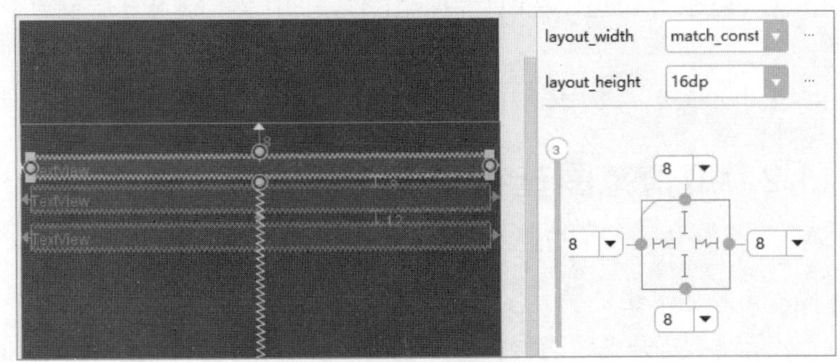

图 3-6　控件布局

步骤 7　添加按钮控件，拖动至合适位置进行约束，如图 3-7 所示。

步骤 8　修改按钮控件的 onClick 属性为 doClick、修改 text 属性为“按钮”，如图 3-8 所示。

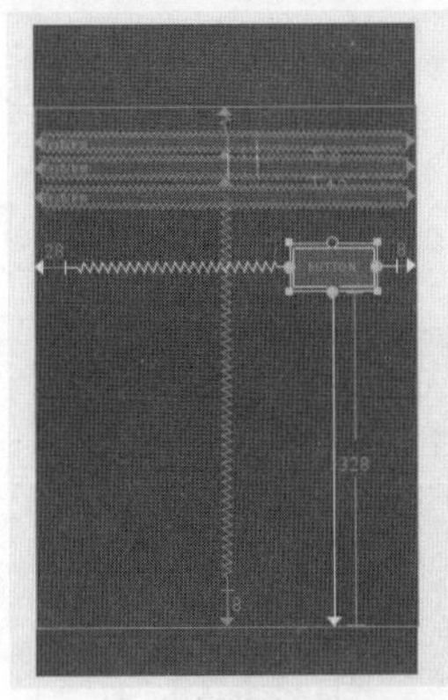

图 3-7　添加按钮控件

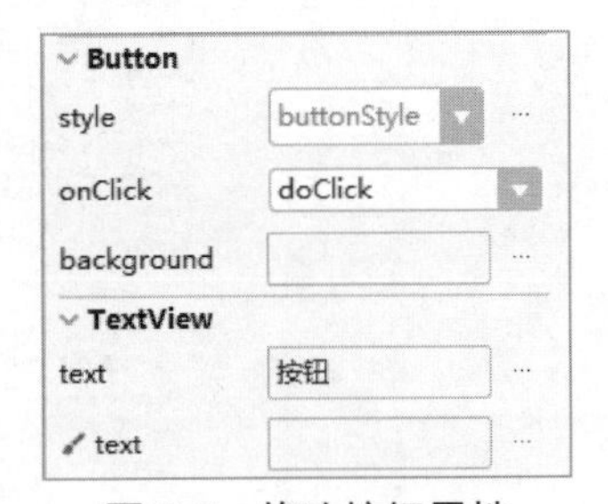

图 3-8　修改按钮属性

步骤 9　切换至 MainActivity.java 文件，修改其中的代码。具体代码如下：

```
public class MainActivity extends AppCompatActivity {
    TextView tv1,tv2,tv3;//定义文本框控件对象
    Button btn;//定义按钮控件对象
    @Override
    protected void onCreate(Bundle savedInstanceState) {
        super.onCreate(savedInstanceState);
        setContentView(R.layout.activity_main);
```

```
        //初始化控件与组件进行关联
        tv1 = findViewById(R.id.textView1);
        tv2 = findViewById(R.id.textView2);
        tv3 = findViewById(R.id.textView3);
    }
    public void doClick(View v){
        int a = Byte.MIN_VALUE;//字节型变量的最小值
        int b = Byte.MAX_VALUE;//字节型变量的最大值
        //在文本框控件中显示内容
        tv1.setText(String.valueOf(a)+"~"+String.valueOf(b));
        a = Short.MIN_VALUE;//短整型变量的最小值
        b = Short.MAX_VALUE;//短整型变量的最大值
        tv2.setText(String.valueOf(a)+"~"+String.valueOf(b));
        a = Integer.MIN_VALUE;//整型变量的最小值
        b = Integer.MAX_VALUE;//整型变量的最大值

tv3.setText(String.valueOf(a)+"~"+String.valueOf(b));
    }
}
```

步骤 10　上述程序运行后单击按钮，查看运行结果如图 3-9 所示。

图 3-9　运行结果

3.1.3　自由落体计算

本小节通过一个实例，演示浮点数在程序中的运算。要求创建一个模块，在界面中放置一个文本框控件用于显示结果，放置一个编辑框控件用于获取用户输入的数值，以及一个按钮控件用于执行运算，具体操作步骤如下。

步骤 1　新建一个模块，单击 File→New→New Module 可以创建一个新的模块，如图 3-10 所示。

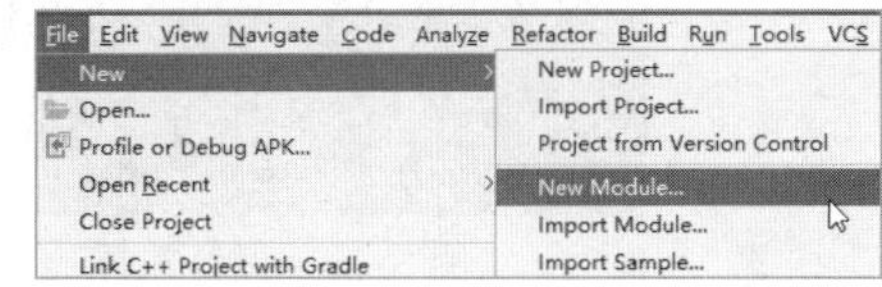

图 3-10　创建模块

步骤 2　在打开的对话框中选择 Phone & Tablet Module 选项，如图 3-11 所示，选择完成后单击 Next 按钮。

步骤 3　在打开的对话框中输入新模块的名称为 free fall，选择开发 SDK 版本，如图 3-12 所示，设置完成后单击 Next 按钮。

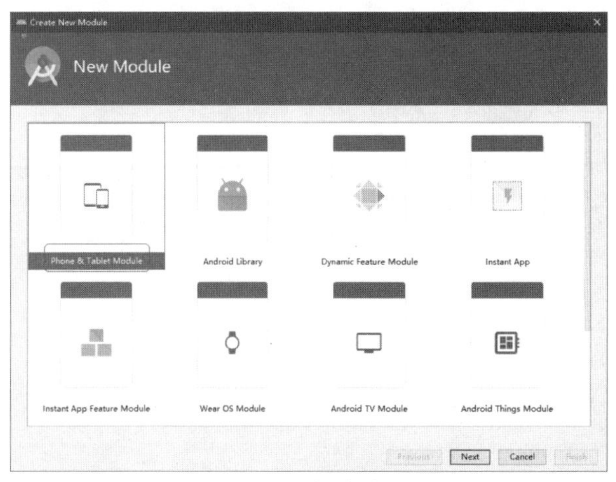

图 3-11　新建模块

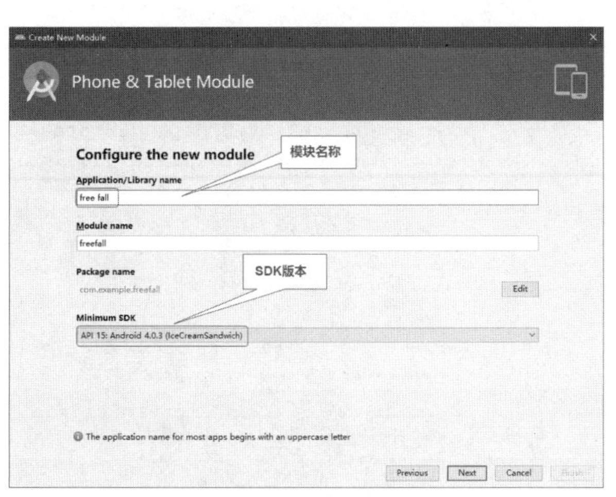

图 3-12　模块名称

步骤 4　在打开的对话框中选择 Empty Activity，即一个空的活动模板，如图 3-13 所示，选择完成后单击 Next 按钮。

步骤 5　在打开的对话框中设置活动名称及布局名称，保持默认值，单击 Finish 按钮，如图 3-14 所示。

图 3-13　模板选择

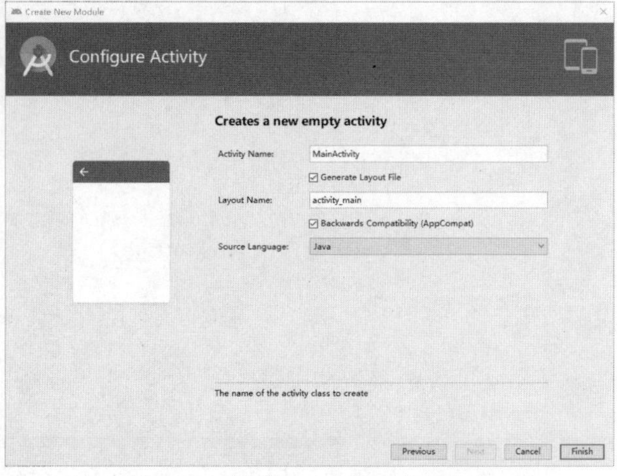

图 3-14　创建活动名称及布局名称

步骤 6　切换到新创建的模块中，设置布局，如图 3-15 所示。

步骤 7　修改按钮的 onClick 属性及 text 属性，如图 3-16 所示。

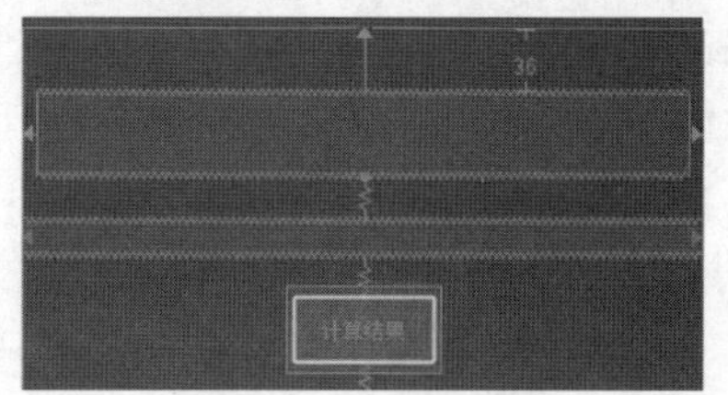

图 3-15　设计布局

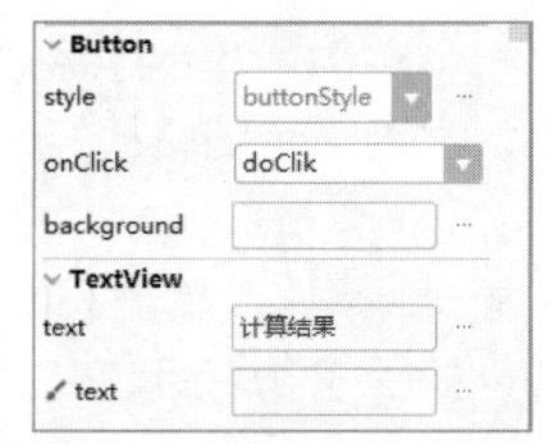

图 3-16　修改按钮属性

步骤 8　切换到 MainActivity.java 文件中，修改主活动中的代码如下：

```
public class MainActivity extends AppCompatActivity {
   EditText et;                                              //定义编辑框组件对象
   TextView tv;                                              //定义文本框组件对象
   @Override
   protected void onCreate(Bundle savedInstanceState) {
      super.onCreate(savedInstanceState);
      setContentView(R.layout.activity_main);
      et = findViewById(R.id.editText);                      //初始化编辑框与组件绑定
      tv = findViewById(R.id.textView);                      //初始化文本框与组件绑定
   }
   public void doClick(View v){
      //获取用户输出的时间
      double t = Double.parseDouble(et.getText().toString());
      double r = 9.8*t*t*0.5;                                //通过公式计算出结果
      tv.setText("下落距离=" + r.toString()+ "\n");          //将结果输出到文本框
      //顺便打印浮点数的最大值
      tv.append( "Double 最大值: " + String.valueOf(Double.MAX_VALUE));
   }
}
```

提示：自由落体公式为 $h=gt^2/2$，其中 h 为物体下落距离；g 为重力加速度；t 为时间。

步骤 9　在编辑框中输入时间，如“20”，单击“计算结果”按钮，查看运行结果，如图 3-17 所示。

图 3-17　运行结果

3.1.4　字面值与前后缀

1. 字面值

在 Java 源代码中，字面值用于表示固定的值。数值型的字面值是最常见的，字符串字面值也可以算是一种，当然还可以把特殊的 null 当做字面值。字面值大体上可以分为整型字面值、浮点字面值、字符和字符串字面值及特殊字面值。这里重点介绍整形字面值和浮点字面值。

1）整型字面值

从形式上看，整数的字面值可归类为整型字面值。一般情况下，字面值为 int 类型，但是 int 字面值可以赋值给 byte、short、char、long、int，只要字面值在目标范围以内，Java 会自动完成转换；如果试图将超出范围的字面值赋给某一类型（比如把 128 赋给 byte 类型），编译时会通不过。下面给出一些实例。

```
int a=4343;           //正确，因为整数字面值默认为 int 类型
long c=999999999;     //正确，右侧整数字面值为 int 类型
byte a=127;           //正确，右侧字面值在范围内，为 byte 类型
byte b=128;           //错，右侧字面值超出 byte 类型范围，为 int 类型
```

2）浮点字面值

浮点字面值可以理解为小数，默认情况下浮点数采用 double 类型字面值；另外，浮点字面值支持科学记数法表示。下面给出一些实例。

```
double a=3.14;        //正确，浮点数默认字面值为 double 类型
float b=3.14;         //错，右侧字面值为 double 类型
```

2. 前后缀

1）前缀

Java 中为了区分不同进制数，预留了前缀。通过前缀可以告知编译器数据是什么进制及类型。

常用前缀举例如下。

（1）0x：十六进制表示法。

0x123456789abcdef：十六进制数。

```
byte a = 0x7f;byte 类型最大值的十六进制表示
byte b = -0x80;byte 类型最小值的十六进制表示
```

（2）0：八进制表示法。

```
byte a = 0177;
byte b = -200;
```

（3）\u：char 类型十六进制表示法。

```
char a= 'u0061';
char b= 'u0062';
char a = 'a';
char b = 'b';
```

2）后缀

为了强调数据类型，Java 中还提供了后缀。使用后缀可以告知编译器数据的类型。

常用的几种后缀如下。

- L：代表 long 数据类型。
- F：代表 float 数据类型。
- D：代表 double 数据类型。

例如：

```
long a=9999999L;        //右侧字面值为 int 类型，但是加 L 后缀则强调为 long 类型
float b=3.14F;          //右侧字面值为 double 类型，加 F 后缀则强调为 float 类型
double c=3D;            //右侧字面值为 byte 类型，加 D 后缀则强调为 double 类型
```

3.2 数据运算

数据运算是对数据进行处理的基础，需要遵循某种运算规则，其包括算数运算、逻辑运算及关系运算规则。

3.2.1 数据运算规则

1. 常用运算举例

Java 基本数据类型的数据运算中，运算结果与参与运算的数据类型中精度最高的保持一致。例如：

- 3/2，整数 3 除以整数 2 的运算结果 1 还是整数类型。
- 3D/2，运算结果是 double 1.5。
- 1/2/4D，运算结果是 double 0。运算时从左向右，其运算结果是 0，因为 1/2 的结果是整数 0，如果想要得到正确结果，需要将首次运算 1/2 的其中一项转换成浮点型。

Byte、short、char 3 种整数类型运算时，会先自动转换为 int 类型。

```
byte a = 2;
byte b = 3;
byte c = a+b; //错误，int 类型 +int 类型，运算结果也是 int 类型，这点需要注意
```

2. 整数运算中的溢出

```
int a = Integer.MAX_VALUE;
a=a+1;              //最大值加 1 不会出错，而是得到最小值
```

int、long 有溢出，而 byte、short 没有，因为 byte、short 类型数据在运算时要先转换成 int 类型。

3. 浮点数运算不精确

```
2.0-1.9;            //得到结果 0.100000000009
4.35*100;           //得到结果 434.999999999996
```

以上这点需要了解，遇到需要精度较高的情况时要避免运算不精确。

4. 浮点数的特殊值

- Infinity：无穷大。

```
Double.MAX_VALUE*2
```

- NaN：Not a Number，不是一个数字。

```
Math.sqrt(-2)        //负数开平方会得到一个 NaN 特殊值
```

3.2.2 鹊桥会

本小节通过“鹊桥会”一个经典实例，演示基本数据类型在实际中的应用。

已知牛郎星距离织女星约 16.4 光年，光速为 299 792 458m/s，一只喜鹊身长 0.46m，要求计算牛郎与织女相会需要多少只喜鹊。

创建新的模块，在模块中设置一个文本框控件和一个按钮控件，通过计算输出结果，具体操作步骤如下。

步骤 1　新建模块并设置模块名称为 bridge，界面布局如图 3-18 所示。

步骤 2　修改主活动中的代码。具体代码如下：

```
public class MainActivity extends AppCompatActivity {
    TextView tv;//创建文本框组件对象
    @Override
    protected void onCreate(Bundle savedInstanceState) {
        super.onCreate(savedInstanceState);
        setContentView(R.layout.activity_main);
        tv = findViewById(R.id.textView);       //初始化控件与对象关联
    }
    public void doClick(View v){
        long ly = 299792458L*60*60*24*365;      //声明 long 类型的数据
        double d=16.4*ly;                       //计算出两星距离
        double n = d/0.46;                      //计算出喜鹊的数量
        tv.setText("需要喜鹊:\n"+n);
        tv.append("\n\n 光年: "+ly);
    }
}
```

步骤 3　上述程序运行后单击“计算”按钮，查看运行结果，如图 3-19 所示。这里运算出来的喜鹊数量是浮点数，但每只喜鹊是一个独立整体，因此喜鹊数量不可能存在浮点数，这个留在下一节讲解。

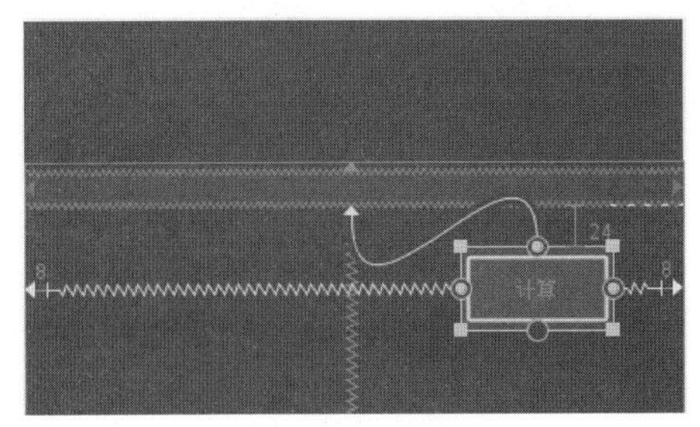

图 3-18　界面布局

图 3-19　运行结果

3.2.3 类型转换与运算符

在数据运算中，两个类型不匹配的数据运算过程中会涉及类型转换（其又分为自动类型转换与强制类型转换两种），而在运算过程中自然还需要各种运算符。下面对类型转换和运算符分别进行讲解。

1. 类型转换

1）自动转换

从低精度转换为高精度或数据类型从小转换到大都可以自动转换。例如，byte→short→int→long→float→double 这些类型都可以自动转换。

```
byte a=2;
int b=a;                  //如果是正数从小转换为大数据类型，高位不够的部分补 0

byte a=-2;
int b=a;                  //如果是负数从小转换为大数据类型，高位补 1
```

2）强制转换

高精度转换为低精度可以强制转换。例如：

```
int a=255;
byte b=a;                 //不允许这样书写，编译器会报错
byte b= (byte) a;         //强制转换可能会导致精度有损失，多余的数位会被遗弃
```

浮点数转换为整数，舍弃小数。例如，上一节中的喜鹊数量要得到一个整数便需要强制转换（喜鹊数量强制转换为 long 类型可避免数据不准确），修改代码为 long n = long(d/0.46+0.9);。注意后面的运算要括起来，否则可能导致只对前面的数据进行强制转换。

2. 运算符

Java 中的常用运算符见表 3-1。

表 3-1 常用运算符

算数运算符		比较运算符		特殊运算符		位 运 算 符		逻辑运算符	
+	加法	>	大于	++	自加	&	按位与	&&	逻辑与
-	减法	<	小于	--	自减	|	按位或	||	逻辑或
*	乘法	>=	大于等于	? :	三目	^	按位异或	!	逻辑非
/	除法	<=	小于等于	=	赋值	~	按位取反	-	-

赋值运算符“=”可以与其他运算符结合使用。例如：

- +=（加等于），表示将结果计算完成后再赋值。
- *=（乘等于），表示先进行相乘运算，再进行赋值。

3.2.4 是否为闰年

经典案例“闰年判断”会涉及大量的运算，本小节通过该案例熟悉运算符的操作。闰年的判断条件是能被 4 整除但不能被 100 整除，或者是能被 400 整除。

创建一个新模块，在模块中放置一个编辑框控件用于获取用户输入信息，再放置一个按钮控件，以实现输入年份后单击该按钮便提示该年份是否为闰年，具体操作步骤如下。

步骤 1　新建模块并命名为 leap year，界面布局如图 3-20 所示。

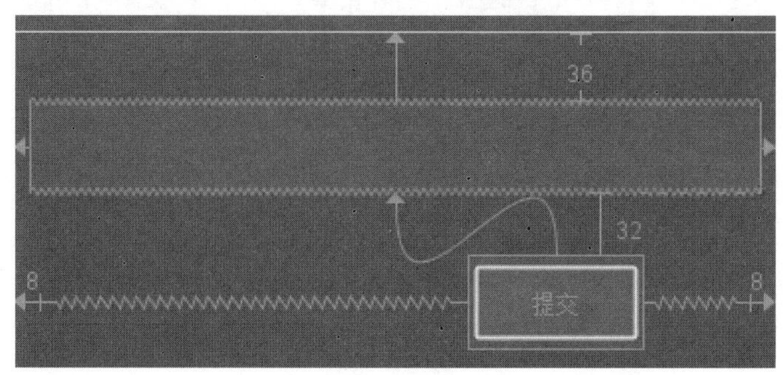

图 3-20　界面布局

步骤 2　修改编辑框控件的 hint 属性，给出用户提示信息，如“请输入年份”，如图 3-21 所示。

步骤 3　修改按钮的 onClick 属性和 text 属性，如图 3-22 所示。

EditText	
inputType	number
hint	请输入年份
style	editTextStyle
singleLine	■
selectAllOnFocu	■

图 3-21　编辑框属性

图 3-22　按钮属性

步骤 4　修改主活动中的代码。具体代码如下：

```
public class MainActivity extends AppCompatActivity {
    EditText et;//创建编辑框控件对象
    @Override
    protected void onCreate(Bundle savedInstanceState) {
        super.onCreate(savedInstanceState);
        setContentView(R.layout.activity_main);
        et = findViewById(R.id.editText);//初始化控件对象并与控件进行绑定
    }
    public void doClick(View v){
        //获取编辑框输入的文本内容并将其转换成整数
        int a = Integer.parseInt(et.getText().toString());
        boolean b = false;//定义布尔类型的变量
        if(a%4==0 && a%100!=0){
            b=true;//如果符合条件，修改变量值
        }else if(a%400 == 0){
            b=true;//如果符合条件，修改变量值
        }
        //将消息以提示的方式进行打印
        Toast.makeText(MainActivity.this,"闰年: "+b,Toast.LENGTH_SHORT).show();
    }
}
```

步骤 5　运行上述程序后输入相应的年份进行测试，查看运行结果，如图 3-23 所示。

图 3-23　运行结果

提示：修改上述步骤 4 闰年判断中的条件语句，使用一条语句完成判断。具体代码如下：

```
if(a%4==0 && a%100!=0) || a%400==0)
```

3.2.5　位运算

Java 中的位运算是将需要运算的数据类型先转换成二进制，再进行相应的位运算，本质是二进制运算。位运算符包括按位与、按位或、按位异或、取反、左移及右移。

- &：按位与运算符，两位同时为 1 则结果为 1。
- |：按位或运算符，两位同时为 0 则结果为 0。
- ^：按位异或运算符，两位相同为 0，不同为 1，对同一个数字异或两次得到同值。
- ~：取反运算符，1 与 0 互换。
- >>：有符号算数右移运算符，要用原来的符号位填充操作数右移的空位。
- >>>：无符号算数右移运算符，高位全部补 0。
- <<：左移运算符，左移后全部补 0（左移不涉及符号位，因此全部补 0），不区分逻辑与算数运算。

注意：右移位相当于除以 2，左移位相当于乘以 2。

本小节通过一个案例熟悉位运算，拆分整数成 4 个 byte 类型数据。新建一个模块并依次创建一个编辑框用于用户输入整数数据、一个文本框控件用于显示运算结果及一个按钮控件用于提交运算，具体操作步骤如下。

步骤 1　新建模块并命名为 split，界面布局如图 3-24 所示。

步骤 2　修改按钮的 onClick 属性和 text 属性，如图 3-25 所示。

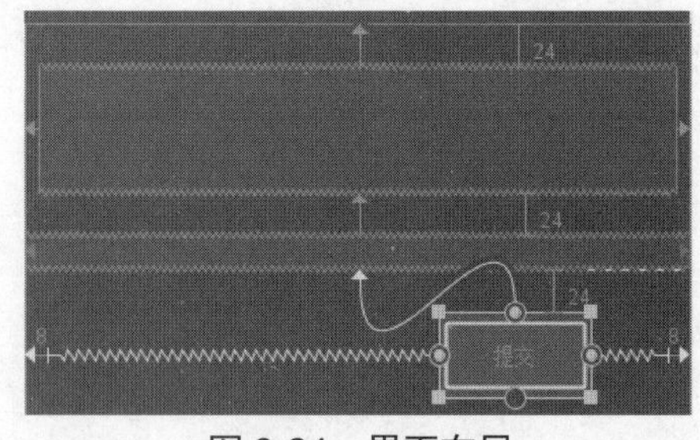

图 3-24　界面布局

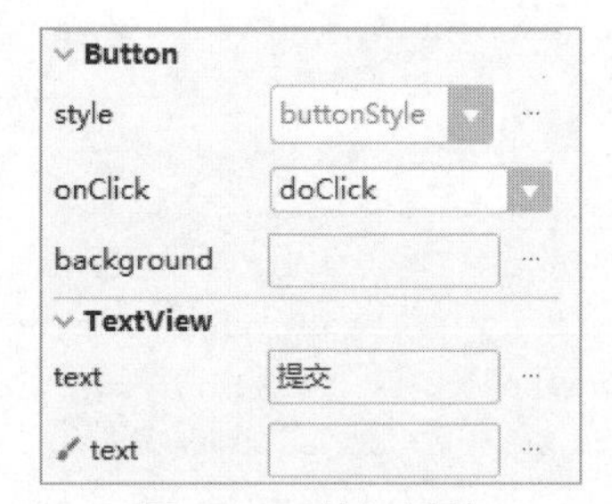

图 3-25　按钮属性

步骤 3　修改主活动中的代码。具体代码如下：

```
public class MainActivity extends AppCompatActivity {
    EditText et;                        //创建编辑框控件对象
    TextView tv1;                       //创建文本框控件对象
    @Override
    protected void onCreate(Bundle savedInstanceState) {
        super.onCreate(savedInstanceState);
        setContentView(R.layout.activity_main);
        //初始化控件对象并与实际控件进行绑定
```

```
        et = findViewById(R.id.editText);
        tv1=findViewById(R.id.textView);
    }
    public void doClick(View v){
                            //获取用户输入的数据并将其转换成整数
        int num = Integer.parseInt(et.getText().toString());
        byte a = (byte)(num>>24);     //获取第一部分的字节数据
        byte b = (byte)(num>>16);     //获取第二部分的字节数据
        byte c = (byte)(num>>8);      //获取第三部分的字节数据
        byte d = (byte)num;           //获取第四部分的字节数据
        tv1.setText(a+"\n"+b+"\n"+c+"\n"+d);
    }
}
```

步骤 4　运行上述程序，查看运行结果，如图 3-26 所示。

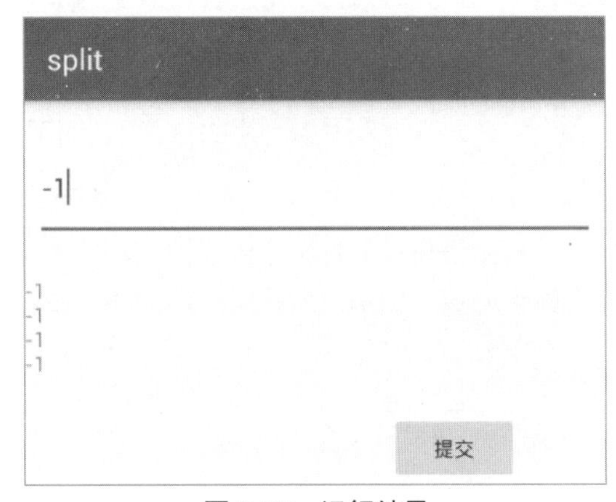

图 3-26　运行结果

3.3　流程控制

程序的执行顺序是依次往下的，但是通过流程控制可以改变程序的运行顺序。由于有了流程控制，程序运行才变得多变，进而解决更加复杂的问题。

3.3.1　简单流程控制

简单判断语句分为 if、if…else、if…else if…else 及它们之间的嵌套。

（1）生活中经常需要先做判断，然后才决定是否要做某件事情。例如，如果下雨，则在家打游戏。对于这种需要先判断条件，条件满足后才执行的情况，就可以使用 if 条件判断语句实现。

语法格式：

```
if(条件){
    条件成立时执行的代码
}
```

其执行流程示意图，如图 3-27 所示。

（2）if…else 语句的操作比 if 语句多了一步，当条件成立时，则执行 if 部分的代码块；如果条件不成立，则执行 else 部分的代码块。例如，如果下雨，则在家打游戏；否则，出去逛街。

语法格式：

```
if(条件成立){
    代码块 1
}else{
    代码块 2
}
```

其执行流程示意图，如图 3-28 所示。

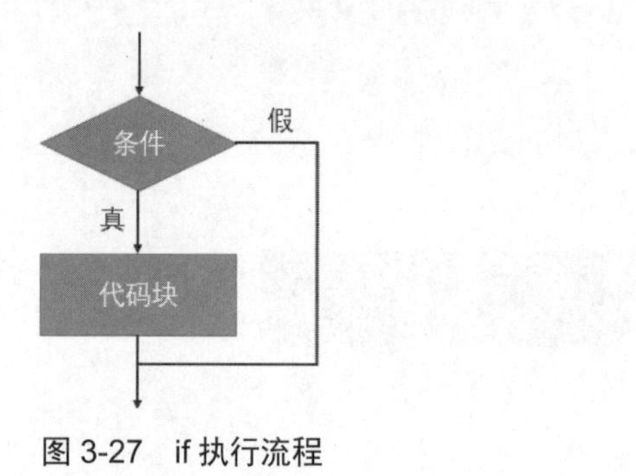

图 3-27　if 执行流程

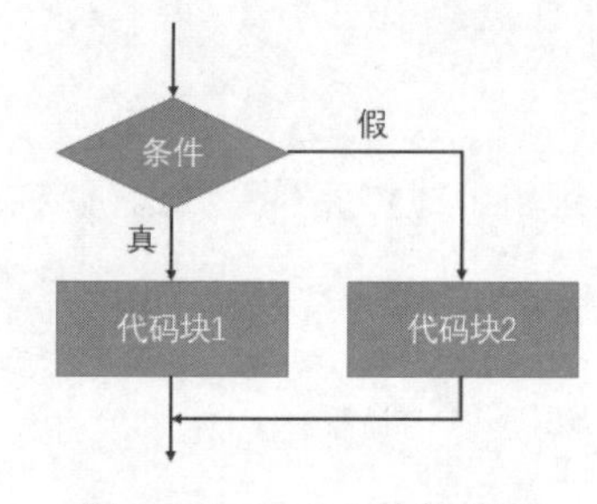

图 3-28　if else 执行流程

（3）多重 if 语句——if…else if…else 语句在条件 1 不满足的情况下，会进行条件 2 的判断；当前面的条件均不成立时，才会执行 else 内的代码块。例如，如果阴天，则写作业；如果下雨，则在家打游戏；否则，去逛街。

语法格式：

```
if(条件 1){
    代码块 1
}else if(条件 2){
    代码块 2
}else{
    代码块 3
}
```

其执行流程示意图，如图 3-29 所示。

（4）嵌套 if 语句只有当外层 if 的条件成立时，才会判断内层 if 的条件。例如，某活动计划的安排：如果今天是工作日，则去上班；如果今天是周末，且天气晴朗就进行户外活动，否则在室内活动。

语法格式：

```
if(条件 1){
    if(条件 2){
        代码块 1
    }else{
        代码块 2
    }
}else{
    代码块 3
}
```

其执行流程示意图，如图 3-30 所示。

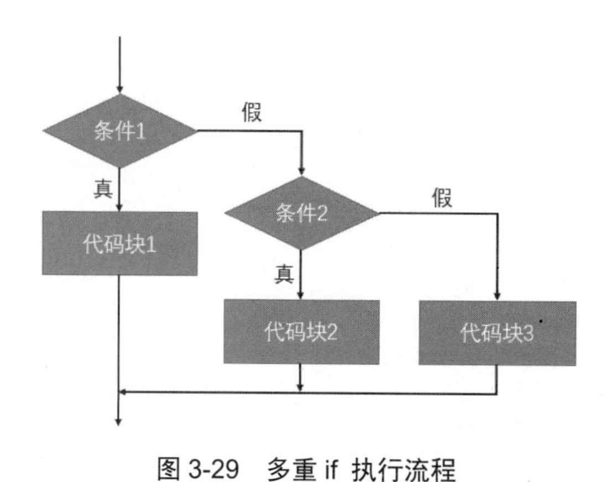

图 3-29　多重 if 执行流程

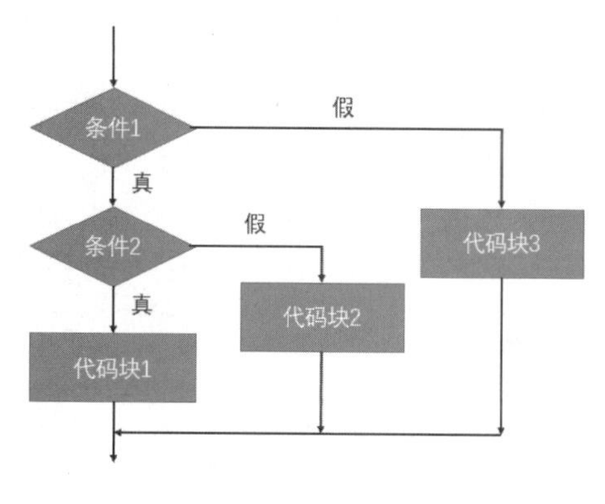

图 3-30　if 嵌套执行流程

3.3.2　个人所得税

通过用户输入工资，判断个人应交税费，这个项目可以很好地利用简单流程控制来实现。个人所得税参考表 3-2，其仅用于学术研究，内容不作为实际参考。

表 3-2　个人所得税参考表

全月应纳税所得额	税　　率	速算扣除数（元）
全月应纳税不超过 1500 元	3%	0
全月应纳税不超过 1500 元至 4500 元	10%	105
全月应纳税不超过 4500 元至 9000 元	20%	555
全月应纳税不超过 9000 元至 35000 元	25%	1005
全月应纳税不超过 35000 元至 55000 元	30%	2755
全月应纳税不超过 55000 元至 80000 元	35%	5505
全月应纳税超过 80000 元	40%	13505

新建一个模块，在模块中放置一个编辑框控件、一个文本框控件和一个按钮控件，具体操作步骤如下：

步骤 1　新建模块命名为 revenue，布局控件如图 3-31 所示，并修改按钮属性。

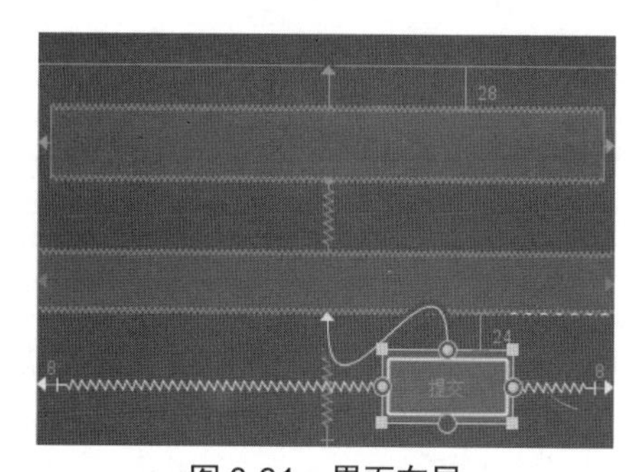

图 3-31　界面布局

步骤 2　定义两个变量，r 为税率，k 为速算扣除数。具体代码如下：

```
double r = 0;
int k = 0;
```

步骤 3　工资低于 3500 元，返回 0，因为没有达到扣税标准。具体代码如下：

```
if(s<3500){
    s = 0;
}
```

步骤 4　工资高于 3500 元，扣除不纳税部分 3500 元后，计算税率（计算公式为应纳税部分×税率-速算扣除数）。具体代码如下：

```
s -=3500;
r = s*r-k;
```

步骤 5　修改主活动中的代码。具体代码如下：

```
public class MainActivity extends AppCompatActivity {
    EditText et;                          //创建编辑框控件对象
    TextView tv;                          //创建文本框控件对象
    @Override
    protected void onCreate(Bundle savedInstanceState) {
        super.onCreate(savedInstanceState);
        setContentView(R.layout.activity_main);
        //初始化控件对象并与控件绑定
        et = findViewById(R.id.editText);
        tv = findViewById(R.id.textView);
    }
    public void doClick(View v){
        double r=0;                       //定义税率并初始化
        int k=0;                          //定义税率速算扣除数并初始化
        //获取用户输入数据并转换成 double 类型
        double s = Double.parseDouble(et.getText().toString());
        //首先判断是否达到交税条件
        if(s>3500){
            s-=3500;                      //符合条件，需要去掉不交税部分
        }else{
            s =0;                         //不符合条件，直接赋值为 0
        }
        //判断不同交税区间
        if(s<1500){
            r=0.03;k=0;
        }else if(s<4500){
            r=0.1;k=105;
        } else if(s<9000){
            r=0.2;k=555;
        } else if(s<35000){
            r=0.25;k=1005;
        } else if(s<55000){
            r=0.3;k=2755;
        } else if(s<80000){
            r=0.35;k=5505;
        }else{
            r=0.45;k=13505;
        }
        double result = s*r-k;            //计算税费
        //将结果转换成字符串，并打印输出
        tv.setText("应交税费为："+String.valueOf(result));
    }
}
```

步骤 6　运行上述程序后，输入工资，查看运行结果，如图 3-32 所示。

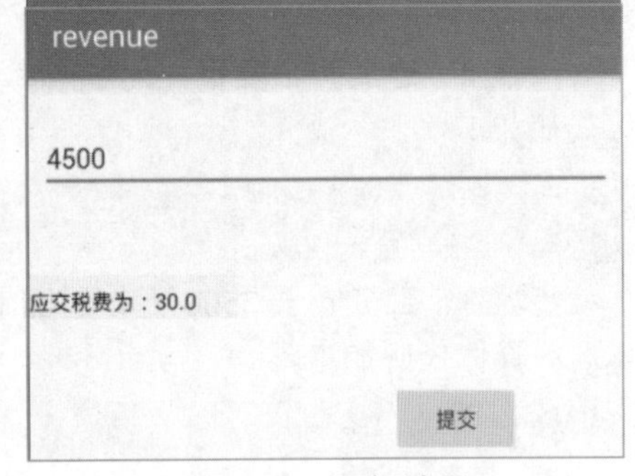

图 3-32　运行结果

3.3.3 switch case

switch case 语句是多路选择语句，它可以与 if…else if 相互转换，但是如果判断条件比较多时，switch case 语句效率要高一些。

语法格式：

```
switch (表达式) {
    case 条件1:
        语句1;
        break;
    case 条件2:
        语句2;
        break;
    default:
        语句;
}
```

switch 语句由一个控制表达式和多个 case 条件组成，switch 控制表达式支持的类型有 byte、short、char、int、enum（Java 5）和 string（Java 7）。switch 语句中有一个 default 关键字，在当前 switch 找不到匹配的 case 条件时执行其语句，default 并不是必需的。

一旦 case 条件匹配，就会顺序执行后面的程序代码，而不管后面的 case 条件是否匹配，直到遇到 break。break 在 switch 语句中用于结束当前流程，以下程序中存在一个忘记编写 break 的“陷阱”。

```
int i = 1;
int a = 0;
switch (i) {
    case 1: a=1;
    case 2: a=2;
    case 3: a=3;
}
```

上述程序运行结束后，结果为 a=3。虽然 i=1 进入了第一个 case，但是由于没有 break，因此一直顺序执行到 case 3 将 a 重新赋值为 3。可见，在使用 switch 语句时一定不能忘记添加 break。

3.3.4 最大天数

本小节通过“最大天数”项目熟悉 switch case 语句的使用，该项目实现由用户输入一个某年某月，得出该月的天数。

创建新的模块，设置两个编辑框控件、一个文本框控件和一个按钮控件，具体操作步骤如下。

步骤 1　新建模块并命名为 MAXday，界面布局如图 3-33 所示。

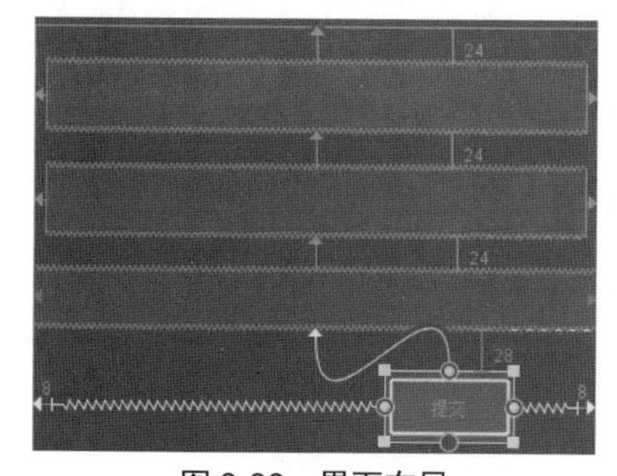

图 3-33　界面布局

步骤 2 创建函数 runNian()用于判断是否为闰年，该函数返回值为布尔类型。

步骤 3 修改主活动中的代码。具体代码如下：

```
public class MainActivity extends AppCompatActivity {
    EditText et1;               //创建编辑框控件对象
    EditText et2;               //创建编辑框控件对象
    TextView tv;                //创建文本框控件对象
    @Override
    protected void onCreate(Bundle savedInstanceState) {
        super.onCreate(savedInstanceState);
        setContentView(R.layout.activity_main);
        //初始化控件对象并绑定控件
        et1=findViewById(R.id.editText1);
        et2=findViewById(R.id.editText2);
        tv=findViewById(R.id.textView);
    }
    public void doClick(View v){
        //定义年份变量与月份变量
        int year;               //定义年份变量
        int month;              //定义月份变量
        int day;                //定义天数变量
        boolean flg;            //是否为闰年标记
        //获取编辑框中输入的年份与月份
        year=Integer.parseInt(et1.getText().toString());
        flg = runNian(year);
        month=Integer.parseInt(et2.getText().toString());
        switch(month){
            case 1:
            case 3:
            case 5:
            case 7:
            case 8:
            case 10:
            case 12:
                day = 31;
                break;
            case 2:
                day = flg?29:28;//如果是闰年，2 月为 29 天
                break;
            case 4:
            case 6:
            case 9:
            case 11:
                day = 30;
                break;
            default:
                day = -1;
        }
        tv.setText("本月最大天数:"+day);
    }
    //判断是否为闰年
    public Boolean runNian(int y){
        if((y%4==0 && y%100!=0) || y%400==0){
            return true;
        }else{
            return false;
        }
    }
}
```

步骤 4　运行上述程序，输入年份与月份，查看运行结果，如图 3-34 所示。

图 3-34　运行结果

3.4　循环

在不少实际问题中有许多具有规律性的重复操作，因此在程序中就需要重复执行某些语句。一组被重复执行的语句称为循环体。能否继续重复，由循环的终止条件决定。

3.4.1　while 循环

While 循环是 Java 中的一种基本循环模式。当满足条件时，开始进入 while 循环；进入循环后，当条件不满足时，跳出循环。

语法格式：

```
while(表达式){
    循环体
}
```

下面通过一个实例——求 *n* 的阶乘，演示如何使用 while 循环。创建新模块并设置一个编辑框用于输入 *n* 的值、一个文本框用于显示计算结果和一个按钮用于提交信息，具体操作步骤如下。

步骤 1　新建模块并命名为 factorial，界面布局如图 3-35 所示。

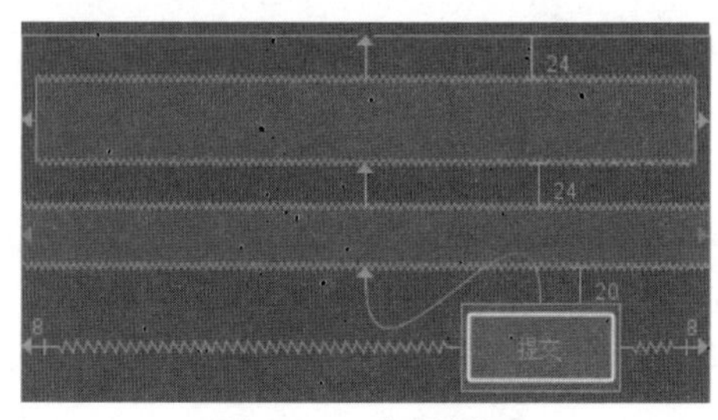

图 3-35　布局界面

步骤 2　修改主活动中的代码。具体代码如下：

```
public class MainActivity extends AppCompatActivity {
    EditText et;                //定义编辑框组件对象
    TextView tv;                //定义文本框组件对象
    @Override
    protected void onCreate(Bundle savedInstanceState) {
        super.onCreate(savedInstanceState);
```

```
        setContentView(R.layout.activity_main);
        //初始化组件并绑定
        et = findViewById(R.id.editText);
        tv = findViewById(R.id.textView);
    }
    public void doClick(View v){
        //定义变量，用于接收用户输入的数据
        int n = Integer.parseInt(et.getText().toString());
        int i=1;                    //定义循环计数变量
        long sum=1;                 //定义计算结果变量
        while(n>i){
            sum *=i;                //每次与 i 相乘并赋值给 sum
            i++;                    //计数变量累加
        }
        //输出计算结果
        tv.setText(n+"的阶乘为:"+sum);
    }
}
```

步骤 3　运行上述程序，输入相应数据并单击“提交”按钮，运行结果如图 3-36 所示。

factorial　factorial

输入计算n的阶乘　7

7的阶乘为:720

提交　提交

图 3-36　运行结果

3.4.2　do while 循环

do while 循环与 while 循环类似，唯一的不同在于：do while 循环至少需要执行一次，而 while 循环则不一定。

语法格式：

```
do{
    循环体
} while(表达式);
```

下面通过一个实例——计算 π 的值，演示如何使用 do while 循环。计算 π 的公式如下：

$$\pi/4=1/1-1/3+1/5-1/7+1/9\ldots$$

创建一个模块并命名为 pai，设置一个编辑框控件用于输入结束数据，再设置一个文本框控件和一个按钮控件，以实现单击按钮便将计算结果显示在文本框控件内。主活动代码如下：

```
public class MainActivity extends AppCompatActivity {
    EditText et;                    //定义编辑框控件对象
    TextView tv;                    //定义文本框控件对象
    @Override
    protected void onCreate(Bundle savedInstanceState) {
        super.onCreate(savedInstanceState);
        setContentView(R.layout.activity_main);
        //初始化并绑定控件对象
        et=findViewById(R.id.editText);
        tv=findViewById(R.id.textView);
```

```
    }
    public void doClick(View v){
        //获取用户输入并转换成 long 类型数据
        long n=Long.parseLong(et.getText().toString());
        int i=1;//定义计数变量
        double sum=0;              //定义计算结果变量
        int a=1,b=1;               //定义分子变量、分母变量
        do{
            sum += a/(double)b;    //分数累加注意类型转换
            a = -a;                //分子符号交替
            b += 2;                //分母每次递增 2
            i++;                   //计数变量累加
        }while(n>i);
        sum = sum*4;               //最后乘以 4 计算出 π 的值
        tv.setText("这个范围 π 的值为:"+sum);
    }
}
```

运行上述程序，输入一个数值，其范围越大则 π 值越精确，查看运行结果，如图 3-37 所示。

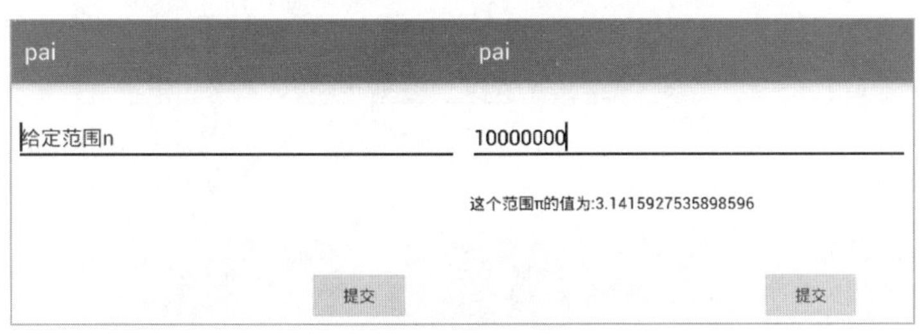

图 3-37 运行结果

3.4.3 for 循环

for 循环是一种更加接近人类语言的循环模式，它用了 3 个表达式，而且每个表达式都可以省略。

语法格式：

```
for(单次表达式;条件表达式;末尾循环体)
{
    中间循环体
}
```

下面通过一个实例——判断一个数是不是水仙花数，演示如何使用 for 循环。水仙花数也被称为超完全数字不变数、自恋数、自幂数、阿姆斯壮数或阿姆斯特朗数，其是指一个 3 位数每位数字的 3 次幂之和等于它本身（例如：$1^3 + 5^3 + 3^3 = 153$）。

创建一个模块并命名为 narcissistic，设置一个编辑框控件用于接收用户输入的数值、一个文本框控件用于输出结果和一个按钮控件用于开始程序运算。拆出一个整数（如 736）的个位、十位、百位等的具体方法如下：

```
j=736;i=j       //用一个新变量去改变，避免原值被误操作
i%10 = 6
i/=10           //得出 73
i%10 = 3
i/=10           //得出 7
i%10 = 7
i/=10           //得出 0，不再继续
```

主活动中的具体的实现代码如下：

```
public class MainActivity extends AppCompatActivity {
    EditText et;        //定义编辑框控件对象
    TextView tv;        //定义文本框控件对象
    @Override
    protected void onCreate(Bundle savedInstanceState) {
        super.onCreate(savedInstanceState);
        setContentView(R.layout.activity_main);
        //初始化控件并绑定
        et = findViewById(R.id.editText);
        tv = findViewById(R.id.textView);
    }
    public void doClick(View v){
        //获取用户输入的值并转换成整数
        int n=Integer.parseInt(et.getText().toString());
        for(int i=10;i<=n;i++){
            //判断 i 是否为水仙花数
            //先将整数转换成字符串，然后根据字符串长度确定位数
            int w = String.valueOf(i).length();    //获取整数的长度
            //拆分各个位的数字，求每一位的 w 次方
            int sum=0;                             //定义累加变量
            for(int j=i;j!=0;j/=10){
                int k = j%10;
                sum += Math.pow(k,w);
            }
            if(sum == i){
                //累加结果和原值相同，说明 i 是水仙花数
                tv.append(i+"\n");
            }
        }
    }
}
```

运行上述程序，输入 999，计算该 3 位数范围内的所有水仙花数，运行结果如图 3-38 所示。本实例使用了 Math.pow()方法，该方法是 Java 类库自带方法，读者只要会用即可。

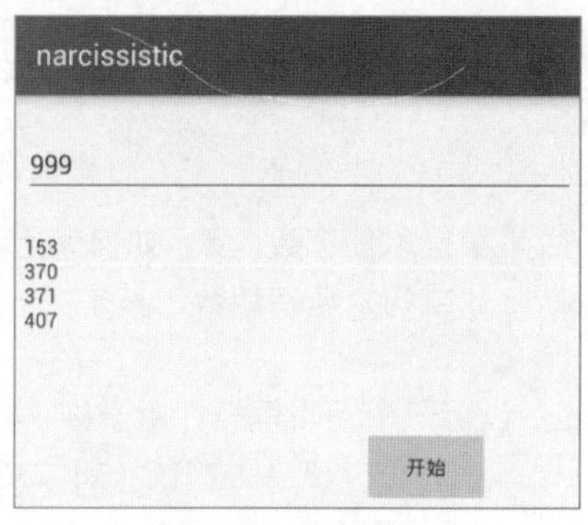

图 3-38　运行结果

3.4.4　循环嵌套

循环嵌套是程序中常用的一种方法。在一个循环体内部还包含另一个或多个循环语句，这样的循环被称为循环嵌套。下面通过一个实例，演示循环嵌套。“百钱买百鸡”实例——小鸡 1 元/只，母鸡 3 元/只，

公鸡 5 元/只，要求用 100 元购买 100 只鸡有多少种组合方式。

新建一个模块并命名为 chicken，在界面中设置一个文本框控件用于显示结果、一个按钮控件用于开始计算。核心代码如下：

```
int x=0;                          //定义小鸡数量
int m=0;                          //定义母鸡数量
int g=0;                          //定义公鸡数量
//尝试用所有的钱数买公鸡，最多可买 20 只
for(;g<=20;g++){
    int m1 = 100-g*5;             //计算剩余钱数
    //尝试用剩余的钱数全部购买母鸡
    for(m=0;m<=m1/3;m++){
        int m2 = m1-m*3;          //计算购买完公鸡、母鸡后的钱数
        x = m2*3;                 //用剩余的钱数全部买小鸡
        //如果 3 种鸡的数量加起来为 100 只，则显示结果
        if(x+m+g == 100){
        tv.append("小鸡:"+x+", "+"母鸡:"+m+", "+"公鸡:"+g+"\n");
        }
    }
}
```

完整代码可参考第 3 章的 chicken 模块，运行结果如图 3-39 所示。

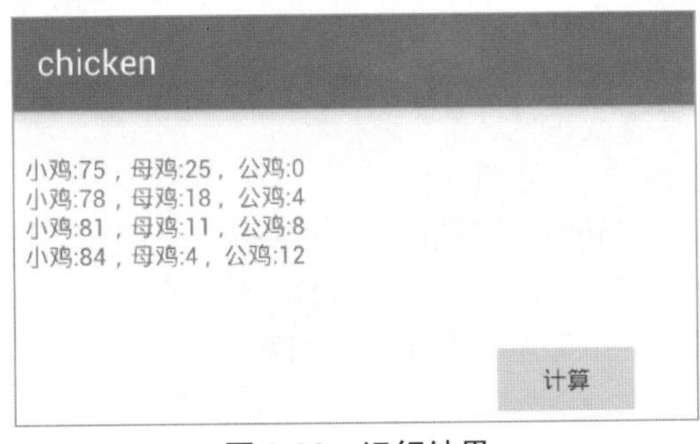

图 3-39 运行结果

3.5 数组

数组用于存储具有统一类型的一组数据，一旦数组的长度确定，将不能改变。数组是一个复合型数据类型，其在实际编程中会被大量使用。

3.5.1 数组的创建

数组的创建可以分为 3 种情况：第一种是使用 new 关键字创建；第二种是直接给定一个数组；第三种是通过 new 关键字创建一个给定元素的数组。

第一种：int[] a = new int[5];，新建一个 int 类型的数组，数组长度为 6，数组创建出来后使用 0 填充其各元素。

第二种：int[] a = {24,12,58,77,2,18};，创建一个 int 类型的数组，其包括{}中的 6 个元素，数组的长度为 6。

第三种：int[] a = new int[]{12,35,55};，创建一个 int 类型的数组，其包括 3 个元素，数组的长度为 3。

数组的内部可以存储基本数据类型的数据。例如：

- 0, 12, 3——整数数据类型。
- 3.14, 0.123——浮点数数据类型。
- false, true3——布尔数据类型。
- 数组在创建后，不同数据类型会有不同的初始值。具体如下：
- int 类型定义的数组，其初始化默认值为 0。
- String 类型定义的数组，其默认值为 null。
- char 类型定义的数组，其默认值为 0 对应的字符。
- double 类型定义的数组，其默认值为 0.0。
- float 类型定义的数组，其默认值为 0.0。
- boolen 类型定义的数组，其默认为 false。

3.5.2 数组的使用

创建完数组便可以使用数组了。数组的存取都是通过数组下标来实现的，需要注意的是，Java 中的数组下标是从 0 开始的。

给数组中某个位置的元素赋值，例如：

```
int[] a = new int[5]; //创建数组
a[0] = 1;             //给数组中第一个元素赋值为 1
```

将数组中某个位置的元素赋值给一个变量，例如：

```
int b = a[2];         //将数组中第三个元素的值赋给变量 b
```

使用数组需要注意的是，数组越界的问题，数组越界会导致程序出错。数组有一个长度属性 length，在数组存取时可以先通过 length 属性获取数组长度，再对数组进行操作。例如，遍历数组中的所有元素，具体代码如下：

```
int[] a = new int[]{0,1,2,3,4,5,6,7,8,9,10};     //定义数组
int b;                                            //定义变量，用于接收数组中的元素
for(int i=0;i<a.length;i++){
   b = a[i];                                      //每循环一次，变量 b 得到数组中的一个元素
}
```

3.5.3 双色球

本小节通过“双色球”实例熟悉数组的存取。新建一个模块并命名为 Double Ball，该项目中需要创建 5 个数组：创建一个数组用于存放红色球编号，同时创建一个等长的 boolean 型数组用于判断红色球的选取状态，再创建一个数组用于存放蓝色球编号，同时创建一个等长的 boolean 型数组用于判断蓝色球的选取状态，最后创建一个数组用于存放取出的球。这里选用的是“33+1”双色球。

完整代码可参阅第 3 章的 Double Ball 模块，其中核心代码如下：

```
public class MainActivity extends AppCompatActivity {
   //创建红色球数组
   String[] red =
{"01","02","03","04","05","06","07","08","09","10","11","12","13","14","15","16","17","18",
"19","20","21","22","23","24","25","26","27","28","29","30","31","32","33" };
```

```
    boolean[] redFlags = new boolean[red.length];//用于保存红色球状态的数组
    //创建蓝色球数组
    String[] blue =
{"01","02","03","04","05","06","07","08","09","10","11","12","13","14","15","16"};
    boolean[] blueFlags = new boolean[blue.length];//用于保存蓝色球状态的数组
    String[] r = new String[6];//用来保存红球结果
    String b = ""; //用来保存蓝球结果
    TextView tv;   //定义文本框控件
    @Override
    protected void onCreate(Bundle savedInstanceState) {
        super.onCreate(savedInstanceState);
        setContentView(R.layout.activity_main);
        tv = findViewById(R.id.textView);//初始化控件对象并与组件进行绑定
    }
    public void doClick(View v){
        for(int i=0;i<6;i++){
            //从 red[]数组选出 6 个红球，放入 r[]数组中
            int x ;//这次选出的红球下标位置
            do{//随机范围[0,33)，开区间
                x = new Random().nextInt(red.length);
            }while(redFlags[x]);//如果红球被选中，则重新选择
            r[i] = red[x];//取出红球放入 r[]数组
            redFlags[x] = true;//设置标记
        }
        //随机选取一个蓝色球
        b = blue[new Random().nextInt(blue.length)];
        //将选出的结果输出到文本框
        tv.setText("红球: \n"+Arrays.toString(r)+"\n 蓝球: \n"+b);
    }
}
```

运行上述程序，单击“机选（6+1）”按钮，查看运行结果，如图 3-40 所示。

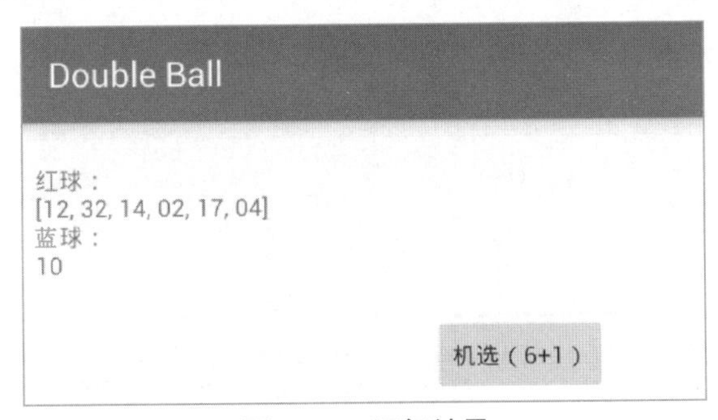

图 3-40　运行结果

3.5.4　排序

在实际开发中排序算法的使用非常频繁，了解排序算法对于编程思想的构建是非常有帮助的。本小节将介绍两种基本排序算法——插入排序算法和冒泡排序算法，通过这两种排序算法，读者能够更加深入理解数组的存储及使用。

新建一个模块并命名为 sort，设置两个文本框控件，第一个文本框控件用于显示随机生成的数组元素，第二个文本框控件用于显示排序后的数组元素，再设置两个按钮控件，分别进行插入排序和冒泡排序操作。具体代码如下：

```
public class MainActivity extends AppCompatActivity {
    TextView tv1,tv2;//创建文本框控件对象
    @Override
    protected void onCreate(Bundle savedInstanceState) {
        super.onCreate(savedInstanceState);
        setContentView(R.layout.activity_main);
        //初始化控件对象并与组件进行绑定
        tv1 = findViewById(R.id.textView1);
        tv2 = findViewById(R.id.textView2);
    }
    public void doClick(View v){
        switch(v.getId()){
            case R.id.button:
                insertSort();//插入排序
                break;
            case R.id.button2:
                bubbleSort();//冒泡排序
                break;
        }
    }
    //插入排序不带参数调用
    private void insertSort(){
        //调用 random()方法，获得其返回的整数数组，赋值给 rdm 变量
        int[] rdm = random();
        tv1.setText("乱序数组: "+Arrays.toString(rdm));//显示乱序数组 rdm 中的值
    //将乱序数组 rdm 传递到排序方法，对数组内数据的位置进行调整，完成排序
        tv2.setText("");//先清空文本框的显示内容
        insertSort(rdm);
        tv2.append("\n\n 插入排序: " +Arrays.toString(rdm));
    }
    //随机数组生成函数
    private int[] random(){
        //随机生成长度为 5~10 的数组
        int len = 5+ new Random().nextInt(6);
        int[] arr = new int[len];
        for(int i=0;i<arr.length;i++){
            arr[i] = new Random().nextInt(100);
        }
        return arr;
    }
    //插入排序带参数调用
    private void insertSort(int[] rdm) {
        int temp = 0;
        for(int i=1;i<rdm.length;i++){//从 1 位置向后查找循环
            for(int j=i-1;j>=0;j--){
//内层循环从 i-1 位置循环比较当前值与前值，小则交换，相同则跳出循环
                if(rdm[j]<rdm[j+1]){
                    temp = rdm[j];
                    rdm[j] = rdm[j+1];
                    rdm[j+1] = temp;
```

```
                }else{
                    break;
                }
            }
            tv2.append("第"+i+"步: "+Arrays.toString(rdm)+"\n"); //显示整个排序过程
        }
    }
    private void bubbleSort(){
        //调用 random()方法，获得其返回的整数数组，赋值给 rdm 变量
        int[] rdm = random();
        tv1.setText("乱序数组: "+Arrays.toString(rdm));          //显示乱序数组 rdm 中的值
    //将乱序数组 rdm 传递到排序方法，对数组内数据的位置进行调整，完成排序
        tv2.setText("");//先清空文本框的显示内容
        bubbleSort(rdm);
        tv2.append("\n\n 冒泡排序: " +Arrays.toString(rdm));
    }
    //冒泡排序带参数调用
    private void bubbleSort(int[] rdm){
        int temp = 0;
        for(int i=0;i<rdm.length;i++){//循环整个数组
            for(int j=rdm.length-1;j>i;j--){
            //从最后一个元素开始向前循环，如果小就交换，循环至 i 位置
                if(rdm[j]>rdm[j-1]){
                    temp = rdm[j];
                    rdm[j] = rdm[j-1];
                    rdm[j-1] = temp;
                }
            }//将每次循环变化进行显示
            tv2.append("第"+i+"步: "+Arrays.toString(rdm)+"\n");
        }
    }
}
```

运行上述程序，单击相应的排序按钮，查看运行结果，如图 3-41 所示。

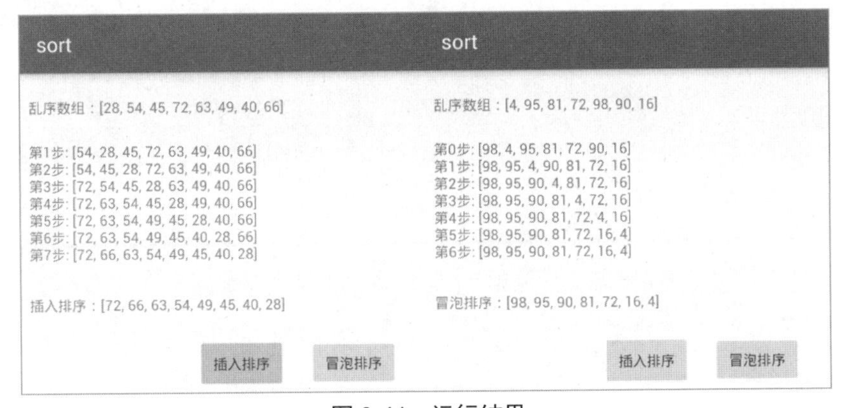

图 3-41 运行结果

3.5.5 二分查找

通过学习前面的排序算法，相信读者对数组和排序都有了一定的了解。有了排序的基础，读者才能更

好地进行本小节的二分查找学习。二分查找也是编程进化中的一种思想。

新建一个模块并命名为 binary search，设置两个文本框控件，一个用于显示随机生成的数组，一个用于显示找到元素的下标位置，再设置一个编辑框控件用于获取用户输入的整数，最后设置两个按钮控件，一个用于随机生成数组，一个用于开始查找。具体代码如下：

```
public class MainActivity extends AppCompatActivity {
    TextView tv1,tv2;       //定义文本框控件对象
    EditText et;            //定义编辑框控件对象
    int[] arr;              //定义数组
    @Override
    protected void onCreate(Bundle savedInstanceState) {
        super.onCreate(savedInstanceState);
        setContentView(R.layout.activity_main);
        //初始化控件对象并与控件进行绑定
        tv1 = findViewById(R.id.textView1);
        tv2 = findViewById(R.id.textView2);
        et = findViewById(R.id.editText);
    }
    public void doClick(View v){
        switch (v.getId()){
            case R.id.button1:
                arr = random();                         //随机生成数组
                tv1.setText(Arrays.toString(arr));      //显示随机生成的数组
                break;
            case R.id.button2:
                binarySearch();                         //调用二分查找方法
                break;
        }
    }
    //随机生成数组方法
    private int[] random(){
        int len = 5+ new Random().nextInt(6);           //随机生成长度为 5~10 的整型数组
        int[] arr = new int[len];                       //创建一个数组
        for(int i=0;i<arr.length;i++){
            arr[i] = new Random().nextInt(100);         //随机选取 0~100 范围内的随机数
        }
        Arrays.sort(arr);                               //自带调优的快速算法
        return arr;                                     //将有序数组值返回
    }
    //二分查找无参数方法
    private void binarySearch (){
        //获取编辑框输入数据并转换成整数类型
        int target = Integer.parseInt(et.getText().toString());
        //将数组 arr 和查找的目标值 target 传递到 binarySearch()方法中
        int index = binarySearch(arr,target);           //调用二分查找带参方法
        tv2.setText(target+"在数组 arr 的"+index+"位置");
    }
    //二分查找带参方法
    private int binarySearch(int[] arr,int target){
        int low=0;                          //定义数组低位下标
        int hi = arr.length-1;              //定义数组高位下标
        int mid = (arr.length-1)/2;         //定义中间位下标
        //当低位下标等于或大于高位下标时，停止循环
        while(low<=hi){
```

```
            //如果查找数比中间位小
            if(arr[mid]<target){
                low = mid+1;                //移动低位标记至中间位的下一个标记
                mid = (low+hi)/2;           //调整中间位置
            }else if(arr[mid]>target){
                //如果查找数比中间位大,移动高位标记至中间位的前一个标记
                hi = mid-1;
                mid = (low+hi)/2;           //调整中间位置
            }else{//不大也不小，返回找到的结果位
                return mid;
            }
        }
        return -1;                          //找不到返回-1
    }
}
```

运行上述程序，单击“生成”按钮。随机生成数组，然后输入需要查找的元素，单击“查找”按钮，运行结果如图 3-42 所示。

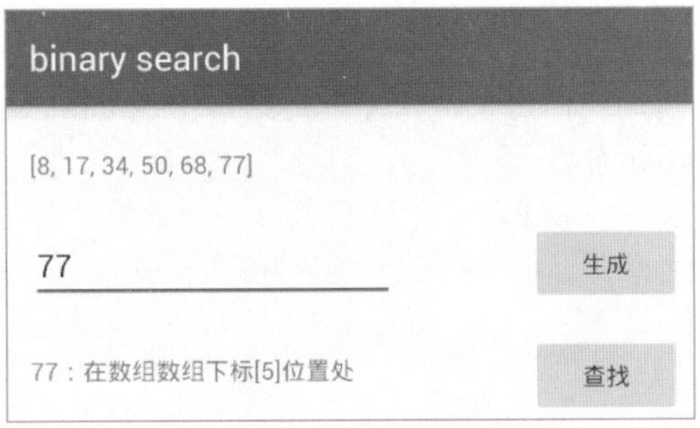

图 3-42　运行结果

3.6　就业面试技巧与解析

本章主要讲解了 Java 开发基础，由于 Android 采用 Java 语言进行开发，因此 Java 语言掌握得好坏也能从侧面反映出 Android 开发者的功底。面试中面试官会问及 Java 基础问题，尤其是各个运算符的优先级、逻辑运算等。

3.6.1　面试技巧与解析（一）

面试官：如果忘记运算符优先级，如何保证程序运算结果的正确性？

应聘者：如果忘记运算符优先级，最简的办法是将长运算拆分成单独运算，再最后组合，当然也可以使用括号将不同的运算括起来以保证运算优先层级清晰。

3.6.2　面试技巧与解析（二）

面试官：while、do while 和 for 3 种不同的循环是否可以混用？在什么情况下使用何种循环？

应聘者：在编程原理上，这 3 种循环是可以进行相互转换的。while 循环一般用于不清楚何时结束的循环，do while 循环则用于至少需要执行一次的循环，而 for 循环是使用较多的循环，它更加符合人类语言规范。

第 4 章

面向对象与 Android 布局

学习指引

面向对象与面向过程的编程思想有着本质上的区别，面向对象的开发具有开发快、代码可复用、工程方便管理等优势。布局相当于应用的“门面”，开发一款优秀的 Android 应用自然也少不了漂亮的界面布局。本章将介绍面向对象和 Android 布局。

重点导读

- 了解初步认识面向对象。
- 熟悉构造方法与重载。
- 了解深入探索面向对象。
- 掌握 Android 六大基本布局。

4.1　初步认识面向对象

面向对象是一种编程思想，其涉及类、对象、封装及继承多态等概念。

4.1.1　类与对象

在面向对象的编程中所有的事物都可以被抽象成一个类，而类的实体则被称为对象。

- 类：对某类事物的普遍一致性特征和功能的抽象、描述及封装。其是构造对象的模板或蓝图，用 Java 编写的代码都会在某些类的内部。类之间主要有依赖、聚合和继承等关系。
- 对象：使用 new 关键字或反射技术创建的某个类的实例。同一个类的所有对象都具有相似的属性（如人的年龄、性别）和行为（如人吃饭、睡觉），但是每个对象都保存着自己独特的状态，对象状态会随着程序的运行而发生改变，需要注意状态的变化必须通过调用方法来改变。

下面通过一个“手电筒”项目来深入了解类与对象。新建模块并命名为 light，具体操作步骤如下。

步骤 1　新建一个 Java 类并命名为 LightClass，选择菜单栏的 File→New→Java Class，如图 4-1 所示。

步骤 2　在弹出的对话框中，向 Name 文本框中输入类的名称 LightClass，如图 4-2 所示，然后单击 OK 按钮。

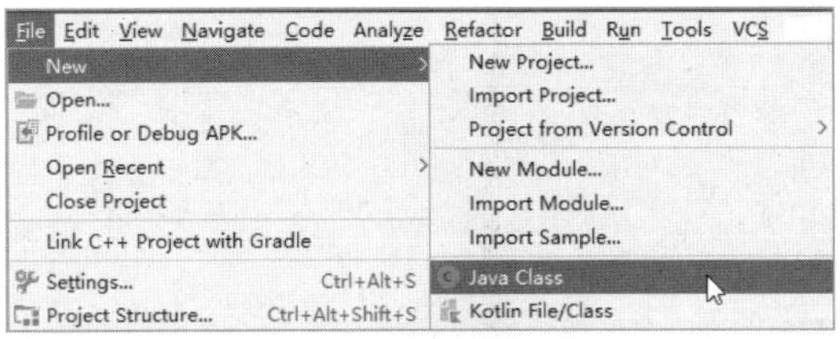

图 4-1　新建 Java 类

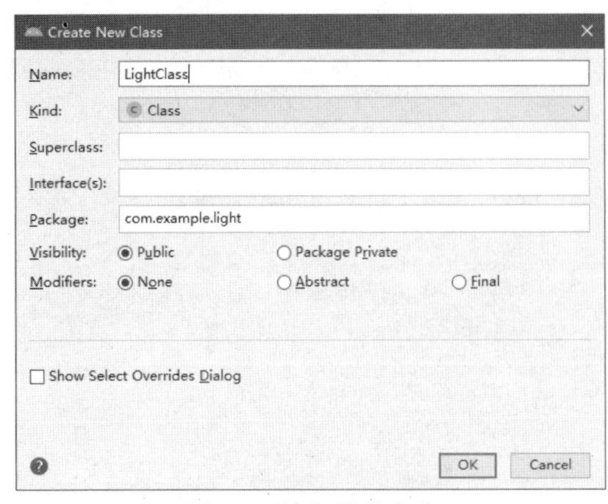

图 4-2　输入类的名称

步骤 3　一个手电筒应该具有开关，还应该具有不同的颜色，因此可以设计一个开关属性和一个颜色属性，也应该具有开关手电筒的方法。具体代码如下：

```
public class LightClass {
    boolean on;//定义一个开关标记
    int color = Color.WHITE;    //定义一个颜色属性
    public void trunOn(){       //打开手电筒方法
        on = true;              //修改手电筒开关标记属性为真
    }
    public void trunOff(){      //关闭手电筒方法
        on = false;             //修改手电筒开关标记属性为假
    }
}
```

步骤 4　主活动中的核心代码具体如下：

```
public class MainActivity extends AppCompatActivity {
    ConstraintLayout cl;    //定义布局对象
    LightClass light;       //定义手电筒类对象
    ToggleButton tb;        //定义开关按钮对象
    @Override
    protected void onCreate(Bundle savedInstanceState) {
        super.onCreate(savedInstanceState);
        setContentView(R.layout.activity_main);
        cl = findViewById(R.id.cl);              //初始化布局对象
        light = new LightClass();                //初始化手电筒对象
        tb =findViewById(R.id.toggleButton); //初始化开关按钮
        cl.setBackgroundColor(Color.BLACK);  //将布局背景设置为黑色
    }
    public void doClick(View v){
        switch(v.getId()){
            case R.id.button:
                light.color = Color.RED;         //修改手电筒颜色为红色
                break;
            case R.id.button2:
                light.color = Color.GREEN;       //修改手电筒颜色为绿色
                break;
            case R.id.button3:
```

```
                light.color = Color.BLUE;//修改手电筒颜色为蓝色
                break;
            case R.id.toggleButton:
                //根据按钮开关状态，改变手电筒的状态
                if(tb.isChecked()){
                    light.trunOn();
                }else{
                    light.trunOff();
                }
                break;
        }
        ShowLight();//显示手电筒方法
    }
    public void ShowLight(){
        if(light.on == true){
            cl.setBackgroundColor(light.color);
        }else{
            cl.setBackgroundColor(Color.BLACK);
        }
    }
}
```

步骤 5　运行上述程序，通过 ON 按钮可以开启/关闭手电筒，通过颜色按钮可以控制手电筒显示的颜色，运行结果如图 4-3 所示。

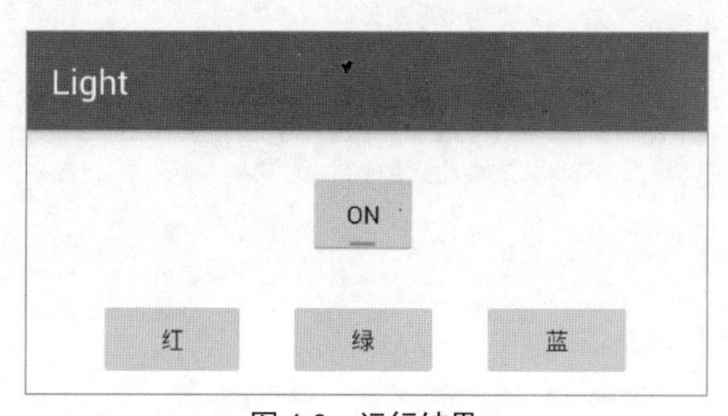

图 4-3　运行结果

4.1.2　游戏中的角色类

本小节讲解创建一个游戏中的士兵类模拟士兵攻击及防御的实例。通过该实例，可以加深对面向对象中类与对象的理解。

新建模块并命名为 SoldierGame，设置一个文本框控件用于显示提示信息，再设置 4 个按钮控件分别用于创建士兵对象及触发士兵战斗动作，具体操作步骤如下。

步骤 1　新建士兵类并命名为 Soldier，其包括士兵的角色 ID、进攻、防御、血量 4 个属性，以及攻击方法和待命方法。具体代码如下：

```
public class Soldier {
    int id;         //角色 ID
    int power;      //进攻
    int defend;     //防御
    int blood;      //血量
    //士兵攻击方法
    public void attack(TextView tv){
```

```
        tv.append("士兵"+id+"开始进攻");
        //随机生成士兵伤害值
        int b = new Random().nextInt(10);
        blood -= b;//减去士兵的血量
        if(blood <0 )blood = 0;
        tv.append("\n 士兵"+id+"血量-"+b+",\n 剩余血量: "+blood);
        if(blood == 0){
            tv.append("\n 士兵"+id+"牺牲");
        }
        standby(tv);//攻击完后原地待命
    }
    //士兵原地待命方法
    public  void standby(TextView tv){
        tv.append("士兵"+id+"原地待命\n");
    }
}
```

步骤 2　主活动中的具体代码如下：

```
public class MainActivity extends AppCompatActivity {
    TextView tv;        //创建一个文本框控件对象
    Soldier s1,s2;      //创建两个士兵对象
    @Override
    protected void onCreate(Bundle savedInstanceState) {
        super.onCreate(savedInstanceState);
        setContentView(R.layout.activity_main);
        //初始化控件对象
        tv = findViewById(R.id.textView);
    }
    public void doClick(View v){
        switch (v.getId()){
            case R.id.button1:
                s1 = new Soldier();//初始化士兵对象
                s1.id = 1;//修改士兵对象的 ID
                s1.blood = 100;//初始士兵的血量
                tv.append("新建士兵 1\n");//新建士兵做出提示
                s1.standby(tv);//调用士兵待命方法
                break;
            case R.id.button3:
                s2 = new Soldier();//初始化士兵对象
                s2.id = 2;//修改士兵对象的 ID
                s2.blood = 100;//初始士兵的血量
                tv.append("新建士兵 2\n");//新建士兵做出提示
                s2.standby(tv);//调用士兵待命方法
                break;
            case R.id.button2:
                s1.attack(tv);//调用士兵攻击方法
                break;
            case R.id.button4:
                s2.attack(tv);//调用士兵攻击方法
                break;
        }
    }
}
```

步骤 3　运行上述程序，创建士兵并参与战斗，运行结果如图 4-4 所示。

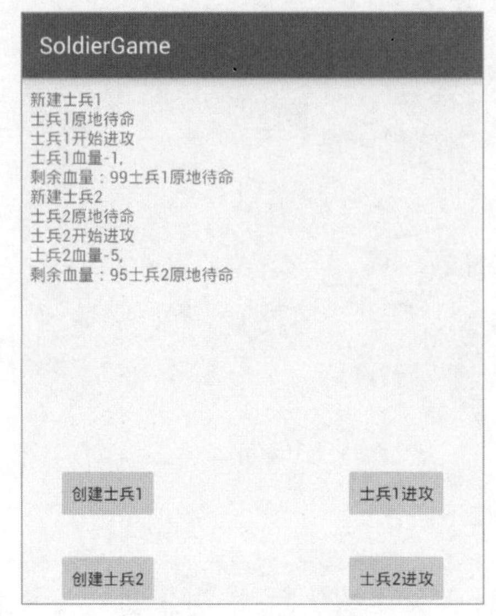

图 4-4　运行结果

4.1.3　构造方法与重载

构造方法是创建实例时执行的一段代码，其名称与类名相同，如果不编写构造方法，编译器编译代码时会添加默认的构造方法。重载则是多个函数重名，但参数个数或类型不同。

修改上一节中的士兵类，通过构造方法初始化属性。具体代码如下：

```
public class Soldier {
    int id;         //角色 ID
    int power;      //进攻
    int defend;     //防御
    int blood;      //血量
    Soldier(int mid){
        id = mid;
    }
}
```

注意：如果类中提供构造方法，编译器将不再提供无参构造方法。

相信细心的读者会发现构造方法中的参数与类中的参数不同名，可不可以同名呢？当然可以，不过需要通过 this 关键字来进行区分。this 是实例内部的特殊引用，保存着当前实例的内存地址，用其可以找到当前实例的内存空间。

修改构造方法。具体代码如下：

```
Soldier(int id){
    this.id = id;
}
```

其中，通过 this 关键字指定的为类内部的属性。

再次修改构造方法，实现构造方法的重载。具体代码如下：

```
Soldier(int mid){
    this.id = id;
}
```

```
Soldier(int mid,int power){
    this.id = mid;
    this.power = power;
}
Soldier(int mid,int power,int blood){
    this.id = mid;
    this.power = power;
    this.blood = blood;
}
```

以上 3 个构造方法同名，但是参数个数不同，因此可以实现重载。

在重载方法中，参数少的方法可以调用参数多的方法，具体代码如下：

```
Soldier(int id){
    this(id,0);
}
Soldier(int id,int power){
    this(id,power,0);
}
Soldier(int id,int power,int blood){
    this.id=id;
    this.power=power;
    this.blood=blood;
}
```

下面通过一个实例熟悉构造方法与重载。该实例创建一个坐标点类，新建模块并命名为 Point，通过初始化坐标点计算坐标与原点间的距离及两个坐标点间的距离，具体操作步骤如下。

步骤 1　新建一个 Java 类并命名为 PointClass，该类声明了一个坐标点，并创建了两个构造方法及计算两点间距离的方法和一个转换字符串的方法，还使用到了 Math.sqrt()方法求绝对值。具体代码如下：

```
public class PointClass {
    int x;//坐标 x
    int y;//坐标 y
    public PointClass(){//无参构造方法
        this(0,0);
    }
    public PointClass(int x,int y){//有参构造方法
        this.x = x;
        this.y = y;
    }
    public double distance(){
        return Math.sqrt(x*x+y*y);//计算当前点与原点的距离
    }
    public double distance(PointClass p){
        int dx = x-p.x;//计算 x 坐标的偏移量
        int dy = y-p.y;//计算 y 坐标的偏移量
        return Math.sqrt(dx*dx + dy*dy);//返回两点间的距离
    }
    public String toString(){
        return "("+x+","+y+")";//将坐标转换成字符串输出
    }
}
```

步骤 2　布局界面，设置 4 个编辑框控件分别用于获取两个坐标点的 x 轴、y 轴坐标，再设置两个文本框控件用于显示计算结果及两个按钮控件用于开始计算，如图 4-5 所示。

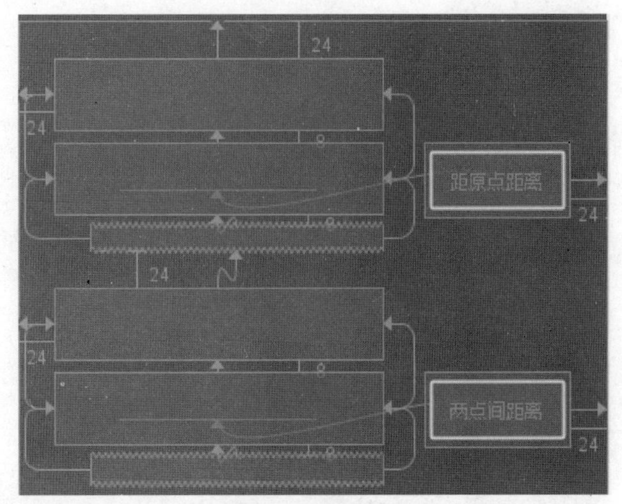

图 4-5　界面布局

步骤 3　主活动中的具体代码如下：

```
switch (v.getId()){
  case R.id.button1:
  //获取用户输入的坐标点并转换成整型
    int x1 = Integer.parseInt(et1.getText().toString());
    int y1 = Integer.parseInt(et2.getText().toString());
    p1 = new PointClass(x1,y1);      //实例化一个坐标点
    //在文本框中输出该点与原点的距离
    tv1.setText(p1.toString()+": "+p1.distance());
    break;
    case R.id.button2:
    //获取用户输入的坐标点并转换成整型
    int x2 = Integer.parseInt(et3.getText().toString());
    int y2 = Integer.parseInt(et4.getText().toString());
    p2 = new PointClass(x2,y2);      //实例化一个坐标点
    //在文本框中输出两点间的距离
    tv2.setText(p1.toString()+"距离"+p2.toString()+": "+p1.distance(p2));
    break;
}
```

步骤 4　运行上述程序，输入相应的坐标点值，单击按钮，运行结果如图 4-6 所示。

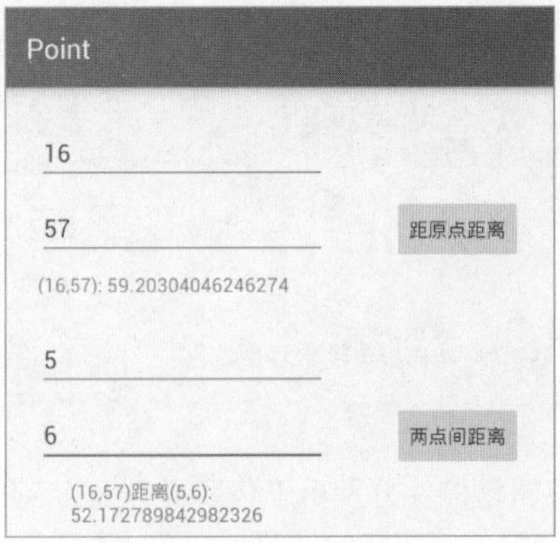

Point

16

57　距原点距离

(16,57): 59.20304046246274

5

6　两点间距离

(16,57)距离(5,6):
52.172789842982326

图 4-6　运行结果

4.1.4 访问控制符

Java 中关于类设置了不同的访问控制符，通过这些访问控制符可以限定类中的成员是否可见。常见访问控制符见表 4-1。

表 4-1 访问控制符

名称＼位置	类 中	包 中	子 类 中	任 意
public（公有）	可见	可见	可见	可见
protected（受保护）	可见	可见	可见	不可见
default（默认）	可见	可见	不可见	一般用于 switch 中
private（私有）	可见	不可见	不可见	隐藏在类内部，不允许其他类使用

创建类时会使用到 public、protected、private 3 个控制符，选择控制符有一个最小原则——尽量降低成员的可见度，这样可以保护程序以免被外部访问。对于成员的访问，使用 public 提供的方法进行限定，而使用 public 设置的方法相当于一个“契约”，一旦设置应保持稳定不变。

下面通过一个实例演示如何使用访问控制符。创建一个模块并命名为 Person，具体操作步骤如下。

步骤 1　创建一个 Java 类并命名为 PersonClass，其具体代码如下：

```
public class PersonClass {
    private String name;                        //定义名字
    private String gender;                      //定义性别
    private int age;                            //定义年龄
    public String getName() {                   //获取名字的方法
        return name;                            //返回名字
    }
    public void setName(String name) {          //设置名字的方法
        this.name = name;                       //对名字进行设置
    }
    public String getGender() {                 //获取性别方法
        return gender;                          //返回性别
    }
    public void setGender(String gender) {      //设置性别方法
        this.gender = gender;                   //设置性别
    }
    public int getAge() {                       //获取年龄方法
        return age;                             //返回年龄
    }
    public void setAge(int age) {               //设置年龄方法
        this.age = age;                         //设置年龄
    }
    public PersonClass(){                       //无参构造方法
    }
    //有参构造方法
    public PersonClass(String name,String gender,int age){
        this.name = name;                       //初始化名字
        this.gender = gender;                   //初始化性别
        this.age = age;                         //初始化年龄
    }
```

```
    public String toString(){
        return "名字:"+name+"\n 性别: "+gender+"\n 年龄:"+age;
    }
}
```

步骤 2　主活动中通过单击按钮创建一个 PersonClass 对象，并通过类提供的公共方法对 PersonClass 对象进行赋值。具体代码如下：

```
public void doClick(View v){
    p = new PersonClass();//实例化对象
    p.setName("张三");
    p.setGender("男");
    p.setAge(22);
    tv.setText(p.toString());
}
```

步骤 3　运行上述程序，单击“创建实体对象”按钮，查看运行结果，如图 4-7 所示。

图 4-7　运行结果

4.2　深入探索面向对象

面向对象的编程思想在于继承与多态，有了继承与多态才能使代码真正意义上实现复用。下面我们一起来深入探索面向对象的内容。

4.2.1　继承

继承是所有 OOP 语言不可或缺的部分，Java 中使用 extends 关键字来表示继承关系。当创建一个类时，如果没有明确指出要继承的类，就总是隐式地从根类 Object 进行继承。

下面给出一段继承的代码。

```
class Person {
    public Person() {
    }
}
class Student extends Person {
    public Student () {
    }
}
```

类 Student 继承自 Person 类，此时 Person 类称为父类（基类），Student 类称为子类（导出类）。如果两个类存在继承关系，则子类会自动继承父类的方法和变量，在子类中可以调用父类的方法和变量。在

Java 中只允许单继承，一个类最多只能显式地继承自一个父类。一个类却可以被多个类继承，可以拥有多个子类。

1. 子类继承父类的成员变量

当子类继承某个类后，便可以使用父类中的成员变量，但并不是完全继承父类的所有成员变量，具体的继承原则如下。

（1）能够继承父类的 public 和 protected 成员变量，不能够继承父类的 private 成员变量。

（2）对于父类的包访问权限成员变量，如果子类和父类在同一个包下，则子类能够继承；否则，子类不能够继承。

（3）对于子类可以继承的父类成员变量，如果在子类中出现了同名称的成员变量，则会出现隐藏现象，即子类的成员变量会屏蔽掉父类的同名成员变量。如果要在子类下访问父类中的同名成员变量，需要使用 super 关键字来进行引用。

2. 子类继承父类的方法

同样地，子类也并不是完全继承父类的所有方法。

（1）能够继承父类的 public 和 protected 成员方法，不能够继承父类的 private 成员方法。

（2）对于父类的包访问权限成员方法，如果子类和父类在同一个包下，则子类能够继承；否则，子类不能够继承。

（3）对于子类可以继承的父类成员方法，如果在子类中出现了同名称的成员方法，则称为覆盖，即子类的成员方法会覆盖掉父类的同名成员方法。如果要在子类中访问父类中同名成员方法，需要使用 super 关键字来进行引用。

注意：

- 隐藏和覆盖是不同的，隐藏是针对成员变量和静态方法的，而覆盖是针对普通方法的。
- 签名必须一致，这里的签名是指返回类型、方法名和参数列表。
- 访问范围不能降低。
- 抛出的异常不能比父类更多。

3. 构造方法

子类是不能够继承父类的构造方法的。但要注意的是，如果父类的构造方法都是带有参数的，则必须在子类的构造方法中显式地通过 super 关键字调用父类的构造方法，并配以适当的参数列表。如果父类有无参构造方法，则在子类的构造方法中用 super 关键字调用父类构造方法不是必须的，即如果没有使用 super 关键字，系统会自动调用父类的无参构造方法。下面给出一段代码。

```
class Shape {
    protected String name;
    public Shape(){
        name = "shape";
    }
    public Shape(String name) {
        this.name = name;
    }
}
class Circle extends Shape {
    private double radius;
    public Circle() {
```

```
        radius = 0;
    }
    public Circle(double radius) {
        this.radius = radius;
    }
    public Circle(double radius,String name) {
        this.radius = radius;
        this.name = name;
    }
}
```

以上这样的代码是没有问题的，如果把父类的无参构造方法去掉，上面的代码便会报错。修改子类构造方法，手动调用父类有参构造方法，具体代码如下：

```
class Circle extends Shape {
    private double radius;
    public Circle() {
super("cicle")
        radius = 0;
    }
    public Circle(double radius) {
super("cicle")
        this.radius = radius;
    }
    public Circle(double radius,String name) {
        this.radius = radius;
        this.name = name;
    }
}
```

super 主要有以下两种用法。

（1）super.成员变量/super.成员方法；

（2）super(parameter1,parameter2,...)。

第一种用法主要用来在子类中调用父类的同名成员变量或者方法；第二种用法主要用在子类的构造方法中显式地调用父类的构造方法。要注意的是，如果是用在子类构造方法中，则必须是子类构造方法的第一个语句。

4.2.2 多态

多态是同一个行为具有多个不同表现形式或形态的能力。在程序开发中，多态是同一个接口，使用不同的实例而执行不同操作。

多态的优点表现在消除类型间的耦合关系、可替换性、可扩充性、接口性、灵活性和简化性等方面。

多态存在的 3 个必要条件为继承、重写、父类引用指向子类对象。

多态中存在以下两种类型转换。

- 向上转型（Up Cast）：子类实例可以转换为父类类型，把子类实例看成父类类型来处理。
- 向下转型（Down Cast）：已经转换为父类类型的子类实例再转换成子类类型。

下面给出一段实例代码演示什么是多态。具体代码如下：

```
class Animal {
    abstract void eat();
```

```
}
class Cat extends Animal {
    public void eat() {
        System.out.println("吃鱼");
    }
    public void work() {
        System.out.println("抓老鼠");
    }
}
class Dog extends Animal {
    public void eat() {
        System.out.println("吃骨头");
    }
    public void work() {
        System.out.println("看家");
    }
}
Animal a = new Cat();//向上转型
a.eat(); //调用的是 Cat 的 eat
Cat c = (Cat)a; //向下转型
c.work(); //调用的是 Cat 的 work
public void show(Animal a)  {
       a.eat();
        //类型判断
        if (a instanceof Cat)  {  //猫做的事情
            Cat c = (Cat)a;
            c.work();
        } else if (a instanceof Dog) { //狗做的事情
            Dog c = (Dog)a;
            c.work();
        }
    }
}
```

其中 instanceof 运算符用来在运行时指出对象是否是特定类的一个实例。instanceof 通过返回一个布尔值来指出对象是否是特定类（或它的子类）的一个实例。

通过一个实例演示多态在实际编程中的应用。创建一个模块并命名为 Shape，具体操作步骤如下。

步骤 1　创建绘图类并命名为 ShapeClass，具体代码如下：

```
public class ShapeClass {//定义绘图类
    public void draw(TextView tv){//用于绘图的方法
        tv.setText("绘图");
    }
    public void clearn(TextView tv){//清空方法
        tv.setText("");
    }
}
```

步骤 2　创建用于绘制直线的类并命名为 LineClass，继承自绘图类 ShapeClass。具体代码如下：

```
public class LineClass extends ShapeClass{//线段类继承自绘图类
    public void draw(TextView tv){//重写父类方法
        tv.setText("—");
    }
}
```

步骤 3　创建一个用于绘制圆的类并命名为 CircleClass 和一个用于绘制矩形的类并命名为 RectangleClass，这两个类与绘制直线的类代码基本类似，可参考 Shape 模块的源码。

步骤 4　主活动中按钮单击方法 doClick 的具体代码如下：

```
switch(v.getId()){
  case R.id.button1:
    shape = new LineClass();//使用子类实例化父类对象，向上转型
    shape.draw(tv);//调用绘图方法，实际调用的是子类方法，实现多态
    break;
  case R.id.button2:
    shape = new RectangleClass();
    shape.draw(tv);
    break;
  case R.id.button3:
    shape = new CircleClass();
    shape.draw(tv);
    break;
```

步骤 5　运行上述程序，单击不同的按钮，在文本框中模拟绘制出不同的图形，运行结果如图 4-8 所示。

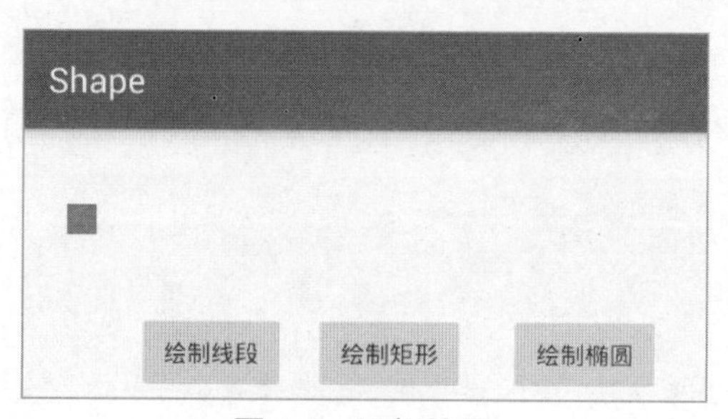

图 4-8　运行结果

4.2.3　抽象类

抽象类是用来捕捉子类的通用特性的，它不能被实例化，只能被用作子类的超类。抽象类是被用来创建继承层级里子类的模板。抽象类的作用是为子类提供通用代码，为子类提供统一成员和方法。

抽象类需要注意以下几点：

- 抽象类不能创建实例。
- 有抽象方法的类，必须是抽象类。
- 抽象类中不一定有抽象方法。

本小节通过修改上一节的代码实现抽象类。绘图类有一个绘图方法，但是父类中的绘图方法并没有实际作用。由于它并不知道子类具体绘制什么图形，但是子类还需要这样一个绘制方法，因此可以将其提取为抽象方法。有抽象方法的类必须是抽象类，该类可以修改为：

```
public abstract class ShapeClass {            //实现抽象类
    public abstract void draw(TextView tv);  //抽象方法
    public void clearn(TextView tv){          //清空方法
        tv.setText("");
    }
}
```

通过一个实例演示抽象类在实际中的应用。新建一个模块并命名为 Employee，通过不同员工的工资奖金差异构建类，具体操作步骤如下。

步骤 1 创建一个员工类并命名为 EmployeeClass，具体代码如下：

```
public abstract class EmployeeClass {    //定义员工抽象类
    public abstract double wage();       //定义工资抽象方法
    public abstract double bounes();     //定义奖金抽象方法
    public double sum(){                 //计算工资总数
        return wage()+bounes();
    }
}
```

步骤 2 创建一个程序员类并命名为 Programmer，继承自员工类 EmployeeClass，具体代码如下：

```
public class Programmer extends EmployeeClass{//定义程序员类，继承自员工类
    @Override//重写工资方法
    public double wage() {
        return 5000;
    }
    @Override//重写奖金方法
    public double bounes() {
        return 3000;
    }
}
```

步骤 3 创建一个经理类并命名为 Manager，继承自员工类，具体代码如下：

```
public class Manager extends EmployeeClass {//定义经理类，继承自员工类
    @Override//重写工资方法
    public double wage() {
        return 6000;
    }
    @Override//重写奖金方法
    public double bounes() {
        return 5000;
    }
}
```

步骤 4 主活动中的具体代码如下：

```
public class MainActivity extends AppCompatActivity {
    TextView tv;//创建文本框控件对象
    @Override
    protected void onCreate(Bundle savedInstanceState) {
        super.onCreate(savedInstanceState);
        setContentView(R.layout.activity_main);
        tv = findViewById(R.id.textView);
    }
    public void doClick(View v){
        switch(v.getId()){
            case R.id.button:
                //定义并初始化一个程序员对象
                Programmer p = new Programmer();
                ShowMoney(p);//将程序员传入显示钱数的方法
                break;
            case R.id.button2:
                //定义并初始化一个经理对象
```

```
                Manager m = new Manager();
                ShowMoney(m);//将子类传入显示钱数的方法
                break;
            }
        }
        //定义显示钱数的方法，该方法接收父类对象，意味着可以接收所有子类和实例
        public void ShowMoney(EmployeeClass e){
            //调用从父类继承的sum()方法，该方法分别调用子类实现的工资奖金方法
            tv.setText("¥"+e.sum());
        }
    }
```

步骤 5　运行上述程序，单击不同按钮，程序会计算出不同员工的工资奖金，运行结果如图 4-9 所示。

图 4-9　运行结果

4.2.4　接口

接口是抽象方法的集合，如果一个类实现了某个接口，那么它必定继承了这个接口的抽象方法。就像契约模式，如果实现了这个接口，那么就必须确保使用这些方法。接口只是一种形式，接口自身不能做任何事情。

① 接口是极端的抽象类，所有方法都是抽象的。

② 接口用来解耦合。

③ 接口使用 interface 关键字代替了 class 关键字，用于表明这是一个接口；使用 implements 关键字代替了 extends 关键字，用于表明继承自一个接口。

接口中只能定义以下 3 个部分。

① 常量。

② 抽象方法。

③ 内部类、内部接口。

需要注意的是，接口内部所有成员都是公共的，不能隐藏。因此，声名接口时要注意以下几点。

- 常量（共享的、不可变的数据）使用 final 关键字声明，常量命名，一般为英文全大写，单词间使用下画线。

例如：

static final double PI = 3.14;

static final byte MAX_VALUE = 127;

- 静态初始化块使用 static 关键字声明，第一次使用到时，这个类会被加载到内存，同时可以执行一段静态代码块。

静态初始化块只加载一次。

```
class A{
    static{
        //通常用于加载资源，例如读取文件、连接网络
    }
}
```

通过一个实例演示如何使用接口。创建一个模块并命名为 Transformers，具体操作步骤如下。

步骤 1　创建一个接口并命名为 Weapon，创建接口与创建类相同，需要选择一个接口，如图 4-10 所示。

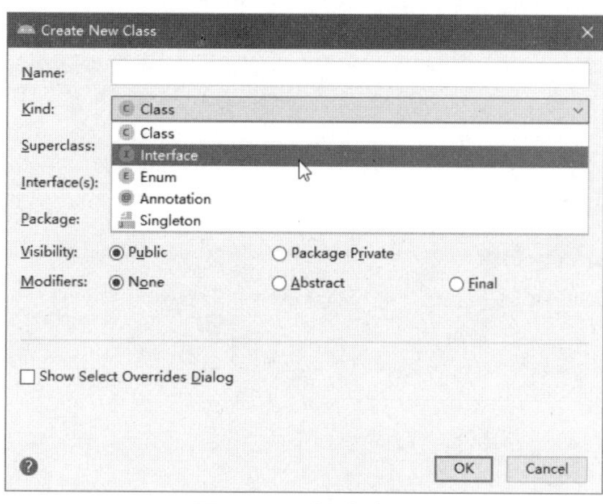

图 4-10　创建接口

步骤 2　接口中的具体代码如下：

```
public interface Weapon {
    //定义武器接口，变形金刚会使用这个武器接口，调用武器接口中的方法
    //声明 3 种武器类型的常量，public static final 关键字可以有，也可以省略
    //定义成员可以省略 3 个关键字
    public static final int TYPE_COLD = 1;//冷兵器
    int TYPE_HEAT = 2;//热兵器
    int TYPE_NUCLEAR = 3;//核武器
    //接口中的方法全部都是抽象方法，因此 public abstract 关键字可以省略
    //定义方法可以省略两个关键字
    public abstract String getName();//获取名称方法
    int getType();//获取武器类型方法
    void attact(TextView tv);//攻击方法
}
```

步骤 3　按照这个接口定义一个类，命名为“倚天剑”并实现接口中的相应方法。具体代码如下：

```
public class Sword implements Weapon{//按照武器接口实现倚天剑类
    @Override//实现接口中的方法
    public String getName() {
        return "倚天剑";//返回武器名称
    }
    @Override//重写接口中的获取武器类型方法
    public int getType() {
        return Weapon.TYPE_COLD;//获取武器类型
    }
    @Override//重写接口中的攻击方法
    public void attact(TextView tv) {//调用攻击方法实现攻击
        tv.append("刀光血影...");
```

```
    }
}
```

步骤 4　定义 AK47 和 Lyb（狼牙棒）两个武器类，可参考模块 Weapon 的源码。

步骤 5　创建一个类并命名为 TransformersClass，具体代码如下：

```
public class TransformersClass {//变形金刚类
    private Weapon w;//定义一个武器接口对象
    //定义一个为武器接口赋值的方法
    public void setWeapon(Weapon w) {
        this.w = w;
    }
    public void GongJi(TextView tv) {
        tv.setText("变形金刚开始进攻");
        tv.append("\n使用武器: " + w.getName());
        String type = "";
        switch (w.getType()) {
            case Weapon.TYPE_COLD: type = "冷兵器";
                break;
            case Weapon.TYPE_HEAT: type = "热兵器";
                break;
            case Weapon.TYPE_NUCLEAR: type = "核武器";
                break;
        }
        tv.append("\n武器类别:"+type);
        tv.append("\n");
        w.attact(tv);
    }
}
```

步骤 6　主活动中的具体代码如下：

```
public class MainActivity extends AppCompatActivity {
    TransformersClass t;//定义变形金刚类对象
    TextView tv;//定义文本框控件对象
    @Override
    protected void onCreate(Bundle savedInstanceState) {
        super.onCreate(savedInstanceState);
        setContentView(R.layout.activity_main);
        tv = findViewById(R.id.textView);//初始化控件对象并与控件绑定
    }
    public void doClick(View v){
        switch(v.getId()){
            case R.id.button:
                t = new TransformersClass();
                tv.setText("威震天出生！！！");
                break;
            case R.id.button2:
                Sword s = new Sword();//生成一把倚天剑
                t.setWeapon(s);//将该武器传给变形金刚类对象
                tv.append("\n威震天接过倚天剑");
                break;
            case R.id.button3:
                AK47 a = new AK47();//创建一把AK47
                t.setWeapon(a);//将该武器传给变形金刚类对象
                tv.append("\n威震天接过AK47");
```

```
                break;
            case R.id.button4:
                Lyb l = new Lyb();//创建一个狼牙棒
                t.setWeapon(l);//将该武器传给变形金刚类对象
                tv.append("\n威震天接过狼牙棒");
                break;
            case R.id.button5://进攻
                t.GongJi(tv);//使用变形金刚的攻击方法
                break;
        }
    }
}
```

步骤 7 运行上述程序，先创建变形金刚对象，再单击相应的武器按钮进行进攻，运行结果如图 4-11 所示。

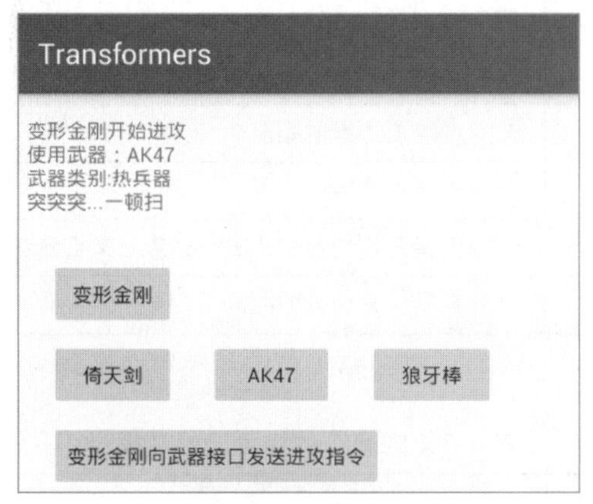

图 4-11 运行结果

4.3 布局

Android 的六大基本布局分别是：①相对布局（RelativeLayout）、②线性布局（LinearLayout）、③表格布局（TableLayout）、④帧布局（FrameLayout）、⑤网格布局（GridLayout）、⑥绝对布局（AbsoluteLayout）。其中，表格布局是线性布局的子类；网格布局是 Android 4.0 后新增的布局；而绝对布局已经淘汰，这里不做讲解。在介绍这几种布局之前，先来了解一下通用属性。

4.3.1 通用属性

常用布局中有一些通用的属性，这些属性在任何一种布局中使用方法基本相同。

- android:id：为控件指定相应的 ID。
- android:layout_width：定义本元素的宽度。
- android:layout_height：定义本元素的高度。
- android:background：指定该控件所使用的背景色，采用 RGB 命名法。
- android:orientation：取值为 horizontal 表示控件水平显示（默认值），取值为 vertical 表示控件垂直显示。

- android:gravity：是对 view 内容的限定。例如一个 button 上的 text，你可以设置该 text 在 view 的靠左、靠右等位置。以 button 为例，android:gravity="right"则表示 button 上的文字靠右放置。
- android:layout_gravity：用来设置 view 相对于父 view 的位置。例如一个 button 在 linearlayout 中，若想把该 button 放在靠左、靠右等位置，就可以通过该属性设置。以 button 为例，android:layout_gravity="right"则表示 button 靠右放置。

除此之外，外间距和内间距的相关属性介绍如下。

外间距是指控件与控件间的距离，其相关属性及解释见表 4-2。

表 4-2　外间距的相关属性及解释

属　性	解　释
android:layout_margin	本元素离父容器上下、左右间的距离
android:layout_marginBottom	与父容器下边缘的距离
android:layout_marginLeft	与父容器左边缘的距离
android:layout_marginRight	与父容器右边缘的距离
android:layout_marginTop	与父容器上边缘的距离
android:layout_marginStart	本元素离开始位置的距离（相当于父容器左边缘的距离）
android:layout_marginEnd	本元素离结束位置的距离（相当于父容器右边缘的距离）

内间距是指控件内的内容与该控件的距离间隔，其相关属性及解释见表 4-3。

表 4-3　内间距的相关属性及解释

属　性	解　释
android:padding	指定布局与子布局的间距
android:paddingLeft	指定布局左边与子布局的间距
android:paddingTop	指定布局上边与子布局的间距
android:paddingRight	指定布局右边与子布局的间距
android:paddingBottom	指定布局下边与子布局的间距
android:paddingStart	指定布局左边与子布局的间距（与 android:paddingLeft 解释相同）
android:paddingEnd	指定布局右边与子布局的间距（与 android:paddingRight 解释相同）

4.3.2　相对布局

相对布局（RelativeLayout）在实际开发中是用得比较多的布局之一。相对，顾名思义是有参照的，是以某个兄弟组件或者父容器来决定的（兄弟组件是指在同一个布局里面的组件，如果是布局里一个组件参照另一个布局里的组件会出错）。

相对布局中有以下三类属性。

第一类参考容器边界，见表 4-4。

表 4-4 相对父容器边界属性及解释

属　　性	解　　释
android:layout_alighParentLeft	参考父容器左侧对齐
android:layout_alighParentRight	参考父容器右侧对齐
android:layout_alighParentTop	参考父容器顶端对齐
android:layout_alighParentBottom	参考父容器底部对齐
android:layout_centerHorizontal	在父容器中水平居中
android:layout_centerVertical	在父容器中垂直居中
android:layout_centerInParent	在父容器中央位置

第二类参考兄弟控件边界，见表 4-5。

表 4-5 相对兄弟控件边界属性及解释

属　　性	解　　释
android:layout_toLeftOf	参考兄弟控件左边界对齐
android:layout_toRightOf	参考兄弟控件右边界对齐
android:layout_above	参考兄弟控件上边界对齐
android:layout_below	参考兄弟控件下边界对齐

第三类参考兄弟控件与其对齐，见表 4-6。

表 4-6 对齐指定控件属性及解释

属　　性	解　　释
android:layout_alignTop	对齐指定控件上边
android:layout_alignBottom	对齐指定控件下边
android:layout_alignLeft	对齐指定控件左边
android:layout_alignRight	对齐指定控件右边
android:layout_alignBaseLine	对齐指定控件基线

通过一个实例演示如何使用相对布局，具体操作步骤如下。

步骤 1 新建模块并命名为 RelativeLayout，切换到该模块，打开 res→layout 目录，如图 4-12 所示。

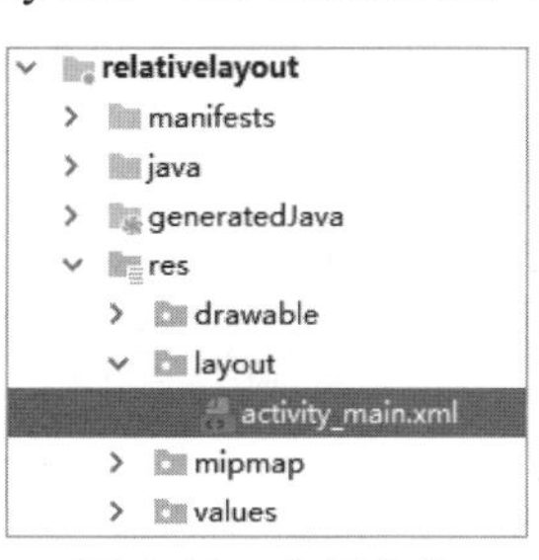

图 4-12 布局文件

步骤 2　新创建的模块默认布局为约束布局，因此需手动修改布局文件的根标签为<RelativeLayout>，并清空默认文本框控件。具体代码如下：

```
<?xml version="1.0" encoding="utf-8"?>
<RelativeLayout xmlns:android="http://schemas.android.com/apk/res/android"
    xmlns:tools="http://schemas.android.com/tools"
    android:layout_width="match_parent"
    android:layout_height="match_parent"
    tools:context=".MainActivity">
</RelativeLayout>
```

步骤 3　在<RelativeLayout>标签与</RelativeLayout>标签中间加入其他控件的标签，加入第一个按钮并让其位于整个布局的左上角，按钮控件的宽度和高度都为"wrap_content"，具体代码如下：

```
<Button
    android:layout_width="wrap_content"
    android:layout_height="wrap_content"
    android:layout_alignParentLeft="true"
    android:layout_alignParentTop="true"
    android:text="按钮 1"/>
```

步骤 4　创建第二个按钮，将其放于父布局的顶端且水平居中。具体代码如下：

```
<Button
    android:layout_width="wrap_content"
    android:layout_height="wrap_content"
    android:layout_alignParentTop="true"
    android:layout_centerHorizontal="true"
    android:text="按钮 2"/>
```

步骤 5　创建第三个按钮，将其放于父布局的顶端且位于最右侧。具体代码如下：

```
<Button
    android:layout_width="wrap_content"
    android:layout_height="wrap_content"
    android:layout_alignParentRight="true"
    android:layout_alignParentTop="true"
    android:text="按钮 3"/>
```

步骤 6　创建第四个按钮，将其放于父布局的最左侧且垂直居中。具体代码如下：

```
<Button
    android:layout_width="wrap_content"
    android:layout_height="wrap_content"
    android:layout_alignParentLeft="true"
    android:layout_centerVertical="true"
    android:text="按钮 4"/>
```

步骤 7　创建第五个按钮，将其放于父布局的正中间。具体代码如下：

```
<Button
    android:layout_width="wrap_content"
    android:layout_height="wrap_content"
    android:layout_centerInParent="true"
    android:text="按钮 5"/>
```

步骤 8　创建第六个按钮，将其放于父布局的最右侧且垂直居中。具体代码如下：

```
<Button
    android:layout_width="wrap_content"
    android:layout_height="wrap_content"
    android:layout_alignParentRight="true"
    android:layout_centerVertical="true"
    android:text="按钮 6"/>
```

步骤 9 创建第七个按钮，将其放于第三个按钮的左边，同时位于第五个按钮的上边，还要对齐第二个按钮的左边界，如果需要参考组件，需给相应的组件设置 ID。具体代码如下：

```
<Button
    android:layout_width="wrap_content"
    android:layout_height="wrap_content"
    android:layout_toLeftOf="@id/btn3"
    android:layout_above="@id/btn5"
    android:layout_alignLeft="@id/btn2"
    android:layout_below="@id/btn2"
    android:text="按钮 7"/>
```

步骤 10 创建第八个按钮，将其放于第七个按钮的左侧并与该按钮的基线对齐。具体代码如下：

```
<Button
    android:layout_width="wrap_content"
    android:layout_height="wrap_content"
    android:layout_toLeftOf="@id/btn7"
    android:layout_alignBaseline="@id/btn7"
    android:text="按钮 8"/>
```

步骤 11 运行上述程序后的布局效果如图 4-13 所示。

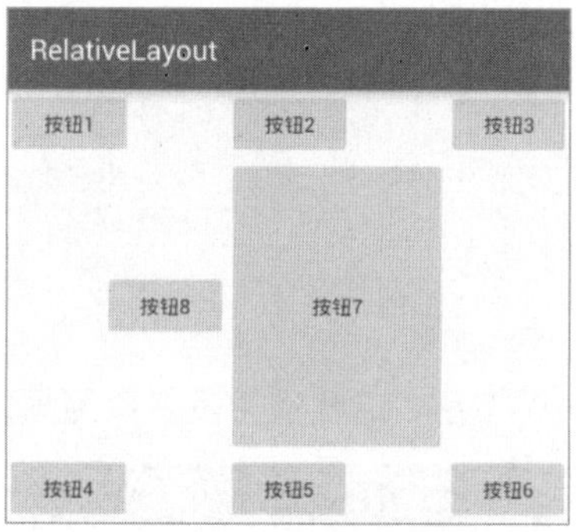

图 4-13 布局效果

4.3.3 线性布局

线性布局（LinearLayout）是程序中常见的布局方式之一，可以分为水平线性布局和垂直线性布局两种，它们分别是通过 android:orientation="horizontal"和 android:orientation="vertical"来控制的。

线性布局中有以下几个极其重要的属性，直接决定元素的布局和位置。

android:layout_gravity：是本元素相对于父元素的对齐方式。

android:gravity="bottom|right"：是本元素所有子元素的对齐方式，设置在父元素上，多个值用“ | ”隔开。

android:orientation：线性布局以列或行来显示内部子元素。

当 android:orientation="vertical"时，只有水平方向的设置才起作用，垂直方向的设置不起作用，即 left、right 和 center_horizontal 是生效的。

当 android:orientation="horizontal"时，只有垂直方向的设置才起作用，水平方向的设置不起作用，即 top、bottom 和 center_vertical 是生效的。

android:padding="10dp"：是本元素所有子元素与父元素边缘的距离，设置在父元素上。

android:layout_marginLeft="10dp"：子元素与父元素边缘的距离，设置在子元素上。

android:layout_weight="1"：分配权重值，如果垂直方向设置权重，高度应设置为 0。

通过一个具体实例演示如何使用线性布局，具体操作步骤如下。

步骤 1　新建模块并命名为 LinearLayout，打开布局文件，将其布局标签切换为<LinearLayout>。具体代码如下：

```
<?xml version="1.0" encoding="utf-8"?>
<LinearLayout xmlns:android="http://schemas.android.com/apk/res/android"
    xmlns:tools="http://schemas.android.com/tools"
    android:layout_width="match_parent"
    android:layout_height="match_parent"
    tools:context=".MainActivity">
</LinearLayout>
```

步骤 2　将布局设置为修改布局属性，将其设置为垂直线性布局，并创建两个按钮控件，分别设置第一个按钮权重为“1”、第二个按钮权重为“2”。具体代码如下：

```
<?xml version="1.0" encoding="utf-8"?>
<LinearLayout xmlns:android="http://schemas.android.com/apk/res/android"
    xmlns:tools="http://schemas.android.com/tools"
    android:layout_width="match_parent"
    android:layout_height="match_parent"
    tools:context=".MainActivity">
    <Button
        android:layout_width="wrap_content"
        android:layout_height="wrap_content"
        android:text="按钮 1"
        android:layout_weight="1"/>
    <Button
        android:layout_width="wrap_content"
        android:layout_height="wrap_content"
        android:text="按钮 2"
        android:layout_weight="2"/>
</LinearLayout>
```

步骤 3　运行程序后查看效果，发现按钮 2 的权重并没有按照预定进行分配，如图 4-14 所示。

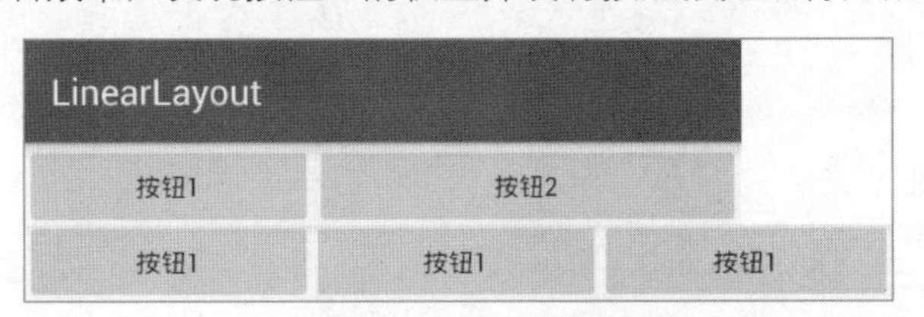

图 4-14　运行结果

步骤 4　水平方向设置权重后，没有按照预定的方式来设置，得到结果不正确（由于宽度是自适应的，因此与权重设置冲突后会得到一个错误的结果）。要想得到正确的结果，可以将宽度设置为 0dp，具体代码如下：

```
<Button
    android:layout_width="0dp"
    android:layout_height="wrap_content"
    android:text="按钮 1"
    android:layout_weight="1"/>
<Button
    android:layout_width="0dp"
    android:layout_height="wrap_content"
    android:text="按钮 2"
    android:layout_weight="2"/>
```

步骤 5　再次运行程序后查看效果，如图 4-15 所示。此时的权重分配是正确的，即按钮 1 占用 1 个权重、按钮 2 占用两个权重。

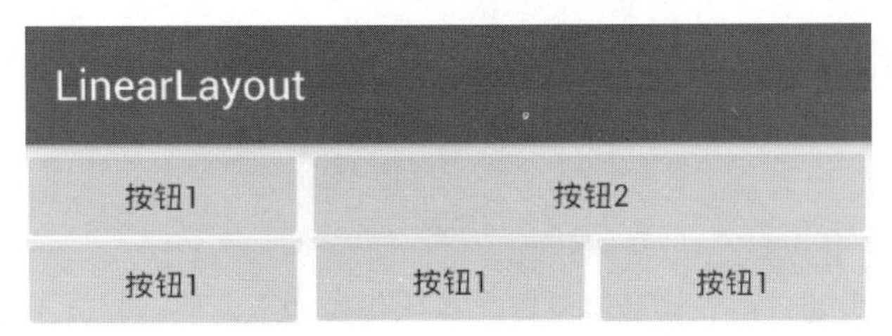

图 4-15 运行结果

4.3.4 表格布局

表格布局（TableLayout）继承自 LinearLayout，本质是一个垂直线性布局。

表格布局有以下几个重要属性。

android:stretchColumns：拉伸列，具体通过设置列标进行拉伸。例如，设置为 0 拉伸第 1 列，设置为 0、3 分别拉伸第 1 列和第 4 列两列，设置为 2、3、4 分别拉伸第 3 至第 5 列三列，不设置则每一列都是自适应大小。

android:shrinkColumns：设置可收缩的列（当该列子控件内的内容太多，行内显示不完时会向列的方向显示内容）。

android:collapseColumns：设置要隐藏的列。

android:layout_column：指定该单元格在第几列显示。

android:layout_span：指定该单元格占据的列数（如果使用时没有指定，那么默认值为 1）。

例如：

```
Android:layout_column="1"，该控件在第 1 列
Android:layout_span="2"，该控件占了两列
```

TableRow：表格中的行，所有控件都存放于 TableRow 中，宽度、高度可以不用设置自适应。继承自 LinearLayout，本质是一个水平线性布局。

通过一个实例演示如何使用表格布局，具体操作步骤如下。

步骤 1　新建模块并命名为 TableLayout，这里采用线性布局嵌套表格布局，第一个表格布局演示行的伸缩性。具体代码如下：

```
<TextView
  android:text="第一个表格布局：全局设置，列属性设置"
  android:layout_height="wrap_content"
  android:layout_width="wrap_content"
  android:textSize="15sp"
  android:background="#7f00ffff"/>
<TableLayout
  android:id="@+id/table1"
  android:layout_width="match_parent"
  android:layout_height="wrap_content"
  android:stretchColumns="0"
  android:shrinkColumns="1"
  android:collapseColumns="2"
  android:padding="3dip">
<TableRow>
<Button android:text="该列可以伸展"/>
<Button android:text="该列可以收缩"/>
<Button android:text="被隐藏了"/>
```

```
  </TableRow>
  <TableRow>
<TextView android:text="向行方向伸展，可以伸展很长 "/>
<TextView android:text="向列方向收缩，*************************************************可以伸缩很长"/>
  </TableRow>
</TableLayout>
```

步骤 2　第二个表格布局演示单元格属性设置。具体代码如下：

```
<TextView
  android:text="第二个表格布局:单元格设置，指定单元格属性设置"
  android:layout_height="wrap_content"
  android:layout_width="wrap_content"
  android:textSize="15sp"
  android:background="#7f00ffff"/>
 <TableLayout
  android:id="@+id/table2"
  android:layout_width="fill_parent"
  android:layout_height="wrap_content"
  android:padding="3dip">
  <TableRow>
<Button android:text="第 1 列"/>
<Button android:text="第 2 列"/>
<Button android:text="第 3 列"/>
  </TableRow>
  <TableRow>
<TextView android:text="指定在第 2 列" android:layout_column="1"/>
  </TableRow>
  <TableRow>
<TextView
 android:text="第 2 列和第 3 列！！！！！！！！！！！！"
 android:layout_column="1"
 android:layout_span="2" />
  </TableRow>
</TableLayout>
```

步骤 3　第三个表格布局演示控件长度的可伸展特性。具体代码如下：

```
<TextView
  android:text="第三个表格布局：非均匀布局，控件长度根据内容伸缩"
  android:layout_height="wrap_content"
  android:layout_width="wrap_content"
  android:textSize="15sp"
  android:background="#7f00ffff"/>
 <TableLayout
  android:id="@+id/table3"
  android:layout_width="match_parent"
  android:layout_height="wrap_content"
  android:stretchColumns="*"
  android:padding="3dip">
  <TableRow>
<Button android:text="三更灯火五更鸡" ></Button>
<Button android:text="劝学"></Button>
<Button android:text="正是男儿读书时" ></Button>
  </TableRow>
</TableLayout>
```

步骤 4　第四个表格布局演示可伸展特性及指定每个控件的宽度一致。具体代码如下：

```
<TextView
  android:text="第四个表格布局：均匀布局，控件宽度一致"
  android:layout_height="wrap_content"
  android:layout_width="wrap_content"
```

```
    android:textSize="15sp"
    android:background="#7f00ffff"/>
   <TableLayout
    android:id="@+id/table4"
    android:layout_width="match_parent"
    android:layout_height="wrap_content"
    android:stretchColumns="*"
    android:padding="3dip">
    <TableRow>
  <Button android:text="天天" android:layout_width="1dip"></Button>
  <Button android:text="向上" android:layout_width="1dip"></Button>
  <Button android:text="天天向上" android:layout_width="1dip"></Button>
    </TableRow>
  </TableLayout>
```

步骤 5　运行上述程序，查看运行结果，如图 4-16 所示。

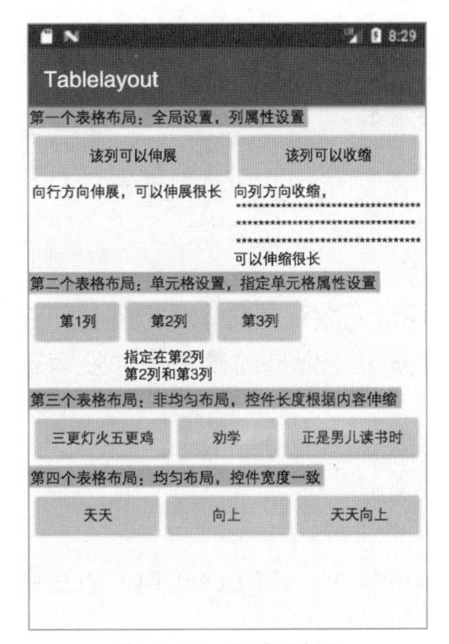

图 4-16　运行结果

4.3.5　帧布局

帧布局（Frame layout）是 Android 六大布局中最为简单的布局之一。该布局直接在屏幕上开辟出了一块空白区域，通常只添加一个控件。当然，这个控件也可以是一个布局，如果添加多个控件，会叠加在一起。

通常用于制作一个滑动菜单时，先设计一个帧布局，将其显示在屏幕之外，需要时再将其滑入屏幕。帧布局是覆盖在其他控件之上的，因此可以实现这样的效果。

帧布局中的重力引力属性如下。

layout_gravity：组合设置 top | bottom | left | right | center | center_horizontal | center_vertical 这些属性。

right|center_vertical：表示右侧并垂直居中。

right|bottom：表示右下角。

其中还有一些特有的属性。

android:foreground：设置该帧布局容器的前景图像。

android:foregroundGravity：设置前景图像显示的位置。

通过这个属性可以设置背景不被其他元素遮挡，始终保持顶层显示。

通过一个实例演示如何使用帧布局，具体操作步骤如下。

步骤 1　新建模块并命名为 FrameLayout，修改布局为帧布局，在界面中放置 3 个文本框控件并设置不同的颜色及大小。具体代码如下：

```
<FrameLayout xmlns:android="http://schemas.android.com/apk/res/android"
    xmlns:tools="http://schemas.android.com/tools"
    android:layout_width="match_parent"
    android:layout_height="match_parent"
    tools:context=".MainActivity"
    android:background="@drawable/ic_launcher_background"
    android:foreground="@mipmap/ic_launcher"
    android:foregroundGravity="top|left">
    <TextView
        android:layout_width="200dp"
        android:layout_height="200dp"
        android:background="#FF6143"/>
    <TextView
        android:layout_width="150dp"
        android:layout_height="150dp"
        android:background="#7BFE00"/>
    <TextView
        android:layout_width="100dp"
        android:layout_height="100dp"
        android:background="#FFFF00"/>
</FrameLayout>
```

步骤 2　运行程序后查看效果，发现最后放置的文本框控件显示在最上层，每一个控件都覆盖在帧布局背景上，但是前景图像并没有被覆盖，如图 4-17 所示。

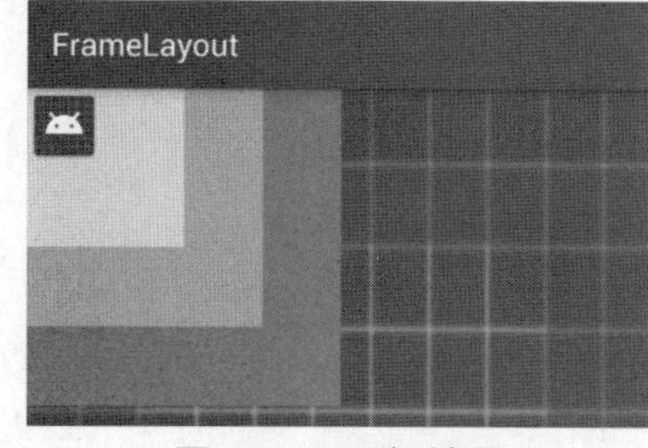

图 4-17　运行结果

4.3.6　网格布局

网格布局（GridLayout）是自 Android 4.0（API Level 14）以后引入的网格矩阵形式布局控件。它与表格布局类似，但是要比表格布局更加灵活。

GridLayout 属性包括两类：第一类是本身具有的属性；第二类是子元素属性。

1. 本身属性

android:alignmentMode：当其取值设置为 alignMargins 时，可以使视图的外边界之间进行校准。其可以取以下值。

alignBounds：对齐子视图边界。

alignMargins：对齐子视距内容。

android:columnCount：GridLayout 的最大列数。

android:rowCount：GridLayout 的最大行数。

android:columnOrderPreserved：当其取值设置为 true 时，可以使列边界显示的顺序和列索引的顺序相同。默认值为 true。

android:orientation：GridLayout 中子元素的布局方向。其有两个取值，即 horizontal – 水平布局和 vertical – 竖直布局。

android:rowOrderPreserved：当其取值设置为 true 时，可以使行边界显示的顺序和行索引的顺序相同。默认值为 true。

android:useDefaultMargins：当其取值设置为 ture 时，如果没有指定视图的布局参数，则告知 GridLayout

使用默认的边距。默认值为 false。

2. 子元素属性

android:layout_column：显示该子控件的列，例如 android:layout_column="0"，表示当前子控件显示在第 1 列；android:layout_column="1"，表示当前子控件显示在第 2 列。

android:layout_columnSpan：该控件所占的列数，例如 android:layout_columnSpan="2"，表示当前子控件占两列。

android:layout_row：显示该子控件的行，例如 android:layout_row="0"，表示当前子控件显示在第 1 行；android:layout_row="1"，表示当前子控件显示在第 2 行。

android:layout_rowSpan：该控件所占的行数，例如 android:layout_rowSpan="2"，表示当前子控件占两行。

android:layout_columnWeight：该控件的列权重，与 android:layout_weight 类似，例如 GridLayout 上有两列都设置 android:layout_columnWeight = "1"，则两列各占 GridLayout 宽度的一半。

android:layout_rowWeight：该控件的行权重，原理同 android:layout_columnWeight。

通过一个实例演示如何使用网格布局，通过网格布局设计一个计算器键盘，具体操作步骤如下。

步骤 1 新建模块并命名为 GridLayout，修改布局为网格布局。具体代码如下：

```
<GridLayout xmlns:android="http://schemas.android.com/apk/res/android"
    xmlns:tools="http://schemas.android.com/tools"
    android:layout_width="match_parent"
    android:layout_height="match_parent"
    tools:context=".MainActivity"
    android:columnCount="4">
    <Space android:layout_columnSpan="3"/>
    <Button android:text="C"/>
    <Button android:text="7"/>
    <Button android:text="8"/>
    <Button android:text="9"/>
    <Button android:text="+"/>
    <Button android:text="4"/>
    <Button android:text="5"/>
    <Button android:text="6"/>
    <Button android:text="-"/>
    <Button android:text="2"/>
    <Button android:text="3"/>
    <Button android:text="1"/>
    <Space/>
    <Button android:text="0"
        android:layout_columnSpan="2"
        android:layout_gravity="fill_horizontal"/>
    <Button android:text="*"/>
    <Button android:text="="
        android:layout_rowSpan="2"
        android:layout_gravity="fill_vertical"/>
    <Button android:text="/"
        android:layout_columnSpan="3"
        android:layout_gravity="fill_horizontal"/>
</GridLayout>
```

步骤 2 查看运行结果，如图 4-18 所示。此时右下角跨行的这个按钮超出了很多，这是由于父布局默认为填满父窗口，而这个跨行的按钮设置了垂直填满，因此变成了这样。

步骤 3 修改父布局，高度自适应，并调整上、下、左、右填充。具体代码如下：

```
android:layout_width="match_parent"
android:layout_height="wrap_content"
android:padding="20dp"
```

步骤 4　再次查看运行结果，如图 4-19 所示。

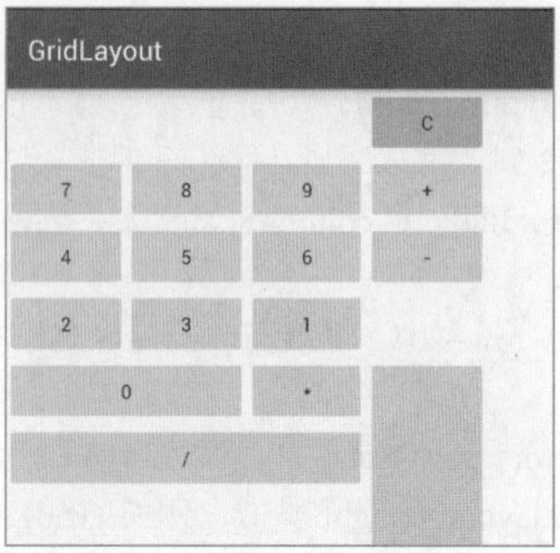

图 4-18　运行结果（一）

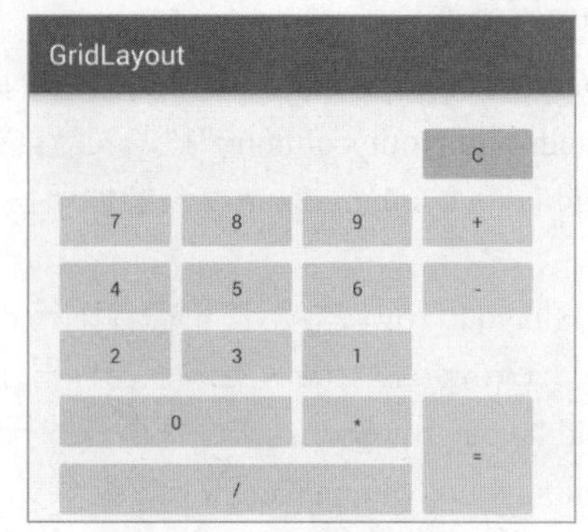

图 4-19　运行结果（二）

4.4　就业面试技巧与解析

本章讲解了 Java 中的面向对象及 Android 开发中的几种布局方式。在实际开发中，面向对象是一个必须掌握的技能——能够将事物转换成对象并用代码描述出来，也是任何面试官都会考察的一个重点技术。至于 Android 中的几种布局，面试中面试官常会问及各种布局的属性。

4.4.1　面试技巧与解析（一）

面试官：如何理解面向对象？

应聘者：面向对象有三大特性：封装、继承和多态。

封装是将一类事物的属性和行为抽象成一个类，使其属性私有化、行为公开化，在提高数据隐秘性的同时，可使代码模块化。这样做，即可使代码的复用性更高。

继承则是进一步将一类事物共有的属性和行为抽象成一个父类，而每一个子类是一个特殊的父类——既有父类的行为和属性，也有自己特有的行为和属性。这样做，不仅扩展了已存在的代码块，还进一步提高了代码的复用性。

如果说封装和继承是为了使代码重用，那么多态则是为了实现接口重用。多态的一大作用就是，为了解耦——为了解除父子类继承的耦合度。

4.4.2　面试技巧与解析（二）

面试官：如何看待布局中的嵌套使用？

应聘者：在实际开发中，如果能够不使用嵌套布局是最好的。当然，如果必须使用嵌套布局，也应该尽量减少嵌套的层数，因为嵌套布局会影响界面显示的流畅度。

第 2 篇

核心应用

本章主要学习 Android 的基本控件、高级控件、活动组件和意图组件。组件是程序设计中的基本组成单位，通过使用组件可以解决基本的程序主体，并呈现出相应的程序窗体给用户。

第 5 章

Android 基本控件

学习指引

各种控件是 Android 程序设计中的基本组成单位。通过使用控件可以高效地开发 Android 应用，所以熟练使用各种控件是进行 Android 高效开发的前提。

重点导读

- 掌握文本类控件 TextView、EditText。
- 掌握按钮类控件。
- 掌握图像类控件 ImageView、ImageButton。
- 掌握时间类控件。

5.1 文本类控件

Android 中提供了一类文件编辑、显示的控件，这类控件在整个 Android 开发中使用频繁，因此需要熟练掌握。

5.1.1 TextView

文本框控件 TextView 用于显示文字，相当于 Panel，继承自 android.view.View，位于 android.widget 包中。

其常用属性如下。

android:autoLink：设置是否当文本为 URL 链接/email/电话号码/map 时，文本显示为可点击的链接。其可选值为 none、web、email、phone、map 和 all。

android:bufferType：指定 getText()方式取得的文本类别。选项 editable 类似于 StringBuilder 可追加字符，也就是说 getText()后可调用 append()方法，设置文本内容。spannable 则可在给定的字符区域使用样式。

android:cursorVisible：设定光标为显示/隐藏，默认为显示。

android:digits：设置允许输入哪些数字或字符等，例如 1234567890.+-/%()。

android:drawableBottom：在 text 的下方输出一个 drawable 资源可以是一张图片。如果指定一个颜色，会把 text 的背景设置为该颜色，并且同时和 background 使用时覆盖后者。

android:drawableLeft：在 text 的左边输出一个 drawable 资源。

android:drawablePadding：设置 text 与 drawable 资源的间隔，与 drawableLeft、drawableRight、drawableTop、drawableBottom 一起使用，可设置为负数，单独使用没有效果。

android:drawableRight：在 text 的右边输出一个 drawable 资源。

android:drawableTop：在 text 的正上方输出一个 drawable 资源。

android:editable：设置是否可编辑。

android:editorExtras：设置文本的额外输入数据。

android:ellipsize：设置当文字过长时，该控件应该如何显示。其有如下取值可供设置之用。

- start：省略号显示在开头。
- end：省略号显示在结尾。
- middle：省略号显示在中间。
- marquee：以跑马灯的方式显示（动画横向移动）。

android:freezesText：设置保存文本的内容及光标的位置。

android:gravity：设置文本位置，如设置成 center，文本将居中显示。

android:hintText：为空时显示的文字提示信息，可通过 textColorHint 设置提示信息的颜色。此属性在 EditView 中使用，但是这里也可以用。

android:imeOptions：附加功能，设置右下角 IME 动作与编辑框相关的动作，例如 actionDone 右下角将显示一个“完成”，而不设置时默认为一个回车符号。

android:imeActionId：设置 IME 动作 ID。

android:imeActionLabel：设置 IME 动作标签。

android:includeFontPadding：设置文本是否包含顶部和底部额外空白，默认为 true。

android:inputType：设置文本的类型，用于帮助输入法显示合适的键盘类型。

android:linksClickable：设置链接是否被单击，即使设置了 autoLink。

android:maxLength：限制显示的文本长度，超出部分不显示。

android:lines：设置文本的行数。设置两行就显示两行，即使第二行没有数据。

android:maxLines：设置文本的最大显示行数，与 width 或者 layout_width 结合使用，超出部分自动换行、超出行数将不显示。

android:minLines：设置文本的最小行数，与 lines 类似。

android:lineSpacingExtra：设置行间距。

android:lineSpacingMultiplier：设置行间距的倍数，例如 1.2。

android:numeric：如果被设置，该 TextView 有一个数字输入法。

android:password：以小点“.”显示文本，在密码输入时使用。

android:phoneNumber：设置为电话号码的输入方式。

android:privateImeOptions：设置输入法选项。

android:scrollHorizontally：设置文本超出 TextView 宽度的情况下，是否出现横拉条。

android:selectAllOnFocus：如果文本是可选择的，让它获取焦点，而不是将光标移动为文本的开始位置或者末尾位置。

android:shadowColor：指定文本阴影的颜色，需要与 shadowRadius 一起使用。

android:shadowDx：设置阴影横向坐标开始位置。

android:shadowDy：设置阴影纵向坐标开始位置。

android:shadowRadius：设置阴影的半径。其取值设置为 0.1 就变成字体的颜色了，一般设置为 3.0 的效果比较好。

android:singleLine：设置单行显示。如果和 layout_width 一起使用，当文本不能全部显示时，后面用“…”来表示。例如：

```
android:text="test_singleLine"
android:singleLine="true"
android:layout_width="20dp"
```

将只显示“t…”。如果不设置 singleLine 或者设置为 false，文本将自动换行。

android:text：设置显示文本，这也是文本类控件最为重要的一个属性。

android:textAppearance：设置文字外观。例如“?android:attr/textAppearanceLargeInverse”这里引用的是系统自带的一个外观，“?”表示系统是否有这种外观，否则使用默认的外观。可设置的取值如下：

```
textAppearanceButton/textAppearanceInverse/textAppearanceLarge/textAppearanceLargeInverse/
textAppearanceMedium/textAppearanceMediumInverse/textAppearanceSmall/textAppearanceSmallInverse
```

android:textColor：设置文本颜色。

android:textColorHighlight：设置被选中文字的颜色，默认为蓝色。

android:textColorHint：设置提示信息文字的颜色，默认为灰色，与 hint 一起使用。

android:textColorLink：设置文字链接的颜色。

android:textScaleX：设置文字的间隔，默认为 1.0f。

android:textSize：设置文字大小，推荐度量单位为 sp，例如“15sp”。

android:textStyle：设置字形。其取值有 bold（粗体）-0、italic（斜体）-1、bolditalic（又粗又斜）-2，可以设置一个或多个，用“|”隔开。

android:typeface：设置文本字体。其取值必须是常量值 normal-0、sans-1、serif-2、monospace（等宽字体）-3 之一。

android:height：设置文本区域的高度，度量单位为 px（像素）/dp/sp/in/mm。

android:maxHeight：设置文本区域的最大高度。

android:minHeight：设置文本区域的最小高度。

android:width：设置文本区域的宽度，度量单位为 px/dp/sp/in/mm。

android:maxWidth：设置文本区域的最大宽度。

android:minWidth：设置文本区域的最小宽度。

通过一个实例演示如何使用 TextView，具体操作步骤如下。

步骤 1　新建模块并命名为 TextView，修改布局为线性布局，并添加 4 个文本框控件。具体代码如下：

```
<LinearLayout xmlns:android="http://schemas.android.com/apk/res/android"
   xmlns:tools="http://schemas.android.com/tools"
   android:layout_width="match_parent"
   android:layout_height="match_parent"
   tools:context=".MainActivity"
   android:orientation="vertical"
   android:padding="10dp">
   <TextView
      android:id="@+id/tv_1"
```

```
        android:layout_width="match_parent"
        android:layout_height="wrap_content"
        android:text="Hello World"
        android:textColor="#000000"
        android:textSize="24sp"/>
    <TextView
        android:id="@+id/tv_2"
        android:layout_width="100dp"
        android:layout_height="wrap_content"
        android:maxLines="1"
        android:ellipsize="end"
        android:text="Hello World"
        android:textColor="#000000"
        android:textSize="24sp"
        android:layout_marginTop="10dp"/>
    <TextView
        android:id="@+id/tv_3"
        android:layout_width="match_parent"
        android:layout_height="wrap_content"
        android:text="Hello World"
        android:textColor="#000000"
        android:textSize="24sp"
        android:textStyle="italic"
        android:layout_marginTop="10dp" />
    <TextView
        android:id="@+id/tv_5"
        android:layout_width="wrap_content"
        android:layout_height="wrap_content"
        android:text="Hello WorldHello WorldHello WorldHello WorldHello World"
        android:textColor="#000000"
        android:textSize="24sp"
        android:layout_marginTop="10dp"
        android:singleLine="true"
        android:ellipsize="marquee"
        android:marqueeRepeatLimit="marquee_forever"
        android:focusable="true"
        android:focusableInTouchMode="true"/>
</LinearLayout>
```

步骤 2　运行上述程序，查看运行结果，如图 5-1 所示。其中，第一个文本框正常显示；第二个文本框隐藏显示；第三个文本框设置了斜体；第四个文本框设置了跑马灯效果。

图 5-1　运行结果

5.1.2　EditText

在 Android 开发过程中，EditText 控件是一个常用控件，也是一个比较重要的控件。EditText 控件除了拥有 TextView 控件的属性外，还可以实现输入文本内容。本小节讲解 Android 开发中 EditText 控件的基本使用。

EditText 控件中的一些常用属性如下。

android:inputType：设置输入框的类型，例如 text、number、phone、textUri 和 textPassword。

android:hint：设置提示文字。

android:textColorHint：设置提示文字的颜色。

android:maxLength：限制输入字符的最大长度。

android:digits：限制允许输入的字符。

android:singleLine：控制是否单行显示。

android:imeOptions：为 enter 图标设置 actionGo（前往）、actionSearch（搜索）、actionSend（发送）、actionNext（下一个）、actionDone（完成）等动作。

通过一个实例演示如何使用 EditText 编辑框控件，具体操作步骤如下。

步骤 1　新建一个模块并命名为 EditText，设置两个编辑框控件，分别用于输入账号和密码。具体代码如下：

```
<LinearLayout xmlns:android="http://schemas.android.com/apk/res/android"
    xmlns:tools="http://schemas.android.com/tools"
    android:layout_width="match_parent"
    android:layout_height="match_parent"
    tools:context=".MainActivity"
    android:orientation="vertical">
    <EditText
        android:id="@+id/login_accout"
        android:layout_width="match_parent"
        android:layout_height="40dp"
        android:layout_marginTop="100dp"
        android:layout_marginLeft="20dp"
        android:layout_marginRight="20dp"
        android:drawablePadding="8dp"
        android:hint="请输入手机号码/邮箱地址" />
    <EditText
        android:id="@+id/login_password"
        android:layout_width="match_parent"
        android:layout_height="40dp"
        android:layout_marginTop="20dp"
        android:layout_marginLeft="20dp"
        android:layout_marginRight="20dp"
        android:drawablePadding="8dp"
        android:hint="请输入密码" />
    <Button
        android:id="@+id/login_login"
        android:layout_width="match_parent"
        android:layout_height="40dp"
        android:layout_marginTop="70dp"
        android:layout_marginLeft="20dp"
        android:layout_marginRight="20dp"
        android:text="登录" />
</LinearLayout>
```

步骤 2　运行上述程序，查看运行结果，如图 5-2 所示。

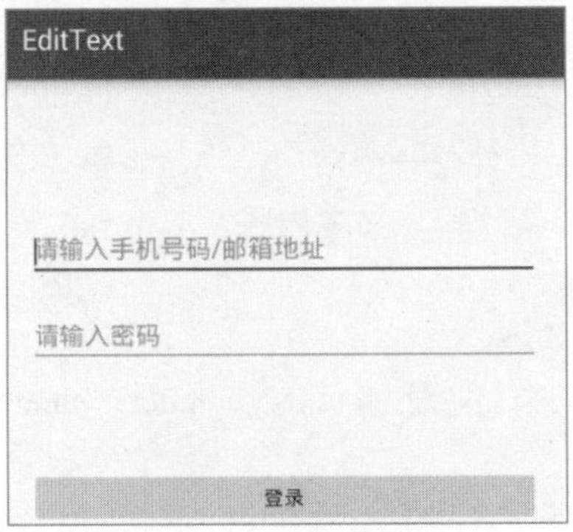

图 5-2　运行结果

5.2 按钮类控件

按钮类控件通常用于接收用户提交的命令，它是程序与用户进行交互的常见方式，其在 Android 实际开发中也是比较重要的一类控件。

5.2.1 Button

Button 普通控件在前面的操作中已经大量使用过，在 Android 中按钮事件是由系统中的 Button.OnClickListener 所控制的。

按钮的常用属性如下。

android:drawable：放一个 drawable 资源。

android:drawableTop：可拉伸要绘制文本的上面。

android:drawableBottom：可拉伸要绘制文本的下面。

android:drawableLeft：可拉伸要绘制文本的左侧。

android:drawableRight：可拉伸要绘制文本的右侧。

android:text：设置显示的文本。

android:textColor：设置显示文本的颜色。

android:textSize：设置显示文本字体的大小。

android:background：可拉伸使用的背景。

android:onClick：设置点击事件。

按钮的常用状态如下。

android:state_pressed：是否按下，如一个按钮是被触摸还是被单击。

android:state_focused：是否取得焦点。

android:state_hovered：光标是否悬停，通常与 focused state 相同，它是 Andriod4.0 版本以后的新特性。

android:state_selected：被选中状态。

android:state_checkable：组件是否能被选中。例如，RadioButton 是可以被选中的。

android:state_checked：被选中。例如，一个 RadioButton 可以被选中了。

android:state_enabled：能够接收触摸或点击事件。

android:state_activated：被激活。

android:state_window_focused：应用程序是否在前台。当有通知栏被拉下来或有对话框弹出的时候，应用程序就不在前台了。

Button 的点击事件演示，常用的有以下两种方法。

1. 通过实现 OnClickListener 接口

具体代码如下：

```
public class MainActivity extends AppCompatActivity implements View.OnClickListener {
//实现 OnClickListener 接口
    @Override
    protected void onCreate(Bundle savedInstanceState) {
        super.onCreate(savedInstanceState);
        setContentView(R.layout.layout_main);
        //找到 Button，因为返回的是 VIEW，所以我们进行强制转换
        Button btn = (Button) findViewById(R.id.btn);
```

```
        //绑定监听
        btn.setOnClickListener(this);
    }
    //重写 onClick()方法
    @Override
    public void onClick(View v) {
        Toast.makeText(MainActivity.this, "Clicked", Toast.LENGTH_SHORT).show();
    }
}
```

2. 使用匿名内部类

具体代码如下：

```
public class MainActivity extends AppCompatActivity {
    @Override
    protected void onCreate(Bundle savedInstanceState) {
        super.onCreate(savedInstanceState);
        setContentView(R.layout.layout_main);
        Button btn = (Button) findViewById(R.id.btn);
        //使用匿名内部类
        btn.setOnClickListener(new View.OnClickListener() {
            @Override
            public void onClick(View v) {
                Toast.makeText(MainActivity.this, "按钮被点击", Toast.LENGTH_SHORT).show();
            }
        });
    }
}
```

5.2.2 RadioButton

RadioButton 单选按钮，即只能有一个被选中的按钮组件。使用这类组件需要设置一个组，在组内的组件相互之间形成互斥。它适用于在多项中只能选取单项的情况，例如性别，但必须与 RadioGroup 结合使用；如果单独使用，则无法达到单选的效果。

RadioButton 的一些重要属性如下。

RadioGroup 常用属性：又包括以下两个属性。

- 指定选项横向排列：android:orientation="horizontal"。
- 指定选项纵向排列：android:orientation="vertical"。
- 设置 RadioButton 颜色（API level>＝21）：android:buttonTint="@color/your_color"。
- 在自定义背景时设置 android:button="@null"，覆盖原背景。
- 设置文字在左、图片在右，下面属性一起设置。

```
android:button="@null"
android:drawableRight="@android:drawable/btn_radio"
```

注意：RadioButton 与 Checkbox 的区别在于，RadioButton 选中后不能再单击其本身进行取消，只能选择其他项，取消对前一项的选择。

通过一个实例演示如何使用 RadioButton，具体操作步骤如下。

步骤 1　新建模块并命名为 RadioButton，布局界面，设置一个文本框控件用于显示提示信息，添加一个单选按钮组并放置两个单选按钮，再设置一个按钮控件用于获取单选按钮选项。具体代码如下：

```
<LinearLayout xmlns:android="http://schemas.android.com/apk/res/android"
    xmlns:tools="http://schemas.android.com/tools"
    android:layout_width="match_parent"
    android:layout_height="match_parent"
    tools:context=".MainActivity"
```

```
    android:orientation="vertical">
    <TextView
        android:layout_width="wrap_content"
        android:layout_height="wrap_content"
        android:text="请选择性别"
        android:textSize="23dp" />
    <RadioGroup
        android:id="@+id/radioGroup"
        android:layout_width="wrap_content"
        android:layout_height="wrap_content"
        android:orientation="horizontal">
        <RadioButton
            android:id="@+id/btnMan"
            android:layout_width="wrap_content"
            android:layout_height="wrap_content"
            android:text="男"
            android:checked="true"/>
        <RadioButton
            android:id="@+id/btnWoman"
            android:layout_width="wrap_content"
            android:layout_height="wrap_content"
            android:text="女"/>
    </RadioGroup>
    <Button
        android:id="@+id/btn"
        android:layout_width="wrap_content"
        android:layout_height="wrap_content"
        android:text="提交"/>
</LinearLayout>
```

步骤 2　使用第一种方法获取单选按钮选项值，为单选按钮设置一个事件监听器。具体代码如下：

```
//定义一个单选按钮组对象并初始化
RadioGroup radgroup = (RadioGroup) findViewById(R.id.radioGroup);
//设置单选按钮组改变监听事件
radgroup.setOnCheckedChangeListener(new RadioGroup.OnCheckedChangeListener(){
    @Override
    public void onCheckedChanged(RadioGroup group, int checkedId) {
        RadioButton r = findViewById(checkedId);//定义一个单选按钮对象，通过传入 id 获取
        Toast.makeText(MainActivity.this,"按钮发生改变，你选择了"+r.getText(),
            Toast.LENGTH_SHORT).show();
    }
});
```

步骤 3　使用第二种方法获取单选“男”选项值。具体代码如下：

```
Button btn=findViewById(R.id.btn);//定义按钮控件并实例化
//设置按钮监听事件，并添加匿名内部类
btn.setOnClickListener(new View.OnClickListener(){
    @Override
    public void onClick(View v){
        //创建按钮组对象并实例化
        RadioGroup radioGroup=findViewById(R.id.radioGroup);
        //使用循环遍历整个按钮组
        for(int i=0;i<radioGroup.getChildCount();i++){
            //定义单选按钮对象，通过按钮组获取 id 并进行实例化
            RadioButton r=(RadioButton) radioGroup.getChildAt(i);
            if(r.isChecked()){//判断单选按钮是否被选中
            //打印提示信息
            Toast.makeText(MainActivity.this,"点击提交按钮,获取选择项是:"+r.getText(),Toast.LENGTH_
            SHORT).show();
            }
        }
```

```
        }
    });
```

步骤 4　运行上述程序，查看运行结果，如图 5-3 所示。

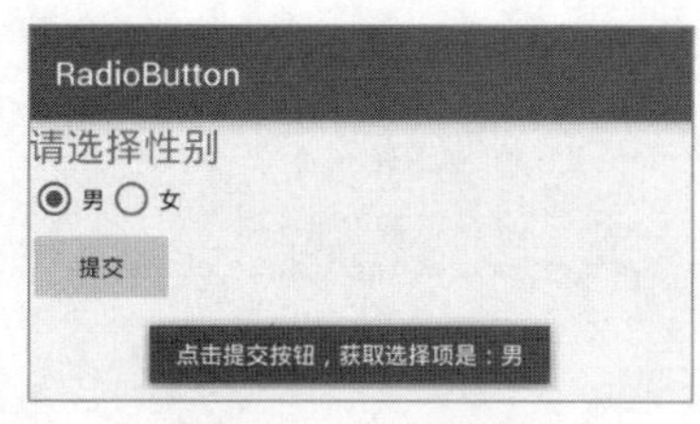

图 5-3　运行结果

5.2.3　CheckBox

CheckBox 复选框与单选按钮相比，两者属性基本相同，获取选中方式也相同，且同样有两种获取方法。唯一不同的是，复选框组件可以选取多个。

通过一个实例演示如何使用复选框，并获取复选框的选中状态，具体操作步骤如下。

步骤 1　新建一个项目并命名为 CheckBox，界面布局的具体代码如下：

```
<TableLayout xmlns:android="http://schemas.android.com/apk/res/android"
    xmlns:tools="http://schemas.android.com/tools"
    android:layout_width="match_parent"
    android:layout_height="match_parent"
    tools:context=".MainActivity">
    <TableRow>
        <TextView
            android:layout_width="wrap_content"
            android:layout_height="wrap_content"
            android:text="喜欢的颜色："/>
        <LinearLayout
            android:layout_width="wrap_content"
            android:layout_height="wrap_content"
            android:orientation="vertical"
            android:layout_gravity="clip_horizontal">
            <CheckBox
                android:id="@+id/box1"
                android:layout_width="wrap_content"
                android:layout_height="wrap_content"
                android:text="红色"
                android:textColor="#D2691E"
                android:checked="true"/>
            <CheckBox
                android:id="@+id/box2"
                android:layout_width="wrap_content"
                android:layout_height="wrap_content"
                android:text="蓝色"
                android:textColor="#0946EF"/>
            <CheckBox
                android:id="@+id/box3"
                android:layout_width="wrap_content"
                android:layout_height="wrap_content"
                android:text="绿色"
                android:textColor="#09EF0D"/>
        </LinearLayout>
    </TableRow>
    <Button
        android:id="@+id/btn"
        android:layout_width="wrap_content"
        android:layout_height="wrap_content"
        android:layout_marginTop="20dp"
        android:text="提交" />
</TableLayout>
```

步骤 2　通过监听事件获取选中值，具体代码如下：

```
    public class MainActivity extends AppCompatActivity implements OnClickListener,OnCheckedChange
Listener {
        private CheckBox cb_one;//定义复选框对象
        private CheckBox cb_two;
        private CheckBox cb_three;
        private Button btn;//定义按钮对象
        @Override
        protected void onCreate(Bundle savedInstanceState) {
            super.onCreate(savedInstanceState);
            setContentView(R.layout.activity_main);
            //初始化控件对象
            cb_one = (CheckBox) findViewById(R.id.box1);
            cb_two = (CheckBox) findViewById(R.id.box2);
            cb_three = (CheckBox) findViewById(R.id.box3);
            btn = (Button) findViewById(R.id.btn);
            //对按钮及复选框设置监听事件
            cb_one.setOnCheckedChangeListener(this);
            cb_two.setOnCheckedChangeListener(this);
            cb_three.setOnCheckedChangeListener(this);
            btn.setOnClickListener(this);
        }
        @Override
        public void onClick(View v) {
            String choose = "";//定义一个空字符串
            //判断复选框被选中，将其内容加入字符串中
            if(cb_one.isChecked())choose += cb_one.getText().toString() + "";
            if(cb_two.isChecked())choose += cb_two.getText().toString() + "";
            if(cb_three.isChecked())choose += cb_three.getText().toString() + "";
            //单击按钮后，打印字符串内容
            Toast.makeText(this,choose,Toast.LENGTH_SHORT).show();
        }
        @Override
        public void onCheckedChanged(CompoundButton buttonView, boolean isChecked) {
            //当复选框发生改变时，做出提示
            if(buttonView.isChecked())
        Toast.makeText(this,buttonView.getText().toString(),Toast.LENGTH_SHORT).show();
        }
    }
```

步骤 3　运行上述程序，勾选不同选项，单击“提交”按钮，查看运行结果，如图 5-4 所示。

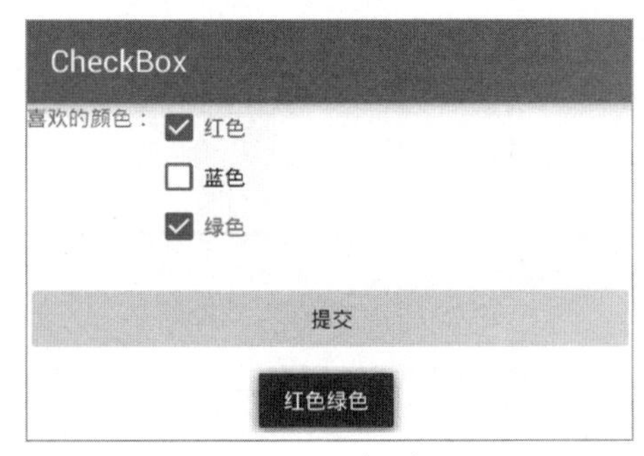

图 5-4　运行结果

修改代码实现复选框全选功能，具体操作步骤如下。

步骤 1　首先添加一个“全选”复选框，具体代码如下：

```
<CheckBox
 android:id="@+id/all"
 android:layout_width="wrap_content"
```

```
    android:layout_height="wrap_content"
    android:text="全选"/>
```

步骤 2　在主活动中定义“全选”复选框对象，具体代码如下：

```
private CheckBox all;//定义“全选”复选框对象
```

步骤 3　初始化“全选”复选框对象，并设置改变监听事件，具体代码如下：

```
all = findViewById(R.id.all);//初始化“全选”复选框对象
//设置“全选”复选框对象改变监听事件
all.setOnCheckedChangeListener(new OnCheckedChangeListener() {
    @Override
    public void onCheckedChanged(CompoundButton buttonView, boolean isChecked) {
        cb_one.setChecked(all.isChecked());//设置选中状态等于“全选”复选框状态
        cb_two.setChecked(all.isChecked());
        cb_three.setChecked(all.isChecked());
    }
});
```

步骤 4　运行上述程序，勾选“全选”复选框并单击“提交”按钮，查看运行结果，如图 5-5 所示。

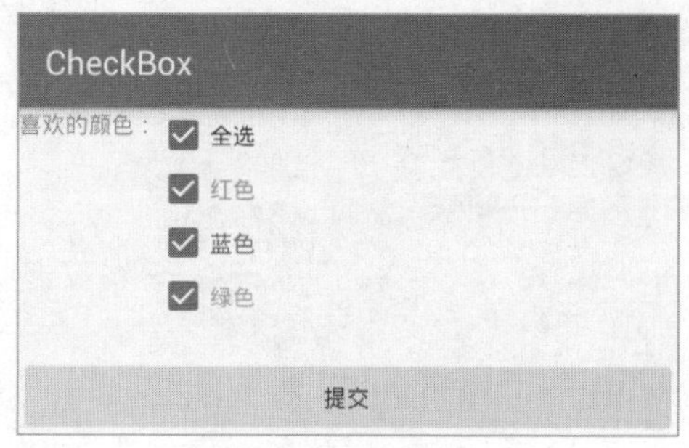

图 5-5　运行结果

5.2.4　ToggleButton

ToggleButton 切换按钮是一个用来“开关”的组件，可以设置初始状态，也可以自定义样式。它是由 Button 下的 CompoundButton 派生出来的，因此很多属性都和 Button 的一致。

其常用属性如下。

- android:textOn="关闭"：设置按钮开启时显示的文本。
- android:textOff="打开"：设置按钮关闭时显示的文本。
- android:checked="true"：设置按钮是否被选中，默认未选中。

通过一个实例演示如何使用切换按钮，具体操作步骤如下。

步骤 1　新建一个模块并命名为 ToggleButton，使用线性布局，在布局中创建一个切换按钮和一个图片控件。具体代码如下：

```
<LinearLayout xmlns:android="http://schemas.android.com/apk/res/android"
    xmlns:tools="http://schemas.android.com/tools"
    android:layout_width="match_parent"
    android:layout_height="match_parent"
    tools:context=".MainActivity"
    android:orientation="vertical"
    android:background="#000">
    <ToggleButton
        android:id="@+id/togbutton"
        android:layout_width="match_parent"
        android:layout_height="wrap_content"
```

```
        android:layout_marginTop="5dip"
        android:background="#fff"
        android:textOff="关"
        android:textOn="开"/>
    <ImageView
        android:id="@+id/image1"
        android:layout_width="match_parent"
        android:layout_height="match_parent"
        android:src="@drawable/p1"/>
</LinearLayout>
```

步骤 2　在主活动中为切换按钮设置改变监听事件，具体代码如下：

```
//实现切换按钮改变监听事件接口
public class MainActivity extends AppCompatActivity implements CompoundButton.OnCheckedChange
Listener {
    private ToggleButton toggleButton;   //定义切换按钮控件对象
    private ImageView imageView;         //定义图片视图控件对象
    @Override
    protected void onCreate(Bundle savedInstanceState) {
        super.onCreate(savedInstanceState);
        setContentView(R.layout.activity_main);
        //初始化控件对象
        toggleButton = (ToggleButton) findViewById(R.id.togbutton);
        imageView = (ImageView) findViewById(R.id.image1);
        toggleButton.setOnCheckedChangeListener(this);//设置切换按钮改变监听事件
    }
    @Override
    public void onCheckedChanged(CompoundButton buttonView, boolean isChecked) {
        toggleButton.setChecked(isChecked);//设置切换按钮的状态为传入的状态
        //根据切换按钮状态，设置图片控件显示不同图片
        imageView.setImageResource(isChecked?R.drawable.p2:R.drawable.p1);
    }
}
```

步骤 3　运行上述程序，查看运行结果，如图 5-6 所示。

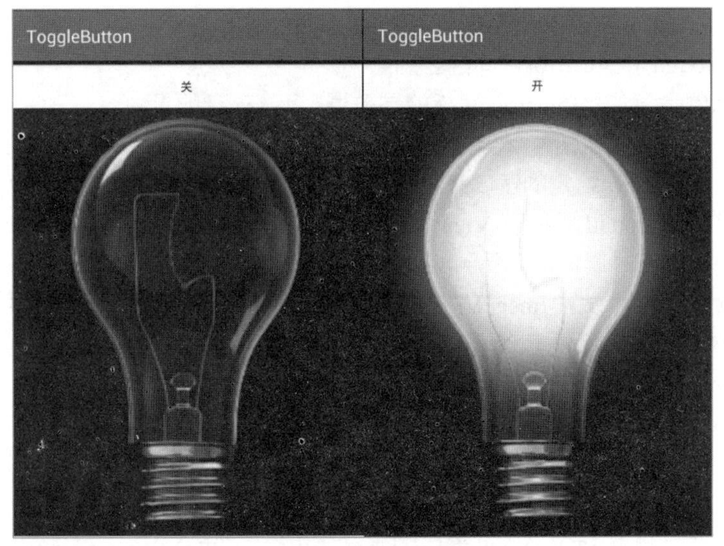

图 5-6　运行结果

5.3 图像类控件

图像类控件包括 ImageView（图像视图）及它的子类 ImageButton（图像按钮）。图像视图主要是用于对界面美化，适量地用图像视图会使应用更加美观、界面更加友好。

5.3.1 ImageView

ImageView 直接继承自 View 类，主要功能是显示图片。实际上，它不仅仅可以用来显示图片，还可以用来显示任何 Drawable 对象。ImageView 可以适用于任何布局中，并且 Android 为其提供了缩放和着色的功能。

ImageView 有以下一些常用属性，并且这些属性都有与其对应的 getter、setter()方法。

android:maxHeight：设置 ImageView 的最大高度。

android:maxWidth：设置 ImageView 的最大宽度。

android:scaleType：设置所显示的图片如何缩放或移动以适应 ImageView 的大小。对于 android:scaletype 属性，因为关乎图像在 ImageView 中的显示效果，所以其有如下属性值可供选择。

（1）matrix：使用 matrix 方式进行缩放。

（2）fitXY：横向、纵向独立缩放，以适应当前 ImageView。

（3）fitStart：保持纵横比缩放图片，并且将图片放在 ImageView 的左上角。

（4）fitCenter：保持纵横比缩放图片，缩放完成后将图片放在 ImageView 的中央。

（5）fitEnd：保持纵横比缩放图片，缩放完成后将图片放在 ImageView 的右下角。

（6）center：把图片放在 ImageView 的中央，但是不进行任何缩放。

（7）centerCrop：保持纵横比缩放图片，以使图片能完全覆盖 ImageView。

（8）centerInside：保持纵横比缩放图片，以使得 ImageView 能完全显示该图片。

android:src：设置 ImageView 所显示 Drawable 对象的 ID。

android:tint：设置渲染颜色，使用这个属性可以在透明图基础上快速制作出相应风格的图片。

foreground、background 和 src 三属性间的区别如下。

（1）background 指的是背景，foreground 指的是前景，而 src 指的是内容，三者可以同时使用。

（2）使用 src 填入图片是按照图片大小直接填充，并不会进行拉伸。而使用 foreground 和 background 填入图片则是会根据 ImageView 给定的宽度来进行拉伸。

（3）foreground 和 background 是所有 View 都有的属性，总是缩放到 View 的大小，不受 scaleType 影响。而 src 是 ImageView 特有的属性，会受到 scaleType 的影响。

android:adjustViewBounds：设置 ImageView 是否调整自身的边界来保持所显示图片的长宽比。

使用 adjustViewBounds 需要注意的是，在使用 ImageView 的时候，往往会在布局文件中设置 maxWidth/maxHeight。maxWidth/maxHeight 分别用来设置 ImageView 可以显示的最大宽/高，但是在 Android 机制中，只有当设置 adjustViewBounds="true"时，maxWidth/maxHeight 设置效果才能有效。

adjustViewBounds 设置为 true 时的 3 种情况如下。

情况 1：当 ImageView 的 layout_width 和 layout _height 都为固定值时。此时 adjustViewBounds="true" 是没有效果的，因为图片会按照 ImageView 的比例被直接填充到 ImageView 控件中。

情况 2：当 ImageView 的 layout_ width 和 layout_ height 中有一个属性为固定值时。此时图片的宽/高将会与 ImageView 的 layout_ width/layout_ height 固定值进行比较。如果图片宽/高小，图片将会以其高/宽来填充 ImageView，此时 ImageView 的 layout_width/layout_ height 将与图片的宽/高相同。如果图片宽/高大于或者等于 ImageView 的，ImageView 将与图片拥有相同的宽高比，意味着图片将会以自身的宽高比填充到 ImageView。例如，当 ImageView 的 layout_width="100dp", layout_height="wrap_content"时，图片的宽度将会与 100dp 进行对比。

（1）如果图片的宽度小于 100dp，ImageView 的 layout_height 将与图片的高相同，即图片不会缩放，完整显示在 ImageView 中。图片没有占满 ImageView，ImageView 中有空白。

（2）如果图片的宽度大于或等于 100dp，图片将保持自身宽高比缩放，完整显示在 ImageView 中，并且完全占满 ImageView。

情况 3：当 ImageView 的 layout_width 和 layout_height 都为 wrap_content 时。此时 adjustViewBounds 是没有意义的，因为 ImageView 将始终与图片拥有相同的宽高比（但并不是相同的宽/高值，通常都会放大一些）。

通过一个实例演示如何使用图像视图控件，具体操作步骤如下。

步骤 1　新建模块并命名为 ImageView，使用线性布局，并添加两个图像视图，分别设置不同属性对比效果。布局具体代码如下：

```
<LinearLayout xmlns:android="http://schemas.android.com/apk/res/android"
   xmlns:tools="http://schemas.android.com/tools"
   android:layout_width="match_parent"
   android:layout_height="match_parent"
   tools:context=".MainActivity"
   android:orientation="vertical">
   <TextView
      android:layout_width="match_parent"
      android:layout_height="wrap_content"
      android:text="scaleType:center: 居中不进行缩放效果"/>
   <ImageView
      android:id="@+id/image1"
      android:layout_width="200dp"
      android:layout_height="100dp"
      android:background="#f00"
      android:scaleType="center"
      android:src="@mipmap/ic_launcher"/>
   <TextView
      android:layout_width="match_parent"
      android:layout_height="wrap_content"
      android:text="scaleType:fitCenter:按比例缩放"/>
   <ImageView
      android:id="@+id/image2"
      android:layout_width="300dp"
      android:layout_height="200dp"
      android:background="#FFF"
      android:padding="10dp"
      android:scaleType="fitCenter"
      android:src="@mipmap/ic_launcher"/>
</LinearLayout>
```

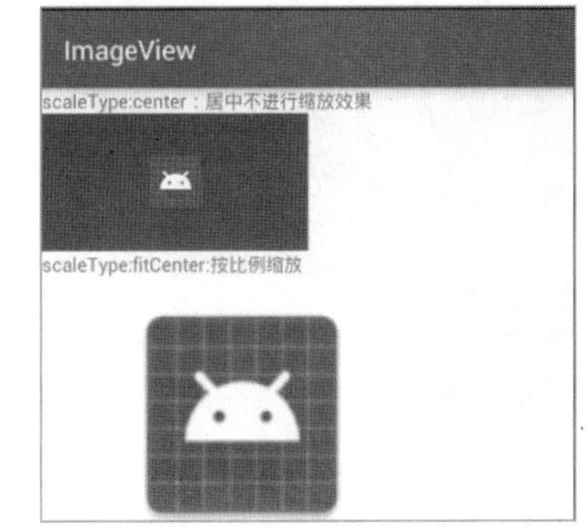

图 5-7　运行结果

步骤 2　运行上述程序，查看运行结果，如图 5-7 所示。

因为 ImageView 继承自 View，所以在代码中设置其大小时可以使用 View.setLayoutParams(new LinearLayout.LayoutParams(newWidth, newHeight))方法。这个方法可以直接设置 View 下所有控件的外观及大小，所以也适用于 ImageView。

对于 ImageView 的旋转，这里涉及 Matrix 类的使用。它表示一个 3×3 坐标变换矩阵，可以在这个矩阵内进行变换、旋转操作，但需要通过构造函数显式地初始化后才可以使用。

下面通过一个实例演示图片的放大、缩小与旋转操作。本实例会使用到两个 SeekBar，对于 SeekBar 将会在高级控件章节中进行讲解。这两个 SeekBar：一个设置 ImageView 显示图片的大小；另一个设置旋转的角度。对于图片大小，通过 DisplayMetrics 可以设置屏幕的宽度为图像的最大宽度。

步骤 1　新建模块并命名为 ImageView2，布局的具体代码如下：

```
<LinearLayout xmlns:android="http://schemas.android.com/apk/res/android"
    xmlns:tools="http://schemas.android.com/tools"
    android:layout_width="match_parent"
    android:layout_height="match_parent"
    tools:context=".MainActivity"
    android:orientation="vertical">
    <ImageView
        android:id="@+id/image"
        android:layout_width="200dp"
        android:layout_height="150dp"
        android:scaleType="fitCenter"
        android:src="@mipmap/ic_launcher"
        android:layout_margin="10dp"/>
    <TextView
        android:id="@+id/tv1"
        android:layout_width="wrap_content"
        android:layout_height="wrap_content"
        android:layout_marginTop="10dp"
        android:layout_marginLeft="10dp"
        android:text="图像宽度: 240 - 图像高度: 150"/>
    <SeekBar
        android:id="@+id/sbSize"
        android:layout_width="200dp"
        android:layout_height="wrap_content"
        android:layout_marginTop="10dp"
        android:max="240"
        android:progress="120"
        android:layout_marginLeft="10dp"/>
    <TextView
        android:id="@+id/tv2"
        android:layout_width="match_parent"
        android:layout_height="wrap_content"
        android:layout_marginTop="10dp"
        android:layout_marginLeft="10dp"
        android:text="偏转 0 度"/>
    <SeekBar
        android:id="@+id/sbRotate"
        android:layout_width="200dp"
        android:layout_height="wrap_content"
        android:layout_marginTop="10dp"
        android:max="360"
        android:layout_marginLeft="10dp"/>
</LinearLayout>
```

步骤 2　在主活动中需要实现拖动控件的改变监听事件接口，并实现具体方法。具体代码如下：

```
public class MainActivity extends AppCompatActivity implements SeekBar.OnSeekBarChangeListener {
    private int minWidth = 80;                  //定义一个整型变量
    private ImageView imageView;                //定义图像视图控件对象
    private TextView textview1, textview2;      //定义文本框控件对象
    Matrix matrix=new Matrix();                 //定义矩阵对象并初始化
    @Override
    protected void onCreate(Bundle savedInstanceState) {
        super.onCreate(savedInstanceState);
        setContentView(R.layout.activity_main);
        //初始化控件对象并与控件进行绑定
```

```
        imageView = findViewById(R.id.image);
        SeekBar seekbar1 = findViewById(R.id.sbSize);
        SeekBar seekbar2 = findViewById(R.id.sbRotate);
        textview1 = (TextView) findViewById(R.id.tv1);
        textview2 = (TextView) findViewById(R.id.tv2);
        //获取当前屏幕的尺寸，并设置图片放大的最大尺寸，不能超过屏幕尺寸
        DisplayMetrics dm = new DisplayMetrics();
        getWindowManager().getDefaultDisplay().getMetrics(dm);
        seekbar1.setMax(dm.widthPixels - minWidth);
        //设置拖动控件的监听事件
        seekbar1.setOnSeekBarChangeListener(this);
        seekbar2.setOnSeekBarChangeListener(this);
    }
    @Override
    public void onProgressChanged(SeekBar seekBar, int progress, boolean fromUser) {
        if (seekBar.getId() == R.id.sbSize) {
            //设置图片的大小
            int newWidth=progress+minWidth;           //计算出图像的宽度
            int newHeight=(int)(newWidth*3/4);        //计算出图像的高度
            //重新设置布局中图片的宽度与高度
            imageView.setLayoutParams(new LinearLayout.LayoutParams(newWidth, newHeight));
            textview1.setText("图像宽度: "+newWidth+"图像高度: "+newHeight);
        } else if (seekBar.getId() == R.id.sbRotate) {
            //获取当前待旋转的图片
            Bitmap bitmap = BitmapFactory.decodeResource(getResources(), R.mipmap.ic_launcher);
            //设置旋转角度
            matrix.setRotate(progress, 30, 60);
            //通过待旋转的图片和角度生成新的图片
            bitmap = Bitmap.createBitmap(bitmap, 0, 0, bitmap.getWidth(), bitmap.getHeight(),
            matrix, true);
            //绑定图片到控件上
            imageView.setImageBitmap(bitmap);
            textview2.setText("角度" + progress + "° ");
        }
    }
    @Override
    public void onStartTrackingTouch(SeekBar seekBar) {
    }
    @Override
    public void onStopTrackingTouch(SeekBar seekBar) {
    }
}
```

步骤 3　运行上述程序，滑动拖动控件，查看运行结果，如图 5-8 所示。

图 5-8　运行结果

5.3.2 ImageButton

ImageButton 的使用与 Button 控件基本相同，但 ImageButton 是继承自 ImageView 的，并不是继承自 Button 的，这一点读者需要了解。

其常用属性如下。

android:src：设置一个可绘制的 ImageView 内容。

android:baseline：偏移视图的内部基线。

android:baselineAlignBottom：设置为 true，则图像视图会基于其底部边缘基线对齐。

android:cropToPadding：设置为 true，图像将被裁剪，以确保填充在区域内。

android:background：定义可拉伸使用的图像按钮背景。

android:contentDescription：定义文本简要描述视图内容。

android:onClick：当按钮被单击时调用的方法。

android:visibility：控制视图的初始可视性。

通过一个模拟“飞机大战”登录界面的实例，演示如何使用图像按钮控件，具体操作步骤如下。

步骤 1　新建模块并命名为 ImageButton，在布局界面中放置一个图像视图控件和两个图像按钮控件。具体代码如下：

```
<RelativeLayout xmlns:android="http://schemas.android.com/apk/res/android"
    xmlns:tools="http://schemas.android.com/tools"
    android:layout_width="match_parent"
    android:layout_height="match_parent"
    tools:context=".MainActivity"
    android:background="@drawable/bg_01">
    <ImageView
        android:layout_width="wrap_content"
        android:layout_height="wrap_content"
        android:src="@drawable/text"/>
    <ImageButton
        android:id="@+id/btn1"
        android:layout_width="wrap_content"
        android:layout_height="wrap_content"
        android:layout_centerInParent="true"
        android:background="#0000"
        android:src="@drawable/button2"/>
    <ImageButton
        android:layout_width="wrap_content"
        android:layout_height="wrap_content"
        android:layout_below="@id/btn1"
        android:background="#0000"
        android:layout_marginTop="10dp"
        android:layout_centerHorizontal="true"
        android:src="@drawable/button1"/>
</RelativeLayout>
```

注意：图像按钮控件默认会有一个灰色的背景，如果想要去除默认背景，可以将背景色设置为#0000 透明色。

步骤 2　运行上述程序，查看登录界面效果，如图 5-9 所示。

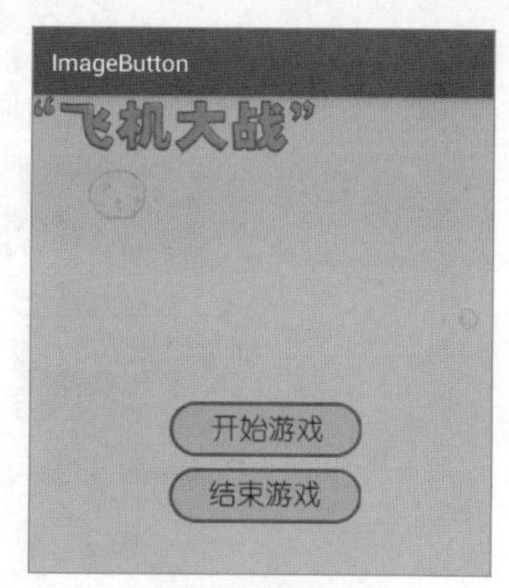

图 5-9　运行结果

5.4 时间类控件

Android 中提供了一类时间控件，通过这些控件可以快速获取当前时间，这些时间控件可以通过图形或数字的形式展现时间。

5.4.1 AnalogClock

时钟控件包括 AnalogClock 和 DigitalClock，它们都负责显示时钟。不同的是，AnalogClock 控件显示模拟时钟，且只显示时针和分针；而 DigitalClock 控件显示数字时钟，可精确到秒。

时钟 UI 组件是非常简单的组件，DigitalClock 本身就继承了 TextView，只是它显示的内容是当前时间；AnalogClock 则继承了 View 组件，它重写了 View 的 OnDraw()方法，会在 View 上显示模拟时钟。

针对时间的文本显示，Android 提供了 DigitalClock 和 TextClock。DigitalClock 是 Android 1 版本中发布的，功能很简单，只显示时间；在 Android 4.2（对应 API Level 17）中，Android 增加了 TextClock。TextClock 的功能更加强大，因此，推荐在 Android 4.2 版本以后都使用 TextClock。

AnalogClock 的 XML 有以下 3 个属性。

android:dial：模拟时钟的表盘背景。

android:hand_hour：模拟时钟表的时针。

android:hand_minute：模拟时钟表的分针。

通过一个实例演示如何使用 AnaloyClock 和 DigitalClock 这两个时间类控件，具体操作步骤如下。

步骤 1　新建一个工程并命名为 Time，在布局界面中放置一个 AnalogClock 控件，再放置一个 DigitalClock 控件。具体代码如下：

```
<LinearLayout xmlns:android="http://schemas.android.com/apk/res/android"
    xmlns:tools="http://schemas.android.com/tools"
    android:layout_width="match_parent"
    android:layout_height="match_parent"
    tools:context=".MainActivity"
    android:orientation="vertical">
    <AnalogClock
        android:layout_width="wrap_content"
        android:layout_height="wrap_content"/>
    <DigitalClock
        android:layout_marginLeft="10dp"
        android:layout_width="wrap_content"
        android:layout_height="wrap_content"
        android:textSize="10pt"
        android:textColor="#f0f" />
</LinearLayout>
```

步骤 2　运行上述程序，查看运行结果，如图 5-10 所示。

图 5-10　运行结果

5.4.2 TextClock

DigitalClock 从 API 17 开始就已经过时了，为此 Android 中提供了 TextClock 数字时钟控件。TextClock 的功能更加强大，它不仅能显示时间，还能显示日期，而且支持自定义格式。TextClock 提供了两种不同的格式：一种是在 24 时制中显示时间和日期；另一种是在 12 时制中显示时间和日期。

TextClock 常用属性如下。

android:format12Hour：设置 12 时制的格式。

android:format24Hour：设置 24 时制的格式。

android:timeZone：设置时区。

TextClock 的主要方法有以下几个。

getFormat12Hour()：在 12 时制模式中返回时间模式。

getFormat24Hour()：在 24 时制模式中返回时间模式。

getTimeZone()：返回正在使用的时区。

is24HourModeEnabled()：检测系统当前是否使用 24 时制。

setFormat24Hour(CharSequence format)：设置 24 时制的格式。

setFormat12Hour(CharSequence format)：设置 12 时制的格式。

setTimeZone(String timeZone)：设置时区。

通过一个实例演示如何使用 TextClock，具体操作步骤如下。

步骤 1　在前面的工程中新建模块并命名为 TextClock，在布局界面中放置数字时钟控件。具体代码如下：

```
<LinearLayout xmlns:android="http://schemas.android.com/apk/res/android"
    xmlns:tools="http://schemas.android.com/tools"
    android:layout_width="match_parent"
    android:layout_height="match_parent"
    tools:context=".MainActivity">
    <!-- 定义数字时钟 -->
    <TextClock
        android:layout_margin="10dp"
        android:layout_width="wrap_content"
        android:layout_height="wrap_content"
        android:textSize="10pt"
        android:textColor="#f0f"
        android:format12Hour="yyyy 年 MM 月 dd 日 H:mma EEEE"
        android:drawableEnd="@mipmap/ic_launcher" />
</LinearLayout>
```

步骤 2　运行上述程序，查看运行结果，如图 5-11 所示。

图 5-11　运行结果

5.4.3 CalendarView

上一节介绍了时间类控件，本小节介绍日历类控件。使用日历类控件可以获取当前日期，并可以通过图形界面形式将其展示出来或进行相应的操作。

其常用属性如下。

android:selectedWeekBackgroundColor：设置被选中周的背景颜色。

android:showWeekNumber：设置是否显示第几周。

android:unfocusedMonthDateColor：设置没有焦点的月份、日期文字颜色。

android:weekDaytextAppearance：设置星期几的文字样式。

android:weekNumberColor：设置显示周编号的颜色。

android:weekSeparatorLineColor：设置周分割线的颜色。

setOnDatChangeListener：监听方法。

CalendarView.OnDateChangeListener：监听器。

通过一个实例演示如何使用日历视图控件，具体操作步骤如下。

步骤 1　新建模块并命名为 CalendarView，布局中的具体代码如下：

```
<LinearLayout xmlns:android="http://schemas.android.com/apk/res/android"
    xmlns:tools="http://schemas.android.com/tools"
    android:layout_width="match_parent"
    android:layout_height="match_parent"
    tools:context=".MainActivity"
    android:orientation="vertical">
    <CalendarView
        android:id="@+id/calendarViewId"
        android:layout_width="match_parent"
        android:layout_height="400dp"/>
    <Button
        android:layout_width="match_parent"
        android:layout_height="wrap_content"
        android:text="确定"
        android:onClick="doClick"/>
</LinearLayout>
```

步骤 2　在主活动中添加逻辑代码，设置日历控件改变监听事件获取选择的日期。具体代码如下：

```
public class MainActivity extends AppCompatActivity {
    private CalendarView calendarView;//定义日历视图控件对象
    String str;//定义字符串对象
    @Override
    protected void onCreate(Bundle savedInstanceState) {
        super.onCreate(savedInstanceState);
        setContentView(R.layout.activity_main);
        calendarView = findViewById(R.id.calendarViewId);//初始化控件对象并与控件进行绑定
        calendarView.setOnDateChangeListener(new CalendarView.OnDateChangeListener() {
            @Override
            public void onSelectedDayChange(CalendarView view, int year, int month, int dayOfMonth) {
                str = year+"年"+month+"月"+dayOfMonth+"天";//将改变的日期组合成字符串
            }
        });
    }
    public void doClick(View v){//单击按钮，打印提示信息
        Toast.makeText(MainActivity.this,str,Toast.LENGTH_SHORT).show();
    }
}
```

步骤 3　运行上述程序，选择日期并单击“确定”按钮，查看运行结果，如图 5-12 所示。

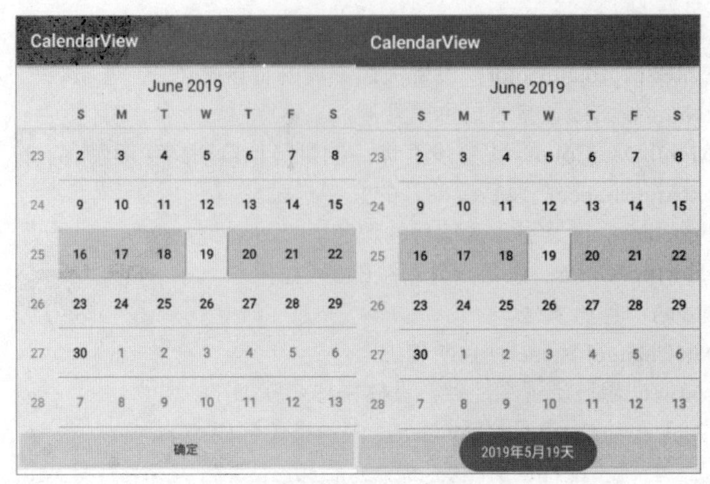

图 5-12　运行结果

5.5　就业面试技巧与解析

本章讲解了 Android 中的基础控件，Android 开发中控件是非常关键的——大多数应用是采用控件“堆砌”而成的，因此应聘者在面试过程中肯定会被问及与控件相关的问题。面试官多会问控件的属性及不同控件的特性在一个需求中如何搭配出不同的控件界面，因为一个需求可能有多种控件可满足要求，所以如何合理搭配使界面美观并能够达到效果才是面试官想要的答案。

5.5.1　面试技巧与解析（一）

面试官：讲解对不同按钮的理解。

应聘者：按钮分为普通按钮、单选按钮、复选框、开关按钮、图像按钮，普通按钮与图像按钮多数用于响应用户操作，唯一不同在于，图像按钮可以设置背景以使界面更加贴近主题，图像按钮是继承自图像控件而不是按钮控件。单选按钮、复选框、开关按钮则是功能按钮，在特定条件下使用。

5.5.2　面试技巧与解析（二）

面试官：如何不用 XML 来布局 relativeLayout 中的 View?

应聘者；可以使用 layoutparamters 来通过 layoutparamters.addrule 设定。

第 6 章

Android 高级控件

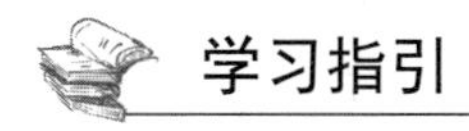

学习指引

前面已经学习了 Android 中的基本控件，本章将学习 Android 中的高级控件。Android 高级控件可以使复杂的应用开发更简单。

重点导读

- 熟悉掌握进度类控件。
- 熟悉适配器。
- 掌握 Spinner、ListView 组件。

6.1 进度类控件

进度类控件提供了应用程序告知用户的一些功能，分为可操控类和不可操控类两种。可操控类提供了用户操作与控制功能，不可操控类仅用于提示。

6.1.1 ProgressBar

当一个应用执行耗时操作时，如果没有一个进度条进行提示，用户会以为程序卡住或假死，这样会降低用户体验。使用进度条控件 ProgressBar 会告知用户程序正在加载。

进度条 XML 布局中的属性如下。

android:indeterminate：其取值为 true 表示不精确模式，只有循环动画；其取值为 false 表示精确模式，只有设置此属性，才能显示进度。

android:max：设置进度的最大值。

android:progress：定义一级进度值。

android:secondaryProgress：定义二级进度值，该进度在主进度和背景之间，例如缓存进度条。

android:indeterminateBehavior：定义当进度达到最大时的一些应对方式。其取值为 repeat 表示进度从 0

重新开始；取值为 cycle 表示进度保持当前值，并且回到 0。

android:indeterminateDrawable：自定义动画。

android:thumb：自定义拖动块的样式。

进度条中系统风格如下。

@android:style/Widget.ProgressBar.Horizontal：水平进度条（只有这项可以显示刻度，其他为循环动画）。

@android:style/Widget.ProgressBar.Small：小进度条。

@android:style/Widget.ProgressBar.Large：大进度条。

@android:style/Widget.ProgressBar.Inverse：不断跳跃、旋转画面的进度条。

@android:style/Widget.ProgressBar.Large.Inverse：不断跳跃、旋转动画的大进度条。

@android:style/Widget.ProgressBar.Small.Inverse：不断跳跃、旋转动画的小进度条。

进度条中 Java 属性如下。

setProgress(int)：设置第一进度。

setSecondaryProgress(int)：设置第二进度。

getProgress( )：获取第一进度。

getSecondaryProgress( )：获取第二进度。

incrementProgress(int)：增加或减少第一进度。

incrementSecondaryProgress(int)：增加或减少第二进度。

getMax( )：获取最大进度。

下面创建一个实例演示如何使用进度条控件，这里会涉及多线程知识，有不明白的后面章节会讲到。

步骤 1　新建模块并命名为 ProgressBar，采用线性布局嵌套帧布局。具体代码如下：

```
<LinearLayout xmlns:android="http://schemas.android.com/apk/res/android"
    xmlns:tools="http://schemas.android.com/tools"
    android:layout_width="match_parent"
    android:layout_height="match_parent"
    tools:context=".MainActivity"
    android:orientation="vertical">
    <FrameLayout
        android:layout_width="match_parent"
        android:layout_height="60dp">
        <TextView
            android:layout_width="80dp"
            android:textColor="#FF0000"
            android:id="@+id/tv_main_desc"
            android:textSize="30dp"
            android:layout_height="match_parent" />
        <ProgressBar
            android:layout_width="match_parent"
            style="?android:attr/progressBarStyleHorizontal"
            android:id="@+id/pb_main_download"
            android:max="100"
            android:layout_height="match_parent" />
    </FrameLayout>
    <Button
        android:layout_width="match_parent"
        android:text="启动下载"
        android:onClick="doClick"
```

```
        android:layout_height="wrap_content" />
</LinearLayout>
```

步骤 2　由于进度条涉及异步操作，因此需要使用多线程，这里创建一个线程类。具体代码如下：

```
//定义一个线程类继承自 Thread 类
public class myThread extends Thread {
    @Override
    Public void run(){//重写 run()方法
        super.run();
        while(true){
            try{
                Thread.sleep(100);//使线程休眠 0.1s
            }catch(InterruptedException e){
                e.printStackTrace();
            }
            if(p==100){//当前进度等于总进度时退出循环
            p=0;
            break;
        }
        Message msg=new Message();//创建消息对象
        msg.what=1;
        myHandler.sendMessage(msg);//发送处理码
        }
    }
}
```

步骤 3　Android 中的多线程使用 Handler 机制，因此需要创建一个类实现 Handler。具体代码如下：

```
public class MyHandler extends Handler {
    @Override
    public void handleMessage(Message msg) {
        super.handleMessage(msg);
        int code=msg.what;//接收处理码
        switch (code){//这里使用 switch 便于扩充其他消息
            case 1:
                p++;//计数器累加
                pb.setProgress(p);//给进度条的当前进度赋值
                tv.setText(p+"%");//显示当前进度为多少
                break;
        }
    }
}
```

步骤 4　运行上述程序，单击“启动下载”按钮，查看运行结果，如图 6-1 所示。

图 6-1　运行结果

6.1.2 SeekBar

拖动条控件 SeekBar 其实是一个高级进度条，用户可以通过拖动进度条来更改播放音乐、视频等的进度。SeekBar 继承了 ProgressBar，因此 ProgressBar 所支持的 XML 属性和方法都适用于 SeekBar。

SeekBar 控件的常用属性如下。

Android:max：设置进度条范围最大值。

Android:progress：设置当前进度值。

Android:secondaryProgress：设置当前次进度值。

Android:progressDrawable：设置进度条的图片。

Android:thumb：设置进度条的滑块图片。

SeekBar 控件的常用方法如下。

getMax()：获取最大的范围值。

Getprogress()：获取当前进度值。

setMax()：设置范围最大值。

SeekBar 的事件 SeekBar.OnSeekBarChangeListener 只需重写以下 3 个对应的方法。

- onProgressChanged：进度发生改变时会触发。
- onStartTrackingTouch：按住 SeekBar 时会触发。
- onStopTrackingTouch：放开 SeekBar 时会触发。

通过一个实例演示如何使用拖动条控件，具体操作步骤如下。

步骤 1 新建一个模块并命名为 SeekBar，布局的具体代码如下：

```
<LinearLayout xmlns:android="http://schemas.android.com/apk/res/android"
   xmlns:tools="http://schemas.android.com/tools"
   android:layout_width="match_parent"
   android:layout_height="match_parent"
   tools:context=".MainActivity"
   android:orientation="vertical">
   <SeekBar
      android:id="@+id/sb"
      android:layout_width="match_parent"
      android:layout_height="wrap_content"
      android:maxHeight="5.0dp"
      android:minHeight="5.0dp"/>
   <TextView
      android:layout_marginTop="10dp"
      android:layout_marginLeft="20dp"
      android:id="@+id/txt"
      android:layout_width="match_parent"
      android:layout_height="wrap_content"
      android:text="拖动试试"/>
</LinearLayout>
```

步骤 2 主活动中的逻辑代码如下：

```
public class MainActivity extends AppCompatActivity {
   private SeekBar sb;//定义拖动控件对象
   private TextView txt;//定义文本控件对象
   @Override
   protected void onCreate(Bundle savedInstanceState) {
      super.onCreate(savedInstanceState);
```

```
        setContentView(R.layout.activity_main);
        //初始化控件对象并与其绑定
        sb =  findViewById(R.id.sb);
        txt = findViewById(R.id.txt);
        //设置拖动控件的改变监听事件
        sb.setOnSeekBarChangeListener(new SeekBar.OnSeekBarChangeListener() {
            @Override
            public void onProgressChanged(SeekBar seekBar, int progress, boolean fromUser) {
                txt.setText("当前进度值:" + progress + "  / 100 ");
            }
            @Override
            public void onStartTrackingTouch(SeekBar seekBar) {
                Toast.makeText(MainActivity.this, "触碰 SeekBar", Toast.LENGTH_SHORT).show();
            }
            @Override
            public void onStopTrackingTouch(SeekBar seekBar) {
                Toast.makeText(MainActivity.this, "放开 SeekBar", Toast.LENGTH_SHORT).show();
            }
        });
    }
}
```

步骤 3　运行上述程序，拖动组件，查看运行结果如图 6-2 所示。

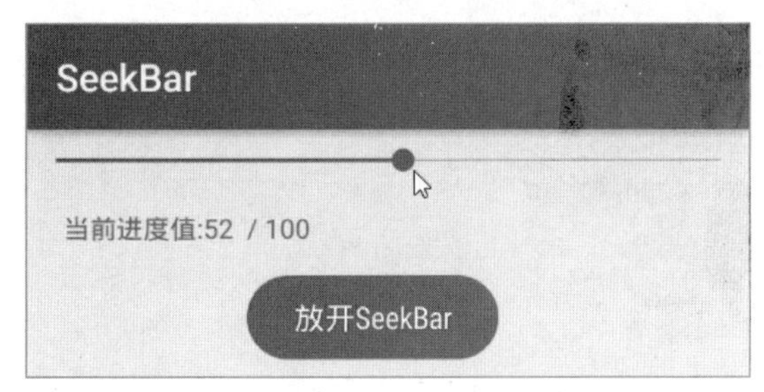

图 6-2　运行结果

6.1.3　RatingBar

星级评分控件 RatingBar 是基于 SeekBar 和 ProgressBar 的扩展，用星形来显示等级评定的控件。使用 RatingBar 控件的默认大小时，用户可以触摸、拖动或使用键来设置评分。它有两种样式（小风格用 ratingBarStyleSmall，大风格用 ratingBarStyleIndicator），其中大的只适合指示，不适合用户交互。

RatingBar 控件的常用属性如下。

android:isIndicator：设置是否允许用户修改。

android:numStars：设置评分控件一共展示多少个星星，默认为 5 个。

android:rating：设置初始默认星级数。

android:stepSize：设置每次需要修改多少个星级。

常用的一些方法如下。

public int getNumStars()：返回显示的星形数量。

public RatingBar.OnRatingBarChangeListener()、getOnRatingBarChangeListener()：监听器（可能为空）监听评分改变事件。

public float getRating()：获取当前的评分（填充星形的数量），返回当前的评分。

public float getStepSize()：获取评分条的步长。

public boolean isIndicator()：判断当前的评分条是否能被修改。

public void setIsIndicator(boolean isIndicator)：设置当前的评分条是否仅仅是一个指示器（这样用户就不能进行修改操作了），其参数是一个布尔值，表示是否为一个指示器。

public synchronized void setMax(int max)：设置评分等级的范围（从 0 到 max）。

public void setNumStars(int numStars)：设置显示的星形数量。为了能够正常显示它们，建议将当前 widget 的布局宽度设置为 wrap content。

public void setOnRatingBarChangeListener(RatingBar.OnRatingBarChangeListener listener)：设置当评分等级发生改变时回调的监听器。

public void setRating(float rating)：设置分数（星形的数量）。

public void setStepSize(float stepSize)：设置当前评分条的步长，不设置则默认为 0.5。

通过一个实例演示如何使用评分控件，具体操作步骤如下。

步骤 1　新建一个模块并命名为 RatingBar，布局的具体代码如下：

```
<LinearLayout xmlns:android="http://schemas.android.com/apk/res/android"
    xmlns:tools="http://schemas.android.com/tools"
    android:layout_width="match_parent"
    android:layout_height="match_parent"
    tools:context=".MainActivity">
    <RatingBar
        android:id="@+id/rb"
        android:layout_width="wrap_content"
        android:layout_height="wrap_content"
        android:rating="1.5"/>
</LinearLayout>
```

步骤 2　主活动中的具体代码如下：

```
public class MainActivity extends AppCompatActivity {
    private RatingBar rb;//定义评分控件对象
    @Override
    protected void onCreate(Bundle savedInstanceState) {
        super.onCreate(savedInstanceState);
        setContentView(R.layout.activity_main);
        rb = (RatingBar) findViewById(R.id.rb);//初始化评分控件
        //设置评分控件的改变监听事件
        rb.setOnRatingBarChangeListener(new RatingBar.OnRatingBarChangeListener() {
            @Override
            public void onRatingChanged(RatingBar ratingBar, float rating, boolean fromUser) {
                //当评分发生改变时做出提示
                Toast.makeText(MainActivity.this, "rating:" + String.valueOf(rating),
                        Toast.LENGTH_LONG).show();
            }
        });
    }
}
```

步骤 3　运行上述程序，修改星级评分，查看运行结果如图 6-3 所示。

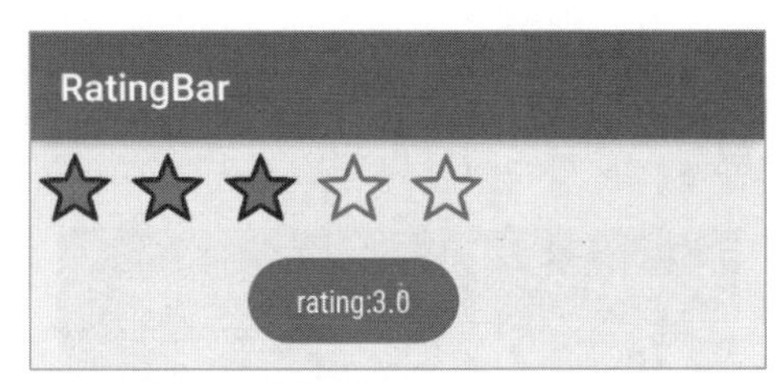

图 6-3 运行结果

6.1.4 ScrollView

滚动视图控件 ScrollView 是一款可滚动的 View，其默认滚动方向为垂直方向，而 HorizontalScrollView 则是一款水平方向上可滚动的 View。

首先来看看 ScrollView 和 HorizontalScrollView 这两个 View 的定义。ScrollView 和 HorizontalScrollView 都是布局容器，里面可以放入 child View 控件。通过其继承关系可知，ScrollView 和 HorizontalScrollView 这两个类是 ViewGroup 的一个间接子类，继承关系如下：

```
java.lang.Object
  ↳   android.view.View
      ↳   android.view.ViewGroup
          ↳   android.widget.FrameLayout
              ↳   android.widget.ScrollView
```

因为 ScrollView 和 HorizontalScrollView 只是两种滚动方向不同的 View 而已，其他方面都基本相同，所以下面只以 ScrollView 为例来讲解。

通过使用 ScrollView，可以滚动其里面的子 View 控件，这样就允许控件的高度大于实际屏幕的尺寸高度。ScrollView 是一个 FrameLayout，常用到的诸如 DatePicker、TimePicker 这些控件都是属于 FrameLayout 的。因此在 ScrollView 中也通常只包含一个子元素，并且这个子元素也是一个布局文件，这样才能在这个布局文件里面添加想要的任何子控件，从而实现滚动的效果。

对于 ScrollView 来说，其是垂直方向上的滚动布局，因此通常给其添加一个 LinearLayout 的子元素，并且设置 orientation 为 vertical（垂直方向的）。

通过一个实例演示如何使用滚动视图，具体操作步骤如下。

步骤 1　新建模块并命名为 ScrollView，布局的具体代码如下：

```
<ScrollView xmlns:android="http://schemas.android.com/apk/res/android"
   android:layout_width="match_parent"
   android:layout_height="match_parent"
   android:fillViewport="false">
   <LinearLayout
      android:id="@+id/layout"
      android:layout_height="match_parent"
      android:layout_width="wrap_content"
      android:orientation="vertical">
      <ImageView
         android:layout_width="match_parent"
         android:layout_height="match_parent"
         android:src="@drawable/p1"/>
      <ImageView
         android:layout_width="match_parent"
         android:layout_height="match_parent"
         android:src="@drawable/p3"/>
```

```
    </LinearLayout>>
</ScrollView>
```

步骤 2　运行上述程序，滑动屏幕，查看运行结果如图 6-4 所示。

图 6-4　运行结果

6.1.5　综合案例

本小节通过综合案例实现一个小程序。这个程序通过简单设置，结合图片控件的属性实现图片风格变换。图片组合效果如图 6-5 所示。

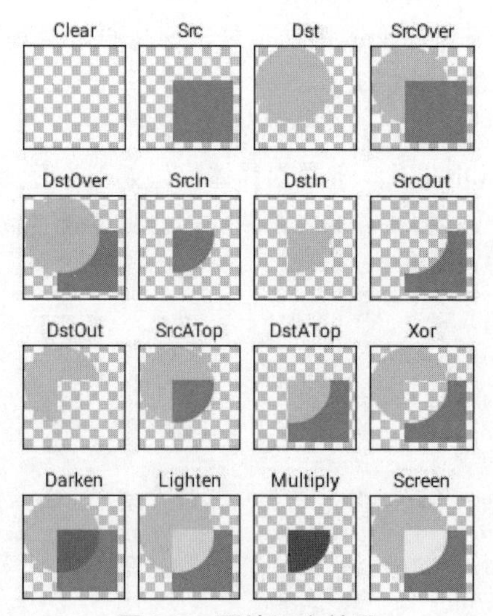

图 6-5　图片组合效果

该程序涉及拖动控件、滚动视图控件、图像视图控件和下拉列表控件（关于下拉列表控件后面还会讲到），具体操作步骤如下：

步骤 1 新建模块并命名为 Component，布局的具体代码如下：

```
<?xml version="1.0" encoding="utf-8"?>
<ScrollView xmlns:android="http://schemas.android.com/apk/res/android"
    android:layout_width="match_parent"
    android:layout_height="wrap_content">
    <LinearLayout
        android:layout_width="match_parent"
        android:layout_height="wrap_content"
        android:orientation="vertical"
        android:paddingLeft="10dp">
        <LinearLayout
            android:layout_width="match_parent"
            android:layout_height="wrap_content"
            android:orientation="horizontal"
            android:gravity="center">
            <ImageView
                android:id="@+id/green"
                android:layout_width="50dp"
                android:layout_height="50dp"
                android:src="@drawable/image1" />
            <ImageView
                android:id="@+id/red"
                android:layout_width="50dp"
                android:layout_height="50dp"
                android:layout_marginLeft="10dp"
                android:src="@drawable/image2" />
            <ImageView
                android:id="@+id/transparent"
                android:layout_width="50dp"
                android:layout_height="50dp"
                android:layout_marginLeft="10dp"
                android:src="@drawable/image3" />
        </LinearLayout>
        <Spinner
            android:id="@+id/spinner"
            android:layout_width="wrap_content"
            android:layout_height="wrap_content" />
        <TextView
            android:layout_width="wrap_content"
            android:layout_height="wrap_content"
            android:text="Alpha 透明度" />
        <SeekBar
            android:id="@+id/alpha_seekBar"
            android:layout_width="match_parent"
            android:layout_height="wrap_content"
            android:max="255"
            android:progress="255" />
        <TextView
            android:layout_width="wrap_content"
            android:layout_height="wrap_content"
            android:text="Red 红色" />
        <SeekBar
            android:id="@+id/red_seekBar"
            android:layout_width="match_parent"
```

```
            android:layout_height="wrap_content"
            android:max="255" />
        <TextView
            android:layout_width="wrap_content"
            android:layout_height="wrap_content"
            android:text="Green 绿" />
        <SeekBar
            android:id="@+id/green_seekBar"
            android:layout_width="match_parent"
            android:layout_height="wrap_content"
            android:max="255" />
        <TextView
            android:layout_width="wrap_content"
            android:layout_height="wrap_content"
            android:text="Blue 蓝色" />
        <SeekBar
            android:id="@+id/blue_seekBar"
            android:layout_width="match_parent"
            android:layout_height="wrap_content"
            android:max="255" />
        <TextView
            android:gravity="center"
            android:text="图片是 Dst，设置的颜色是 Src"
            android:layout_width="match_parent"
            android:layout_height="wrap_content" />
        <ImageView
            android:layout_gravity="center"
            android:layout_width="wrap_content"
            android:layout_height="wrap_content"
            android:src="@drawable/tu" />
    </LinearLayout>
</ScrollView>
```

步骤 2　将需要用到的图片资源导入工程，存放于 res 目录下的 drawable 目录中。

步骤 3　设置一个字符串数组资源，修改 res/values 目录中的 strings 文件，加入如下代码。

```
<string-arrayname="modes">
<item>CLEAR</item>
<item>SRC</item>
<item>DST</item>
<item>SRC_OVER</item>
<item>DST_OVER</item>
<item>SRC_IN</item>
<item>DST_IN</item>
<item>SRC_OUT</item>
<item>DST_OUT</item>
<item>SRC_ATOP</item>
<item>DST_ATOP</item>
<item>XOR</item>
<item>DARKEN</item>
<item>LIGHTEN</item>
<item>MULTIPLY</item>
<item>SCREEN</item>
<item>ADD</item>
<item>OVERLAY</item>
</string-array>
```

步骤 4　定义控件对象与不同模式数组，具体代码如下：

```
//定义控件对象
private ImageView iv_green;
private ImageView iv_red;
private ImageView iv_transparent;
private Spinner spinner;              //下拉列表控件
private SeekBar sb_transparent;       //透明度滑动条
private SeekBar sb_red;               //红色滑动条
private SeekBar sb_green;             //绿色滑动条
private SeekBar sb_blue;              //蓝色滑动条
//定义不同模式的一个数组
private static final PorterDuff.Mode[] MODES = new PorterDuff.Mode[]{
        PorterDuff.Mode.CLEAR,
        PorterDuff.Mode.SRC,
        PorterDuff.Mode.DST,
        PorterDuff.Mode.SRC_OVER,
        PorterDuff.Mode.DST_OVER,
        PorterDuff.Mode.SRC_IN,
        PorterDuff.Mode.DST_IN,
        PorterDuff.Mode.SRC_OUT,
        PorterDuff.Mode.DST_OUT,
        PorterDuff.Mode.SRC_ATOP,
        PorterDuff.Mode.DST_ATOP,
        PorterDuff.Mode.XOR,
        PorterDuff.Mode.DARKEN,
        PorterDuff.Mode.LIGHTEN,
        PorterDuff.Mode.MULTIPLY,
        PorterDuff.Mode.SCREEN,
        PorterDuff.Mode.ADD,
        PorterDuff.Mode.OVERLAY
};
```

步骤 5　定义初始化时间方法，具体代码如下：

```
private void initEvent() {
    //设置下拉列表选择监听事件
    spinner.setOnItemSelectedListener(new AdapterView.OnItemSelectedListener() {
    @Override
    public void onItemSelected(AdapterView<?> parent, View view, int position, long id) {
    updateImage(getRGBColor(), getMode());//更新颜色与模式
}
@Override
public void onNothingSelected(AdapterView<?> parent) {
}
});
SeekBar.OnSeekBarChangeListener seekBarChangeListener = new SeekBar.OnSeekBarChangeListener() {
    @Override
    public void onProgressChanged(SeekBar seekBar, int progress, boolean fromUser) {
       updateImage(getRGBColor(), getMode());//更新颜色与模式
    }
    @Override
    public void onStartTrackingTouch(SeekBar seekBar) {
    }
    @Override
    public void onStopTrackingTouch(SeekBar seekBar) {
    }
};
```

```
//设置监听事件
sb_transparent.setOnSeekBarChangeListener(seekBarChangeListener);
sb_red.setOnSeekBarChangeListener(seekBarChangeListener);
sb_green.setOnSeekBarChangeListener(seekBarChangeListener);
sb_blue.setOnSeekBarChangeListener(seekBarChangeListener);
}
```

步骤 6　定义获取模式及改变模式的方法，具体代码如下：

```
private PorterDuff.Mode getMode() {
    return MODES[spinner.getSelectedItemPosition()];//获取模式
}
/**
 * 根据 ARGB 值计算颜色值
 * @return 颜色值
 */
private int getRGBColor() {
    //通过拖动控件获取相应的值
    int alpha = sb_transparent.getProgress();
    int red = sb_red.getProgress();
    nt green = sb_green.getProgress();
    int blue = sb_blue.getProgress();
    return Color.argb(alpha, red, green, blue);//将这些值进行返回
}
/**
 * 更新颜色与模式
 * @param color
 * @param mode
 */
private void updateImage(int color, PorterDuff.Mode mode) {
    iv_red.setColorFilter(color, mode);
    iv_green.setColorFilter(color, mode);
    iv_transparent.setColorFilter(color, mode);
}
```

步骤 7　运行上述程序，设置不同的风格，拖动滑动条，查看运行结果如图 6-6 所示。

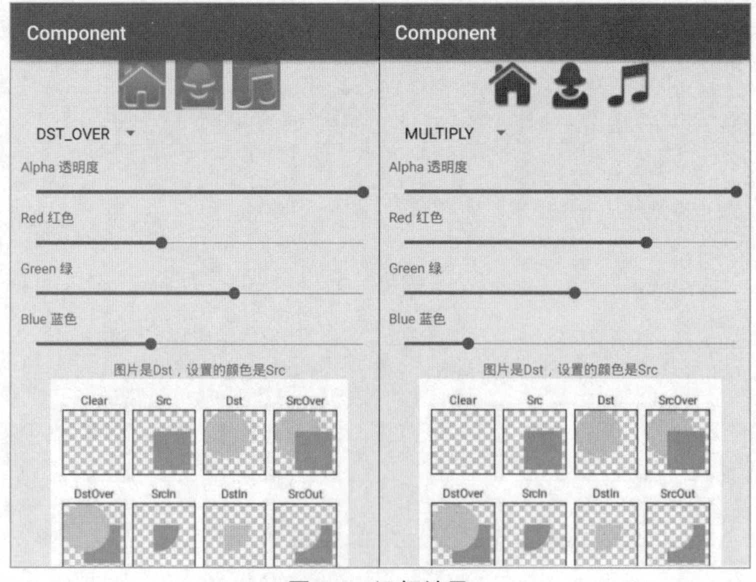

图 6-6　运行结果

6.2 适配器类控件

适配器（Adapter）是用来帮助填充数据的中间“桥梁”，将各种数据以合适的形式显示到 View 上的。了解并学会使用这个适配器很重要，有了适配器的概念才能更好地使用适配器类控件。

6.2.1 适配器

Adapter 有很多的接口、抽象类、子类可以使用，这里仅针对常用的 BaseAdapter、ArrayAdapter 和 SimpleAdapter 进行讲解，后面使用数据库时还会讲解其他类型的适配器。

1. MVC 模式的简单理解

在开始学习 Adapter 前，先要了解 MVC 模式概念。

举个例子：大型的商业程序通常由多人协作开发完成，例如有人负责操作接口的规划与设计，有人负责程序代码的编写。要做到程序项目的合理分工，就必须在程序结构上做适合的安排。如果接口设计与修改都涉及程序代码的改变，那么两者的分工就会造成执行上的困难。良好的程序架构师将整个程序项目划分为 3 个部分，如图 6-7 所示。

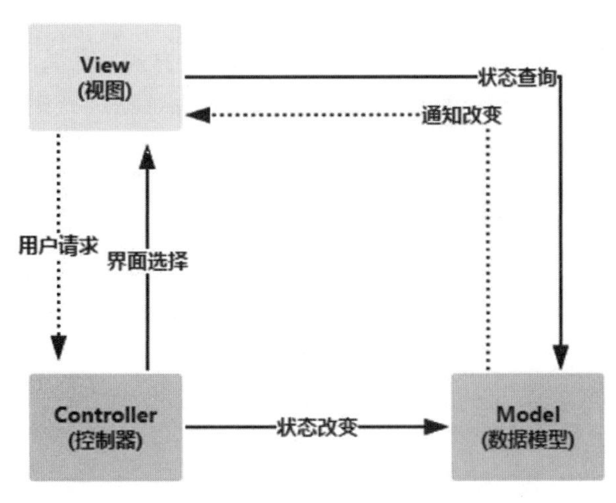

图 6-7 MVC 原理图

MVC 原理图解析如下。

Model：通常可以理解为数据，负责执行程序的核心运算与判断逻辑。通过 View 获得用户输入的数据，然后根据请求从数据库查询相关的信息，最后进行运算和判断，再将得到的结果交给 View 来显示。

View：用户的操作界面。使用哪种接口控件、控件间的排列位置与顺序都从这部分进行设计。

Controller：控制器作为 Model 与 View 间的枢纽，负责控制程序的执行流程及对象间的一个互动。

Model（数据）→Controller（以什么方式显示到）→View（用户界面），这便是简单 MVC 模式原理控件。而 Adapter 则是中间的这个 Controller 的一部分。

2. Adapter 概念解析

在解析适配器前，先看一张适配器的继承图，如图 6-8 所示。

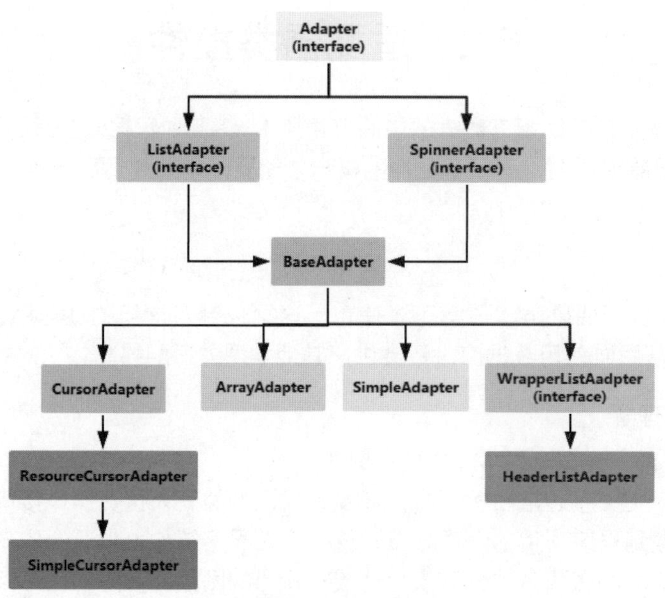

图 6-8　适配器继承图

下面介绍实际开发中常用到的几个 Adapter。

BaseAdapter：抽象类，实际开发中会继承这个类并重写相关方法，它是用得最多的一个 Adapter。

ArrayAdapter：支持泛型操作，它是最简单的一个 Adapter，只能展现一行文字。

SimpleAdapter：同样具有良好扩展性的一个 Adapter，可以自定义多种效果。

SimpleCursorAdapter：用于显示简单文本类型的 listView，一般在数据库中会用到。

通过一个简单实例演示如何使用适配器，具体操作步骤如下。

步骤 1　新建模块并命名为 Adapter，在布局中设置一个 ListView 控件。具体代码如下：

```
<LinearLayout xmlns:android="http://schemas.android.com/apk/res/android"
    xmlns:tools="http://schemas.android.com/tools"
    android:layout_width="match_parent"
    android:layout_height="match_parent"
    tools:context=".MainActivity">
    <ListView
        android:id="@+id/list"
        android:layout_width="match_parent"
        android:layout_height="match_parent"/>
</LinearLayout>
```

步骤 2　主活动中的具体代码如下：

```
public class MainActivity extends AppCompatActivity {
    @Override
    protected void onCreate(Bundle savedInstanceState) {
        super.onCreate(savedInstanceState);
        setContentView(R.layout.activity_main);
        //创建一个字符串数组
        String[] strs = {"项目 1","项目 2","项目 3","项目 4","项目 5"};
        //创建 ArrayAdapter
        ArrayAdapter<String> adapter = new ArrayAdapter<String>
                (this,android.R.layout.simple_expandable_list_item_1,strs);
        //获取 ListView 对象，通过调用 setAdapter()方法为 ListView 设置适配器
```

```
        ListView list_test =  findViewById(R.id.list);//定义并初始化 listView 视图对象
        list_test.setAdapter(adapter);//设置适配器
    }
}
```

步骤 3　运行上述程序，查看运行结果，如图 6-9 所示。

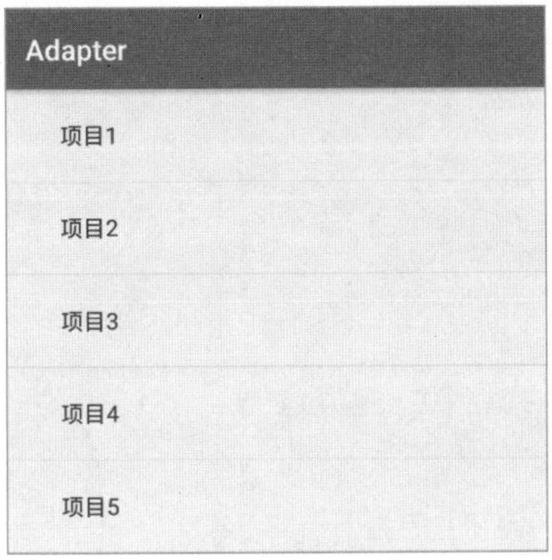

图 6-9　运行结果

6.2.2　Spinner

Spinner 是一个列表选择框，可以弹出一个列表供用户选择。它是 ViewGroup 的间接子类，数据需要使用 Adapter 进行封装。

下面介绍 Spinner 的常用 XML 属性，Android 也为其属性提供了相应的 getter()、setter()方法。

dropDownHorizontalOffset：设置列表框的水平偏移距离。

dropDownVerticalOffset：设置列表框的垂直偏移距离。

dropDownSelector：设置列表框被选中时的背景。

dropDownWidth：设置下拉列表框的宽度。

gravity：设置控件内部的对齐方式。

popupBackground：设置列表框的背景。

spinnerMode：设置列表框的模式，有以下两个可选值。

- dialog：对话框风格的窗口。
- dropdown：下拉菜单风格的窗口（默认值）。

android:prompt：为当前下拉列表设置标题，仅在 dialog 模式下有效。传递一个“@string/name”资源，需要在资源文件中定义<string…/>。

作为一个列表选择控件，Spinner 具有一些选中选项可以触发的事件，但它本身没有定义这些事件，均继承自间接父类 AdapterView。Spinner 支持的常用事件有以下几个。

AdapterView.OnItemClickListener：列表项被点击时触发。

AdapterView.OnItemLongClickListener：列表项被长按时触发。

AdapterView.OnItemSelectedListener：列表项被选择时触发。

通过一个实例演示如何使用下拉列表视图，具体操作步骤如下。

步骤 1　创建一个模块并命名为 Spinner，在布局中设置两个下拉列表视图。具体代码如下：

```
<LinearLayout xmlns:android="http://schemas.android.com/apk/res/android"
    xmlns:tools="http://schemas.android.com/tools"
    android:layout_width="match_parent"
    android:layout_height="match_parent"
    tools:context=".MainActivity">
    <Spinner
        android:id="@+id/spacer1"
        android:layout_width="wrap_content"
        android:layout_height="wrap_content"/>
    <Spinner
        android:id="@+id/spacer2"
        android:layout_width="wrap_content"
        android:layout_height="wrap_content"
        android:spinnerMode="dialog"/>
</LinearLayout>
```

步骤 2　主活动中的具体代码如下：

```
public class MainActivity extends AppCompatActivity {
    Spinner sp1,sp2;//创建下拉列表视图对象
    //创建字符串数组并初始化
    String str[] = new String[]{"数学","英语","语文","音乐","美术","体育"};
    @Override
    protected void onCreate(Bundle savedInstanceState) {
        super.onCreate(savedInstanceState);
        setContentView(R.layout.activity_main);
        sp1 = findViewById(R.id.spacer1);
        sp2 = findViewById(R.id.spacer2);
        //创建适配器对象，使用数组适配进行初始化
        ArrayAdapter adapter = new ArrayAdapter<String>
                (this,android.R.layout.simple_expandable_list_item_1,str);
        sp1.setAdapter(adapter);//设置适配器
        sp2.setAdapter(adapter);//设置适配器
    }
}
```

步骤 3　运行上述程序，查看两种风格的下拉列表，运行结果如图 6-10 所示。

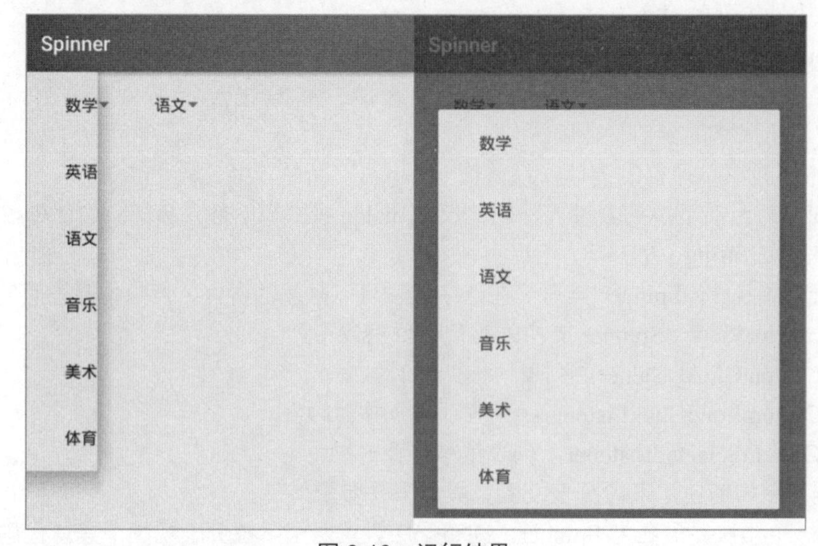

图 6-10　运行结果

6.2.3 ListView

列表视图 ListView 是在实际中使用最多的一款控件。它以列表形式展现信息，例如新闻阅读中的新闻资讯、聊天程序中的聊天信息等。

ListView 的常用属性如下。

divider：设置列表视图的分隔线，可以用颜色，也可以使用图像资源。

dividerHeight：设置分隔条的高度。

entries：通过数组资源为它添加列表项。

footerDividersEnabled：是否在 footerView（表尾）前绘制一个分隔条，默认为 true。

headerDividersEnabled：是否在 headerView（表头）前绘制一个分隔条，默认为 true。

通过一个实例演示 ListView 的简单使用，具体操作步骤如下。

步骤 1　新建一个模块并命名为 ListView1，在布局中设置一个 ListView 视图。具体代码如下：

```
<LinearLayout xmlns:android="http://schemas.android.com/apk/res/android"
    xmlns:tools="http://schemas.android.com/tools"
    android:layout_width="match_parent"
    android:layout_height="match_parent"
    tools:context=".MainActivity">
    <ListView
        android:id="@+id/list"
        android:layout_width="match_parent"
        android:layout_height="match_parent" />
</LinearLayout>
```

步骤 2　创建一个数据对象类并命名为 Data，具体代码如下：

```
public class Data {
    private String aName;//定义标题内容
    private String aSpeak;//定义详细信息
    private int aIcon;//定义图标资源 ID
    //构造方法会初始化成员变量
    public Data(String str, String s, int i) {
        aName = str;
        aSpeak = s;
        aIcon = i;
    }
    public String getaName() {
        return aName;
    }
    public void setaName(String aName) {
        this.aName = aName;
    }
    public String getaSpeak() {
        return aSpeak;
    }
    public void setaSpeak(String aSpeak) {
        this.aSpeak = aSpeak;
    }
    public int getaIcon() {
        return aIcon;
    }
    public void setaIcon(int aIcon) {
        this.aIcon = aIcon;
```

```
    }
}
```

步骤 3　数据对象需要有一个布局与其对应，因此再创建一个布局文件。具体代码如下：

```
<RelativeLayout xmlns:android="http://schemas.android.com/apk/res/android"
    xmlns:tools="http://schemas.android.com/tools"
    android:layout_width="match_parent"
    android:layout_height="match_parent"
    tools:context=".MainActivity">
    <ImageView
        android:id="@+id/image"
        android:layout_width="50dp"
        android:layout_height="50dp"
        android:layout_marginLeft="10dp"
        android:layout_marginTop="10dp"/>
    <TextView
        android:id="@+id/tv1"
        android:layout_marginLeft="20dp"
        android:layout_marginTop="10dp"
        android:layout_width="wrap_content"
        android:layout_height="wrap_content"
        android:textSize="20sp"
        android:layout_toRightOf="@+id/image"/>
    <TextView
        android:id="@+id/tv2"
        android:layout_marginLeft="10dp"
        android:layout_marginTop="5dp"
        android:layout_width="wrap_content"
        android:layout_height="wrap_content"
        android:layout_toRightOf="@+id/image"
        android:layout_below="@+id/tv1"/>
</RelativeLayout>
```

步骤 4　新建一个适配器类并命名为 DataAdapter，其继承自 BaseAdapter。具体代码如下：

```
public class DataAdapter extends BaseAdapter {
    private LinkedList<Data> mData;//定义存储具体元素的链表
    private Context mContext;//设备上下文对象
    //初始化成员对象
    public DataAdapter(LinkedList<Data> mData, Context mContext) {
        this.mData = mData;
        this.mContext = mContext;
    }
    @Override
    public int getCount() {
        return mData.size();//返回元素的实际大小
    }
    @Override
    public Object getItem(int position) {
        return null;
    }
    @Override
    public long getItemId(int position) {
        return position;//返回具体项
    }
    @Override
    public View getView(int position, View convertView, ViewGroup parent) {
```

```
        //视图对象通过 Inflater 找到视图对象
        convertView = LayoutInflater.from(mContext).inflate(R.layout.activity_data,parent,false);
        //定义控件对象并与控件进行绑定
        ImageView img_icon = (ImageView) convertView.findViewById(R.id.image);
        TextView txt_aName = (TextView) convertView.findViewById(R.id.tv1);
        TextView txt_aSpeak = (TextView) convertView.findViewById(R.id.tv2);
        //修改控件内容
        img_icon.setBackgroundResource(mData.get(position).getaIcon());
        txt_aName.setText(mData.get(position).getaName());
        txt_aSpeak.setText(mData.get(position).getaSpeak());
        return convertView;//返回视图对象
    }
}
```

步骤 5 主活动中的具体代码如下：

```
public class MainActivity extends AppCompatActivity {
    private List<Data> mData = null;//定义数据列表
    private Context mContext;//初始化设备上下文
    private DataAdapter mAdapter = null;//适配器对象
    private ListView list;//列表视图对象
    @Override
    protected void onCreate(Bundle savedInstanceState) {
        super.onCreate(savedInstanceState);
        setContentView(R.layout.activity_main);
        mContext = MainActivity.this;//初始化设备上下文
        list = (ListView) findViewById(R.id.list);//初始化列表视图对象
        mData = new LinkedList<Data>();//创建数据链表
        //给数据链表增加内容
        mData.add(new Data("相机", "具有拍照功能", R.drawable.camera));
        mData.add(new Data("时钟", "可以设定提醒", R.drawable.clock));
        mData.add(new Data("联系人", "设置查看联系人", R.drawable.messenger));
        mData.add(new Data("设置", "你设置添加新的功能", R.drawable.settings));
        mData.add(new Data("消息", "请查看新的消息", R.drawable.speech_balloon));
        mAdapter = new DataAdapter((LinkedList<Data>) mData, mContext);//初始化适配器对象
        list.setAdapter(mAdapter);//设置适配器
    }
}
```

步骤 6 运行上述程序，查看运行结果，如图 6-11 所示。

图 6-11 运行结果

6.2.4 ListView 实现单选

本小节通过 ListView 与 CheckBox 结合，实现 ListView 的单选、多选、全选、全不选、反选功能，以及 ListView 视图优化，具体操作步骤如下。

步骤 1　新建模块并命名为 ListView，布局的具体代码如下：

```
<?xml version="1.0" encoding="utf-8"?>
<LinearLayout
    xmlns:android="http://schemas.android.com/apk/res/android"
    android:orientation="vertical"
    android:layout_width="match_parent"
    android:layout_height="match_parent">
    <LinearLayout
        xmlns:android="http://schemas.android.com/apk/res/android"
        android:layout_width="match_parent"
        android:layout_height="wrap_content">
        <Button
            android:id="@+id/selected_all"
            android:layout_width="0dp"
            android:layout_height="wrap_content"
            android:layout_weight="1"
            android:text="全选"
            android:textSize="24sp"/>
        <Button
            android:id="@+id/unselected_all"
            android:layout_width="0dp"
            android:layout_weight="1"
            android:layout_height="wrap_content"
            android:text="全不选"
            android:textSize="24sp"/>
        <Button
            android:id="@+id/reverse_select"
            android:layout_width="0dp"
            android:layout_height="wrap_content"
            android:layout_weight="1"
            android:text="反选"
            android:textSize="24sp"/>
    </LinearLayout>
    <ListView
        android:id="@+id/list_view"
        android:layout_width="match_parent"
        android:layout_height="match_parent">
    </ListView>
</LinearLayout>
```

步骤 2　新建显示元素的实体类 Person，具体代码如下：

```
public class Person {
    private String name;//定义字符串
    private int imageId;//定义图片 ID
    private boolean isCheck;//定义复选框组件对象
    //构造方法初始化
    public Person(String name, int imageId) {
        this.name = name;
        this.imageId = imageId;
```

```
    }
    public String getName() {
        return name;
    }
    public void setName(String name) {
        this.name = name;
    }
    public int getImageId() {
        return imageId;
    }
    public void setImageId(int imageId) {
        this.imageId = imageId;
    }
    public boolean getIsCheck() {
        return isCheck;
    }
    public void setCheck(boolean check) {
        isCheck = check;
    }
}
```

步骤 3　实体类中元素显示的布局，具体代码如下：

```
<RelativeLayout xmlns:android="http://schemas.android.com/apk/res/android"
    android:layout_width="match_parent"
    android:layout_height="match_parent">
    <ImageView
        android:layout_marginLeft="10dp"
        android:id="@+id/person_image"
        android:layout_width="50dp"
        android:layout_height="50dp" />
    <TextView android:id="@+id/person_name"
        android:layout_marginLeft="10dp"
        android:textSize="20sp"
        android:layout_width="wrap_content"
        android:layout_height="wrap_content"
        android:layout_centerInParent="true"
        android:layout_toRightOf="@id/person_image"/>
    <CheckBox android:id="@+id/check_Box"
        android:layout_marginRight="10dp"
        android:layout_width="wrap_content"
        android:layout_height="wrap_content"
        android:layout_centerVertical="true"
        android:layout_alignParentRight="true"
        android:buttonTint="#8B8878"/>
</RelativeLayout>
```

步骤 4　新建一个适配器类并命名为 PersonAdapter，这里会使用 ViewHolder 类，这个类的作用是优化 ListView 中的视图显示。具体代码如下：

```
public class PersonAdapter extends BaseAdapter {
    private Context mContext;//设备上下文
    private List<Person> mList;//包含实体类的列表
    private ViewHolder mViewHolder;//视图缓冲
    //构造方法初始化
    public PersonAdapter(Context mContext, List<Person> mList) {
        this.mContext = mContext;
```

```
        this.mList = mList;
    }
    @Override
    public int getCount() {
        return mList.size();//返回列表的长度
    }
    @Override
    public Object getItem(int i) {
        return mList.get(i);//返回元素项
    }
    @Override
    public long getItemId(int i) {
        return i;//返回元素 ID
    }
    @Override
    public View getView(final int i, View view, ViewGroup viewGroup) {
        final Person person = mList.get(i);//获取到具体项
        if(view == null) {//如果视图不为空再进行创建
            //用 LayoutInflater 加载布局，传给布局对象 view
            //用 view 找到 3 个控件，存储在 ViewHolder 中，再把 ViewHolder 存储到 View 中
            //完成了把控件展示在 ListView 的步骤
            view = LayoutInflater.from(mContext).inflate(R.layout.item_layout,
                    viewGroup, false);
            mViewHolder = new ViewHolder();//初始化 ViewHolder 对象
            mViewHolder.checkBox = view.findViewById(R.id.check_Box);
            mViewHolder.personImage = view.findViewById(R.id.person_image);
            mViewHolder.personName = view.findViewById(R.id.person_name);
            view.setTag(mViewHolder);//将 ViewHolder 对象加入到 Tag 中
        }else {
            mViewHolder = (ViewHolder) view.getTag();
        }
        //为复选框设置改变监听事件
        mViewHolder.checkBox.setOnCheckedChangeListener
                (new CompoundButton.OnCheckedChangeListener() {
                    @Override
                    public void onCheckedChanged(CompoundButton compoundButton, boolean b) {
                        person.setCheck(b);//设置状态
                    }
                });
        //设置具体项的内容
        mViewHolder.personName.setText(person.getName());
        mViewHolder.personImage.setImageResource(person.getImageId());
        mViewHolder.checkBox.setChecked(person.getIsCheck());
        return view;//将设置好的视图进行返回
    }
    //holder 类
    class ViewHolder {
        ImageView personImage;
        TextView personName;
        CheckBox checkBox;
    }
}
```

步骤 5　主活动中的具体代码如下：

```
public class MainActivity extends AppCompatActivity {
    private List<Person> mPersonList = new ArrayList<>();//定义实物类的列表
    private ListView mListView;//列表视图
    private PersonAdapter mAdapter;//适配器
    @Override
    protected void onCreate(Bundle savedInstanceState) {
        super.onCreate(savedInstanceState);
        setContentView(R.layout.activity_main);
        initPerson();//初始化实体类
        mAdapter = new PersonAdapter(MainActivity.this, mPersonList);
        //构建适配器对象，完成 ListView 与数据之间的关联
        mListView = (ListView) findViewById(R.id.list_view);
   mListView.setAdapter(mAdapter);//设置适配器
        Button button1 = (Button) findViewById(R.id.selected_all);
        Button button2 = (Button) findViewById(R.id.unselected_all);
        Button button3 = (Button) findViewById(R.id.reverse_select);
        //为按钮设置监听事件
        button1.setOnClickListener(new View.OnClickListener() {
            public void onClick(View v) {
                selectAll(v);
            }
        });
        button2.setOnClickListener(new View.OnClickListener() {
            @Override
            public void onClick(View v) {
                unSelectAll(v);
            }
        });
        button3.setOnClickListener(new View.OnClickListener() {
            @Override
            public void onClick(View v) {
                reverseSelect(v);
            }
        });
    }
    //全选
    public void selectAll(View view){
        //遍历 list 的长度，将 MyAdapter 中的 map 值全部设为 true
        for(Person person : mPersonList){
            person.setCheck(true);
        }
        //刷新 listview 和 TextView 的显示
        mAdapter.notifyDataSetChanged();
    }
    //全不选
    public void unSelectAll(View view){
        for(Person person : mPersonList){
            person.setCheck(false);
        }
        mAdapter.notifyDataSetChanged();
    }
    //反选
    public void reverseSelect(View view) {
```

```
            for(Person person : mPersonList) {
                if (person.getIsCheck() == false) {
                    person.setCheck(true);
                } else {
                    person.setCheck(false);
                }
            }
            mAdapter.notifyDataSetChanged();
        }
        //初始化实体类
        private void initPerson() {
            //循环初始化一些模拟数据
            for(int i=0; i<5; i++) {
                Person tom = new Person("照相机", R.drawable.p1);
                mPersonList.add(tom);
                Person kate = new Person("时钟", R.drawable.p2);
                mPersonList.add(kate);
                Person ross = new Person("游戏", R.drawable.p3);
                mPersonList.add(ross);
            }
        }
    }
```

步骤 6　运行上述程序，单击“全选”按钮、“反选”按钮、“全不选”按钮，查看运行结果，如图 6-12 所示。

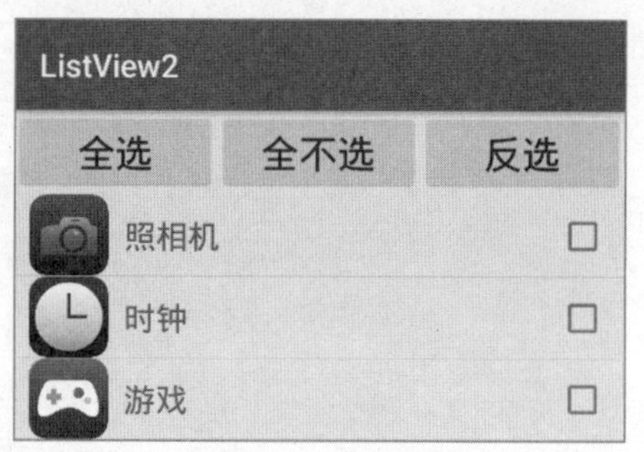

图 6-12　运行结果

6.3　就业面试技巧与解析

本章讲解了 Android 开发中的高级控件，高级控件操控更加复杂，也是面试中必考的一个项目，例如，通常面试官会问及适配器的选择和高级控件显示的优化。

6.3.1　面试技巧与解析（一）

面试官：要设计一个尽可能流畅的 ListView，平时你在工作中是如何进行优化的？

应聘者：

步骤 1　Item 布局层级越少越好，使用 hierarchyview 工具查看优化。

步骤 2　复用 convertView。

步骤 3　使用 ViewHolder。

步骤 4　Item 中有图片时，异步加载。

步骤 5　快速滑动时，不加载图片。

步骤 6　Item 中有图片时，应对图片进行适当压缩。

步骤 7　实现数据的分页加载。

6.3.2　面试技巧与解析（二）

面试官：使用 ListView 时常用的适配器有哪些，谈谈对这些适配器的理解。

应聘者：常用的适配器有 BaseAdapter、SimpleAdapter 和 ArrayAdatper。其中，ArrayAdatper 通常用于存放字符串数组，显示单一数据；SimpleAdapter 通常在显示图片字符串，混合数据时使用；BaseAdapter 大多数在自定义适配器时使用，显示更加复杂的数据。

第 7 章

活动组件

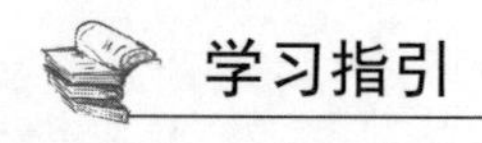

学习指引

活动组件（Activity）是一款应用组件，用户可与其提供的屏幕进行交互，以执行拨打电话、拍摄照片、发送电子邮件或查看地图等操作。每个 Activity 都会获得一个用于绘制用户界面的窗口。

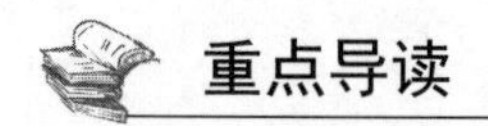

重点导读

- 了解活动组件的概述。
- 了解活动组件的 4 种模式。
- 熟悉单活动组件和多活动组件的生命周期。
- 掌握活动组件间的数据传递。

7.1　活动组件概述

活动组件是 Android 提供的四大组件之一，是进行 Android 开发不可或缺的组件。Activity 是一个界面的载体，可以把它与 html 页面进行类比，html 页面由各种各样的标签组成，而 Activity 则可以由各种控件组成。

一个应用程序通常由多个彼此松散联系的 Activity 组成。一般会指定应用中的某个 Activity 为“主”活动，即首次启动应用时呈现给用户的那个 Activity。而且每个 Activity 均可启动另一个 Activity，以便执行不同的操作。每次新 Activity 启动时，前一 Activity 便会停止，但系统会在堆栈（“返回栈”）中保留该 Activity。当新 Activity 启动时，系统会将其推送到返回栈上，并取得用户焦点。返回栈遵循基本的“后进先出”堆栈机制，因此，当用户完成当前 Activity 并单击“返回”按钮时，系统会从堆栈中将其弹出（并销毁），然后恢复前一 Activity。

当一个 Activity 因某个新 Activity 启动而停止时，系统会通过该 Activity 的生命周期回调方法通知其这一状态变化。Activity 因状态变化——系统是创建 Activity、停止 Activity、恢复 Activity 还是销毁 Activity——而收到的回调方法可能有若干种，每一种回调都会为您提供执行与该状态变化相应的特定操作的机会。例如，停止时，Activity 应释放任何大型对象，如网络或数据库连接；当 Activity 恢复时，可以重新获取所需资源，并恢复执行中断的操作。这些状态转变都是 Activity 生命周期的一部分。

7.2 创建与启动活动

既然研究活动，当然需要了解如何创建一个活动。创建活动可以分为两种方式，第一种方式通过向导创建活动，第二种方式手动创建活动。

7.2.1 向导创建活动

Android Studio 中提供了一种快速创建活动的方式，即使用向导创建活动。对于初学者来说，使用向导创建活动是非常方便的。

通过向导创建一个活动，具体操作步骤如下。

步骤 1 新建一个模块并命名为 Activity1，选中创建的模块，单击鼠标右键，在弹出的快捷菜单中选择 New→Activity→Empty Activity，如图 7-1 所示。

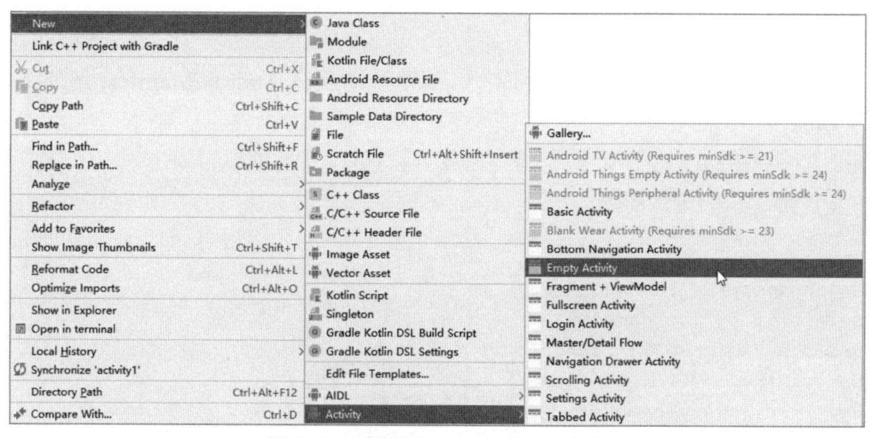

图 7-1 选择 Empty Activity 命令

步骤 2 在弹出的对话框中可以设置活动的名称及布局的名称，然后单击 Finish 按钮，如图 7-2 所示。

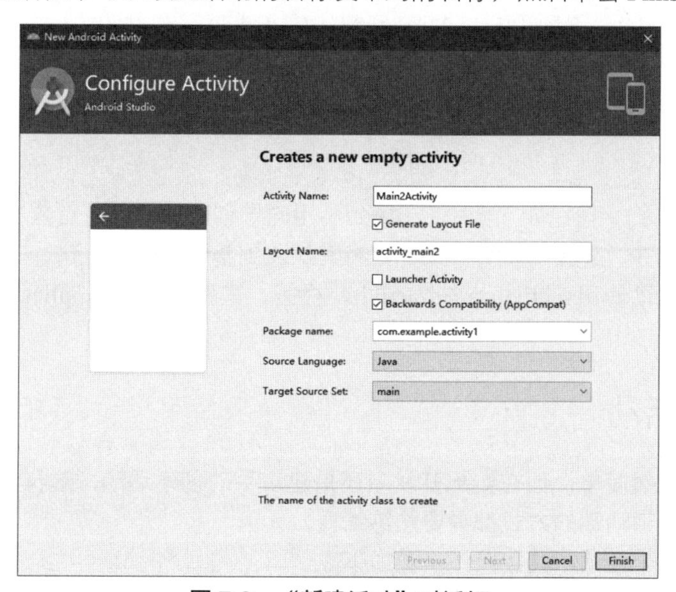

图 7-2 “新建活动”对话框

步骤 3　新建活动会创建一个布局文件，其具体代码如下：

```
<android.support.constraint.ConstraintLayoutxmlns:android="http://schemas.android.com/apk/res/android"
    xmlns:app="http://schemas.android.com/apk/res-auto"
    xmlns:tools="http://schemas.android.com/tools"
    android:layout_width="match_parent"
    android:layout_height="match_parent"
    tools:context=".Main2Activity">
    </android.support.constraint.ConstraintLayout>
```

步骤 4　新建活动的 Java 代码具体如下：

```
public class Main2Activity extends AppCompatActivity{
    @Override
    protected void onCreate(Bundle savedInstanceState){
        super.onCreate(savedInstanceState);
        setContentView(R.layout.activity_main2);
    }
}
```

步骤 5　除了创建布局文件与 Java 类文件以外，新建活动还在 AndroidManifest 清单文件中加入了相应的代码。具体代码如下：

```
<manifest xmlns:android="http://schemas.android.com/apk/res/android"
package="com.example.activity1">
<application
android:allowBackup="true"
android:icon="@mipmap/ic_launcher"
android:label="@string/app_name"
android:roundIcon="@mipmap/ic_launcher_round"
android:supportsRtl="true"
android:theme="@style/AppTheme">
<activity android:name=".MainActivity">
<intent-filter>
<action android:name="android.intent.action.MAIN"/>
<category android:name="android.intent.category.LAUNCHER"/>
</intent-filter>
</activity>
<activity android:name=".Main2Activity"></activity>
</application>
</manifest>
```

至此，通过向导创建了一个活动。同时，了解到利用向导创建活动时，首先需要创建一个 Java 类文件及一个用于显示的布局文件，其次修改清单文件，将其加入到整个工程中。

在清单文件中加入活动使用<activity>与</activity>标签，其位置应在<application>标签与</application>标签内。

7.2.2　手动创建活动

通过向导创建活动虽然简单，但在实际开发中还是建议手动创建活动，这样对于深入理解活动是非常有帮助的，因此这两种创建活动的方式都需要熟练掌握。

通过手动方式创建一个活动，具体操作步骤如下。

步骤 1　在节模块中继续修改，新建一个 Java 类并命名为 NewActivity。

步骤 2 修改新建的 Java 类，让其继承自 AppCompatActivity。

步骤 3 重写 onCreate()方法，在类中重写方法可以使用按快捷键 Ctrl+O，在弹出的对话框中输入或找到相应的方法，如图 7-3 所示。

步骤 4 新建布局文件，选中工程中的 Layout 文件夹，右击，在弹出的快捷菜单中依次选择 New→XML→Layout XML File，如图 7-4 所示。

图 7-3 重写父类方法

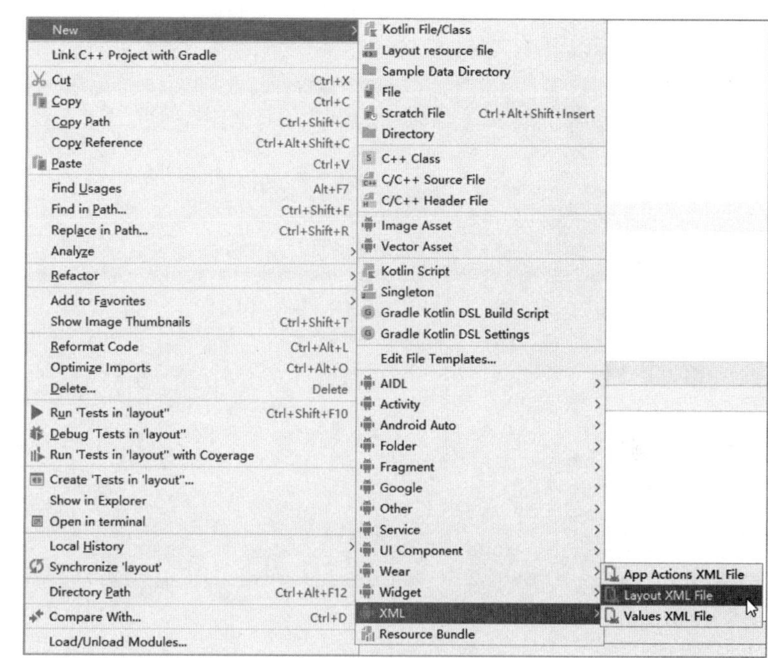

图 7-4 创建布局文件

步骤 5 在弹出的对话框中输入新建布局的名称，如图 7-5 所示，然后单击 Finish 按钮。

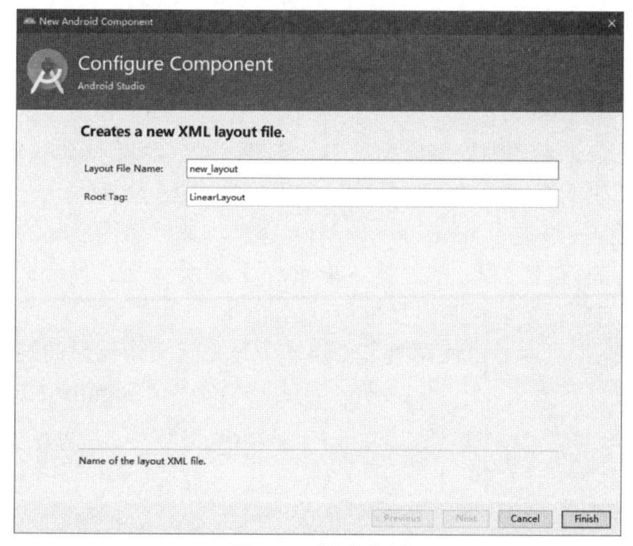

图 7-5 新建布局

注意：创建布局文件时输入的布局名称必须为小写，否则会报错。

步骤 6 修改 Java 类中的代码，加入布局显示。具体代码如下：

```
public class NewActivtiy extends AppCompatActivity{
    @Override
    protected void onCreate(@NullableBundle savedInstanceState){
        super.onCreate(savedInstanceState);
        setContentView(R.layout.new_layout);//这里设置布局界面
    }
}
```

步骤 7　修改清单文件，加入手动创建的布局代码。具体代码如下：

```
<manifestxmlns:android="http://schemas.android.com/apk/res/android"
package="com.example.activity1">
<application
android:allowBackup="true"
android:icon="@mipmap/ic_launcher"
android:label="@string/app_name"
android:roundIcon="@mipmap/ic_launcher_round"
android:supportsRtl="true"
android:theme="@style/AppTheme">
<activityandroid:name=".MainActivity">
<intent-filter>
<actionandroid:name="android.intent.action.MAIN"/>
<categoryandroid:name="android.intent.category.LAUNCHER"/>
</intent-filter>
</activity>
<activityandroid:name=".Main2Activity"></activity>
<activityandroid:name=".NewActivtiy"></activity>
</application>
</manifest>
```

至此，通过手动创建了一个活动。通过整个创建的过程可以了解到：一个活动本质上是关联了布局文件的 Java 类，并且在清单文件中给予体现即可；另外主活动与新建活动是有区别的，主活动中多了<intent-filter>标记。

7.2.3 启动活动

创建完活动后，应如何启动活动呢？默认情况下，创建一个工程后都会有一个主活动，当应用启动后主活动也随之启动，但是新建的其他活动则需要通过调用的方式进行启动。

启动活动非常简单，可以通过调用 startActivity()，并将其传递给您想启动的 Activity 的 Intent 来启动另一个 Activity。Intent 对象会指定您想启动的具体 Activity（系统会为您选择合适的 Activity，甚至是来自其他应用的 Activity）。Intent 对象还可能携带少量供启动 Activity 使用的数据。

如果是自己应用中的活动，可以通过使用类名创建一个显式定义想要启动的 Activity 的 Intent 对象来实现此目的。例如，可以通过以下代码让一个 Activity 启动另一个名为 SignInActivity 的 Activity。

```
Intent intent=new Intent(this,SignInActivity.class);
startActivity(intent);
```

通过实例演示如何启动活动，具体操作步骤如下。

步骤 1　在主活动布局中设置按钮，以实现通过单击按钮启动新建活动。

步骤 2　新建活动，在新建活动布局中设置文本框用于区分主活动。布局的具体代码如下：

```
<LinearLayout xmlns:android="http://schemas.android.com/apk/res/android"
```

```
    xmlns:tools="http://schemas.android.com/tools"
    android:layout_width="match_parent"
    android:layout_height="match_parent"
    tools:context=".Main2Activity">
    <TextView
        android:layout_width="wrap_content"
        android:layout_height="wrap_content"
        android:layout_marginTop="20dp"
        android:layout_marginLeft="20dp"
        android:text="新启动的活动"/>
</LinearLayout>
```

步骤 3　在主活动中调用启动活动方法，具体代码如下：

```
public class MainActivity extends AppCompatActivity {
    @Override
    protected void onCreate(Bundle savedInstanceState) {
        super.onCreate(savedInstanceState);
        setContentView(R.layout.activity_main);
        Button btn = findViewById(R.id.btn);//新建按钮对象并实例化
        //设置按钮的监听事件
        btn.setOnClickListener(new View.OnClickListener() {
            @Override
            public void onClick(View v) {
                //创建意图对象并实例化
                Intent intent = new Intent(MainActivity.this,Main2Activity.class);
                startActivity(intent);//调用启动活动方法，将意图传入
            }
        });
    }
}
```

步骤 4　运行上述程序，单击“启动新活动”按钮，查看运行结果，如图 7-6 所示。

StartActivity　启动新活动　StartActivity　新启动的活动

图 7-6　运行结果

7.2.4　活动的 4 种启动模式

活动启动时有以下 4 种模式，研究活动的这 4 种模式对程序的优化是非常有帮助的。

- standard（默认）。
- singleTop。
- singleTask。
- singleInstance。

1. standard 模式

Android 是使用返回栈来管理活动的。在 standard 模式下，每当启动一个新的活动，该活动就会在返回

栈中入栈，并处于栈顶的位置。对于使用 standard 模式的活动，系统不会在乎这个活动是否已经在返回栈中存在，而是每次启动活动都会创建一个该活动的新实例。

通过一个实例演示如何使用 standard 模式，具体操作步骤如下。

新建一个模块并命名为 standard，在布局中设置一个按钮，主活动中的具体代码如下：

```
@Override
protected void onCreate(Bundle savedInstanceState) {
        super.onCreate(savedInstanceState);
        Log.d("Data", this.toString());
        setContentView(R.layout.activity_main);
        Button btn = (Button) findViewById(R.id.btn);
        button.setOnClickListener(new OnClickListener() {
           @Override
           public void onClick(View v) {
               Intent intent = new Intent(MainActivity.this, MainActivity.class);
               startActivity(intent);
           }
        });
    }
```

连续单击按钮，查看日志信息，如图 7-7 所示。

```
12-30 23:16:21.625 4377-4377/com.example.standard I/Standard: com.example.standard.MainActivity$1@16ca306e
12-30 23:16:22.366 4377-4377/com.example.standard I/Standard: com.example.standard.MainActivity$1@3933cdf7
12-30 23:16:25.149 4377-4377/com.example.standard I/Standard: com.example.standard.MainActivity$1@267287df
12-30 23:16:25.654 4377-4377/com.example.standard I/Standard: com.example.standard.MainActivity$1@73720c7
```

图 7-7　活动创建的日志

从以上日志信息中可以看出，每单击一次按钮，Activity 就会创建出一个新的 MainActivity 实例，此时在栈中也会存在 3 个 MainActivity 实例，所以如果要退出程序，需要连续单击 3 次 Back 键。Standard 模式的运行原理示意图如图 7-8 所示。

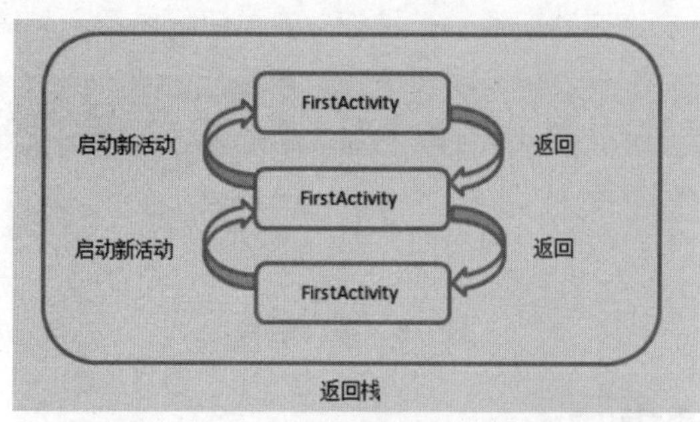

图 7-8　standard 模式的运行原理示意图

2. singleTop 模式

当活动的启动模式指定为 singleTop 后，在启动活动时，如果系统发现返回栈的栈顶已经有该活动，则认为可以直接使用它，不会再创建新的活动实例。

通过一个实例演示如何使用 singleTop 模式，具体操作步骤如下。

步骤 1　新建模块并命名为 singleTop，改变启动模式需要通过修改清单文件来实现。具体代码如下：

```
<manifest xmlns:android="http://schemas.android.com/apk/res/android"
   package="com.example.singletop">
   <application
      android:allowBackup="true"
```

```
        android:icon="@mipmap/ic_launcher"
        android:label="@string/app_name"
        android:roundIcon="@mipmap/ic_launcher_round"
        android:supportsRtl="true"
        android:theme="@style/AppTheme">
        <activity android:name=".MainActivity"
            android:launchMode="singleTop">
            <intent-filter>
                <action android:name="android.intent.action.MAIN" />
                <category android:name="android.intent.category.LAUNCHER" />
            </intent-filter>
        </activity>
    </application>
</manifest>
```

步骤 2　设置主活动启动新活动，具体代码如下：

```
public class MainActivity extends AppCompatActivity {
    @Override
    protected void onCreate(Bundle savedInstanceState) {
        super.onCreate(savedInstanceState);
        //控制台打印本页面的存标识
        Log.d("日志信息 1",this.toString());
        setContentView(R.layout.activity_main);
        Button btn = findViewById(R.id.btn1);
        btn.setOnClickListener(new View.OnClickListener() {
            @Override
            public void onClick(View v) {
                //启动另一个活动页面
                Intent intent = new Intent(MainActivity.this,Main2Activity.class);
                startActivity(intent);//启动活动
            }
        });
    }
}
```

步骤 3　设置新活动重新启动主活动，具体代码如下：

```
public class Main2Activity extends AppCompatActivity {
    @Override
    protected void onCreate(Bundle savedInstanceState) {
        super.onCreate(savedInstanceState);
        setContentView(R.layout.activity_main2);
        Log.d("日志信息 2",this.toString());
        Button btn = findViewById(R.id.btn2);
        btn.setOnClickListener(new View.OnClickListener() {
            @Override
            public void onClick(View v) {
                //启动主活动页面
                Intent intent = new Intent(Main2Activity.this,MainActivity.class);
                startActivity(intent);//启动活动
            }
        });
    }
}
```

步骤 4　查看运行日志，如图 7-9 所示。

```
12-31 00:03:27.552 5409-5409/? D/日志信息1: com.example.singletop.MainActivity@36971ad3
12-31 00:03:29.913 5409-5409/com.example.singletop D/日志信息2: com.example.singletop.Main2Activity@f881f9c
12-31 00:03:33.172 5409-5409/com.example.singletop D/日志信息1: com.example.singletop.MainActivity@3933cdf7
```

图 7-9 singleTop 日志信息

从以上日志信息可以看出，创建了两个主活动实例，因为在主活动跳转到新活动时，位于栈顶的是新活动，所以会再创建一个新的主活动实例，当用户按 Back 键 3 次时才退出程序。singleTop 模式的运行原理示意图如图 7-10 所示。

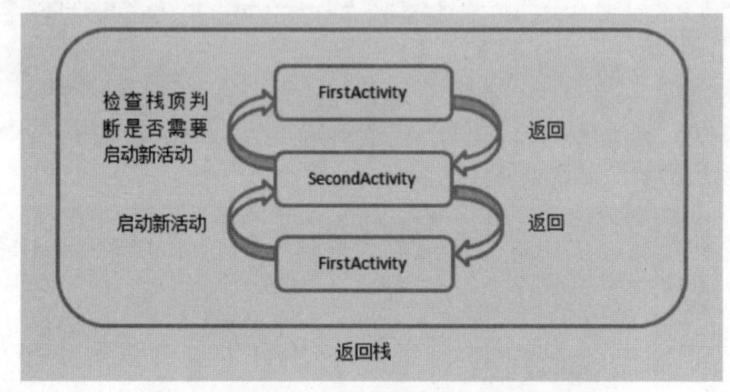

图 7-10 singleTop 模式的运行原理示意图

3. singleTask 模式

开发者使用 singleTask 模式可以解决 singleTop 模式重复创建栈顶活动实例的问题。该模式的特点是：当每次用户启动一个活动时，系统先检查返回栈中是否存在该活动，如果不存在，就创建一个新的实例；如果存在，则位于该活动顶部的活动全部出栈，以使该活动处于栈顶。

通过一个实例演示如何使用 singleTask 模式，具体操作步骤如下。

步骤 1 新建模块并命名为 singleTask，修改启动模式，在清单文件的<activity></activity>标签中加入如下代码。

```
android:launchMode="singleTask"
```

步骤 2 在主活动中重写 onRestart()方法，具体代码如下：

```
public class MainActivity extends AppCompatActivity {
    @Override
    protected void onCreate(Bundle savedInstanceState) {
        super.onCreate(savedInstanceState);
        setContentView(R.layout.activity_main);
        Button btn = findViewById(R.id.btn1);
        btn.setOnClickListener(new View.OnClickListener() {
            @Override
            public void onClick(View v) {
                //启动另一个活动页面
                Intent intent = new Intent(MainActivity.this,Main2Activity.class);
                startActivity(intent);//启动活动
            }
        });
    }
    @Override//页面重启时调用该方法
    protected void onRestart() {
        Log.d("日志信息 1", "主活动页面重启");
```

```
        super.onRestart();
    }
}
```

步骤 3 在新活动中重写 onDestroy()方法，具体代码如下：

```
public class Main2Activity extends AppCompatActivity {
    @Override
    protected void onCreate(Bundle savedInstanceState) {
        super.onCreate(savedInstanceState);
        setContentView(R.layout.activity_main2);
        Button btn = findViewById(R.id.btn2);
        btn.setOnClickListener(new View.OnClickListener() {
            @Override
            public void onClick(View v) {
                //启动主活动页面
                Intent intent = new Intent(Main2Activity.this,MainActivity.class);
                startActivity(intent);//启动活动
            }
        });
    }
    @Override//页面销毁时调用该方法
    protected void onDestroy() {
        Log.d("日志信息 2", "新活动页面销毁");
        super.onDestroy();
    }
}
```

步骤 4 运行上述程序，查看日志信息，如图 7-11 所示。

```
12-31 00:25:13.464 5984-5984/com.example.singletask D/日志信息1: 主活动页面重启
12-31 00:25:14.008 5984-5984/com.example.singletask D/日志信息2: 新活动页面销毁
12-31 00:25:16.581 5984-5984/com.example.singletask D/日志信息1: 主活动页面重启
12-31 00:25:17.190 5984-5984/com.example.singletask D/日志信息2: 新活动页面销毁
```

图 7-11 singleTask 模式日志信息

在新活动中启动主活动时，会发现返回栈中已经存在一个主活动的实例，并且是在新活动的下面，于是新活动会从返回栈中出栈，而主活动会重新成为栈顶活动，因此主活动的 onRestart()方法和新活动的 onDestroy()方法会得到执行。当返回栈中只剩下一个主活动实例时，按 Back 键就可以退出程序。

singleTask 模式的运行原理示意图如图 7-12 所示。

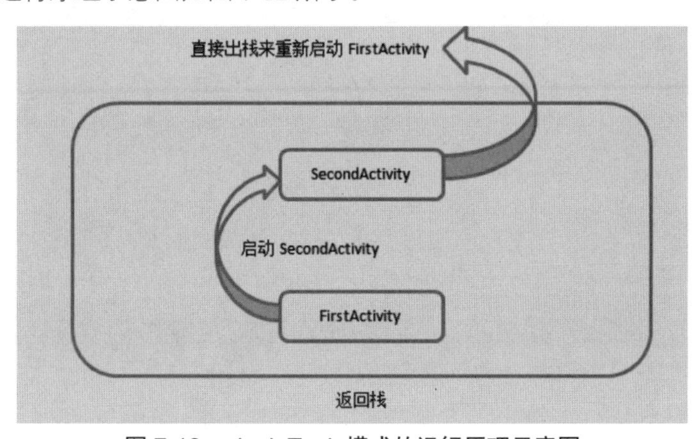

图 7-12 singleTask 模式的运行原理示意图

4. singleInstance 模式

指定为 singleInstance 模式的活动会启用一个新的返回栈来管理这个活动，不管是哪个应用程序来访问这个活动，都共用同一个返回栈，解决了共享活动实例的问题。

通过一个实例演示如何使用 singleInstance 模式，具体操作步骤如下。

步骤 1　新建一个模块并命名为 singleInstance，新建一个活动，修改活动启动模式。具体代码如下：

```
android:launchMode="singleInstance"
```

步骤 2　在第二个活动中重写 onRestart()方法，具体代码如下：

```
public class Main2Activity extends AppCompatActivity {
    @Override
    protected void onCreate(Bundle savedInstanceState) {
        super.onCreate(savedInstanceState);
        setContentView(R.layout.activity_main2);
        Log.d("日志信息 2", "新活动的任务 ID: "+getTaskId());
        Button btn = findViewById(R.id.btn2);
        btn.setOnClickListener(new View.OnClickListener() {
            @Override
            public void onClick(View v) {
                //启动第三个活动页面
                Intent intent = new Intent(Main2Activity.this,Main3Activity.class);
                startActivity(intent);//启动活动
            }
        });
    }
    @Override
    protected void onRestart() {
        super.onRestart();
        Log.d("日志信息 2", "第二个活动的任务 ID: "+getTaskId());
    }
}
```

步骤 3　新建第三个活动，活动中的具体代码如下：

```
public class Main3Activity extends AppCompatActivity {
    Intent intent;//定义意图对象
    @Override
    protected void onCreate(Bundle savedInstanceState) {
        super.onCreate(savedInstanceState);
        setContentView(R.layout.activity_main3);
        Log.d("日志信息 3", "第三个活动的任务 ID: "+getTaskId());
        Button btn1 = findViewById(R.id.btn1);
        Button btn2 = findViewById(R.id.btn2);
        btn1.setOnClickListener(new View.OnClickListener() {
            @Override
            public void onClick(View v) {
                //初始化 intent 对象传入主活动类
                intent = new Intent(Main3Activity.this,MainActivity.class);
                startActivity(intent);//启动主活动
            }
        });
```

```
        btn2.setOnClickListener(new View.OnClickListener() {
            @Override
            public void onClick(View v) {
                //传入第二个活动类
                intent = new Intent(Main3Activity.this,Main2Activity.class);
                startActivity(intent);
            }
        });
    }
}
```

步骤 4　运行上述程序，切换不同活动，查看日志信息，如图 7-13 所示。

```
12-31 01:41:50.567 8168-8168/? D/日志信息1: 主活动任务ID:  89
12-31 01:41:54.806 8168-8168/com.example.singleinstance D/日志信息2: 新活动的任务ID:  90
12-31 01:42:01.149 8168-8168/com.example.singleinstance D/日志信息3: 第三个活动的任务ID:  89
12-31 01:42:06.066 8168-8168/com.example.singleinstance D/日志信息2: 第二个活动的任务ID:  90
12-31 01:42:10.307 8168-8168/com.example.singleinstance D/日志信息3: 第三个活动的任务ID:  89
12-31 01:42:12.711 8168-8168/com.example.singleinstance D/日志信息1: 主活动任务ID:  89
```

图 7-13　singleInstance 模式日志信息

通过以上日志信息可以看出，活动二的任务 ID 与其他两个的任务 ID 不同，这说明活动二存储在一个单独的返回栈中，这个栈中只有活动二。

singleInstance 模式的运行原理示意图如图 7-14 所示。

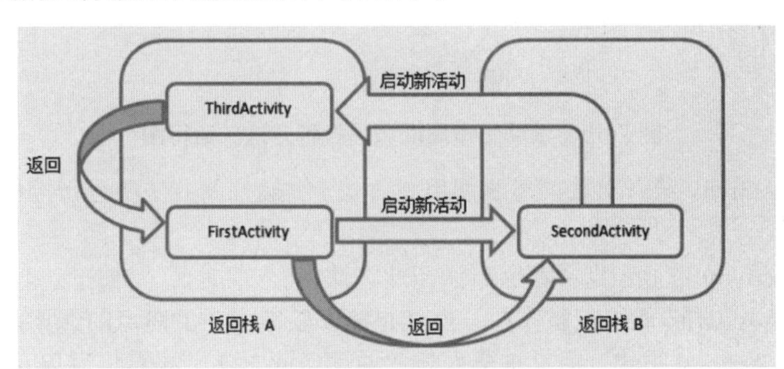

图 7-14　singleInstance 模式的运行原理示意图

7.3　活动生命周期

研究活动生命周期是非常有必要的。了解活动生命周期对于开发特殊功能的应用很有帮助，在不同周期下可以实现特定的功能。针对于活动生命周期，又可以分为单活动生命周期和多活动生命周期两种。

7.3.1　单活动生命周期

单活动生命周期是研究活动生命周期的基础，多活动生命周期是从单活动演变过来的。Android 提供了一个单活动生命周期调用各种方法的运行图，如图 7-15 所示。

Activity 生命周期中各种调用方法的作用如下。

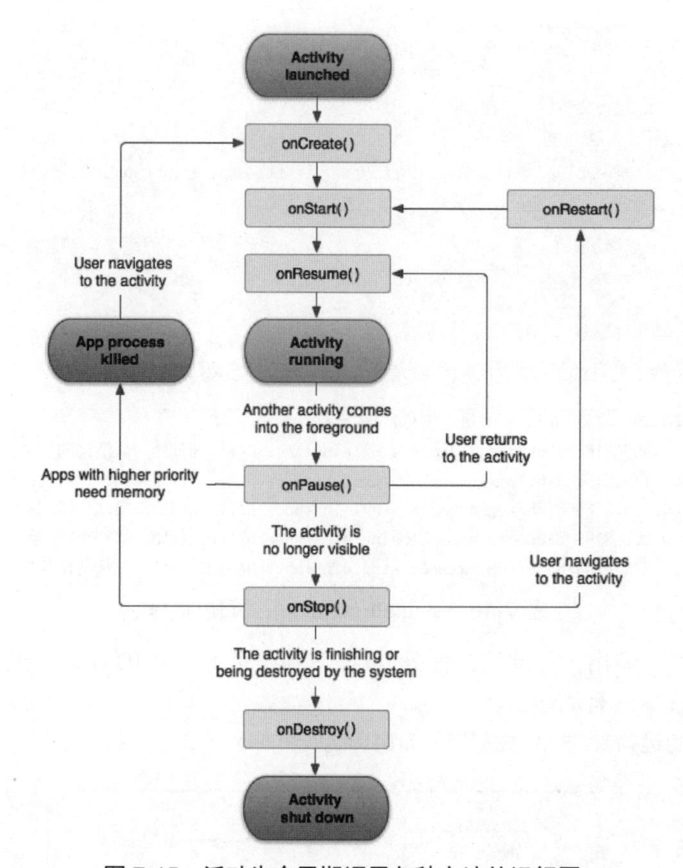

图 7-15　活动生命周期调用各种方法的运行图

- onCreate()：当 Activity 第一次被创建时调用此方法，一般在此方法中进行控件的声明及添加事件等初始化工作。
- onStart()：当 Activity 被显示到屏幕上时调用此方法。
- onResume()：当 Activity 能够被操作前，也就是能够获得用户的焦点前调用此方法。
- onRestart()：当 Activity 被停止后又被再次启动前调用此方法，接着将调用 onStart()方法。
- onPause()：当第一个 Activity 通过 Intent 启动第二个 Activity 的时候，将调用第一个 Activity 的 onPause()方法，然后调用第二个 Activity 的 onCreate()、onStart()、onResume()方法，接着调用第一个 Activity 的 onStop()方法。如果 Activity 重新获得焦点，则调用 onResume()方法；如果 Activity 进入用户不可见状态，那么调用 onStop()方法。
- onStop()：当第一个 Activity 被第二个 Activity 完全覆盖，或者被销毁时会调用此方法。如果此 Activity 还会与用户进行交互，将调用 onRestart()方法；如果此 Activity 被销毁，那么调用 onDestroy()方法。
- onDestroy()：Activity 被销毁前调用此方法，或者是调用 finish()方法结束 Activity 时调用此方法。在此方法中可以进行收尾工作，如释放资源等。

注意：重写某个 Activity 的这些回调方法时，需要先在第一行调用基类 Activity 相应的回调方法，如 super.onCreate()、super.onStart()等。

通过一个实例演示如何探测单活动生命周期，具体操作步骤如下。

步骤 1　新建活动并命名为 TestActivity，主活动中的具体代码如下：

```
public class MainActivity extends AppCompatActivity {
```

```
    String tag = "日志信息";
    @Override//活动创建时调用的方法
    protected void onCreate(Bundle savedInstanceState) {
        super.onCreate(savedInstanceState);
        setContentView(R.layout.activity_main);
        Log.i(tag,"MainActivity onCreate()");
    }
    @Override//活动启动时调用的方法
    protected void onStart() {
        super.onStart();
        Log.i(tag,"MainActivity onStart()");
    }
    @Override//获得用户焦点
    protected void onResume() {
        super.onResume();
        Log.i(tag,"MainActivity onResume()");
    }
    @Override//活动暂停时调用的方法
    protected void onPause() {
        super.onPause();
        Log.i(tag, "MainActivity onPause()");
    }
    @Override//活动停止时调用的方法
    protected void onStop() {
        super.onStop();
        Log.i(tag, "MainActivity onStop()");
    }
    @Override//活动销毁时调用的方法
    protected void onDestroy() {
        super.onDestroy();
        Log.i(tag,"MainActivity onDestroy()");
    }
    @Override//活动重启时调用的方法
    protected void onRestart() {
        super.onRestart();
        Log.i(tag,"MainActivity onRestart()");
    }
}
```

步骤 2 运行上述程序后，查看日志信息，如图 7-16 所示。

```
12-31 02:03:22.222 8568-8568/? I/日志信息: MainActivity onCreate()
12-31 02:03:22.224 8568-8568/? I/日志信息: MainActivity onStart()
12-31 02:03:22.224 8568-8568/? I/日志信息: MainActivity onResume()
```

图 7-16 查看日志信息

步骤 3 单击模拟器中的 home 键返回桌面，再查看日志信息，如图 7-17 所示。

```
12-31 02:07:06.139 8568-8568/com.example.testactivity I/日志信息: MainActivity onPause()
12-31 02:07:06.618 8568-8568/com.example.testactivity I/日志信息: MainActivity onStop()
```

图 7-17 程序被中断—日志信息

步骤 4 从任务栏再次打开程序，查看日志信息，如图 7-18 所示。

```
12-31 02:08:06.707 8568-8568/com.example.testactivity I/日志信息: MainActivity onRestart()
12-31 02:08:06.707 8568-8568/com.example.testactivity I/日志信息: MainActivity onStart()
12-31 02:08:06.708 8568-8568/com.example.testactivity I/日志信息: MainActivity onResume()
```

图 7-18 再次被执行—日志信息

步骤 5 单击模拟器中的返回键退出应用程序，查看日志信息，如图 7-19 所示。

```
12-31 02:09:28.198 8568-8568/com.example.testactivity I/日志信息: MainActivity onPause()
12-31 02:09:28.631 8568-8568/com.example.testactivity I/日志信息: MainActivity onStop()
12-31 02:09:28.631 8568-8568/com.example.testactivity I/日志信息: MainActivity onDestroy()
```

图 7-19 退出应用程序—日志信息

通过分析以上日志信息，可以看出当程序启动后先调用 onCreate()、onStart()、onResume() 3 个方法，这时程序可见、可操作。当程序突然被中断后调用 onPause()、onStop()方法，此时程序不可见、不可操作，被暂停。再次打开程序会调用 onRestart()、onStart()、onResume()方法，此时程序重新可见、可操作，与初次启动不同的是，由于程序已经被创建，因此不用再调用 onCreate()方法。当退出程序时调用 onPause()、onStop()、onDestroy()方法，此时程序被完全销毁。

7.3.2 多活动生命周期

在实际开发中很少有单活动的应用，大多数是一个应用中拥有多个活动页面，它们相互调用实现页面的跳转，因此研究多活动生命周期是非常有必要的。

通过一个实例演示如何探测多活动生命周期，具体操作步骤如下。

步骤 1 新建模块并命名为 TestActivity2，主活动中的具体代码如下：

```
public class MainActivity extends AppCompatActivity {
    String TAG = "主活动日志信息";
    @Override
    protected void onCreate(Bundle savedInstanceState) {
        super.onCreate(savedInstanceState);
        setContentView(R.layout.activity_main);
        Log.i(TAG,"AActivity onCreate()");
        Button btn = findViewById(R.id.btn);
        btn.setOnClickListener(new View.OnClickListener() {
            @Override
            public void onClick(View v) {
                Intent intent = new Intent(MainActivity.this,Main2Activity.class);
                startActivity(intent);
            }
        });
    }
    @Override
    protected void onStart() {
        super.onStart();
        Log.i(TAG,"AActivity onStart()");
    }
    @Override
    protected void onResume() {
        super.onResume();
        Log.i(TAG,"AActivity onResume()");
    }
```

```
    @Override
    protected void onPause() {
        super.onPause();
        Log.i(TAG, "AActivity onPause()");
    }
    @Override
    protected void onStop() {
        super.onStop();
        Log.i(TAG, "AActivity onStop()");
    }
    @Override
    protected void onDestroy() {
        super.onDestroy();
        Log.i(TAG,"AActivity onDestroy()");
    }
    @Override
    protected void onRestart() {
        super.onRestart();
        Log.i(TAG,"AActivity onRestart()");
    }
}
```

步骤 2　新建活动，修改活动中的代码。具体代码如下：

```
public class Main2Activity extends AppCompatActivity {
    String TAG = "新活动日志信息";
    @Override
    protected void onCreate(Bundle savedInstanceState) {
        super.onCreate(savedInstanceState);
        setContentView(R.layout.activity_main2);
    }
    @Override
    protected void onStart() {
        super.onStart();
        Log.i(TAG,"BActivity onStart()");
    }
    @Override
    protected void onResume() {
        super.onResume();
        Log.i(TAG,"BActivity onResume()");
    }
    @Override
    protected void onPause() {
        super.onPause();
        Log.i(TAG, "BActivity onPause()");
    }
    @Override
    protected void onStop() {
        super.onStop();
        Log.i(TAG, "BActivity onStop()");
    }
    @Override
    protected void onDestroy() {
        super.onDestroy();
        Log.i(TAG,"BActivity onDestroy()");
    }
```

```
    @Override
    protected void onRestart() {
        super.onRestart();
        Log.i(TAG,"BActivity onRestart()");
    }
}
```

步骤 3　运行上述程序后启动新活动，查看日志信息，如图 7-20 所示。

```
12-31 02:37:24.553 9171-9171/com.example.testactivity2 I/主活动日志信息: AActivity onCreate()
12-31 02:37:24.555 9171-9171/com.example.testactivity2 I/主活动日志信息: AActivity onStart()
12-31 02:37:24.555 9171-9171/com.example.testactivity2 I/主活动日志信息: AActivity onResume()
12-31 02:37:31.847 9171-9171/com.example.testactivity2 I/主活动日志信息: AActivity onPause()
12-31 02:37:31.908 9171-9171/com.example.testactivity2 I/新活动日志信息: BActivity onCreate()
12-31 02:37:31.910 9171-9171/com.example.testactivity2 I/新活动日志信息: BActivity onStart()
12-31 02:37:31.910 9171-9171/com.example.testactivity2 I/新活动日志信息: BActivity onResume()
12-31 02:37:32.637 9171-9171/com.example.testactivity2 I/主活动日志信息: AActivity onStop()
```

图 7-20　启动新活动—日志信息

步骤 4　单击模拟器中的返回键，查看日志信息，如图 7-21 所示。

```
12-31 02:40:13.774 9286-9286/com.example.testactivity2 I/新活动日志信息: BActivity onPause()
12-31 02:40:13.777 9286-9286/com.example.testactivity2 I/主活动日志信息: AActivity onRestart()
12-31 02:40:13.778 9286-9286/com.example.testactivity2 I/主活动日志信息: AActivity onStart()
12-31 02:40:13.778 9286-9286/com.example.testactivity2 I/主活动日志信息: AActivity onResume()
12-31 02:40:14.197 9286-9286/com.example.testactivity2 I/新活动日志信息: BActivity onStop()
12-31 02:40:14.197 9286-9286/com.example.testactivity2 I/新活动日志信息: BActivity onDestroy()
```

图 7-21　返回主活动——日志信息

通过分析以上日志信息可以看出，当启动第二个 Activity 时，总是先调用第一个 Activity 的 onPause()方法，如果第二个 Activity 是第一次创建的，则再调用第二个 Activity 的 onCreate()方法，否则调用第二个 Activity 的 onRestart()方法，接着调用 onStart()、onResume()方法。

Activity 生命周期交互设计思想具体如下。

① 当从第一个 Activity 启动第二个 Activity 的时候，为什么先调用第一个 Activity 的 onPause()方法，再调用第二个 Activity 的 onCreate()等方法？考虑有这样一个情况：用户正在使用 App 打游戏，有一个电话接入，那么当然需要先暂停游戏，然后进行电话的处理。所以这就是 onPause()方法的作用，它可以用来保存当前的各种信息。可以在这个 App 的 onPause()方法中实现暂停游戏的逻辑，然后进行电话的业务处理。

② 当从第一个 Activity 启动第二个 Activity 的时候，为什么第一个 Activity 的 onStop()方法是调用完第二个 Activity 的系列方法后才调用呢？不在第一个 Activity 的 onPause()方法后就调用，这是谷歌对安全方面的一个考虑。假如先调用第一个 Activity 的 onStop()方法，那么此时第一个 Activity 将不可见，如果接下来调用第二个 Activity 的一系列创建方法失败了，那么就会导致这两个 Activity 都没显示在屏幕上，就会出现黑屏等不友好界面。如果是调用完第二个 Activity 的一系列创建方法后再调用第一个 Activity 的 onStop()方法，就会避免上述这种情况的出现。

7.4　活动间的通信

活动间的数据通信有很多方式，鉴于刚刚学完活动，因此这里只讨论现阶段可掌握的几种方式。由于实际开发中单活动程序很少，因此了解多个活动间如何传递数据变得尤为重要。

7.4.1 使用 Intent 传递数据

Intent 是 Android 四大组件（Activity、Service、BroadcastReceiver、ContentProvider）间通信的纽带，在 Intent 中携带数据也是四大组件间数据通信最常用、最普通的方式。

Intent 传递数据又分为两种方式：一种是从 A 活动启动 B 活动同时将数据由 A 传递给 B；另一种是从 A 活动启动 B 活动，当结束 B 活动时将数据由 B 传递给 A。Intent 具体传递数据的过程如图 7-22 所示。

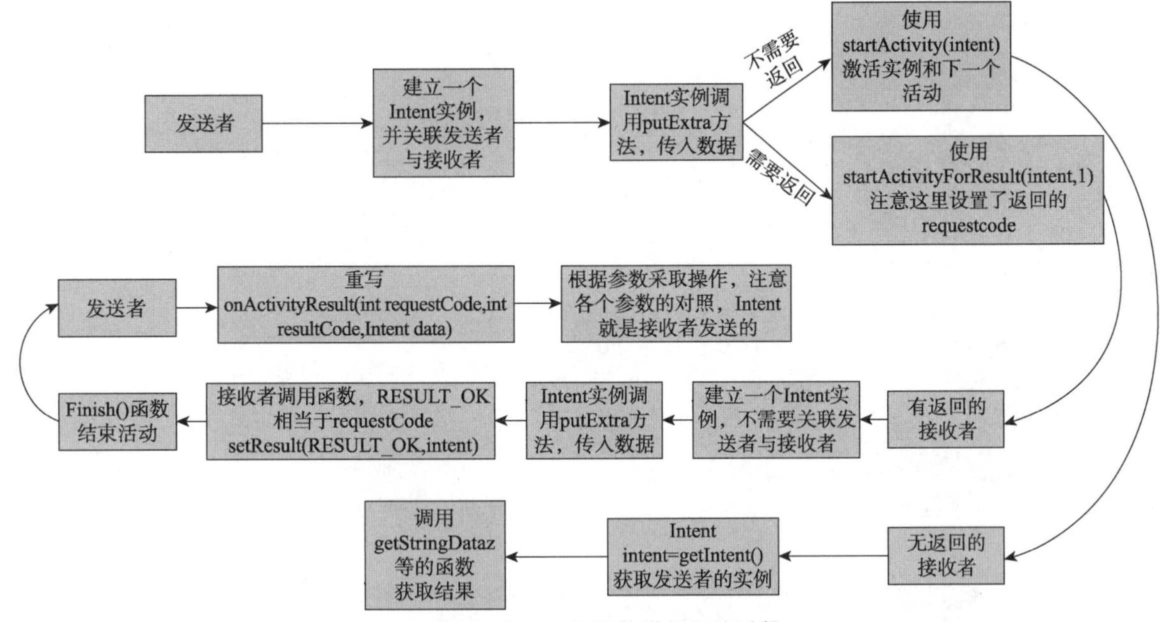

图 7-22　Intent 具体传递数据的过程

在讲解传递数据前，需要先了解一个 Bundle 对象。Bundle 主要用于传递数据，它保存的数据是以 key-value（键值对）形式存在的。通常使用 Bundle 在 Activity 间传递的数据可以是 boolean、byte、int、long、float、double、string 等基本类型的或是它们对应的数组，也可以是对象或对象数组。当 Bundle 传递的是对象或对象数组时，必须实现 Serializable 接口或 Parcelable 接口。

注意：在使用 Bundle 传递数据时，数据必须小于 0.5MB，如果大于这个值会报出 TransactionTooLargeException 异常的。

通过一个实例演示第一种 Intent 传递数据方法，具体操作步骤如下。

步骤 1　新建活动并命名为 PutActivity，主活动中的具体代码如下：

```
public class MainActivity extends AppCompatActivity {
    Bundle bundle = new Bundle();//创建 bundle 对象
    @Override
    protected void onCreate(Bundle savedInstanceState) {
        super.onCreate(savedInstanceState);
        setContentView(R.layout.activity_main);
        Button btn = findViewById(R.id.btn);
        btn.setOnClickListener(new View.OnClickListener() {
            @Override
            public void onClick(View v) {
```

```
                bundle.putString("key1","小明");     //使用 bandle 对象携带压入字符串数据
                bundle.putInt("key2",18);            //使用 bandle 对象携带压入整型数据
                Intent intent = new Intent(MainActivity.this,Main2Activity.class);
                intent.putExtras(bundle);            //使用 Intetnt 携带 bundle 对象
                startActivity(intent);               //启动活动
            }
        });
    }
}
```

步骤 2　新活动中用于接收数据的具体代码如下：

```
public class Main2Activity extends AppCompatActivity {
   Intent intent;//定义 intent 对象
    @Override
    protected void onCreate(Bundle savedInstanceState) {
        super.onCreate(savedInstanceState);
        setContentView(R.layout.activity_main2);
        TextView tv1 = findViewById(R.id.tv1);
        TextView tv2 = findViewById(R.id.tv2);
        intent = getIntent();//获取 intent 对象
        //通过 intent 对象获取数据
        String name = intent.getStringExtra("key1");
        int age = intent.getIntExtra("key2",0);
        tv1.setText("用户名为: "+name);//显示数据
        tv1.setText("年龄为: "+age);
    }
}
```

步骤 3　运行上述程序，单击“启动新活动”按钮，跳转到新活动页面，查看数据传递效果，如图 7-23 所示。

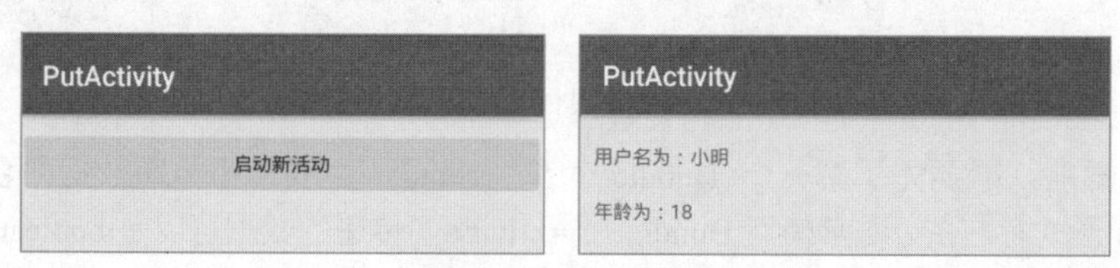

图 7-23　运行结果

7.4.2　使用 Intent 接收数据

使用 Intent 不但可以传递数据给其他活动页面，还可以从其他活动页面获取返回数据。

下面通过一个实例演示如何从活动页面获取返回数据。获取返回数据需要主活动重写 onActivityResult 方法，用于接收返回数据。

步骤 1　新建模块并命名为 ResultActivity，主活动中的具体代码如下：

```
public class MainActivity extends AppCompatActivity {
    @Override
    protected void onCreate(Bundle savedInstanceState) {
        super.onCreate(savedInstanceState);
        setContentView(R.layout.activity_main);
        Button btn = findViewById(R.id.btn);
        btn.setOnClickListener(new View.OnClickListener() {
            @Override
```

```
            public void onClick(View view) {
                Intent intent = new Intent(MainActivity.this, Main2Activity.class);
                //第一个参数是 intent; 第二个参数是请求码, 随便定义, 保证是唯一的就行
                startActivityForResult(intent, 1);
            }
        });
    }
    @Override
    protected void onActivityResult(int requestCode, int resultCode, Intent data) {
        super.onActivityResult(requestCode, resultCode, data);
        //这里要通过请求码来判断数据的来源
        switch (requestCode) {
            case 1:
                //判断请求的结果是否成功, 当 resultCode == RESULT_OK 时, 代表成功了
                if (resultCode == RESULT_OK) {
                    String name = data.getStringExtra("key1");
                    String age = data.getStringExtra("key2");
                    Toast.makeText(MainActivity.this, "姓名: "+name+"年龄: "+age, Toast.LENGTH_LONG).
                    show();
                }
                break;
            /**这里可以有多个 requestcode**/
            default:
        }
    }
}
```

步骤 2　新活动中的具体代码如下：

```
public class Main2Activity extends AppCompatActivity {
    String name;//定义名称
    String age;//定义年龄
    EditText et1,et2;//定义编辑框对象
    Intent intent;//定义 intent 对象
    Bundle bundle = new Bundle();//定义 bundle 对象
    @Override
    protected void onCreate(Bundle savedInstanceState) {
        super.onCreate(savedInstanceState);
        setContentView(R.layout.activity_main2);
        et1 = findViewById(R.id.et1);
        et2 = findViewById(R.id.et2);
        Button btn = findViewById(R.id.btn);
        //设置按钮的监听事件
        btn.setOnClickListener(new View.OnClickListener() {
            @Override
            public void onClick(View v) {
                intent = new Intent();//定义 Intent
                //获取用户输入数据
                name = et1.getText().toString();
                age = et2.getText().toString();
                //压入数据
                bundle.putString("key1",name);
                bundle.putString("key2",age);
                intent.putExtras(bundle);//传递 bundle 对象
                setResult(RESULT_OK,intent);//设置返回消息码
```

```
                finish();//关闭该活动页面
            }
        });
    }
}
```

步骤 3　运行上述应用程序，输入数据等，单击“提交”按钮，跳转至新活动页面，查看运行结果，如图 7-24 所示。

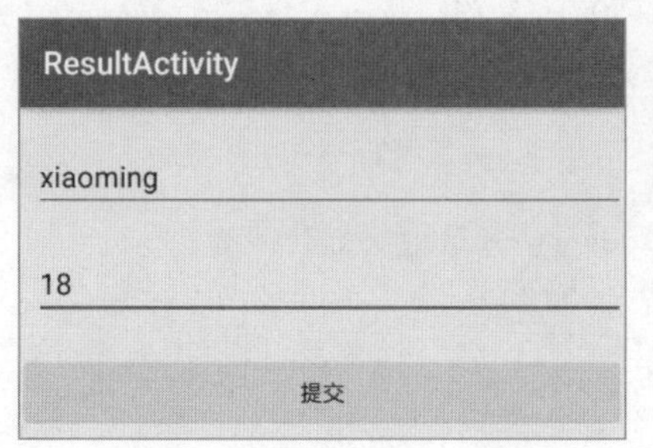

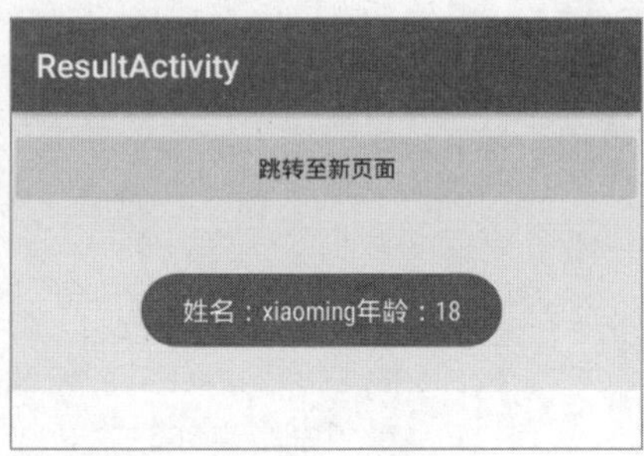

图 7-24　运行结果

7.4.3　使用静态变量传递数据

由于类的静态成员可以通过 className.fileName 来访问，故而可以供两个 Activity 访问，从而实现 Activity 间的数据通信。

通过一个实例演示如何使用静态变量传递数据，具体操作步骤如下。

步骤 1　新建一个模块并命名为 StaticActivity，主活动中的具体代码如下：

```
public class MainActivity extends AppCompatActivity {
    @Override
    protected void onCreate(Bundle savedInstanceState) {
        super.onCreate(savedInstanceState);
        setContentView(R.layout.activity_main);
        Button btn = findViewById(R.id.btn);
        btn.setOnClickListener(new View.OnClickListener() {
            @Override
            public void onClick(View v) {
                //给新活动中的静态成员赋值
                Main2Activity.name = "小明";
                Main2Activity.age = 18;
                //创建 intent 对象
                Intent intent = new Intent(MainActivity.this,Main2Activity.class);
                startActivity(intent);//启动活动
            }
        });
    }
}
```

步骤 2　新建活动，修改活动中的代码。具体代码如下：

```
public class Main2Activity extends AppCompatActivity {
    public static String name="";
    public static int age=0;
    @Override
    protected void onCreate(Bundle savedInstanceState) {
```

```
        super.onCreate(savedInstanceState);
        setContentView(R.layout.activity_main2);
        //将传入的数据打印显示
        Toast.makeText(Main2Activity.this,"姓名: "+name+" 年龄:"+age,Toast.LENGTH_SHORT).show();
    }
}
```

步骤 3 运行上述程序，查看运行结果，如图 7-25 所示。

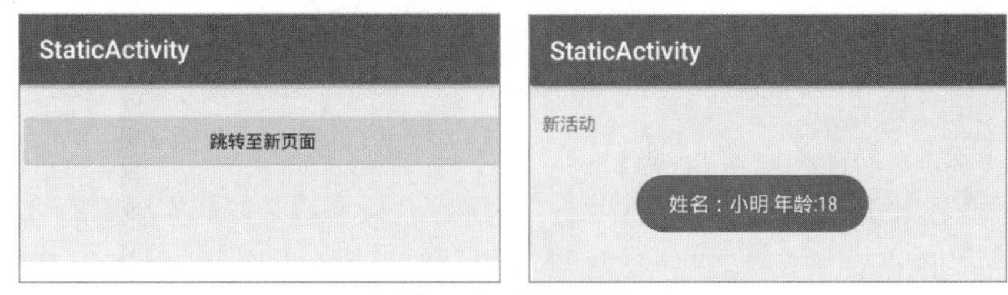

图 7-25 运行结果

7.4.4 使用全局变量传递数据

全局对象是 Activity 间传递数据一种比较实用的方式。在 Java 中有 4 个作用域，这 4 个作用域从小到大分别是 Page、Request、Session 和 Application，其中 Application 域在应用程序的任何地方都可以使用和被访问。Android 中的全局对象非常类似于 Java 中的 Application 域，只要 Android 应用程序不清除内存，全局对象便可以一直被访问。

通过一个实例演示如何使用全局变量传递数据，具体操作步骤如下。

步骤 1 新建模块并命名为 Application，新建一个全局类并命名为 MyApp，让其继承自 Application 类。具体代码如下：

```
public class MyApp extends Application {
    private String name;//定义名字
    private int age;//定义年龄
    public String getName() {
        return name;
    }
    public void setName(String name) {
        this.name = name;
    }
    public int getAge() {
        return age;
    }
    public void setAge(int age) {
        this.age = age;
    }
    @Override
    public void onCreate() {
        super.onCreate();
        setName("小明");
        setAge(18);
    }
}
```

步骤 2 修改主活动中的代码。具体代码如下：

```
public class MainActivity extends AppCompatActivity {
    MyApp myApp;//定义全局对象
```

```
    Button btn;//定义按钮对象
    @Override
    protected void onCreate(Bundle savedInstanceState) {
        super.onCreate(savedInstanceState);
        setContentView(R.layout.activity_main);
        btn=findViewById(R.id.btn);
        //设置按钮的监听事件
        btn.setOnClickListener(new View.OnClickListener() {
            @Override
            public void onClick(View v) {
                //获取全局对象实例并将其向下转型为子类对象
                myApp =  (MyApp)getApplication();
                //修改全局对象的成员变量
                myApp.setName("大明");
                myApp.setAge(20);
                //创建 intent 对象
                Intent intent = new Intent(MainActivity.this,Main2Activity.class);
                startActivity(intent);//启动活动页面
            }
        });
    }
}
```

步骤 3　新建活动，修改活动中的代码。具体代码如下：

```
public class Main2Activity extends AppCompatActivity {
    MyApp myApp;//创建全局对象
    TextView tv;//创建文本框对象
    @Override
    protected void onCreate(Bundle savedInstanceState) {
        super.onCreate(savedInstanceState);
        setContentView(R.layout.activity_main2);
        tv = findViewById(R.id.tv);
        //获取全局对象实例并将其向下转换成子类对象
        myApp = (MyApp) getApplication();
        String str;//定义字符串
        //组装字符串
        str = "姓名: "+ myApp.getName()+" 年龄: "+ myApp.getAge();
        tv.setText(str);//显示内容
    }
}
```

步骤 4　新建全局对象类并将其加入清单文件中（这一步非常关键），否则会报错。清单文件的具体代码如下：

```
<manifest xmlns:android="http://schemas.android.com/apk/res/android"
    package="com.example.application">
    <!-- 在 application 标签中添加全局应用的名称 -->
    <application
        android:name=".MyApp"
        android:allowBackup="true"
        android:icon="@mipmap/ic_launcher"
        android:label="@string/app_name"
        android:roundIcon="@mipmap/ic_launcher_round"
        android:supportsRtl="true"
        android:theme="@style/AppTheme">
        <activity android:name=".MainActivity">
            <intent-filter>
                <action android:name="android.intent.action.MAIN" />
                <category android:name="android.intent.category.LAUNCHER" />
```

```
            </intent-filter>
        </activity>
        <activity android:name=".Main2Activity"></activity>
    </application>
</manifest>
```

步骤 5 运行上述程序，查看运行结果，如图 7-26 所示。

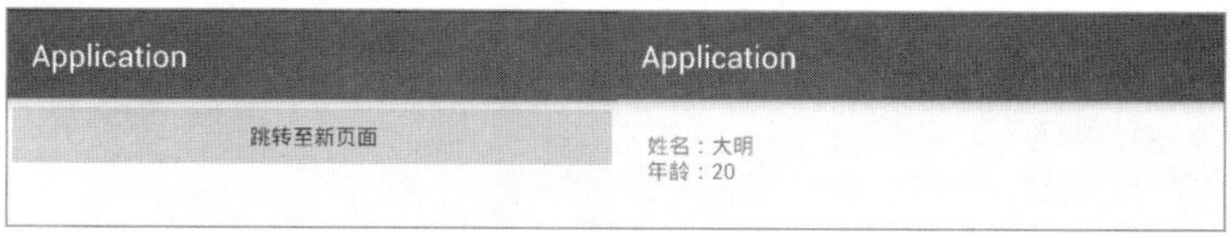

图 7-26 运行结果

7.5 就业面试技巧与解析

本章讲解了 Android 中的活动，活动在整个开发中都是非常重要的。面试中应聘者经常会被问及活动中的生命周期和对生命周期中不同调用方法的理解。

7.5.1 面试技巧与解析（一）

面试官：两个 Activity 间跳转时必然会调用的是哪几个方法？

应聘者：两个 Activity 间跳转必然会调用的是以下几个方法。

onCreate()：在 Activity 生命周期开始时调用。

onRestoreInstanceState()：用来恢复 UI 状态。

onRestart()：当 Activity 重新启动时调用。

onStart()：当 Activity 即将对用户可见时调用。

onResume()：当 Activity 与用户交互时，绘制界面。

onSaveInstanceState()：当活动即将移出栈顶、保留 UI 状态时调用。

onPause()：暂停当前活动，提交持久数据的改变、停止动画或其他占用 GPU 资源的操作，由于下一个活动在这个方法返回之前不会执行，所以这个方法的代码执行要快。

onStop()：当 Activity 不再可见时调用。

onDestroy()：当 Activity 销毁栈时调用的最后一个方法。

7.5.2 面试技巧与解析（二）

面试官：如何将一个 Activity 设置成窗口的样式？

应聘者：

第一种方法，在 styles.xml 文件中可以输入代码<style name="Theme.FloatActivity" parent="android: style/Theme.Dialog"> </style>，选择类似 Dialog 的样式。

第二种方法，在 AndroidManifest.xml 文件中需要显示为窗口的 Activity 中添加属性 android:theme="@style/Theme.FloatActivity"即可。

也可以直接添加对应需要展示为 Dialog 样式的 Activity 中的属性 android:theme="@android:style/Theme.Dialog"。

第 8 章

Intent 组件

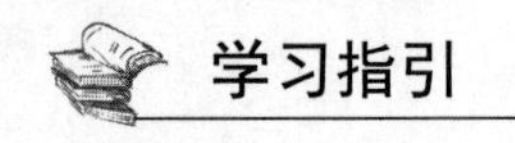

学习指引

Intent（意图）组件虽然不是四大组件之一，却是连接四大组件的“桥梁”，主要用于各个组件间的通信，可以控制从一个 Activity 跳转到另外一个 Activity。

重点导读

- 了解 Intent 的概念。
- 熟悉 Intent 的属性。
- 掌握 component 组件。
- 了解 Intent 的常见应用。
- 掌握 data 属性和 type 属性。

8.1 Intent 的概念

Android 中提供了 Intent 机制来协助应用间的交互与通信，或者采用更准确的说法是，Intent 不仅可用于应用程序之间，还可用于应用程序内部的 Activity、Service 和 BroadcastReceiver 组件间的交互。另外一个组件 ContentProvider 本身就是一种通信机制，不需要通过 Intent 实现通信。Intent 与 3 个组件间的关系如图 8-1 所示。

Intent 是一种运行时绑定（Runtime Binding）机制，它能在程序运行的过程中连接两个不同的组件。通过 Intent，程序可以向 Android 表达某种请求或意愿，Android 会根据意愿的内容选择适当的组件来响应。

向 Activity、Service 和 BroadcastReceiver 这 3 种组件发送 intent 对应有不同的机制，具体列出如下。

（1）使用 Context.startActivity()或 Activity.startActivityForResult()，传入一个 intent 来启动一个 Activity。使用 Activity.setResult()，传入一个 intent 来从 Activity 中返回结果。

（2）将 intent 对象传给 Context.startService()来启动一个 Service 或传递消息给一个运行的 Service。将 intent 对象传给 Context.bindService()来绑定一个 Service。

（3）将 intent 对象传给 Context.sendBroadcast()、Context.sendOrderedBroadcast()或 Context.sendStickyBroadcast()等广播方法，则它们被传给 BroadcastReceiver。

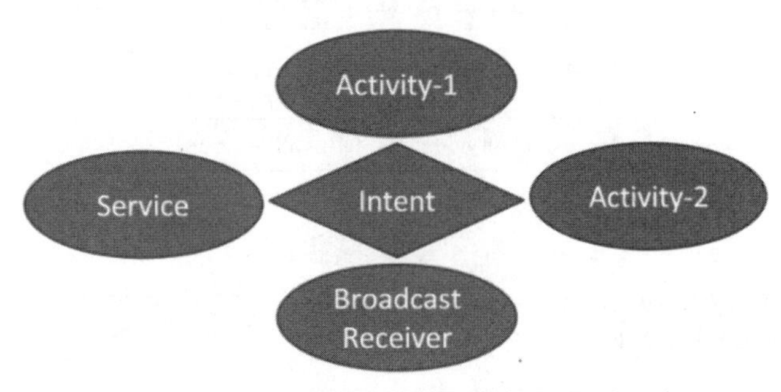

图 8-1　Intent 与各组件间的关系

8.2　深入 Intent

Intent 有一些相关的属性，深入研究 Intent 必须从它的属性入手。

8.2.1　Intent 的属性与类型

Intent 由 component（组件）、action（动作）、category（类别）、data（数据）、type（数据类型）、extras（扩展信息）和 flags（标志位）几个属性组成。

它们的属性方法见表 8-1。

表 8-1　Intent 的属性方法

属　性	设置属性的方法	获取属性的方法
action	setAction()	getAction()
data	setData()	getData()
category	addCatagory()	Null
component	setComponent() setClass() setClassName()	getComponent()
extras	putExtra()	getXXXExtra()，XXX 代表的是类型，如 int、char 等

Intent 类型分为显式 Intent（直接类型）和隐式 Intent（间接类型），建议使用隐式 Intent。上述属性中，component 属性为直接类型，其他均为间接类型。与显式 Intent 相比，隐式 Intnet 则含蓄了许多，它并不明确指出具体想要启动哪一个活动，而是指定一系列更为抽象的 action 和 category 等信息，然后交由系统去分析这个 Intent，最终找出合适的活动进行启动。

Activity 中 Intent Filter 的匹配过程示意图如图 8-2 所示。

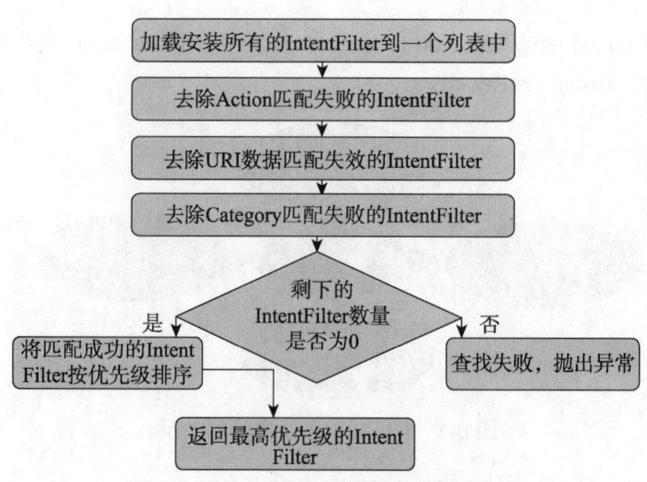

图 8-2　IntentFilter 的匹配过程示意图

8.2.2　component 属性

component 属性明确指定 Intent 目标组件的类名称。如果 component 属性有指定，将直接使用它指定的组件。指定这个属性以后，Intent 的其他所有属性都是可选的。

Intent 的 component 属性需要接收一个 ComponentName 对象，ComponentName 对象包含如下几个构造器。

- ComponentName(String pkg,String cls)：创建 pkg 所在包下的 cls 类所对应的组件。
- ComponentName(Context pkg,String cls)：创建 pkg 所对应的包下的 cls 类所对应的组件。
- ComponentName(Context pkg,Class<?>cls)：创建 pkg 所对应的包下的 cls 类所对应的组件。

上面几个构造器的本质是相同的，这说明创建一个 ComponentName 需要指定包名和类名。这样就可以唯一地确定一个组件类，应用程序即可根据给定的组件类去启动特定的组件。

除此以外，Intent 还有如下 3 个方法。

- setClass(Context packageContext,Class<?>cls)：设置该 Intent 将要启动的组件对应的类。
- setClassName(Context packageContext,String className)：设置该 Intent 将要启动的组件对应的类名。
- setClassName(String packageName,String className)：设置该 Intent 将要启动的组件对应的类名。

指定 component 属性的 Intent 已经明确了它将要启动哪个组件，因此这种 Intent 被称为显式 Intent；没有指定 component 属性的 Intent 被称为隐式 Intent。

例如，启动第二个 Activity 时，可以编写具体代码如下。

```
button1.setOnClickListener(new OnClickListener(){//设置按钮的监听事件
@Override
public void onClick(View v){
    //创建一个 intent 对象
    Intent intent=new Intent();
    //创建组件，通过组件来响应
     ComponentName component=new ComponentName(MainActivity.this,SecondActivity.class);
    intent.setComponent(component);//设置目的组件
    startActivity(intent);
}
});
```

上述程序中 onClick 回调方法的代码用于创建 ComponentName 对象，并将该对象设置成 intent 对象的

component 属性，这样应用程序即可根据该 intent 的意图去启动指定组件。

可以将其修改成如下代码。

```
⋮
Intent intent=new Intent();
//setClass 函数的第一个参数是一个 Context 对象
//Context 是一个类，Activity 是 Context 类的子类，也就是说，所有的 Activity 对象都可向上转型为 Context 对象
//setClass 函数的第二个参数是一个 Class 对象，在当前场景下，应该传入需要被启动的 Activity 类的 class 对象
intent.setClass(MainActivity.this,SecondActivity.class);
startActivity(intent);
⋮
```

还可以简化为以下代码。

```
⋮
//在创建 intent 时进行初始化，直接传入参数
Intent intent=new Intent(MainActivity.this,SecondActivity.class);
startActivity(intent);//启动活动，传入 Intent 对象
⋮
```

从上述代码可以看出，当需要为 Intent 设置 component 属性时，实际上 Intent 已经提供了一个简化的构造器，以便程序直接指定启动其他组件。

当程序通过 Intent 的 component 属性（明确指定了启动哪个组件）启动特定组件时，被启动组件几乎不需要使用<intent-filter.../>进行配置。

8.2.3 action 属性与 category 属性

action 属性用来表现意图的行动。在日常生活中，描述一个意愿或愿望的时候，总是有一个动词在其中，例如，“我想‘吃’蛋糕”“我要‘打’篮球”等。action 与 category 通常是放在一起用的，所以这里一起介绍。

1. action 属性

action 要完成的只是一个抽象动作，至于这个动作具体由哪个组件（或许是 Activity，或许是 Broadcast Receiver）来完成，action 这个字符串本身并不管。例如 Android 提供的标准 Action:Intent.ACTION_VIEW，它只表示一个抽象的查看操作，但具体查看什么、启动哪个 Activity 来查看，Intent.ACTION_VIEW 并不知道。启动哪个 Activity 取决于 Activity 的<intent-filter.../>配置，只要某个 Activity 的<intent-filter.../>配置中包含了该 ACTION_VIEW，该 Actvitiy 就有可能被启动。

action 是一个用户定义的字符串，用于描述一个 Android 应用程序组件。一个 Intent Filter 可以包含多个 action。在 AndroidManifest.xml 文件中定义 Activity 时，可以在其<intent-filter>与</intent-filter>标签中指定一个 action 列表用于标识 Activity 所能接收的“动作”。

常用 action 常量及说明见表 8-2。

表 8-2 常用 action 常量及说明

action 常量	说　明
ACTION_MAIN	Android 应用的入口，每个 Android 应用必须且只能包含一个此类型的 action 声明
ACTION_VIEW	系统根据不同的 Data 类型，通过已注册的对应 Application 显示数据
ACTION_EDIT	系统根据不同的 Data 类型，通过已注册的对应 Application 编辑数据

续表

action 常量	说　明
ACTION_DIAL	打开系统默认的拨号程序，如果 Data 中设置了电话号码，则自动在拨号程序中输入此号码
ACTION_CALL	直接呼叫 Data 中的号码
ACTION_SEND	由用户指定发送方式，进行数据发送操作
ACTION_ANSWER	接听来电
ACTION_SENDTO	系统根据不同的 Data 类型，通过已注册的对应 Application 进行数据发送操作
ACTION_BOOT_COMPLETED	Android 系统在启动完毕后发出带有此动作的广播
ACTION_TIME_CHANGED	Android 系统的时间发生改变后发出带有此动作的广播
ACTION_PACKAGE_ADDED	Android 系统安装新的 Application 后发出带有此动作的广播
ACTION_PACKAGE_CHANGED	Android 系统中已存在的 Application 发生改变后（如应用更新操作）发出带有此动作的广播
ACTION_PACKAGE_REMOVED	卸载 Android 系统已存在的 Application 后发出带有此动作的广播

默认创建的工程中，主活动便使用了 action 来声明这是一个主活动。具体代码如下：

```
<activity android:name=".MainActivity">
<intent-filter>
<action android:name="android.intent.action.MAIN"/>
<category android:name="android.intent.category.LAUNCHER"/>
</intent-filter>
```

新建一个活动，使用<intent-filter>使新活动首先启动，去掉主活动中的<intent-filter>。具体代码如下：

```
<manifest xmlns:android="http://schemas.android.com/apk/res/android"
package="com.example.administrator.app8">
<application
android:allowBackup="true"
android:icon="@mipmap/ic_launcher"
android:label="@string/app_name"
android:roundIcon="@mipmap/ic_launcher_round"
android:supportsRtl="true"
android:theme="@style/AppTheme">
<!--去掉主活动的 Intent 过滤-->
<activity android:name=".MainActivity">
</activity>
<!--为新活动添加 Intent 过滤-->
<activity android:name=".Main2Activity">
<intent-filter>
<action android:name="android.intent.action.MAIN"/>
<category android:name="android.intent.category.LAUNCHER"/>
</intent-filter>
</activity>
</application>
</manifest>
```

由此可以看出，哪个活动页面优先启动是通过 Intent 过滤实现的。

2. category 属性

category 属性用来表现动作的类别。Intent 的 category 属性值是一个普通的字符串，用于为 action 增加额外的附加类别信息。通常，action 属性与 category 属性结合使用。category 属性也是作为<intent-filter>的子元素来声明的。

一个 Intent 对象最多只能包括一个 action 属性，程序可调用 Intent 的 setAction(String str)方法来设置 action 属性值。但一个 Intent 对象可以包括多个 category 属性，程序可调用 Intent 的 addCategory(String str)方法来为 Intent 添加 category 属性。当程序创建 Intent 时，该 Intent 默认启动 category 属性值为 Intent.CATEGORY_DEFAULT 常量（常量值为 android.intent.category.DEFAULT）的组件。

例如：

```
<intent-filter>
<action android:name="com.vince.intent.MY_ACTION"></action>
<category android:name="com.vince.intent.MY_CATEGORY"></category>
<category android:name="android.intent.category.DEFAULT"></category>
</intent-filter>
```

常用 category 常量及说明见表 8-3。

表 8-3　常用 category 常量及说明

category 常量	说　明
CATEGORY_DEFAULT	Android 系统中默认的执行方式，按照普通 Activity 的执行方式执行
CATEGORY_HOME	设置该组件为 Home Activity
CATEGORY_PREFERENCE	设置该组件为 Preference Activity
CATEGORY_LAUNCHER	设置该组件为在当前应用程序启动器中优先级最高的 Activity，通常与入口 ACTION_MAIN 配合使用
CATEGORY_BROWSABLE	设置该组件可使用浏览器启动
CATEGORY_GADGET	设置该组件可内嵌到另外的 Activity 中

通过一个实例来演示如何使用 Intent 中的动作属性与类别属性，具体操作步骤如下。

步骤 1　新建一个模块 category，在默认文件的基础上，新建一个活动，修改清单文件中新活动的 action 过滤和 category 过滤。具体代码如下：

```
<manifest xmlns:android="http://schemas.android.com/apk/res/android"
package="com.example.category">
<application
android:allowBackup="true"
android:icon="@mipmap/ic_launcher"
android:label="@string/app_name"
android:roundIcon="@mipmap/ic_launcher_round"
android:supportsRtl="true"
android:theme="@style/AppTheme">
<activity android:name=".MainActivity">
<intent-filter>
<action android:name="android.intent.action.MAIN"/>
<category android:name="android.intent.category.LAUNCHER"/>
</intent-filter>
```

```
</activity>
<activity android:name=".Main2Activity">
<intent-filter>//在新活动中指定 action 属性与 category 属性
<action android:name="com.example.category.MY_ACTION"/>
//如果没有指定的 category，会使用默认形式
<category android:name="android.intent.category.DEFAULT"/>
</intent-filter>
</activity>
</application>
</manifest>
```

注意：如果没有指定的 category，则必须使用默认的 DEFAULT（即上方代码）。只有<action/>和<category/>中的内容同时能够匹配上 Intent 中指定的 action 和 category 时，这个活动才能响应 Intent。如果使用的是 DEFAULT 这种默认的 category，在稍后调用 startActivity()方法时会自动将这个 category 添加到 Intent 中。

步骤 2　修改主活动中按钮的单击事件。具体代码如下：

```
Button btn=findViewById(R.id.btn);
btn.setOnClickListener(new View.OnClickListener(){
    @Override
    public void onClick(View v){
        //创建 Intent，传入字符串调用的方法：android.content.Intent.Intent(String action)
        Intent intent=new Intent("com.example.category.MY_ACTION");
        startActivity(intent);//启动活动
    }
});
```

在上述这个 Intent 中，并没有指定具体是哪一个 Activity，只是指定了一个 action 的常量。所以说，隐式 Intent 的作用就表现得淋漓尽致了。此时，单击主活动中的按钮，就会跳转到新活动中。

上述情况只有新活动匹配成功。如果有多个组件匹配成功，就会以对话框列表的方式让用户进行选择。

步骤 3　创建一个新的活动，同样修改 AndroidManifest.xml 文件中的 action 过滤和 category 过滤。具体代码如下：

```
<manifest xmlns:android="http://schemas.android.com/apk/res/android"
package="com.example.category">
<application
⋮
<activity android:name=".Main3Activity">
<intent-filter>
//在新活动 2 中指定 action 属性与 category 属性
<action android:name="com.example.category.MY_ACTION"/>
<category android:name="android.intent.category.DEFAULT"/>
</intent-filter>
</activity>
</application>
</manifest>
```

步骤 4　运行上述程序，单击按钮，查看运行结果，如图 8-3 所示。

上面程序中 onClick 回调方法的代码指定了根据 Intent 来启动 Activity。但该 Intent 并未指定要启动哪个 Activity，从代码中也无法看出该程序将要启动哪个 Activity。那么到底程序会启动哪个 Activity 呢？这取决于 Activity 配置中<intent-filter.../>元素的配置。

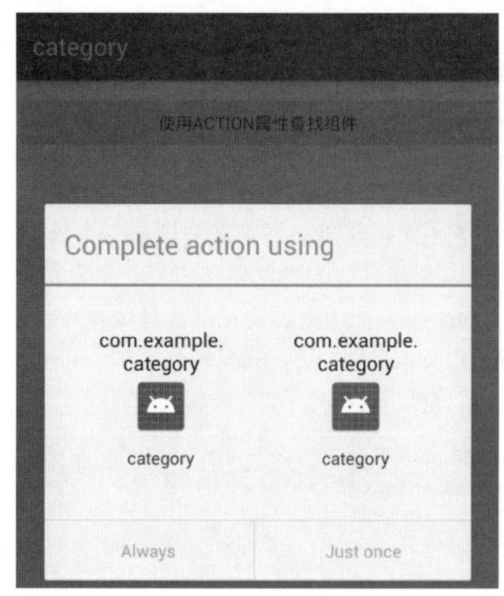

图 8-3　运行结果

<intent-filter.../>元素是 AndroidManifest.xml 文件中<activity.../>元素的子元素，<activity.../>元素用于为应用程序配置 Activity，<activity.../>的<intent-filter.../>子元素则用于配置该 Activity 所能响应的 Intent。

<intent-filter.../>元素中通常可包含如下子元素。

- 0～*n* 个<action.../>子元素。
- 0～*n* 个<category…/>子元素。
- 0～*n* 个<data.../>子元素。

子元素<action.../>和<category.../>的配置非常简单，它们都可指定 android:name 属性，该属性的值就是一个普通字符串。当<activity.../>元素的<intent-filter.../>子元素中包含多个<action.../>子元素（相当于指定了多个字符串）时，就表明该 Activity 能响应 action 属性值为其中任意一个字符串的 Intent。

由于上面的程序指定启动 action 属性为 MainActivity.TEST_ACTION 常量的 Activity，也就要求被启动 Activity 对应的配置元素<intent-filter.../>中至少包括一个<action.../>子元素。另外上面程序中的代码并未指定目标 Intent 的 category 属性，但该 Intent 已有一个值为 android.intent.category.DEFAULT 的 category 属性值，因此被启动 Activity 对应的配置元素<intent-filter.../>中至少还包括一个<category.../>子元素。

8.2.4　data 属性

data 属性表示动作要操纵的数据、Android 要访问的数据。与 action 属性和 category 属性的声明方式相同，data 属性也是在<intent-filter></intent-filter>中，多个组件匹配成功显示优先级高的，相同显示列表。

data 属性通常用于向 action 属性提供操作的数据。data 属性接受一个 Uri 对象，一个 Uri 对象通常通过如下形式的字符串来表示：

```
content://com.android.contacts/contacts/1
tel:123
```

Uri 字符串总满足如下格式：

```
scheme://host:port/path
```

例如上面给出的 content://com.android.contacts/contacts/l，其中 content 是 scheme 部分，com.android.contacts

是 host 部分，port 部分被省略了，/contacts/1 是 path 部分。

type 属性用于指定该 data 属性所指定 Uri 对应的 MIME 类型，这种 MIME 类型可以是任何自定义的 MIME 类型，只要符合 abc/xyz 格式的字符串即可，type 属性在下一节讲解。

通常情况下，可以使用 action+data 属性的组合来描述一个意图具体做什么。

使用隐式 Intent，不仅可以启动自己程序内的活动，还可以启动其他程序的活动，这使得 Android 多个应用程序之间的功能共享成为了可能。比如应用程序中需要展示一个网页，没有必要自己去实现一个浏览器（事实上也不太可能），而是只需要条用系统的浏览器来打开这个网页就行了。

通过一个实例演示如何使用 Intent 打开一个网页浏览器，具体操作步骤如下。

步骤 1　新建一个模块并命名为 Data，主活动中的具体代码如下：

```
Public class MainActivity extends AppCompatActivity{
    @Override
    Protected void onCreate(Bundle savedInstanceState){
        super.onCreate(savedInstanceState);
        setContentView(R.layout.activity_main);
        Button btn=findViewById(R.id.btn);//创建按钮对象并与控件进行绑定
        //设置按钮的监听事件
        btn.setOnClickListener(new View.OnClickListener(){
            @Override
            Public void onClick(View v){
                Intent intent=new Intent();//创建 Intent
                intent.setAction(Intent.ACTION_VIEW);//设置 Intent 的动作属性
                //创建一个 Uri 对象并设置 Uri 的内容
                Uri data=Uri.parse("http://www.baidu.com");
                intent.setData(data);//设置数据属性
                startActivity(intent);//启动活动
            }
        });
    }
}
```

上述程序代码中，指定了 intent 的 action 属性值为 Intent.ACTION_VIEW（表示查看的意思，它是一个 Android 系统内置的动作），然后通过 Uri.parse()方法将一个网址字符串解析成一个 Uri 对象，再调用 intent 的 setData()方法将这个 Uri 对象传递进去。

步骤 2　运行上述程序，单击“打开网页”按钮，可以看到使用自带浏览器打开了网页，运行结果如图 8-4 所示。

图 8-4　运行结果

以上的代码还可以简写为以下代码。

```
⋮
Intent intent=new Intent(Intent.ACTION_VIEW);//创建 Intent 时指定动作
```

```
//设置 Intent 的数据属性，指定数据为 Uri
intent.setData(Uri.parse("http://www.baidu.com"));
startActivity(intent);//启动活动
⋮
```

步骤 3　新建活动，并修改该活动的 Intent 属性以使该活动也支持浏览网页，此时清单文件中的具体代码如下：

```
<manifest xmlns:android="http://schemas.android.com/apk/res/android"
xmlns:tools="http://schemas.android.com/tools"
package="com.example.data">
<application
android:allowBackup="true"
android:icon="@mipmap/ic_launcher"
android:label="@string/app_name"
android:roundIcon="@mipmap/ic_launcher_round"
android:supportsRtl="true"
android:theme="@style/AppTheme">
<activity android:name=".MainActivity">
<intent-filter>
<action android:name="android.intent.action.MAIN"/>
<category android:name="android.intent.category.LAUNCHER"/>
</intent-filter>
</activity>
<activity android:name=".Main2Activity">
<intent-filter android:priority="1000"//设置优先级
tools:ignore="AppLinkUrlError">//忽略一些错误
<action android:name="android.intent.action.VIEW"/>
<category android:name="android.intent.category.DEFAULT"/>
<data android:scheme="http" android:host="www.baidu.com"/>
</intent-filter>
</activity>
</application>
</manifest>
```

注意：优先级取值范围为-1000～1000。当 Intent 匹配成功的组件有多个时，显示优先级高的组件；如果优先级相同，显示列表，让用户自行选择。

步骤 4　运行上述程序，单击“打开网页”按钮，此时会有多个符合条件的活动，运行结果如图 8-5 所示。

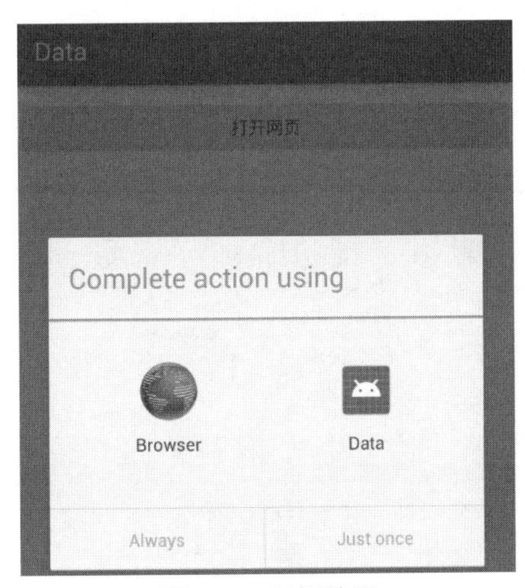

图 8-5　运行结果

注意：data 属性的声明中要指定访问数据的 Uri 和 MIME 类型，可以在<data>元素中通过一些属性来设置，常用 data 属性见表 8-4。

表 8-4　常用 data 属性及说明

data 属性	说　明
tel://	号码数据格式，后跟电话号码
mailto://	邮件数据格式，后跟邮件收件人地址
smsto://	短息数据格式，后跟短信接收号码
content://	内容数据格式，后跟需要读取的内容
file://	文件数据格式，后跟文件路径
market://search?q=pname:pkgname	市场数据格式，在 Google Market 中搜索包名为 pkgname 的应用
geo://latitude,longitude	经纬数据格式，在地图上显示经纬度指定的位置

8.2.5　type 属性

type 属性对于 data 范例的描写，如果 Intent 对象中既包含 Uri 又包含 Type，那么，在<intent-filter>中也必须二者都包含才能通过测试。

type 属性用于明确指定 data 属性的数据类型或 MIME 类型，但是通常来说，当 Intent 不指定 data 属性时，type 属性才会起作用，否则 Android 系统将会根据 data 属性值来分析数据的类型，所以无须指定 type 属性。

data 属性和 type 属性一般只需要一个，通过 setData()方法会把 type 属性设置为 null，相反设置 setType()方法会把 data 属性设置为 null。如果想要两个属性同时设置，要使用 Intent.setDataAndType()方法。

data 属性与 type 属性的关系比较微妙，这两个属性会相互覆盖，例如：

如果为 Intent 先设置 data 属性，后设置 type 属性，那么 type 属性将会覆盖 data 属性。

如果为 Intent 先设置 type 属性，后设置 data 属性，那么 data 属性将会覆盖 type 属性。

如果希望 Intent 既有 data 属性，也有 type 属性，则应该调用 Intent 的 setDataAndType()方法。

通过一个实例演示如何使用 Intent 中的 type 类型，具体操作步骤如下。

步骤 1　新建模块并命名为 Type，主活动中的具体代码如下：

```
public class MainActivity extends AppCompatActivity{
    @Override
    protected void onCreate(Bundle savedInstanceState){
        super.onCreate(savedInstanceState);
        setContentView(R.layout.activity_main);
        Button btn=findViewById(R.id.btn);//创建按钮对象并与控件进行绑定
        //设置按钮的监听事件
        btn.setOnClickListener(new View.OnClickListener(){
           @Override
           public void onClick(View v){
                Intent intent=new Intent();//创建 intent 对象
                intent.setAction(Intent.ACTION_VIEW);//设置 intent 动作
                //设置 Uri 数据，这里根据模拟器的实际位置进行设置
                Uri data=Uri.parse("file:///mnt/sdcard/11.mp3");
                //设置 data 属性和 type 属性
                intent.setDataAndType(data,"audio/mp3");// 方 法  Intent  android.content.Intent.
```

```
setDataAndType(Uri data,String type)
                startActivity(intent);//启动活动
            }
        });
    }
}
```

步骤 2 运行上述程序，单击按钮，系统启动了自带音乐播放器并开始播放音乐，运行结果如图 8-6 所示。

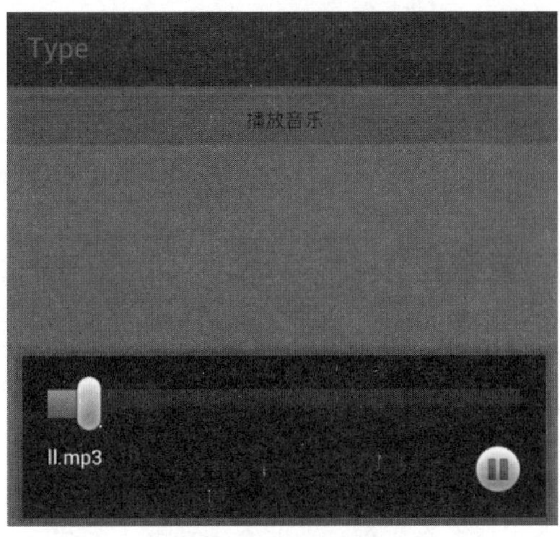

图 8-6 运行结果

注意："file://"表示查找文件，后面加上模拟器或手机存储卡的路径 mnt/sdcard/，再加上具体歌曲的路径。如果使用的是高于 Android 4.0 的设备，需要在清单文件中加入访问 SD 卡的权限。具体代码如下：

```
<uses-permission android:name="android.permission.WRITE_EXTERNAL_STORAGE"/>
<uses-permission android:name="android.permission.MOUNT_UNMOUNT_FILESYSTEMS"/>
```

8.2.6 extras 属性与 flag 属性

Intent 的 extras 属性通常用于在多个 Action 之间进行数据交换，Intent 的 extras 属性值应该是一个 Bundle 对象，Bundle 对象就像一个 Map 对象，它可以存入多个 key-value 对，这样就可以通过 Intent 在不同 Activity 之间进行数据交换了。

1. extras 属性

使用 extras 属性可以为组件提供扩展信息，如果要执行“发送电子邮件”这个动作，可以将电子邮件的标题、正文等保存在 extras 里，传给电子邮件发送组件。

一个程序启动后系统会为这个程序分配一个 task 供其使用，另外同一个 task 里面可以拥有不同应用程序的 activity。

注意：Android 中一组逻辑上在一起的 activity 被称为 task，可以理解成一个 activity 堆栈。

常用 extras 常量及说明见表 8-5。

表 8-5 常用 extras 常量及说明

extras 常量	说　明
EXTRA_BCC	存放邮件密送人地址的字符串数组

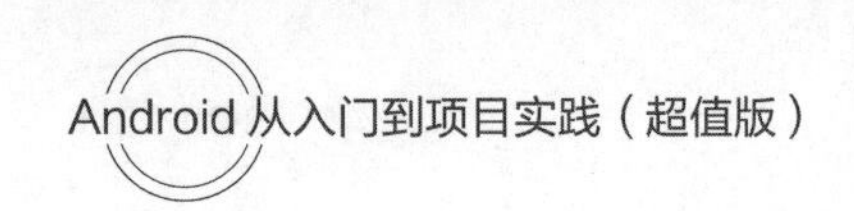

续表

extras 常量	说　明
EXTRA_CC	存放邮件抄送人地址的字符串数组
EXTRA_EMAIL	存放邮件地址的字符串数组
EXTRA_SUBJECT	存放邮件主题字符串
EXTRA_TEXT	存放邮件内容
EXTRA_KEY_EVENT	以 KeyEvent 对象方式存放触发 Intent 的按键
EXTRA_PHONE_NUMBER	存放调用 ACTION_CALL 时的电话号码

Activity 中的 4 种启动模式：standard、singleTop、singleTask、singleInstance。可以在 AndroidManifest.xml 中 activity 标签的属性 android:launchMode 中设置该 activity 的加载模式。

standard 模式：默认的模式，以这种模式加载时，每当启动一个新的活动，必定会构造一个新的 Activity 实例放到返回栈（目标 task）的栈顶，不管这个 Activity 是否已经存在于返回栈中。

singleTop 模式：如果一个以 singleTop 模式启动的 activity 的实例已经存在于返回栈的栈顶，那么再启动这个 Activity 时，不会创建新的实例，而是重用位于栈顶的那个实例，并且会调用该实例的 onNewIntent() 方法将 Intent 对象传递到这个实例中。

注意：如果以 singleTop 模式启动的 activity 的一个实例已经存在于返回栈中，但是不在栈顶，那么它的行为和 standard 模式相同，也会创建多个实例，之前在活动中已经演示过了。

singleTask 模式：这种模式下，每次启动一个 activity 时，系统首先会在返回栈中检查是否存在该活动的实例，如果存在，则直接使用该实例，并把这个活动之上的所有活动清除；如果没有发现就会创建一个新的活动实例。

singleInstance 模式：总是在新的任务中开启，并且这个新的任务中有且只有这一个实例，也就是说被该实例启动的其他 activity 会自动运行于另一个任务中。当再次启动该 activity 的实例时，会重新调用已存在的任务和实例，并且会调用这个实例的 onNewIntent()方法，将 Intent 实例传递到该实例中。和 singleTask 相同，同一时刻在系统中只会存在一个这样的 Activity 实例。（singleInstance 即单实例）

注意：在前面三种模式中，每个应用程序都有自己的返回栈，同一个活动在不同的返回栈中入栈时，必然是创建了新的实例。而使用 singleInstance 模式可以解决这个问题，在这种模式下会有一个单独的返回栈来管理这个活动，不管是哪一个应用程序来访问这个活动，都公用同一个返回栈，也就解决了共享活动实例的问题。（此时可以实现任务之间的切换，而不是单独某个栈中的实例切换）

其实除了在清单文件中设置，还可以在代码中通过 flag 来设置，具体代码如下：

```
Intent intent=new Intent(MainActivity.this,SecondActivity.class);
//相当于 singleTask
intent.setFlags(Intent.FLAG_ACTIVITY_NEW_TASK);
startActivity(intent);
Intent intent=new Intent(MainActivity.this,SecondActivity.class);
//相当于 singleTop
intent.setFlags(Intent.FLAG_ACTIVITY_CLEAR_TOP);
startActivity(intent);
```

2. flag 属性

Intent 的 flag 属性用于为该 Intent 添加一些额外的控制标志，Intent 可调用 addFlags()方法来添加控制标志。

Intent包含了如下几个常用的flag属性。

FLAG_ACTIVITY_BROUGHT_TO_FRONT：如果通过该Flag启动的Activity已经存在，下次再次启动时，将只是把该Activity带到前台。例如，现在Activity栈中有Activity A，此时以该标志启动Activity B（即 Activity B 是以 FLAG_ACTIVITY_BROUGHT_TO_FRONT 标志启动的），然后在 Activity B 中启动Activity C、D，如果这时在Activity D中再启动Activity B，将直接把Activity栈中的Activity B带到前台。此时Activity 栈中情形是 Activity A、C、D、B。

FLAG_ACTIVITY_CLEAR_TOP：该Flag相当于加载模式中的singleTask，通过这种Flag启动的Activity会把要启动的Activity之上的Activity全部弹出Activity栈。例如，Activity栈中包含A、B、C、D四个Activity，如果采用该Flag从Activity D跳转到Activity B，那么此时Activity栈中只包含A、B两个Activity。

FLAG_ACTIVITY_NEW_TASK：默认的启动标志，该标志控制重新创建一个新的 Activity。

FLAG_ACTIVITY_NO_ANIMATION：该标志控制启动Activity时不使用过渡动画。

FLAG_ACTIVITY_NO_HISTORY：该标志控制被启动的Activity将不会保留在Activity栈中。例如，Activity栈中原来有A、B、C三个Activity，此时在Activity C中以该Flag启动Activity D，Activity D再启动Activity E，此时Activity栈中只有A、B、C、E 四个Activity，Activity D不会保留在Actvity栈中。

FLAG_ACTIVITY_REORDER_TO_FRONT：该Flag控制如果当前已有Activity，则直接将该Activity带到前台。例如，现在Activity栈中有A、B、C、D四个Activity，如果使用FLAG_ACTIVITY_REORDER_TO_FRONT标志来启动Activity B，那么启动后的Activity栈中情形为A、C、D、B。

FLAG_ACTMTY_SINGLE_TOP：该Flag相当于加载模式中的singleTop模式。例如，原来Activity栈中有A、B、C、D四个Activity，在Activity D中再次启动Activity D，Activity栈中依然还是A、B、C、D四个Activity。

8.3 Intent常见应用

通过前面的学习，相信读者对 Intent 的属性，以及使用有了一定的了解。本节通过一个综合案例演示Intent的一些常见应用。

（1）跳转到指定网页。新建模块并命名为Intent，第一个功能是根据用户输入打开指定网址，布局中设置一个编辑框和一个按钮，单击按钮跳转到指定网址，核心代码如下：

```
btn1=findViewById(R.id.btn1);//绑定按钮控件
et=findViewById(R.id.et);//绑定编辑框控件
//设置按钮的监听事件
btn1.setOnClickListener(new View.OnClickListener(){
    @Override
    public void onClick(View v){
        Intent intent=new Intent();//创建intent对象
        intent.setAction(Intent.ACTION_VIEW);//设置打开视图
        Uri data=Uri.parse(et.getText().toString());//从编辑框获取网址
        intent.setData(data);//设置intent数据
        startActivity(intent);//启动活动
    }
});
```

（2）拨打电话，设置一个按钮，单击按钮，跳转至拨打电话页面，核心代码如下：

```
btn2=findViewById(R.id.btn2);//绑定按钮控件
```

```
//设置按钮的监听事件
btn2.setOnClickListener(new View.OnClickListener(){
    @Override
    public void onClick(View v){
        //创建 Intent 对象并设置 Intent 动作为拨打电话
        Intent intent=new Intent(Intent.ACTION_DIAL);
        intent.setData(Uri.parse("tel:10086"));//设置 Intent 数据
        startActivity(intent);//启动活动
    }
});
```

注意：要使用这个功能必须在清单文件中加入权限：（加一行代码）

```
<uses-permission android:name="android.permission.CALL_PHONE"/>
```

（3）发送短信，使用 Intent 可以启动系统短信页面，实现方式有以下两种。

第一种方式：打开发送短信的界面，通过 action+type 具体代码如下。

```
Intent intent=new Intent(Intent.ACTION_VIEW);
intent.setType("vnd.android-dir/mms-sms");
intent.putExtra("sms_body","具体短信内容");//"sms_body"为固定内容
startActivity(intent);
```

第二种方式：打开发短信的界面（同时指定电话号码），通过 action+data 具体代码如下。

```
Intent intent=new Intent(Intent.ACTION_SENDTO);
intent.setData(Uri.parse("smsto:1878026××××"));
intent.putExtra("sms_body","具体短信内容");
startActivity(intent);
```

（4）发送彩信，相当于发送带附件的短信，其核心代码如下：

```
Intent intent=new Intent(Intent.ACTION_SEND);
intent.putExtra("sms_body","Hello");
Uri uri=Uri.parse("content://media/external/images/media/23");
intent.putExtra(Intent.EXTRA_STREAM,uri);
intent.setType("image/png");
startActivity(intent);
```

（5）发送电子邮件，如给 xxx@163.com 发邮件，其核心代码如下：

```
Uri uri=Uri.parse("mailto:xxx@163.com");
Intent intent=new Intent(Intent.ACTION_SENDTO,uri);
startActivity(intent);
```

发送邮件都会带有邮件内容，如给 xxx@163.com 发邮件发送内容为 Hello 的邮件，其核心代码如下：

```
Intent intent=new Intent(Intent.ACTION_SEND);
intent.putExtra(Intent.EXTRA_EMAIL,"xxx@163.com");
intent.putExtra(Intent.EXTRA_SUBJECT,"Subject");
intent.putExtra(Intent.EXTRA_TEXT,"Hello");
intent.setType("text/plain");
startActivity(intent);
```

当然也可以群发邮件，其核心代码如下：

```
Intent intent=new Intent(Intent.ACTION_SEND);
String[] tos={"xxx@163.com","xxx@163.com"};//收件人
String[] ccs={"yyy@qq.com","yyy@qq.com"};//抄送
String[] bccs={"zzz@abc.com","zzz@abc.com"};//密送
intent.putExtra(Intent.EXTRA_EMAIL,tos);
intent.putExtra(Intent.EXTRA_CC,ccs);
```

```
    intent.putExtra(Intent.EXTRA_BCC,bccs);
    intent.putExtra(Intent.EXTRA_SUBJECT,"Subject");
    intent.putExtra(Intent.EXTRA_TEXT,"Hello");
    intent.setType("message/rfc822");
    startActivity(intent);
```

（6）显示地图

如打开 Google 地图中国北京位置（北纬 39.9，东经 116.3），其核心代码如下：

```
    Uri uri=Uri.parse("geo:39.9,116.3");
    Intent intent=new Intent(Intent.ACTION_VIEW,uri);
    startActivity(intent);
```

（7）路径规划

如从北京某地（北纬 39.9，东经 116.3）到上海某地（北纬 31.2，东经 121.4），其核心代码如下：

```
    Uri uri=Uri.parse("http://maps.google.com/maps?f=d&saddr=39.9 116.3&daddr=31.2 121.4");
    Intent intent=new Intent(Intent.ACTION_VIEW,uri);
    startActivity(intent);
```

（8）播放指定路径音乐，使用 action+data+type 具体代码如下：

```
    Intent intent=new Intent(Intent.ACTION_VIEW);
    Uri uri=Uri.parse("file:///mnt/sdcard/歌曲名称.mp3");//路径也可以写成: "/storage/sdcard0/一生所
写.mp3"
    intent.setDataAndType(uri,"audio/mp3");// 方 法  Intent  android.content.Intent.setDataAndType
(Uridata,Stringtype)
    startActivity(intent);
```

获取 SD 卡下所有音频文件，然后播放第一首，其核心代码如下：

```
    Uri uri=Uri.withAppendedPath(MediaStore.Audio.Media.INTERNAL_CONTENT_URI,"1");
    Intent intent=new Intent(Intent.ACTION_VIEW,uri);
    startActivity(intent);
```

（9）打开摄像头拍照

如打开拍照程序，其核心代码如下：

```
    Intent intent=new Intent(MediaStore.ACTION_IMAGE_CAPTURE);
    startActivityForResult(intent,0);
```

如取出照片数据，其核心代码如下：

```
    Bundle extras=intent.getExtras();
    Bitmap bitmap=(Bitmap)extras.get("data");
```

如调用系统相机应用程序并存储拍下来的照片，其核心代码如下：

```
    Intent intent=new Intent(MediaStore.ACTION_IMAGE_CAPTURE);
    long time=Calendar.getInstance().getTimeInMillis();
    intent.putExtra(MediaStore.EXTRA_OUTPUT,Uri.fromFile(newFile(Environment
    .getExternalStorageDirectory().getAbsolutePath()+"/tucue",time+".jpg")));
    startActivityForResult(intent,ACTIVITY_GET_CAMERA_IMAGE);
```

（10）获取并剪切图片

如获取并剪切图片，其核心代码如下：

```
    Intent intent=new Intent(Intent.ACTION_GET_CONTENT);
    intent.setType("image/*");
    intent.putExtra("crop","true");//开启剪切
    intent.putExtra("aspectX",1);//剪切的宽高比为 1: 2
    intent.putExtra("aspectY",2);
```

```
intent.putExtra("outputX",20);//保存图片的宽和高
intent.putExtra("outputY",40);
intent.putExtra("output",Uri.fromFile(newFile("/mnt/sdcard/temp")));//保存路径
intent.putExtra("outputFormat","JPEG");//返回格式
startActivityForResult(intent,0);
```

剪切特定图片，其核心代码如下：

```
Intent intent=new Intent("com.android.camera.action.CROP");
intent.setClassName("com.android.camera","com.android.camera.CropImage");
intent.setData(Uri.fromFile(newFile("/mnt/sdcard/temp")));
intent.putExtra("outputX",1);//剪切的宽高比为1: 2
intent.putExtra("outputY",2);
intent.putExtra("aspectX",20);//保存图片的宽和高
intent.putExtra("aspectY",40);
intent.putExtra("scale",true);
intent.putExtra("noFaceDetection",true);
intent.putExtra("output",Uri.parse("file:///mnt/sdcard/temp"));
startActivityForResult(intent,0);
```

（11）打开 Google Market

如打开 Google Market 直接进入该程序的详细页面，其核心代码如下：

```
Uri uri=Uri.parse("market://details?id="+"com.demo.app");
Intent intent=new Intent(Intent.ACTION_VIEW,uri);
startActivity(intent);
```

（12）进入手机设置界面

如进入无线网络设置界面，其核心代码如下：

```
Intent intent=new Intent(android.provider.Settings.ACTION_WIRELESS_SETTINGS);
startActivityForResult(intent,0);
```

（13）安装 apk

安装程序，使用 action+data+type 实现，具体代码如下：

```
Intent intent=new Intent(Intent.ACTION_VIEW);
Uri data=Uri.fromFile(newFile("/storage/sdcard0/AndroidTest/smyh006_Intent01.apk"));//路径不能
写成: "file:///storage/sdcard0/···"
intent.setDataAndType(data,"application/vnd.android.package-archive");//Type 的字符串为固定内容
startActivity(intent);
```

通过制定的 action 来安装程序，具体代码如下：

```
public void installClickTwo(View view){
Intent intent=new Intent(Intent.ACTION_PACKAGE_ADDED);
//这里的路径需要先创建给文件，再指定路径。
Uri data=Uri.fromFile(new File("/storage/sdcard0/AndroidTest/Intent.apk"));
intent.setData(data);//设置 Intent 数据
startActivity(intent);//启动活动
}
```

（14）卸载程序，使用 action+data（例如单击按钮卸载某个应用程序，根据包名来识别），具体代码如下：

```
Intent intent=new Intent(Intent.ACTION_DELETE);//新建 Intent 设置动作为卸载应用
Uri data=Uri.parse("package:com.example.Intent");//设置应用包名
intent.setData(data);//设置数据
```

```
startActivity(intent);//启动活动
```

注意：无论是安装还是卸载，应用程序是根据包名package来识别的。

（15）发送附件

发送附件其核心代码如下：

```
Intent it=new Intent(Intent.ACTION_SEND);
it.putExtra(Intent.EXTRA_SUBJECT,"The email subject text");
it.putExtra(Intent.EXTRA_STREAM,"file:///sdcard/eoe.mp3");
it.setType("audio/mp3");
startActivity(Intent.createChooser(it,"Choose Email Client"));
```

（16）进入联系人页面

进入联系人页面，其核心代码如下：

```
Intent intent=new Intent();
intent.setAction(Intent.ACTION_VIEW);
intent.setData(Contacts.People.CONTENT_URI);
startActivity(intent);
```

（17）查看指定联系人

查看指定联系人，其核心代码如下：

```
Uri personUri=ContentUris.withAppendedId(People.CONTENT_URI,info.id);// info.id联系人ID
Intent intent=new Intent();
intent.setAction(Intent.ACTION_VIEW);
intent.setData(personUri);
startActivity(intent);
```

（18）调用系统编辑添加联系人

调用系统编辑添加联系人，其核心代码如下：

```
Intent intent=new Intent(Intent.ACTION_INSERT_OR_EDIT);
intent.setType(People.CONTENT_ITEM_TYPE);
intent.putExtra(Contacts.Intents.Insert.NAME,"My Name");
intent.putExtra(Contacts.Intents.Insert.PHONE,"+1234567890");
intent.putExtra(Contacts.Intents.Insert.PHONE_TYPE,Contacts.PhonesColumns.TYPE_MOBILE);
intent.putExtra(Contacts.Intents.Insert.EMAIL,"xxx@163.com");
intent.putExtra(Contacts.Intents.Insert.EMAIL_TYPE,Contacts.ContactMethodsColumns.TYPE_WORK);
startActivity(intent);
```

（19）打开另一程序

打开另一程序，其核心代码如下：

```
Intent intent=new Intent();
ComponentName cn=new ComponentName("com.jinyu.cqkxzsxy.android.test", "com.jinyu.cqkxzsxy.android.
test.MainActivity");
intent.setComponent(cn);
intent.setAction("android.intent.action.MAIN");
startActivityForResult(intent,RESULT_OK);
```

（20）打开录音机

打开录音机，其核心代码如下：

```
Intent mi=new Intent(Media.RECORD_SOUND_ACTION);
startActivity(mi);
```

8.4 就业面试技巧与解析

本章讲解了 Android 开发中的意图组件，意图组件在整个 Android 开发中扮演信使的作用，不同组件启动及传递数据都需要使用，因此在面试过程中也经常会被问及，例如多数会问到不同组件间的通信和不同组件绑定运行。

8.4.1 面试技巧与解析（一）

面试官：两个 Activity 之间怎么传递数据？

应聘者：可以在 Intent 对象中利用 Extra 来传递存储数据。在 Intent 的对象请求中，使用 putExtra；在另外一个 Activity 中将 Intent 中的请求数据取出来。具体代码如下：

```
Intent intent = getIntent();
String value = intent.getStringExtra(testIntent);
```

8.4.2 面试技巧与解析（二）

面试官：请描述一下 Intent 和 Intent Filter。

应聘者：Intent 在 Android 中被翻译为“意图”，它是三种应用程序基本组件 Activity、Service 和 broadcast receiver 之间相互激活的手段。在调用 Intent 名称时使用 ComponentName，也就是类的全名时为显示调用。这种方式一般用于应用程序的内部调用，因为你不一定会知道别人写的类的全名。Intent Filter 是指意图过滤，不出现在代码中，而是以<intent-filter>的形式出现在 androidManifest 文件中（有一个例外，broadcast receiver 的 intent filter 是使用 Context.registerReceiver()来动态设定的，其中 intent filter 也是在代码中创建的）。

一个 intent 有 action、data、category 等字段。一个隐式 intent 为了能够被某个 intent filter 接收，必须通过 3 个测试，一个 intent 为了被某个组件接收，则必须通过它所有的 intent filter 中的一个。

第3篇

核心技术

在本篇中，将结合案例学习 Android 开发中的一些核心技术，包括资源文件的管理、绘图与动画、对音频和视频处理的多媒体开发和 XML 文件、JSON 文件、SharePreference 的存储技术等核心技术。

第 9 章
资源文件管理

学习指引

本章讲解 Android 开发中有关资源文件管理的内容。在整个工程中，Android 资源使用频率最高的包括 string、drawable、layout 等。

重点导读

- 了解 Android 的资源目录和文件。
- 掌握字符数组和数量字符串。
- 熟悉颜色和尺寸资源。
- 掌握 StateListDrawable、LayerDrawable 等图像资源。
- 熟悉选项、上下文和弹出资源。

9.1 资源目录及文件

Android 针对资源设置了单独的文件夹及文件用于存储。不同的资源存放位置和文件也是不同的，它们之间相互独立。

常用的资源目录有 3 个，见表 9-1。

表 9-1 常用资源目录及说明

资 源 目 录	说 明
/res/drawable	存储图形资源
/res/layout	用于界面资源、Widget
/res/values	监督数据，如字符串、颜色值、尺寸信息等

除了常用的资源文件外，还有其他一些资源及文件，见表 9-2。

表 9-2 其他资源类型及目录等

资 源 类 型	所 需 目 录	文 件 名	适合的关键 XML 元素
字符串	/res/values	strings.xml	<string>
字符串数组	/res/values	arrays.xml	<string-arrary>
颜色值	/res/values	colors.xml	<color>
尺寸	/res/values	dimens.xml	<dimen>
简单 Drawable 图形	/res/drawable	drawables.xml	<drawable>
位图图像	/res/mipmap	xx.png、xx.jpg 等	支持的图形文件或 XML 文件定义的 drawable 图形
动画序列（补间）	/res/anim	fancy_animal.xml 等	<set><alpha><scale><translate><rotate>
菜单文件	/res/menu	my_menul.xml	<menu>
XML 文件	/res/xml	some.xml	由开发人员自定义
原始文件	/res/raw	some_audio.mp3	
布局文件	/res/layout	start_screen.xml	多种定义
样式和主题	/res/values	styles.xml	<style>

资源都需要通过相应的资源类来进行管理，常见的资源管理类如下。

int getColor(int id)：对应 res/values/colors.xml。

Drawable getDrawable(int id)：对应 res/drawable/。

XmlResourceParsergetLayout(int id)：对应 res/layout/。

String getString(int id)和 Char SequencegetText(int id)：对应 res/values/strings.xml。

InputStreamopenRawResource(int id)：对应 res/raw/。

void parseBundleExtra(String tagName,AttributeSetattrs,Bundle outBundle)：对应 res/xml/。

String[] getStringArray(int id)：对应 res/values/arrays.xml。

float getDimension(int id)：对应 res/values/dimens.xml。

9.2 字符串资源

字符串存储在/res/values/strings.xml 文件中，字符串资源为应用提供具有可选文本样式和格式设置的文本字符串。共有以下 3 种类型的资源可为应用提供字符串。

String：提供单个字符串的 XML 资源。

StringArray：提供字符串数组的 XML 资源。

QuantityStrings(Plurals)：带有用于多元化的不同字符串的 XML 资源。

所有字符串都能应用某些样式设置标记和格式设置参数。

9.2.1 字符串

String 是可从应用或从其他资源文件（如 XML 布局）引用的单个字符串。

注意：字符串是一种使用 name 属性（并非 XML 文件的名称）中提供的值进行引用的简单资源。因此，可以在一个 XML 文件中将字符串资源与其他简单资源合并在一起，放在<resources>元素下。

文件位置：res/values/filename.xml。其中，filename 是任意值。<string>元素的 name 将用作资源 ID。

编译的资源数据类型：指向 String 的资源指针。

资源引用：在 Java 中，引用方式为 R.string.string_name；在 XML 中，引用方式为@string/string_name。

语法格式：

```
<?xml version="1.0" encoding="utf-8"?>
<resources>
<string
name="string_name">text_string</string>
</resources>
```

以上代码中的元素及属性介绍如下。

- 元素<resources>必备，此元素必须是根节点；<string>为一个字符串，可包括样式设置标记。注意，必须将撇号和引号转义。
- 属性 name 为字符串的名称。该名称将用作资源 ID。

举例：

保存在 res/values/strings.xml 中的 XML 文件如下。

```
<?xml version="1.0" encoding="utf-8"?>
<resources>
<string name="hello">Hello!</string>
</resources>
```

该布局 XML 会对视图应用一个字符串如下。

```
<TextView
android:layout_width="fill_parent"
android:layout_height="wrap_content"
android:text="@string/hello"/>
```

以下应用代码用于在 Java 中获取字符串。

```
String string=getString(R.string.hello);
```

可以使用 getString(int)或 getText(int)来检索字符串。getText(int)将保留应用于字符串的任何文本样式设置。

9.2.2 字符数组

StringArray 可从应用引用的字符串数组，可以与其他资源组合使用。

文件位置：res/values/filename.xml。其中，filename 是任意值。<string-array>元素的 name 将用作资源 ID。

编译的资源数据类型：指向 String 数组的资源指针。

资源引用：在 Java 中，引用方式为 R.array.string_array_name。

语法格式：

```
<?xml version="1.0" encoding="utf-8"?>
<resources>
<string-array
name="string_array_name">
<item>text_string</item>
```

```
</string-array>
</resources>
```

以上代码中的元素及属性介绍如下。

元素<resources>必备，此元素必须是根节点；<string-array>定义一个字符串数组，包含一个或多个<item>元素；<item>一个字符串，可包括样式设置标记。其值可以是对另一字符串资源的引用，必须是<string-array>元素的子项。

属性 name 为数组的名称。该名称将用作资源 ID 来引用数组。

举例：

保存在 res/values/strings.xml 中的 XML 文件如下。

```
<?xml version="1.0" encoding="utf-8"?>
<resources>
<string-array name="planets_array">
<item>Mercury</item>
<item>Venus</item>
<item>Earth</item>
<item>Mars</item>
</string-array>
</resources>
```

以下应用代码用于在 Java 中获取字符串数组。

```
Resources res=getResources();
String[]planets=res.getStringArray(R.array.planets_array);
```

9.2.3 数量字符串

不同语言在数量一致上具有不同的规则。例如，在英语中，数量 1 是一种特殊情况，通常会写成 1 book，但如果是任何其他数量，则会写成 n books。这种对单复数的区分很常见，但其他语言对比进行了更加细致的区分。Android 支持的完整集合包括 zero、one、two、few、many 和 other。决定为给定语言和数量使用哪一种情况的规则可能非常复杂，因此 Android 提供了 getQuantityString()等方法来选择适合的资源。

注意： Plurals 集合是一种使用 name 属性中提供的值进行引用的简单资源。因此，可以在一个 XML 文件中将 plurals 资源与其他简单资源合并在一起，放在<resources>元素下。

文件位置：res/values/filename.xml。其中，filename 是任意值。<plurals>元素的 name 将用作资源 ID。

资源引用：在 Java 中，引用方式为 R.plurals.plural_name。

语法格式：

```
<?xml version="1.0" encoding="utf-8"?>
<resources>
<plurals
name="plural_name">
<item
quantity=["zero"|"one"|"two"|"few"|"many"|"other"]>text_string</item>
</plurals>
</resources>
```

以上代码中的元素及属性介绍如下。

元素<resources>必备，此元素必须是根节点；<plurals>一个字符串集合，根据事物数量提供其中的一个字符串。包含一个或多个<item>元素；<item>一个复数或单数字符串。其值可以是对另一字符串资源的引用。必须是<plurals>元素的子项。

属性 name 字符串对的名称，该名称将用作资源 ID；属性 quantity 关键字，表示应在何时使用该字符串的值。关于其中值的含义见表 9-3。

表 9-3 数量字符串的值及说明

值	说 明
Zero	当语言要求对数字 0 做特殊对待时（如阿拉伯语的要求）
One	当语言要求对 1 这类数字做特殊对待时（如英语和大多数其他语言中对数字 1 的对待要求；在俄语中，任何末尾是 1 但不是 11 的数字均属此类）
Two	当语言要求对 2 这类数字做特殊对待时（如威尔士语中对 2 的要求，或斯洛文尼亚语中对 102 的要求）
Few	当语言要求对“小”数字做特殊对待时（如捷克语中的 2、3 和 4；波兰语中末尾是 2、3 或 4 但不是 12、13 或 14 的数字）
Many	当语言要求对“大”数字做特殊对待时（如马耳他语中末尾是 11～99 的数字）
Other	当语言不要求对给定数量做特殊对待时（如中文中的所有数字，或英语中的 42）

实例：

保存在 res/values/strings.xml 中的 XML 文件如下。

```
<?xml version="1.0" encoding="utf-8"?>
<resources>
<plurals name="numberOfSongsAvailable">
<item quantity="one">%dsongfound.</item>
<item quantity="other">%dsongsfound.</item>
</plurals>
</resources>
```

保存在 res/values-pl/strings.xml 中的 XML 文件如下。

```
<?xml version="1.0" encoding="utf-8"?>
<resources>
<plurals name="numberOfSongsAvailable">
<item quantity="one">Znaleziono%dpiosenkę.</item>
<item quantity="few">Znaleziono%dpiosenki.</item>
<item quantity="other">Znaleziono%dpiosenek.</item>
</plurals>
</resources>
```

Java 代码如下。

```
int count=getNumberOfsongsAvailable();
Resources res=getResources();
String songsFound=res.getQuantityString(R.plurals.numberOfSongsAvailable,count,count);
```

使用 getQuantityString()方法时，如果字符串包括的字符串格式设置带有数字，则需要传递 count 两次。例如，对于字符串%dsongsfound，第一个 count 参数选择相应的复数字符串，第二个 count 参数将插入%d 占位符内。如果复数字符串不包括字符串格式设置，则无须向 getQuantityString()传递第三个参数。

9.2.4 格式和样式设置

关于如何正确设置字符串资源的格式和样式，需要注意以下几个要点。

转义撇号和引号

如果字符串中包含撇号“'”，必须用反斜杠“\'”将其转义，或为字符串加上双引号（""）。例如，以下是一些有效和无效的字符串。

```
<string name="good_example">This\'ll work</string>
<string name="good_example_2">"This'll also work"</string>
<string name="bad_example">This doesn't work</string>
```

如果字符串中包含双引号，必须将其转义（使用\"）。为字符串加上单引号不起作用。

```
<string name="good_example">This is a\"good string\".</string>
<string name="bad_example">This is a"bad string".</string>
<string name="bad_example_2">'This is another"bad string".'</string>
```

1. 设置字符串格式

如果需要使用 String.format(String,Object...)设置字符串格式，可以通过在字符串资源中加入格式参数来实现。例如，对于以下资源：

```
<string name="welcome_messages">Hello,%1$s!You have%2$d new messages.</string>
```

在本例中，格式字符串有两个参数：%1$s 是一个字符串，而%2$d 是一个十进制数字。可以使用以下代码设置字符串格式：

```
Resources res=getResources();
String text=String.format(res.getString(R.string.welcome_messages),username,mailCount);
```

2. 使用 HTML 标记设置样式

除了以上方法外还，可以使用 HTML 标记为字符串添加样式设置。例如：

```
<?xml version="1.0" encoding="utf-8"?>
<resources>
<string name="welcome">Welcome to<b>Android</b>!</string>
</resources>
```

支持的 HTML 元素包括：

- <b>表示粗体文本。
- <i>表示斜体文本。
- <u>表示下画线文本。

有时可能想让自己创建的带样式文本资源同时也用作格式字符串。正常情况下，这是行不通的，因为 String.format(String,Object...)方法会去除字符串中的所有样式信息。这个问题的解决方法是编写带转义实体的 HTML 标记。在完成格式设置后，这些实体可通过 fromHtml(String)恢复。例如：

将带样式的文本资源存储为 HTML 转义字符串：

```
<resources>
<string name="welcome_messages">Hello,%1$s!You have&lt;b>%2$d new messages&lt;/b>.</string>
</resources>
```

在这个带格式的字符串中，添加了<b>元素。注意，开括号使用<表示法进行了 HTML 转义。然后照常设置字符串格式，但还要调用 fromHtml(String)以将 HTML 文本转换成带样式文本。

```
Resources res=getResources();
String text=String.format(res.getString(R.string.welcome_messages),username,mailCount);
Char SequencestyledText=Html.fromHtml(text);
```

由于 fromHtml(String)方法将设置所有 HTML 实体的格式，因此务必要使用 htmlEncode(String)对用于带格式文本的字符串中任何可能的 HTML 字符进行转义。

例如，如果向 String.format( )传递的字符串参数可能包含“<”或“&”等的字符，则必须在设置格式前进行转义，这样在通过 fromHtml(String)传递带格式字符串时，字符就能以原始形式显示出来。

例如：

```
String escapedUsername=TextUtil.htmlEncode(username);
Resources res=getResources();
String text=String.format(res.getString(R.string.welcome_messages),escapedUsername,mailCount);
Char SequencestyledText=Html.fromHtml(text);
```

9.3 颜色与尺寸资源

在实际开发中颜色与尺寸资源是使用非常普遍的，通过使用颜色资源可以快速修改应用颜色风格，使用尺寸资源则可以适应不同分辨率的屏幕。

9.3.1 颜色资源

在工程中使用颜色资源有两种方式，一种是在 XML 中引用，一种是在代码中引用。

颜色存储在/res/values/colors.xml 文件中，格式如下：

```
<?xml version="1.0" encoding="utf-8"?>
<resources>
<color name="text_color">#F00</color>
</resources>
```

在 Android 中设置文本颜色有 4 种方法。

（1）利用系统自带的颜色类

```
tx.setTextColor(android.graphics.Color.RED);
```

（2）数字颜色表示

```
tx.setTextColor(0xffff00f);
```

（3）自定义颜色

在工程目录的 values 文件夹下新建一个 color.xml，具体代码如下：

```
<?xml version="1.0" encoding="utf-8"?>
<resources>
<drawable name="dkgray">#80808FF0</drawable>
<drawable name="yello">#F8F8FF00</drawable>
<drawable name="white">#FFFFFF</drawable>
<drawable name="darkgray">#938192</drawable>
<drawable name="lightgreen">#7cd12e</drawable>
<drawable name="black">#ff000000</drawable>
<drawable name="blue">#ff0000ff</drawable>
```

```
<drawable name="cyan">#ff00ffff</drawable>
<drawable name="gray">#ff888888</drawable>
<drawable name="green">#ff00ff00</drawable>
<drawable name="ltgray">#ffcccccc</drawable>
<drawable name="magenta">#ffff00ff</drawable>
<drawable name="red">#ffff0000</drawable>
<drawable name="transparent">#00000000</drawable>
<drawable name="yellow">#ffffff00</drawable>
</resources>
```

根据个人需要，颜色可以自行添加。

在 Java 中设置：

```
tx.setTextColor(tx.getResources().getColor(R.drawable.red));
```

color.xml 中也可用 color 标签：

```
<color name="red">#ffff0000</color>
```

将 Java 中的设置相应地改为：

```
tx.setTextColor(tx.getResources().getColor(R.color.red));
```

（4）直接在 XML 的 TextView 中设置

```
android:textColor="#F8F8FF00"或
android:textColor="#F8FF00"
```

Android 中 146 种颜色对应的 XML 色值，具体代码如下：

```
<?xml version="1.0" encoding="utf-8"?>
<resources>
<color name="white">#FFFFFF</color><!--白色-->
<color name="ivory">#FFFFF0</color><!--象牙色-->
<color name="lightyellow">#FFFFE0</color><!--亮黄色-->
<color name="yellow">#FFFF00</color><!--黄色-->
<color name="snow">#FFFAFA</color><!--雪白色-->
<color name="floralwhite">#FFFAF0</color><!--花白色-->
<color name="lemonchiffon">#FFFACD</color><!--柠檬绸色-->
<color name="cornsilk">#FFF8DC</color><!--米绸色-->
<color name="seashell">#FFF5EE</color><!--海贝色-->
<color name="lavenderblush">#FFF0F5</color><!--淡紫红-->
<color name="papayawhip">#FFEFD5</color><!--番木色-->
<color name="blanchedalmond">#FFEBCD</color><!--白杏色-->
<color name="mistyrose">#FFE4E1</color><!--浅玫瑰色-->
<color name="bisque">#FFE4C4</color><!--桔黄色-->
<color name="moccasin">#FFE4B5</color><!--鹿皮色-->
<color name="navajowhite">#FFDEAD</color><!--纳瓦白-->
<color name="peachpuff">#FFDAB9</color><!--桃色-->
<color name="gold">#FFD700</color><!--金色-->
<color name="pink">#FFC0CB</color><!--粉红色-->
<color name="lightpink">#FFB6C1</color><!--亮粉红色-->
<color name="orange">#FFA500</color><!--橙色-->
<color name="lightsalmon">#FFA07A</color><!--亮肉色-->
<color name="darkorange">#FF8C00</color><!--暗桔黄色-->
<color name="coral">#FF7F50</color><!--珊瑚色-->
<color name="hotpink">#FF69B4</color><!--热粉红色-->
```

```
<color name="tomato">#FF6347</color><!--西红柿色-->
<color name="orangered">#FF4500</color><!--红橙色-->
<color name="deeppink">#FF1493</color><!--深粉红色-->
<color name="fuchsia">#FF00FF</color><!--紫红色-->
<color name="magenta">#FF00FF</color><!--红紫色-->
<color name="red">#FF0000</color><!--红色-->
<color name="oldlace">#FDF5E6</color><!--老花色-->
<color name="lightgoldenrodyellow">#FAFAD2</color><!--亮金黄色-->
<color name="linen">#FAF0E6</color><!--亚麻色-->
<color name="antiquewhite">#FAEBD7</color><!--古董白-->
<color name="salmon">#FA8072</color><!--鲜肉色-->
<color name="ghostwhite">#F8F8FF</color><!--幽灵白-->
<color name="mintcream">#F5FFFA</color><!--薄荷色-->
<color name="whitesmoke">#F5F5F5</color><!--烟白色-->
<color name="beige">#F5F5DC</color><!--米色-->
<color name="wheat">#F5DEB3</color><!--浅黄色-->
<color name="sandybrown">#F4A460</color><!--沙褐色-->
<color name="azure">#F0FFFF</color><!--天蓝色-->
<color name="honeydew">#F0FFF0</color><!--蜜色-->
<color name="aliceblue">#F0F8FF</color><!--艾利斯兰-->
<color name="khaki">#F0E68C</color><!--黄褐色-->
<color name="lightcoral">#F08080</color><!--亮珊瑚色-->
<color name="palegoldenrod">#EEE8AA</color><!--苍麒麟色-->
<color name="violet">#EE82EE</color><!--紫罗兰色-->
<color name="darksalmon">#E9967A</color><!--暗肉色-->
<color name="lavender">#E6E6FA</color><!--淡紫色-->
<color name="lightcyan">#E0FFFF</color><!--亮青色-->
<color name="burlywood">#DEB887</color><!--实木色-->
<color name="plum">#DDA0DD</color><!--洋李色-->
<color name="gainsboro">#DCDCDC</color><!--淡灰色-->
<color name="crimson">#DC143C</color><!--暗深红色-->
<color name="palevioletred">#DB7093</color><!--苍紫罗兰色-->
<color name="goldenrod">#DAA520</color><!--金麒麟色-->
<color name="orchid">#DA70D6</color><!--淡紫色-->
<color name="thistle">#D8BFD8</color><!--蓟色-->
<color name="lightgray">#D3D3D3</color><!--亮灰色-->
<color name="lightgrey">#D3D3D3</color><!--亮灰色-->
<color name="tan">#D2B48C</color><!--茶色-->
<color name="chocolate">#D2691E</color><!--巧可力色-->
<color name="peru">#CD853F</color><!--秘鲁色-->
<color name="indianred">#CD5C5C</color><!--印第安红-->
<color name="mediumvioletred">#C71585</color><!--中紫罗兰色-->
<color name="silver">#C0C0C0</color><!--银色-->
<color name="darkkhaki">#BDB76B</color><!--暗黄褐色-->
<color name="rosybrown">#BC8F8F</color><!--褐玫瑰红-->
<color name="mediumorchid">#BA55D3</color><!--中粉紫色-->
<color name="darkgoldenrod">#B8860B</color><!--暗金黄色-->
<color name="firebrick">#B22222</color><!--火砖色-->
<color name="powderblue">#B0E0E6</color><!--粉蓝色-->
<color name="lightsteelblue">#B0C4DE</color><!--亮钢兰色-->
```

```
<color name="paleturquoise">#AFEEEE</color><!--苍宝石绿-->
<color name="greenyellow">#ADFF2F</color><!--黄绿色-->
<color name="lightblue">#ADD8E6</color><!--亮蓝色-->
<color name="darkgray">#A9A9A9</color><!--暗灰色-->
<color name="darkgrey">#A9A9A9</color><!--暗灰色-->
<color name="brown">#A52A2A</color><!--褐色-->
<color name="sienna">#A0522D</color><!--赭色-->
<color name="darkorchid">#9932CC</color><!--暗紫色-->
<color name="palegreen">#98FB98</color><!--苍绿色-->
<color name="darkviolet">#9400D3</color><!--暗紫罗兰色-->
<color name="mediumpurple">#9370DB</color><!--中紫色-->
<color name="lightgreen">#90EE90</color><!--亮绿色-->
<color name="darkseagreen">#8FBC8F</color><!--暗海蓝色-->
<color name="saddlebrown">#8B4513</color><!--重褐色-->
<color name="darkmagenta">#8B008B</color><!--暗洋红-->
<color name="darkred">#8B0000</color><!--暗红色-->
<color name="blueviolet">#8A2BE2</color><!--紫罗兰蓝色-->
<color name="lightskyblue">#87CEFA</color><!--亮天蓝色-->
<color name="skyblue">#87CEEB</color><!--天蓝色-->
<color name="gray">#808080</color><!--灰色-->
<color name="grey">#808080</color><!--灰色-->
<color name="olive">#808000</color><!--橄榄色-->
<color name="purple">#800080</color><!--紫色-->
<color name="maroon">#800000</color><!--粟色-->
<color name="aquamarine">#7FFFD4</color><!--碧绿色-->
<color name="chartreuse">#7FFF00</color><!--黄绿色-->
<color name="lawngreen">#7CFC00</color><!--草绿色-->
<color name="mediumslateblue">#7B68EE</color><!--中暗蓝色-->
<color name="lightslategray">#778899</color><!--亮蓝灰-->
<color name="lightslategrey">#778899</color><!--亮蓝灰-->
<color name="slategray">#708090</color><!--灰石色-->
<color name="slategrey">#708090</color><!--灰石色-->
<color name="olivedrab">#6B8E23</color><!--深绿褐色-->
<color name="slateblue">#6A5ACD</color><!--石蓝色-->
<color name="dimgray">#696969</color><!--暗灰色-->
<color name="dimgrey">#696969</color><!--暗灰色-->
<color name="mediumaquamarine">#66CDAA</color><!--中绿色-->
<color name="cornflowerblue">#6495ED</color><!--菊兰色-->
<color name="cadetblue">#5F9EA0</color><!--军兰色-->
<color name="darkolivegreen">#556B2F</color><!--暗橄榄绿-->
<color name="indigo">#4B0082</color><!--靛青色-->
<color name="mediumturquoise">#48D1CC</color><!--中绿宝石-->
<color name="darkslateblue">#483D8B</color><!--暗灰蓝色-->
<color name="steelblue">#4682B4</color><!--钢兰色-->
<color name="royalblue">#4169E1</color><!--皇家蓝-->
<color name="turquoise">#40E0D0</color><!--青绿色-->
<color name="mediumseagreen">#3CB371</color><!--中海蓝-->
<color name="limegreen">#32CD32</color><!--橙绿色-->
<color name="darkslategray">#2F4F4F</color><!--暗瓦灰色-->
<color name="darkslategrey">#2F4F4F</color><!--暗瓦灰色-->
```

```
<color name="seagreen">#2E8B57</color><!--海绿色-->
<color name="forestgreen">#228B22</color><!--森林绿-->
<color name="lightseagreen">#20B2AA</color><!--亮海蓝色-->
<color name="dodgerblue">#1E90FF</color><!--闪兰色-->
<color name="midnightblue">#191970</color><!--中灰兰色-->
<color name="aqua">#00FFFF</color><!--浅绿色-->
<color name="cyan">#00FFFF</color><!--青色-->
<color name="springgreen">#00FF7F</color><!--春绿色-->
<color name="lime">#00FF00</color><!--酸橙色-->
<color name="mediumspringgreen">#00FA9A</color><!--中春绿色-->
<color name="darkturquoise">#00CED1</color><!--暗宝石绿-->
<color name="deepskyblue">#00BFFF</color><!--深天蓝色-->
<color name="darkcyan">#008B8B</color><!--暗青色-->
<color name="teal">#008080</color><!--水鸭色-->
<color name="green">#008000</color><!--绿色-->
<color name="darkgreen">#006400</color><!--暗绿色-->
<color name="blue">#0000FF</color><!--蓝色-->
<color name="mediumblue">#0000CD</color><!--中蓝色-->
<color name="darkblue">#00008B</color><!--暗蓝色-->
<color name="navy">#000080</color><!--海军色-->
<color name="black">#000000</color><!--黑色-->
</resources>
```

9.3.2 尺寸资源

在工程中使用尺寸资源同样有两种方式，一种是在 XML 中引用，一种是在代码里引用。

尺寸存储在/res/values/dimens.xml 文件中，格式如下：

```
<?xml version="1.0" encoding="utf-8"?>
<resources>
<dime nname="txt_app_title">22sp</dimen>
<dime nname="font_size_10">10sp</dimen>
<dime nname="font_size_12">12sp</dimen>
<dime nname="font_size_14">14sp</dimen>
<dime nname="font_size_16">16sp</dimen>
</resources>
```

获取尺寸使用下列代码：

```
float myDimen=getResources().getDimension(R.dimen.dimen 标签 name 属性的名字);
```

另外，需要注意的是，尺寸不同的单位代表的值不一样，具体见表 9-4。

表 9-4　尺寸

测量单位	说　明	所需的资源标记	举　例
像素	实际的屏幕像素	px	20px
英寸	物理测量单位	in	2in
毫米	物理测量单位	mm	2mm
点	普通字体测量单位	pt	14pt

续表

测量单位	说　明	所需的资源标记	举　例
密度独立像素（density-independentpixels）	相对于 160dpi 屏幕的像素	dp	2dp
比例独立像素（scale-independentpixels）	对于字体显示的测量	sp	14sp

推荐使用 dp 和 sp 进行表示，根据实际情况而定，也可使用其他的尺寸。下面给出一个简单的尺寸转换类，只是实现简单的转换。

```
package com.enterprise.cqbc.utility;
/*
 *Android尺寸单位转换工具类
 *@Description:Android尺寸单位转换工具类
 *@File:DisplayUtility.java
 *@Package com.enterprise.cqbc.utility*/
public class DisplayUtility{
/**
 *将px值转换为dip或dp值，保证尺寸大小不变
 *@param pxValue
 *@param scale(DisplayMetrics类中属性density)
 *@return
 */
public static int pxTodip(float pxValue,float scale){
return(int)(pxValue/scale+0.5f);
}
/**
 *将dip或dp值转换为px值，保证尺寸大小不变
 *@param dipValue
 *@param scale（DisplayMetrics类中属性density）
 *@return
 */
public static int dipTopx(float dipValue,float scale){
return(int)(dipValue*scale+0.5f);
}
/**
 *将px值转换为sp值，保证文字大小不变
 *@param pxValue
 *@param fontScale（DisplayMetrics类中属性scaledDensity）
 *@return
 */
public static int pxTosp(float pxValue,float fontScale){
return(int)(pxValue/fontScale+0.5f);
}
/**
 *将sp值转换为px值，保证文字大小不变
 *@param spValue
 *@param fontScale（DisplayMetrics类中属性scaledDensity）
 *@return
```

```
 */
public static int spTopx(float spValue,float fontScale){
return(int)(spValue*fontScale+0.5f);
}
}
```

9.4 图像资源

Android 中的图像资源分为位图资源、图片资源及 drawable 资源。其中，位图资源通常位于 mipmap 目录，用于存储图标；图片资源与 drawable 资源通常位于 drawable 目录中。

9.4.1 StateListDrawable

StateListDrawable 用于组织多个 Drawable 对象。当使用 StateListDrawable 作为目标组件的背景、前景图片时，StateListDrawable 对象所显示的 Drawable 对象会随目标组件状态的改变而自动切换。

定义 StateListDrawable 对象的 XML 文件根元素为<selector>，该元素可以包含多个<item>元素，并可以指定如下属性。

- android:color 或 android:drawable：指定颜色或 Drawable 对象。
- android:state_xxx：指定的状态。

StateListDrawable 主要的属性及说明见表 9-5。

表 9-5 StateListDrawable 属性及说明

属　性	说　明
android:state_activated	已激活状态
android:state_active	是否处于激活
android:state_checkable	是否处于勾选
android:state_checked	已勾选
android:state_enabled	是否可用
android:state_first	是否处于开始
android:state_focused	是否已获得焦点
android:state_last	是否处于结束
android:state_middle	是否处于中间
android:state_pressed	是否处于已按下
android:state_selected	是否处于已选中状态
android:state_window_focused	是否窗口已获得焦点

通过一个实例演示如何使用 StateListDrawable 资源，具体操作步骤如下。

步骤 1　新建模块并命名为 StateListDrawable，新建一个 Drawable 资源文件并命名为 tab_address。具体代码如下：

```
<?xml version="1.0" encoding="utf-8"?>
<selector xmlns:tools="http://schemas.android.com/tools"
xmlns:android="http://schemas.android.com/apk/res/android"
tools:ignore="MissingDefaultResource">
<item android:state_focused="true" android:color="#BC8F8F"/>
<item android:state_focused="false" android:color="#FF6347"/>
</selector>
```

步骤 2　在布局中创建两个编辑框控件，具体代码如下：

```
<?xml version="1.0" encoding="utf-8"?>
<LinearLayout xmlns:android="http://schemas.android.com/apk/res/android"
xmlns:tools="http://schemas.android.com/tools"
android:layout_width="match_parent"
android:layout_height="match_parent"
tools:context=".MainActivity"
android:orientation="vertical">
<EditText
android:layout_marginLeft="10dp"
android:layout_width="match_parent"
android:layout_height="wrap_content"
android:textColor="@drawable/tab_address"
android:text="选中改变颜色 1"/>
<EditText
android:layout_marginLeft="10dp"
android:layout_marginTop="20dp"
android:layout_width="match_parent"
android:layout_height="wrap_content"
android:textColor="@drawable/tab_address"
android:text="选中改变颜色 2"/>
</LinearLayout>
```

步骤 3　运行上述程序，切换两个编辑框控件，每次切换时字体颜色发生改变，运行结果如图 9-1 所示。

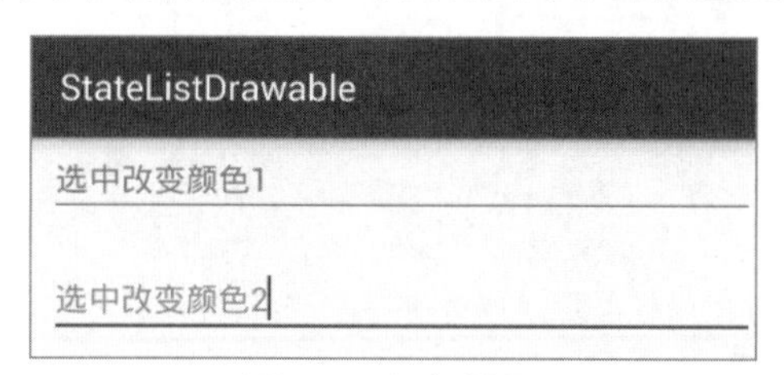

图 9-1　运行结果

9.4.2 LayerDrawable

LayerDrawable 对应的 XML 标签是<layer-list></layer-list>，它表示一种层次化的 Drawable 集合，通过将不同的 Drawable 放置在不同的层上面，以达到一种叠加后的效果。

语法格式：

```
<?xml version="1.0" encoding="utf-8"?>
<layer-list
```

```
xmlns:android="http://schemas.android.com/apk/res/android">
<item
android:drawable="@[package:]drawable/drawable_resource"
android:id="@[+][package:]id/resource_name"
android:top="dimension"
android:right="dimension"
android:bottom="dimension"
android:left="dimension"/>
</layer-list>
```

首个标签必须是<layer-list>，其中可以添加多个<item>，<item>中可以放置<bitmap>/<shape>标签。先添加的<item>会放置在底层，其中属性说明见表 9-6。

表 9-6　LayerDrawable 属性及说明

属　性	说　明
drawable	图片源文件的引用
id	给每个 item 图片创建 id
top	图片资源与顶部的距离（单位为 dip/px/sp，建议用 dip/dp）
right	图片资源与右边的距离
bottom	图片资源与底部的距离
left	图片资源与左边的距离

通过一个实例演示如何使用 LayerDrawable 资源，具体操作步骤如下。

步骤 1　新建模块并命名为 LayerDrawable，新建 Drawable 资源文件并命名为 Layer。具体代码如下：

```
<?xml version="1.0" encoding="utf-8"?>
<layer-list
xmlns:android="http://schemas.android.com/apk/res/android">
<item
android:id="@+id/shape1"
android:bottom="20dip"
android:left="20dip"
android:right="20dip"
android:top="20dip">
<shape android:shape="rectangle">
<solid android:color="#ff0000"/>
</shape>
</item>
<item
android:id="@+id/shape2"
android:bottom="40dip"
android:left="40dip"
android:right="40dip"
android:top="40dip">
<shape android:shape="rectangle">
<solid android:color="#00ff00"/>
</shape>
```

```
</item>
<item
android:id="@+id/shape3"
android:bottom="60dip"
android:left="60dip"
android:right="60dip"
android:top="60dip">
<shape android:shape="rectangle">
<solid android:color="#0000ff"/>
</shape>
</item>
<item>
<bitmap
android:antialias="true"
android:dither="true"
android:filter="true"
android:gravity="center"
android:src="@mipmap/ic_launcher"
android:tileMode="disabled">
</bitmap>
</item>
</layer-list>
```

步骤 2　布局中的具体代码如下：

```
<?xml version="1.0" encoding="utf-8"?>
<LinearLayout xmlns:android="http://schemas.android.com/apk/res/android"
xmlns:tools="http://schemas.android.com/tools"
android:layout_width="match_parent"
android:layout_height="match_parent"
tools:context=".MainActivity"
android:orientation="vertical">
<TextView
android:layout_width="match_parent"
android:layout_height="300dip"
android:background="@drawable/layer"
android:layout_marginLeft="20dp"
android:layout_marginTop="20dp"
android:text="实际效果"/>
</LinearLayout>
```

步骤 3　运行上述程序，查看运行结果，如图 9-2 所示。

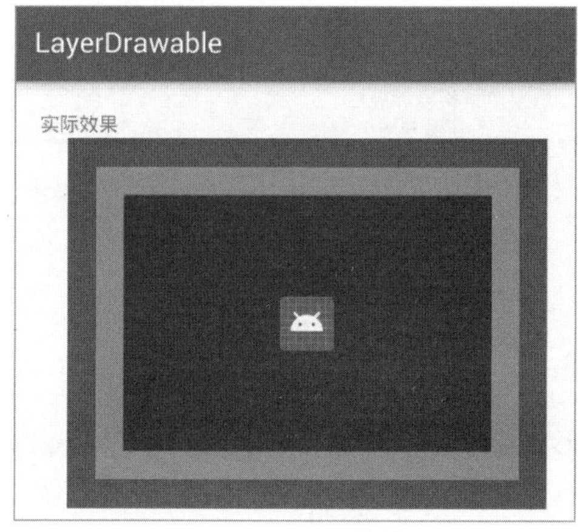

图 9-2　运行结果

9.4.3 ShapeDrawable

ShapeDrawable 是一种创建的 Drawable 对象，可以理解为通过颜色来构建的图形。它既可以是纯色的图形，也可以是具有渐变效果的图形。

定义 ShapeDrawable 的 XML 文件根元素为<shape>。

语法格式：

```
<?xml version="1.0" encoding="utf-8"?>
<shape
xmlns:android="http://schemas.android.com/apk/res/android"
android:shape=["rectangle"|"oval"|"line"|"ring"]>
<corners
android:radius="integer"
android:topLeftRadius="integer"
android:topRightRadius="integer"
android:bottomLeftRadius="integer"
android:bottomRightRadius="integer"/>
<gradient
android:angle="integer"
android:centerX="integer"
android:centerY="integer"
android:centerColor="integer"
android:endColor="color"
android:gradientRadius="integer"
android:startColor="color"
android:type=["linear"|"radial"|"sweep"]
android:useLevel=["true"|"false"]/>
<padding
android:left="integer"
android:top="integer"
android:right="integer"
android:bottom="integer"/>
<size
android:width="integer"
android:height="integer"/>
<solid
android:color="color"/>
<stroke
android:width="integer"
android:color="color"
android:dashWidth="integer"
android:dashGap="integer"/>
</shape>
```

子元素——<corners>（角度）、<gradient>（渐变）、<padding>（距离）、<size>（大小）、<solid>（纯色填充）、<stroke>（描边）。

根元素——<shape>，表示图形的形状，其有 4 种选项，分别为 rectangle（矩形）、oval（椭圆）、line（横线）、ring（圆环）。line 和 ring 必须通过<stroke>标签来指定线的宽度和颜色信息等。

针对 ring 有 5 个特殊的属性见表 9-7。

表 9-7　ring 属性及作用

属　　性	作　　用
android:innerRadius	圆内的内半径，当与 innerRadiusRatio 同时存在时，以 innerRadius 为准
android:thickness	厚度，圆环的厚度=外半径-内半径，当与 thicknessRatio 一起存在时，以 thickness 为准
innerRadiusRatio	内半径占整个 Drawable 宽度的比例，默认值为 9。如果为 *n*，那么内半径=宽度/*n*
android:thicknessRatio	厚度占整个 Drawable 的宽度的比例，默认值为 3。如果为 *n*，那么厚度=宽度/*n*
android:useLevel	一般取值应设置为 false，否则可能无法达到预期的效果，除非其被作为 LevelListDrawable 来使用

<corners>角度（只适用于 shape）表示 shape 图形四个角的角度，即四个角的圆角程度。单位是 px，它有 5 个属性见表 9-8。

表 9-8　corners 属性及作用

属　　性	作　　用
android:radius	为四个角同时设定相同的角度，优先级低，会被下面几个覆盖
android:topLeftRadius	左上角的角度
android:topRightRadius	右上角的角度
android:bottomLeftRadius	左下角的角度
android:bottomRightRadius	右下角的角度

注意：每个圆角半径值都必须大于 1，否则就没有圆角。

<solid>表示纯色填充，利用 android:color 就可以指定 shape 的颜色。

<gradient>渐变效果（与<solid>互斥，纯色与渐变只能取一个），具体属性见表 9-9。

表 9-9　gradient 属性及作用

属　　性	作　　用
android:angle	渐变的角度，其值必须为 45 的整数倍，默认值为 0。具体效果随着角度的调整而产生变化，角度影响渐变方向 0° 表示从左边到右边；90° 表示从上到下
android:centerX	渐变中心的横坐标点
android:centerY	渐变中心的纵坐标点
android:startColor	渐变色的起始色
android:centerColor	渐变色的中间色
android:endColor	渐变色的结束色
android:type	渐变的类型，分为 linear（线性渐变）、radio（径向渐变）和 sweep（扫描线渐变）3 种，默认值为线性渐变
android:gradientRadius	渐变的半径（仅当 android:type 为 radio 时有效）
android:useLevel	一般取值为 false，当 Drawable 作为 StateListDrawable 使用时有效

```
<stroke>描边
```

stroke 的属性见表 9-10。

表 9-10 stroke 属性及作用

属　性	作　用
android:width	描边的宽度，其越大则 shape 的边缘线越粗
android:color	描边的颜色
android:dashWidth	虚线的宽度
android:dashGap	虚线的间隔空隙

注意：如果 android:dashWidth 和 android:dashGap 两者有任意一个为 0，那么虚线效果无法显示。

```
<padding>
```

与布局中的使用效果相同，对上、下、左、右进行填充。

<size>shape 大小（只是大小，并不是指定固定大小）。

android:width：指定 shape 宽度。

android:height：指定 shape 高度。

严格意义上讲，shape 没有宽、高，通过 size 指定才有了宽、高。当 shape 作为 View 的背景时，shape 还是会被拉伸的，所以这个宽、高并非是固定不变的（对于 Drawable 来说，是没有绝对宽、高的）。

通过一个实例演示如何使用 ShapeDrawable，具体操作步骤如下。

步骤 1　新建模块并命名为 ShapeDrawable，创建用于显示线段的资源文件并命名为 simple_line。具体代码如下：

```
<?xml version="1.0" encoding="utf-8"?>
<shape xmlns:android="http://schemas.android.com/apk/res/android"
android:shape="line">
<!—line 必须描边(stroke)-->
<stroke
android:width="10dp"
android:color="#0000ff"
/>
</shape>
```

步骤 2　创建用于显示椭圆的资源文件，命名为 simple_oval。具体代码如下：

```
<?xml version="1.0" encoding="utf-8"?>
<shape xmlns:android="http://schemas.android.com/apk/res/android"
android:shape="line">
<!—line 必须描边(stroke)-->
<stroke
android:width="10dp"
android:color="#0000ff"
/>
</shape>
```

步骤 3　创建用于显示矩形的资源文件，命名为 simple_rectagle。具体代码如下：

```
<?xml version="1.0" encoding="utf-8"?>
<!--矩形-->
<shape xmlns:android="http://schemas.android.com/apk/res/android"
android:shape="rectangle">
```

```
<solid android:color="#00ff00"/>
<corners android:radius="5px"/>
</shape>
```

步骤 4　创建用于显示圆形的资源文件，命名为 simple_ring。具体代码如下：

```
<?xml version="1.0" encoding="utf-8"?>
<!--安卓的圆一般来说,外半径=内半径+厚度-->
<shape xmlns:android="http://schemas.android.com/apk/res/android"
android:shape="ring"
android:useLevel="false"
android:innerRadius="20dp"
android:thickness="3dp">
<stroke
android:color="#ff0000"/>
<solid android:color="#ff0000"/>
</shape>
```

步骤 5　界面布局的具体代码如下：

```
<LinearLayoutxmlns:android="http://schemas.android.com/apk/res/android"
xmlns:tools="http://schemas.android.com/tools"
android:layout_width="match_parent"
android:layout_height="match_parent"
tools:context=".MainActivity"
android:orientation="vertical">
<TextView
android:layout_marginTop="10dp"
android:layout_marginLeft="10dp"
android:layout_width="wrap_content"
android:layout_height="wrap_content"
android:text="line"
android:background="@drawable/simple_line"/>
<TextView
android:layout_marginTop="10dp"
android:layout_marginLeft="10dp"
android:layout_width="wrap_content"
android:layout_height="wrap_content"
android:text="oval"
android:background="@drawable/simple_oval"/>
<TextView
android:layout_marginTop="10dp"
android:layout_marginLeft="10dp"
android:layout_width="wrap_content"
android:layout_height="wrap_content"
android:text="rectagle"
android:background="@drawable/simple_rectagle"/>
<TextView
android:layout_marginTop="10dp"
android:layout_marginLeft="10dp"
android:layout_width="50dp"
android:layout_height="50dp"
android:text="ring"
android:background="@drawable/simple_ring"/>
</LinearLayout>
```

步骤 6　运行上述程序，查看运行结果，如图 9-3 所示。

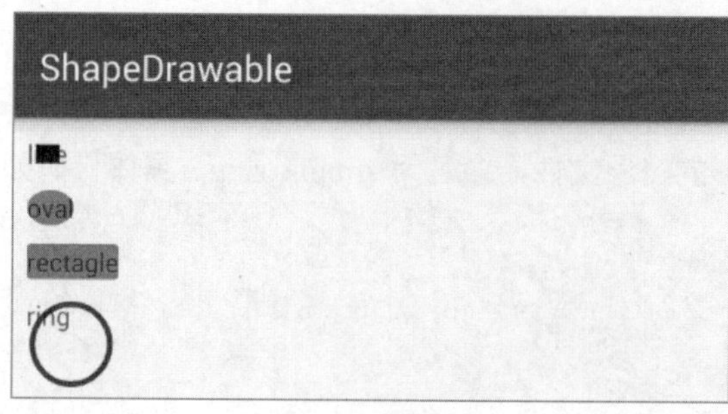

图 9-3　运行结果

9.4.4　ClipDrawable

ClipDrawable 用于对一个 Drawable 进行剪切操作，可以控制 Drawable 的剪切区域及相对于容器的对齐方式，例如 Android 中的进度条效果就是使用 ClipDrawable 来实现的。

需要注意的是，ClipDrawable 是根据 level 取值的大小来控制图片剪切操作的，level 的取值范围为 0～10000，为 0 时表示完全不显示，为 10000 时表示完全显示。用 Drawable 提供的 setLevel（intlevel）方法可设置剪切区域。

语法格式：

```
<?xml version="1.0" encoding="utf-8"?>
<clip
    xmlns:android="http://schemas.android.com/apk/res/android"
    android:drawable="@drawable/drawable_resource"
    android:clipOrientation=["horizontal" | "vertical"]
    android:gravity=["top" | "bottom" | "left" | "right" | "center_vertical" | "fill_vertical" |
"center_horizontal" | "fill_horizontal" | "center" | "fill" | "clip_vertical" | "clip_horizontal"] />
```

元素：

```
<clip>
```

定义 ClipDrawable 时，必须将其作为根元素使用。

android:clipOrientation：指定裁剪的方向，有以下两种取值。

- horizontal：水平方向裁剪。
- vertical：垂直方向裁剪。

android:gravity：指定从哪个地方裁剪，取值见表 9-11（多个值间用“|”分隔）。

表 9-11　gravity 取值及描述

值	描　述
top	将对象放在容器的顶部，不改变其大小。当 clipOrientation 取值为"vertical"时，裁剪发生在 drawable 的底部（bottom）
bottom	将对象放在容器的底部，不改变其大小。当 clipOrientation 取值为"vertical"时，裁剪发生在 drawable 的顶部（top）
left	将对象放在容器的左部，不改变其大小。当 clipOrientation 取值为"horizontal"时，裁剪发生在 drawable 的右边（right）。默认的是这种情况
right	将对象放在容器的右部，不改变其大小。当 clipOrientation 取值为"horizontal"时，裁剪发生在 drawable 的左边（left）

续表

值	描　述
center_vertical	将对象放在垂直中间位置，不改变其大小。裁剪的情况和"center"一样
fill_vertical	垂直方向上不发生裁剪（除非 drawable 的 level 取值为 0，才会不可见，表示全部裁剪完）
center_horizontal	将对象放在水平中间位置，不改变其大小。裁剪的情况和"center"一样
fill_horizontal	水平方向上不发生裁剪（除非 drawable 的 level 取值为 0，才会不可见，表示全部裁剪完）
center	将对象放在水平垂直坐标的中间，不改变其大小。当 clipOrientation 取值为"horizontal"时，裁剪发生在左右；当 clipOrientation 取值为"vertical"时，裁剪发生在上下
fill	填充整个容器，不会发生裁剪（除非 drawable 的 level 取值为 0，才会不可见，表示全部裁剪完）
clip_vertical	额外的选项，其能够把它容器的上下边界设置为子对象上下边缘的裁剪边界。裁剪要基于对象垂直重力设置：如果重力设置为 top，则裁剪下边；如果设置为 bottom，则裁剪上边；否则上、下两边都要裁剪
clip_horizontal	额外的选项，其能够把它容器的左右边界，设置为子对象左右边缘的裁剪边界。裁剪要基于对象水平重力设置：如果重力设置为 right，则裁剪左边；如果设置为 left，则裁剪右边；否则左、右两边都要裁剪

通过一个实例演示如何使用 ClipDrawable，具体操作步骤如下。

步骤 1　新建模块并命名为 ClipDrawable，新建 Drawable 资源文件并命名为 clip。具体代码如下：

```
<?xml version="1.0" encoding="utf-8"?>
<clip xmlns:android="http://schemas.android.com/apk/res/android"
    android:drawable="@drawable/p1"
    android:clipOrientation="horizontal"
    android:gravity="center">
</clip>
```

步骤 2　布局中的具体代码如下：

```
<RelativeLayout xmlns:android="http://schemas.android.com/apk/res/android"
    xmlns:tools="http://schemas.android.com/tools"
    android:layout_width="match_parent"
    android:layout_height="match_parent"
    tools:context=".MainActivity"
    android:orientation="vertical">
    <ImageView
        android:id="@+id/iv_show"
        android:layout_marginTop="10dp"
        android:layout_width="match_parent"
        android:layout_height="400dp"
        android:background="@drawable/clip" />
    <SeekBar
        android:id="@+id/seekbar"
        android:layout_below="@id/iv_show"
        android:layout_width="match_parent"
        android:layout_height="wrap_content" />
</RelativeLayout>
```

步骤 3　主活动中的具体代码如下：

```
public class MainActivity extends AppCompatActivity {
    ImageView mImageShow;//定义图像视图对象
    @Override
```

```
    protected void onCreate(Bundle savedInstanceState) {
        super.onCreate(savedInstanceState);
        setContentView(R.layout.activity_main);
        mImageShow = findViewById(R.id.iv_show);//绑定对象与控件
        SeekBar mSeekBar = findViewById(R.id.seekbar);//定义拖动控件对象并绑定
        //设置拖动控件的改变监听事件
        mSeekBar.setOnSeekBarChangeListener(new SeekBar.OnSeekBarChangeListener() {
            @Override
            public void onProgressChanged(SeekBar seekBar, int progress, boolean fromUser) {
                int max = seekBar.getMax();//获取拖动控件的最大值
                double scale = (double)progress/(double)max;//计算出占比
                //通过图像视图获取到drawable资源
                ClipDrawable drawable = (ClipDrawable) mImageShow.getBackground();
                drawable.setLevel((int) (10000*scale));//设置裁切比例
            }
            @Override
            public void onStartTrackingTouch(SeekBar seekBar) {
            }
            @Override
            public void onStopTrackingTouch(SeekBar seekBar) {
            }
        });
    }
}
```

步骤 4　运行上述程序，拖动控件，图片从中间开始裁切，运行结果如图 9-4 所示。

图 9-4　运行结果

9.5　菜单资源

菜单是 Android 应用中非常重要且常见的组成部分，主要可以分为三类：选项菜单、上下文菜单/上下文操作模式及弹出菜单。

9.5.1 选项菜单

选项菜单是应用的主菜单，用于放置对应用产生全局影响的操作，如搜索/设置。虽然无论是 XML 还是 Java 代码都可以用来创建菜单，但是在实际开发中，往往通过 XML 文件定义菜单。这样做有以下几个好处。

（1）使用 XML 可以获得更清晰的菜单结构。

（2）将菜单内容与应用的逻辑代码分离。

（3）可以使用应用资源框架，为不同的平台版本、屏幕尺寸创建最合适的菜单。

要定义菜单，首先需要在 res 文件夹下新建 menu 文件夹，它将用于存储与菜单相关的所有 XML 文件。可以使用<menu>、<item>、<group> 3 种 XML 元素定义菜单，下面对它们依次进行简单介绍。

（1）<menu>是菜单项的容器，<menu>元素必须是该文件的根节点，并且能够包含一个（或多个）<item>元素和<group>元素。

（2）<item>是菜单项，用于定义 MenuItem，可以嵌套<menu>元素，以便创建子菜单。其中，<item>的常见属性如下。

- android:id：菜单项（MenuItem）的唯一标识。
- android:icon：菜单项的图标（可选）。
- android:title：菜单项的标题（必选）。
- android:showAsAction：指定菜单项的显示方式。常用的显示方式有 ifRoom、never、always、withText，多个属性值间可以使用“|”隔开。

（3）<group>是<item>元素的不可见容器（可选），可以使用它对菜单项进行分组，使一组菜单项共享可用性和可见性等属性。

1. 不包含多级子菜单的选项菜单

通过一个实例演示如何使用选项菜单，具体操作步骤如下。

步骤 1　新建模块并命名为 menu1，在 res 目录中新建 menu 目录——选中 res 目录并单击鼠标右键，在弹出的快捷菜单中选择 New→Directory，如图 9-5 所示。

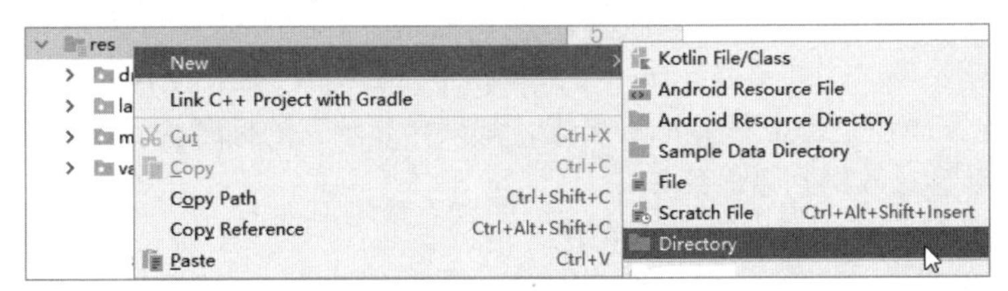

图 9-5　新建目录

步骤 2　在弹出的对话框中输入 menu，如图 9-6 所示，然后单击 OK 按钮。这里的菜单目录必须是 menu。

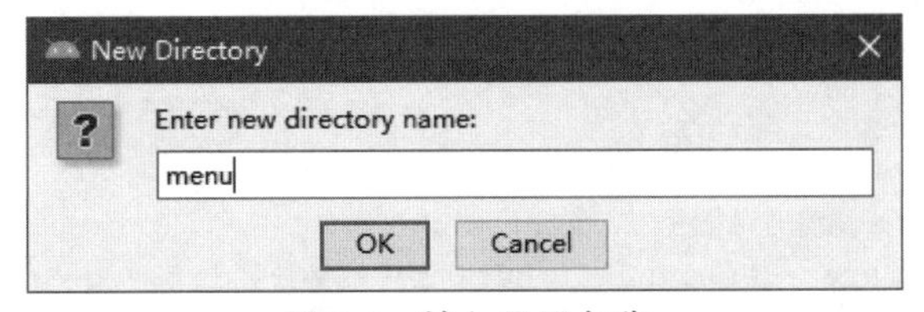

图 9-6　输入目录名称

步骤 3　新建菜单资源。选中 menu 目录并单击鼠标右键，在弹出的快捷菜单中选择 New→Menu resource

file，如图 9-7 所示。

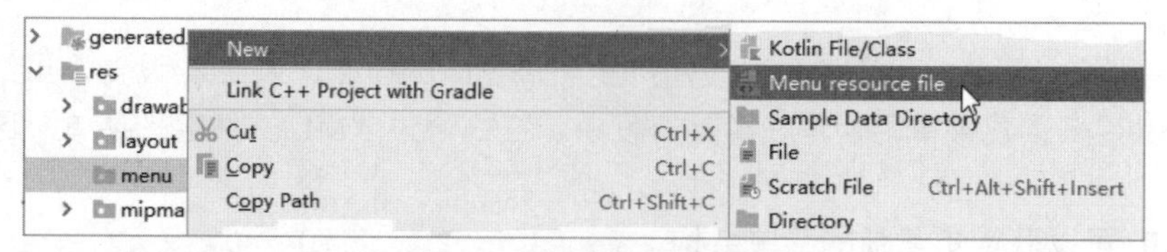

图 9-7　新建菜单资源

步骤 4　菜单资源文件的具体代码如下：

```
<?xml version="1.0" encoding="utf-8"?>
<menu xmlns:android="http://schemas.android.com/apk/res/android"
    xmlns:app="http://schemas.android.com/apk/res-auto">
    <item android:id="@+id/option_normal_1"
        android:title="菜单项 1"
        app:showAsAction="ifRoom"/>
    <item android:id="@+id/option_normal_2"
        android:title="菜单项 2"
        app:showAsAction="always"/>
    <item android:id="@+id/option_normal_3"
        android:title="菜单项 3"
        app:showAsAction="withText|always"/>
    <item android:id="@+id/option_normal_4"
        android:title="菜单项 4"
        app:showAsAction="never"/>
</menu>
```

可以看到，在 XML 文件中定义了 4 个普通的菜单项。同时，每一个<item>都有一个独特的 showAsaction 属性。要知道，菜单栏中的菜单项会分为两个部分。一部分可以直接在菜单栏中看见，可以称为常驻菜单；另一部分会被集中收纳到溢出菜单中（见菜单栏右侧的小点状图标处）。一般情况下，常驻菜单项以图标形式显示（需要定义 icon 属性），而溢出菜单项则以文字形式显示（通过 title 属性定义）。showAsAction 属性值间的差异如下。

- always：菜单项永远不会被收纳到溢出菜单中，因此在菜单项过多的情况下可能超出菜单栏的显示范围。
- ifRoom：在空间足够时，菜单项会显示在菜单栏中，否则收纳到溢出菜单中。
- withText：无论菜单项是否定义了 icon 属性，都只会显示它的标题，而不会显示图标。使用这种方式的菜单项默认会被收纳到溢出菜单中。
- never：菜单项永远只会出现在溢出菜单中。

步骤 5　在 Java 代码中设置加载，具体代码如下：

```
public class MainActivity extends AppCompatActivity {
    @Override
    protected void onCreate(Bundle savedInstanceState) {
        super.onCreate(savedInstanceState);
        setContentView(R.layout.activity_main);
    }
    @Override//重写获取菜单项的方法
    public boolean onCreateOptionsMenu(Menu menu) {
        MenuInflater inflater=getMenuInflater();//获取菜单 Inflater
        inflater.inflate(R.menu.menu1,menu);//获取菜单资源
        return true;
    }
    @Override//菜单项被单击时的逻辑处理
```

```
    public boolean onOptionsItemSelected(MenuItem item) {
        switch (item.getItemId()){
            case R.id.option_normal_1:
                break;
            case R.id.option_normal_2:
                break;
            case R.id.option_normal_3:
                break;
            case R.id.option_normal_4:
                break;
            default:
                return super.onOptionsItemSelected(item);
        }
        return true;
    }
}
```

步骤 6　运行上述程序，查看运行结果，如图 9-8 所示。

图 9-8　运行结果

菜单项 4 由于设置的是隐藏，故在图 9-8 中看不到，当单击模拟器的菜单键时才可以看到。

2. 包含多级子菜单的选项菜单

选项菜单可以包含子菜单，<item>是可以嵌套<menu>的，而<menu>又是<item>的容器。因此，可以在应用中实现具有层级结构的子菜单。下面给出一段具体代码。

```
<menu xmlns:android="http://schemas.android.com/apk/res/android"
    xmlns:app="http://schemas.android.com/apk/res-auto">
    <item android:id="@+id/option_sub_file"
        android:title="文件"
        app:showAsAction="ifRoom">
        <menu>
            <item android:id="@+id/file_new"
                android:title="新建"/>
            <item android:id="@+id/file_save"
                android:title="保存"/>
            <item android:id="@+id/file_more"
                android:title="更多">
                <menu>
                    <item android:id="@+id/file_more_1"
                        android:title="更多 1"/>
                    <item android:id="@+id/file_more_2"
                        android:title="更多 2"/>
                    <item android:id="@+id/file_more_more"
                        android:title="更多更多">
                        <menu>
                            <item android:id="@+id/file_more_more_1"
                                android:title="更多更多 1"/>
                            <item android:id="@+id/file_more_more_2"
                                android:title="更多更多 2"/>
```

```
                    </menu>
                </item>
            </menu>
        </item>
    </menu>
</item>
</menu>
```

9.5.2 上下文菜单

上下文菜单是用户长按某一元素时出现的浮动菜单。它提供的操作将影响所选内容，主要应用于列表中的每一项元素（如长按列表项，弹出删除对话框）。上下文菜单将在屏幕顶部栏（菜单栏）显示影响所选内容的操作选项，并允许用户选择多项，一般用于对列表类型的数据进行批量操作。

触发条件：上下文菜单的拥有者是 View，用户每次长按 View 时被调用，而且 View 必须已经注册了上下文菜单。

创建和响应上下文菜单的操作步骤及方法如下。

（1）为一个 View 注册上下文菜单：registerForContextMenu(View view)。

（2）生成上下文菜单，重写方法：onCreateContextMenu(ContextMenu menu, View v, ContextMenuInfo menuInfo)。

（3）单击菜单选项，重写响应方法：onContextItemSelected(MenuItem item)。

通过一个实例演示如何使用上下文菜单，具体操作步骤如下。

步骤 1　新建模块并命名为 Menu2，创建菜单目录并创建菜单资源文件。具体代码如下：

```
<?xml version="1.0" encoding="utf-8"?>
<menu xmlns:android="http://schemas.android.com/apk/res/android">
    <item android:id="@+id/copy" android:title="复制" />
    <item android:id="@+id/cut" android:title="剪切" />
    <item android:id="@+id/delete" android:title="删除" />
    <item android:id="@+id/rename" android:title="重命名" />
</menu>
```

步骤 2　在布局中设置一个 ListView 控件，在主活动中注册上下文菜单。具体代码如下：

```
public class MainActivity extends AppCompatActivity {
    private ListView lvFiels;//定义 ListView 对象
    private String[] files;//定义字符串数组
    @Override
    protected void onCreate(Bundle savedInstanceState) {
        super.onCreate(savedInstanceState);
        setContentView(R.layout.activity_main);
        lvFiels = (ListView)findViewById(R.id.lv_file);
        showFileList();//显示列表视图项
        //注册上下文菜单
        registerForContextMenu(lvFiels);
    }
    private void showFileList() {
        files = new String[]{"文件 1","文件 2","文件 3","文件 4"};
        //创建数组适配器
        ArrayAdapter<String> adapter = new ArrayAdapter<>(this, android.R.layout.simple_expandable_
list_item_1, files);
```

```
        lvFiels.setAdapter(adapter);//设置适配器
    }
```

步骤 3　重写 onCreateContextMenu()方法。具体代码如下：

```
    public void onCreateContextMenu(ContextMenu menu, View v,
                                  ContextMenu.ContextMenuInfo menuInfo) {
        super.onCreateContextMenu(menu, v, menuInfo);
        getMenuInflater().inflate(R.menu.file_menu, menu);
        //获取单击 ListView 的位置
        AdapterView.AdapterContextMenuInfo info = (AdapterView.AdapterContextMenuInfo) menuInfo;
        String titleString = files[info.position];
        //设置标题
        menu.setHeaderTitle(titleString);
    }
```

步骤 4　响应上下文菜单单击，重写 onContextItemSelected()方法。具体代码如下：

```
public boolean onContextItemSelected(MenuItem item) {
        //获取单击 ListView 的位置
        //AdapterContextMenuInfo info = (AdapterContextMenuInfo) item.getMenuInfo();
        //int position = info.position;
        switch (item.getItemId()) {
            case R.id.copy:
                //do something
                Toast.makeText(this, "copy", Toast.LENGTH_SHORT).show();
                return true;
            case R.id.cut:
                //do something
                return true;
            case R.id.rename:
                //do something
                return true;
            case R.id.delete:
                //do something
                return true;
            default:
                return super.onContextItemSelected(item);
        }
    }
```

步骤 5　运行上述程序，长按视图中的某一项，弹出上下文菜单，运行结果如图 9-9 所示。

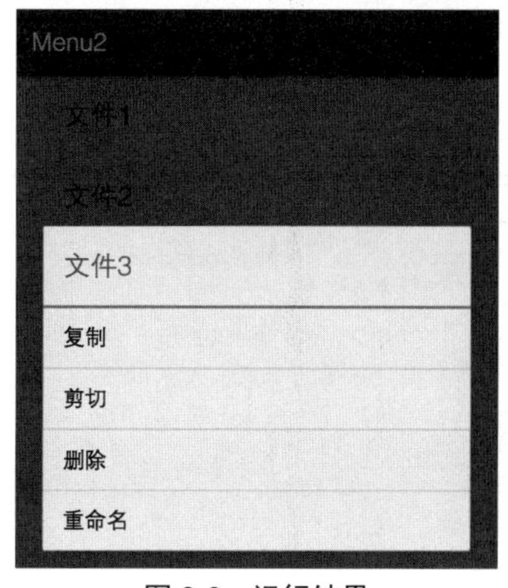

图 9-9　运行结果

9.5.3 弹出菜单

弹出菜单以垂直列表形式显示一系列操作选项，其一般由某一控件触发，该显示在对应控件的上方或下方。它适用于提供与特定内容相关的大量操作的场景下。

注意：弹出菜单在 API 11 和更高版本上才有效。

其核心步骤如下。

（1）通过 PopupMenu 的构造函数实例化一个 PopupMenu 对象，需要传递一个当前上下文对象及绑定的 View。

（2）调用 PopupMenu.setOnMenuItemClickListener()设置一个 PopupMenu 选项的选中事件。

（3）使用 MenuInflater.inflate()方法加载一个 XML 文件到 PopupMenu.getMenu()中。

（4）在需要的时候，调用 PopupMenu.show()方法显示。

通过一个实例演示如何使用弹出菜单，具体操作步骤如下。

步骤 1　新建模块并命名为 Menu3，创建菜单资源文件。具体代码如下：

```
<?xml version="1.0" encoding="utf-8"?>
<menu xmlns:android="http://schemas.android.com/apk/res/android">
    <item android:id="@+id/exit"
        android:title="退出"/>
    <item android:id="@+id/set"
        android:title="设置"/>
    <item android:id="@+id/account"
        android:title="账号"/>
</menu>
```

步骤 2　主活动中的具体代码如下：

```
public class MainActivity extends AppCompatActivity implements View.OnClickListener {
    @Override
    protected void onCreate(Bundle savedInstanceState) {
        super.onCreate(savedInstanceState);
        setContentView(R.layout.activity_main);
        Button btn = findViewById(R.id.btn);//创建按钮控件并与控件绑定
        btn.setOnClickListener(this);//设置按钮的单击事件
    }
    @Override
    public void onClick(View v) {
        //创建弹出菜单对象（最低版本 API 11）
        PopupMenu popup = new PopupMenu(MainActivity.this,v);//第二个参数是绑定的那个 view
        //获取菜单填充器
        MenuInflater inflater = popup.getMenuInflater();
        //填充菜单
        inflater.inflate(R.menu.pop_menu, popup.getMenu());
        //绑定菜单项的单击事件
        popup.setOnMenuItemClickListener(new PopupMenu.OnMenuItemClickListener() {
            @Override //弹出菜单的单击事件处理
            public boolean onMenuItemClick(MenuItem item) {
                switch (item.getItemId()) {
                    case R.id.exit:
                        Toast.makeText(MainActivity.this, "退出", Toast.LENGTH_SHORT).show();
                        break;
                    case R.id.set:
```

```
                    Toast.makeText(MainActivity.this, "设置", Toast.LENGTH_SHORT).show();
                    break;
                case R.id.account:
                    Toast.makeText(MainActivity.this, "账号", Toast.LENGTH_SHORT).show();
                    break;
                default:
                    break;
            }
            return false;
        }
    });
    //显示(这一行代码不要忘记)
    popup.show();
  }
}
```

步骤 3　运行上述程序，单击相应的按钮，查看弹出菜单运行结果，如图 9-10 所示。

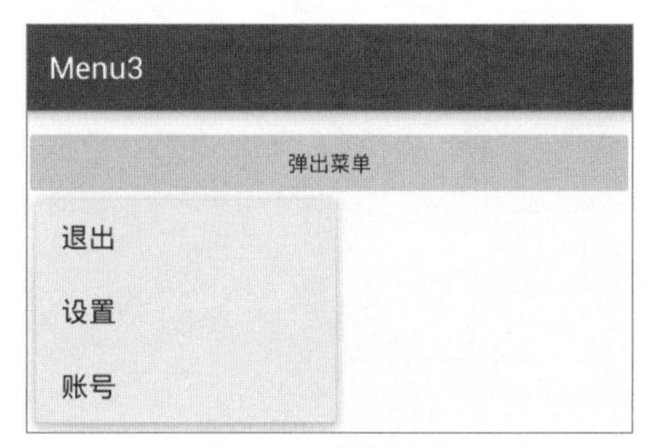

图 9-10　运行结果

9.6　就业面试技巧与解析

本章讲解 Android 中的资源，在实际开发中任何图片、文字、目录、颜色等都可以存储到资源文件中，这样设计的目的是保证分类存放，查看清晰。面试中面试官经常会问及资源目录的作用和特定资源的存储问题。

9.6.1　面试技巧与解析（一）

面试官：res/raw 和 assets 的区别是什么？

应聘者：这两个目录下的文件都会被打包进 APK，并且不经过任何的压缩处理。assets 与 res/raw 不同点在于，assets 支持任意深度的子目录，这些文件不会生成任何资源 ID，只能使用 AssetManager 按相对的路径读取文件。若需访问原始文件名和文件层次结构，则可以考虑将某些资源保存在 assets 目录下。

9.6.2　面试技巧与解析（二）

面试官：谈谈对 mipmap 文件夹与 drawable 文件夹的理解。

应聘者：在使用 Android Studio（应该是从 1.1 版本开始）创建 Android 应用项目时，常常会看到系统把 ic_launcher.png 图标放在 mipmap-xxhdpi 目录下。drawable 文件夹是存放一些 XML（如 selector）和图片，Android 会根据设备的屏幕密度（density）自动去对应的 drawable 文件夹匹配资源文件。Android 对放在 mipmap 目录的图标会忽略屏幕密度，会尽量匹配大一点的，然后系统自动对图片进行缩放，从而优化显示和节省资源（使用上面说的 mipmap 技术）。就目前的版本来说，mipmap 也没有完全取代 drawable 的意思。为了更好地显示效果，建议将如下类型的图片资源存储到 mipmap 目录下。

```
Launcher icons
Action bar and tab icons
Notification icons
```

第 10 章

绘图与动画

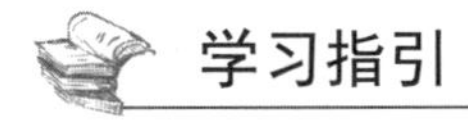

学习指引

在 Android 项目中，常常需要为项目创建背景或实现一些动画特效，以给用户带来绚丽的色彩和视觉冲击。通过本章的学习，可以为读者自行实现安卓特效奠定基础。

重点导读

- 熟悉 Bitmap 类和 Bitmap 工厂类。
- 掌握 Paint（画笔）、Canvas（画布）和 Path（路径）。
- 掌握综合实例绘制图形的方法。

10.1 Bitmap 类和 Bitmap 工厂

Bitmap 位图包括像素及长、宽、颜色等描述信息，长宽和像素位数是用来描述图片的。Bitmap 位图需要通过 Bitmap 工厂类来进行操作。

10.1.1 Bitmap 类

Bitmap 是单独的一个绘图类，想要学习如何绘图，首先必须了解 Bitmap 类。

Bitmap 类常用方法有以下几个。

public void recycle()：回收位图占用的内存空间，把位图标记为 Dead。

public final Boolean isRecycled()：判断位图内存是否已释放。

public final int getWidth()：获取位图的宽度。

public final int getHeight()：获取位图的高度。

public final Boolean isMutable()：判断图片是否可修改。

public int getScaledWidth(Canvascanvas)：获取指定密度转换后的图像宽度。

public int getScaledHeight(Canvas canvas)：获取指定密度转换后图像高度。

public boolean compress(CompressFormat format,int quality,OutputStream stream)：按指定的图片格式及画质，将图片转换为输出流。

- format：Bitmap.CompressFormat.PNG 或 Bitmap.CompressFormat.JPEG。
- quality：画质，0～100.0 表示最低画质压缩，100 以最高画质压缩。对于 PNG 等无损格式的图片，会忽略此项设置。

常用的静态方法如下。

public static Bitmap createBitmap(Bitmapsrc)：以 src 为原图生成不可变得新图像。

public static Bitmap createScaledBitmap(Bitmap src,int dstWidth,int dstHeight,Boolean filter)：以 src 为原图，创建新的图像，指定新图像的高宽及是否可变。

public static Bitmap createBitmap(int width,int height,Config config)：创建指定格式、大小的位图。

public static Bitmap createBitmap(Bitmap source,int x,int y,int width,int height)：以 source 为原图，创建新的图片，指定起始坐标及新图像的高宽。

public static Bitmap createBitmap(Bitmap source, int x, int y, int width, int height, Matrix m, boolean filter)：从源位图的指定坐标点开始，挖取指定宽度与高度的一块图像，创建成新的图像。

10.1.2 Bitmap 工厂类

Bitmap 是一个静态类，因此无法初始化，Android 提供了一个工厂类用于创建 Bitmap 对象。

Option 参数类如下。

public boolean inJustDecodeBounds：如果取值设置为 true，不获取图片、不分配内存，但会返回图片的高度、宽度信息。

public int inSampleSize：图片缩放的倍数。如果取值设置为 4，则宽和高都为原来的 1/4，则图是原来的 1/16。

public int outWidth：获取图片的宽度值。

public int outHeight：获取图片的高度值。

public int inDensity：用于位图的像素压缩比。

public int inTargetDensity：用于目标位图的像素压缩比（要生成的位图）。

public boolean inScaled：设置为 true 时进行图片压缩，从 inDensity 到 inTargetDensity。

使用 BitmapFactor 可从资源 files、streams 和 byte-arrays 中解码生成 Bitmap 对象。

读取一个文件路径得到一个位图。如果指定文件为空或者不能解码成文件，则返回 NULL，其中有两个方法重载。

```
public static Bitmap decodeFile(String pathName, Options opts)
public static Bitmap decodeFile(String pathName)
```

读取一个资源文件得到一个位图。如果位图数据不能被解码，或者 opts 参数只请求大小信息时，则返回 NULL（即当 Options.inJustDecodeBounds=true，只请求图片的大小信息），有两个方法重载。

```
public static Bitmap decodeResource(Resources res, int id)
public static Bitmap decodeResource(Resources res, int id, Options opts)
```

public static Bitmap decodeStream(InputStream is)：从输入流中解码位图。

public static Bitmap decodeByteArray(byte[] data, int offset, int length)：从字节数组中解码生成不可变的位图。

BitmapDrawable 类：继承于 Drawable，可以从文件路径、输入流、XML 文件及 Bitmap 中创建。

常用的构造函数：

```
Resources res=getResources();//获取资源
```

public BitmapDrawable(Resources res)：创建一个空的 drawable（此方法不处理像素密度）。Response 用来指定初始时所用的像素密度。

public BitmapDrawable(Resources res, Bitmap bitmap)：从一个位图创建一个 Drawable 资源。

public BitmapDrawable(Resources res, String filepath)：从一个文件路径获取图像创建一个 Drawable 资源。

public BitmapDrawable(Resources res, java.io.InputStream is)：从一个流中获取图像创建一个 Drawable 资源。

使用 Canvas 类显示位图，具体代码如下：

```
public class Main extends Activity {
    @Override
    public void onCreate(Bundle savedInstanceState) {
        super.onCreate(savedInstanceState);
        setContentView(new Panel(this));
    }
    class Panel extends View{
        public Panel(Context context) {
            super(context);
        }
        //绘图方法
        public void onDraw(Canvas canvas){
            Bitmap bmp = BitmapFactory.decodeResource(getResources(), R.drawable.p1);//通过通常
类创建位图
            canvas.drawColor(Color.BLACK);//绘制颜色
            canvas.drawBitmap(bmp, 10, 10, null);//绘制位图
        }
    }
}
```

通过 BitmapDrawable 显示位图，具体代码如下。

```
//获取位图
Bitmap bmp=BitmapFactory.decodeResource(res, R.drawable.pic180);
//转换为 BitmapDrawable 对象
BitmapDrawable bmpDraw=new BitmapDrawable(bmp);
//显示位图
ImageView iv2 = (ImageView)findViewById(R.id.ImageView02);
iv2.setImageDrawable(bmpDraw);
```

10.2 绘图常用类

本节将要学习与绘图相关的一些 API，它们分别是 Canvas（画布）、Paint（画笔）和 Path（路径）。本节非常重要，同时也是自定义 View 的基础。

10.2.1 Paint

Paint 类用于设置绘制风格，如线宽（笔触粗细）、颜色、透明度和填充风格等。

直接使用无参构造方法就可以创建 Paint 实例，例如：

```
Paint paint = new Paint();
```

可以通过下述方法来设置 Paint（画笔）的相关属性。另外，关于这个属性有两种，图形绘制相关与文本绘制相关，常用方法见表 10-1。

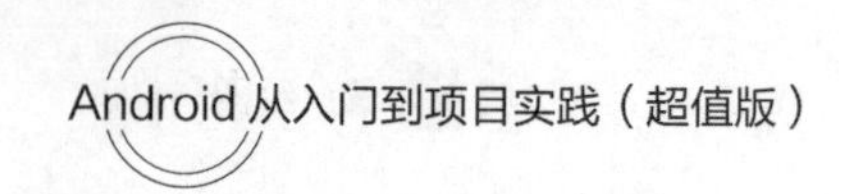

表 10-1　画笔常用方法及说明

方　法	说　明
setARGB(int a,int r,int g,int b)	设置绘制的颜色，a 代表透明度，r、g、b 代表颜色值
setAlpha(int a)	设置绘制图形的透明度
setColor(int color)	设置绘制的颜色，使用颜色值来表示，该颜色值包括透明度和 RGB 颜色
setAntiAlias(boolean aa)	设置是否使用抗锯齿功能，会消耗较大资源，绘制图形速度会变慢
setDither(boolean dither)	设置是否使用图像抖动处理，会使绘制出来的图片颜色更加平滑和饱满，图像更加清晰
setFilterBitmap(boolean filter)	如果该项设置为 true，则图像在动画进行中会滤掉对 Bitmap 图像的优化操作，加快显示速度。本设置项依赖于 dither 和 xfermode 的设置
setMaskFilter(MaskFilter maskfilter)	设置 MaskFilter，可以用不同的 MaskFilter 实现滤镜的效果，如滤化、立体等
setColorFilter(ColorFilter colorfilter)	设置颜色过滤器，可以在绘制颜色时实现不用颜色的变换效果
setPathEffect(PathEffect effect)	设置绘制路径的效果，如点画线等
setShader(Shader shader)	设置图像效果，使用 Shader 可以绘制出各种渐变效果
setShadowLayer(float radius ,float dx,float dy,int color)	在图形下面设置阴影层，产生阴影效果。radius 为阴影的角度；dx 和 dy 为阴影在 x 轴和 y 轴上的距离；color 为阴影的颜色
setStyle(Paint.Style style)	设置画笔的样式为 FILL、FILL_OR_STROKE 或 STROKE
setStrokeCap(Paint.Cap cap)	当画笔样式为 STROKE 或 FILL_OR_STROKE 时，设置笔刷的图形样式，如圆形样式 Cap.ROUND 或方形样式 Cap.SQUARE
setSrokeJoin(Paint.Join join)	设置绘制时各图形的结合方式，如平滑效果等
setStrokeWidth(float width)	当画笔样式为 STROKE 或 FILL_OR_STROKE 时，设置笔刷的粗细度
setXfermode(Xfermode xfermode)	设置图形重叠时的处理方式，如合并、取交集或并集，经常用来制作橡皮的擦除效果
setFakeBoldText(boolean fakeBoldText)	模拟实现粗体文字，设置在小字体上效果会非常差
setSubpixelText(boolean subpixelText)	设置该项为 true，将有助于文本在 LCD 屏上的显示效果
setTextAlign(Paint.Align align)	设置绘制文字的对齐方向
setTextScaleX(float scaleX)	设置绘制文字 x 轴的缩放比例，可以实现文字拉伸的效果
setTextSize(float textSize)	设置绘制文字的字号大小
setTextSkewX(float skewX)	设置斜体文字，skewX 为倾斜弧度
setTypeface(Typeface typeface)	设置 Typeface 对象，即字体风格，包括粗体、斜体及衬线体或非衬线体等
setUnderlineText(boolean underlineText)	设置带有下画线的文字效果
setStrikeThruText(boolean strikeThruText)	设置带有删除线的效果
setStrokeJoin(Paint.Join join)	设置结合处的样子，Miter：结合处为锐角，Round：结合处为圆弧，BEVEL：结合处为直线
setStrokeMiter(float miter)	设置画笔倾斜度
setStrokeCap(Paint.Cap cap)	设置转弯处的风格

其他常用方法如下。

float ascent()：测量 baseline 之上至字符最高处的距离。

float descent()：测量 baseline 之下至字符最低处的距离。

int breakText(char[] text, int index, int count, float maxWidth, float[] measuredWidth)：检测一行显示多少文字。

clearShadowLayer()：清除阴影层。

10.2.2 Canvas

画笔有了，接着需要了解画布（Canvas），画布则是用来作画的地方。

Canvas 的构造方法有以下两种。

Canvas()：创建一个空的画布，可以使用 setBitmap()方法来设置绘制具体的画布。

Canvas(Bitmap bitmap)：以 bitmap 对象创建一个画布，将内容都绘制在 bitmap 上，因此 bitmap 不得为 null。

画布提供了 drawXXX()方法族：以一定的坐标值在当前画图区域画图，另外图层会叠加，即后面绘画的图层会覆盖前面绘画的图层。

drawRect(RectF rect, Paint paint)：绘制区域，参数一为 RectF 一个区域。

drawPath(Path path, Paint paint)：绘制一个路径，参数一为 Path 路径对象。

drawBitmap(Bitmap bitmap, Rect src, Rect dst, Paint paint)：贴图，参数一是常规的 Bitmap 对象，参数二是源区域（这里是 bitmap），参数三是目标区域（应该在 canvas 的位置和大小），参数四是 Paint 画刷对象，因为用到了缩放和拉伸的可能，当原始 Rect 不等于目标 Rect 时性能将会有大幅损失。

drawLine(float startX, float startY, float stopX, float stopY, Paint paint)：画线，参数一起始点的 x 轴位置，参数二起始点的 y 轴位置，参数三终点的 x 轴水平位置，参数四 y 轴垂直位置，最后一个参数为 Paint 画刷对象。

drawPoint(float x, float y, Paint paint)：画点，参数一水平 x 轴，参数二垂直 y 轴，第三个参数为 Paint 对象。

drawText(String text, float x, float y, Paint paint)：渲染文本，Canvas 类除了上面的还可以描绘文字，参数一是 String 类型的文本，参数二 x 轴，参数三 y 轴，参数四是 Paint 对象。

drawOval(RectF oval, Paint paint)：画椭圆，参数一是扫描区域，参数二为 paint 对象。

drawCircle(float cx, float cy, float radius,Paint paint)：绘制圆，参数一是中心点的 x 轴，参数二是中心点的 y 轴，参数三是半径，参数四是 paint 对象。

drawArc(RectF oval, float startAngle, float sweepAngle, boolean useCenter, Paint paint)：画弧，参数一是 RectF 对象，一个矩形区域椭圆形的界限用于定义在形状、大小、电弧；参数二是起始角（度）在电弧的开始；参数三扫描角（度）开始顺时针测量的，参数四如果是真，包括椭圆中心的电弧，并关闭它，如果它是假，这将是一个弧线；参数五是 Paint 对象。

除了 drawXXX()方法族外画布还提供了 clipXXX()方法族，该方法族在当前的画图区域裁剪（clip）出一个新的画图区域，这个画图区域便是 canvas 对象的当前画图区域了。例如，clipRect(new Rect())，那么该矩形区域就是 canvas 的当前画图区域。

save()和 restore()方法介绍如下。

save()：用来保存 Canvas 的状态。保存后，可以调用 Canvas 的平移、放缩、旋转、错切、裁剪等操作。

restore()：用来恢复 Canvas 之前保存的状态。防止保存后对 Canvas 执行的操作对后续的绘制有影响。

save()和 restore()要配对使用（restore 可以比 save 少，但不能多），若 restore 调用次数比 save 多，会报错。

translate(float dx, float dy)：平移，将画布的坐标原点向左右方向移动 *x*，向上下方向移动 y.canvas 的默认位置是在（0,0）。

scale(float sx, float sy)：扩大，*x* 为水平方向的放大倍数，*y* 为竖直方向的放大倍数。

rotate(float degrees)：旋转，angle 指旋转的角度，顺时针旋转。

10.2.3 Path

Path 表示路径，可使用 Canvas.drawPath()方法将其绘制出来。Path 不仅可以使用 Paint 的填充模式和描边模式，也可以用画布裁剪或画文字。

简单点说就是描点，连线在创建好的 Path 路径后，可以调用 Canvas 的 drawPath(path,paint)将图形绘制出来，常用方法如下。

addArc(RectF oval, float startAngle, float sweepAngle)：为路径添加一个多边形。

addCircle(float x, float y, float radius, Path.Direction dir)：给 path 添加圆圈。

addOval(RectF oval, Path.Direction dir)：添加椭圆形。

addRect(RectF rect, Path.Direction dir)：添加一个区域。

addRoundRect(RectF rect, float[] radii, Path.Direction dir)：添加一个圆角区域。

isEmpty()：判断路径是否为空。

transform(Matrix matrix)：应用矩阵变换。

transform(Matrix matrix, Path dst)：应用矩阵变换并将结果放到新的路径中，即第二个参数。

更高级的效果可以使用 PathEffect 类。

几个××××To 方法如下。

moveTo(float x, float y)：不会进行绘制，只用于移动画笔。

lineTo(float x, float y)：用于直线绘制，默认从（0,0）开始绘制，用 moveTo 移动。

例如：

mPath.lineTo(300, 300);

canvas.drawPath(mPath, mPaint);

quadTo(float x1, float y1, float x2, float y2)：用于绘制圆滑曲线，即贝塞尔曲线，同样可以结合 moveTo 使用。

rCubicTo(float x1, float y1, float x2, float y2, float x3, float y3)同样是用来实现贝塞尔曲线的。（x1,y1）为控制点，（x2,y2）为控制点，（x3,y3）为结束点。

绘制上述的曲线：

mPath.moveTo(100, 500);

mPath.cubicTo(100, 500, 300, 100, 600, 500);如果不加上面的那个 moveTo，则以（0,0）为起点，（100,500）和（300,100）为控制点绘制贝塞尔曲线。

arcTo(RectF oval, float startAngle, float sweepAngle)：绘制弧线（实际是截取圆或椭圆的一部分）ovalRectF 为椭圆的矩形，startAngle 为开始角度，sweepAngle 为结束角度。

通过一个实例演示绘图应用，具体操作步骤如下。

步骤 1　新建一个模块并命名为 Draw，新建一个 Java 类并让其继承自 View 类。具体代码如下：

```
public class MyView extends View {
    public MyView(Context context) {
```

```
        super(context);
    }
    @Override//重写绘图方法
    protected void onDraw(Canvas canvas) {
        super.onDraw(canvas);
        canvas.drawColor(Color.WHITE);//设置画布颜色为白色
        Paint paint = new Paint();//创建画笔并实例化
        paint.setAntiAlias(true);//去锯齿
        paint.setColor(Color.RED);//设置画笔颜色为红色
        //设置画笔风格，STROKE 代表空心、FILL 代表实心
        paint.setStyle(Paint.Style.STROKE);
        paint.setStrokeWidth(5);//设置画笔宽度
        canvas.drawCircle(40, 40, 30, paint);//绘制圆
        canvas.drawRect(10, 90, 70, 150, paint);//绘制矩形
        canvas.drawRect(10, 170, 70, 200, paint);//绘制长方形
        canvas.drawOval(new RectF(10, 220, 70, 250), paint);//绘制椭圆
        Path path = new Path();//创建路径使用连线绘制三角形
        path.moveTo(10, 330);
        path.lineTo(70, 330);
        path.lineTo(40, 270);
        path.close();//闭合路径
        canvas.drawPath(path, paint);//绘制路径
        Path path1 = new Path();//创建新的路径使用连线绘制梯形
        path1.moveTo(10, 410);
        path1.lineTo(70, 410);
        path1.lineTo(55, 350);
        path1.lineTo(25, 350);
        path1.close();//把开始的点和最后的点连接在一起
        canvas.drawPath(path1, paint);//绘制路径
        //绘制第 2 列
        paint.setColor(Color.BLUE);//设置画笔颜色为蓝色
        paint.setStyle(Paint.Style.FILL);//设置画笔风格为实心
        canvas.drawCircle(120, 40, 30, paint);
        canvas.drawRect(90, 90, 150, 150, paint);
        canvas.drawRect(90, 170, 150, 200, paint);
        RectF re2 = new RectF(90, 220, 150, 250);
        canvas.drawOval(re2, paint);
        Path path2 = new Path();
        path2.moveTo(90, 330);
        path2.lineTo(150, 330);
        path2.lineTo(120, 270);
        path2.close();
        canvas.drawPath(path2, paint);
        Path path3 = new Path();
        path3.moveTo(90, 410);
        path3.lineTo(150, 410);
        path3.lineTo(135, 350);
        path3.lineTo(105, 350);
        path3.close();
        canvas.drawPath(path3, paint);
        //绘制第 3 列
        /*
         * LinearGradient shader = new LinearGradient(0, 0, endX, endY, new
         * int[]{startColor, midleColor, endColor},new float[]{0 , 0.5f, 1.0f},TileMode.MIRROR);
```

```
        * 参数一为渐变起初点 x 轴坐标位置，参数二为 y 轴位置，参数三和参数四分别对应渐变终点，其中参数 new int[]{startColor, midleColor,endColor}是参与渐变效果的颜色；参数 new float[]{0 , 0.5f, 1.0f}用于定义每种颜色处于的渐变相对位置，这个参数可以为 null，如果为 null 则表示所有的颜色按顺序均匀分布
        */
        Shader mShader = new LinearGradient(0, 0, 100, 100,
                new int[] { Color.RED, Color.GREEN, Color.BLUE, Color.YELLOW },
                null, Shader.TileMode.REPEAT);
        //Shader.TileMode 的 3 种模式如下
        //REPEAT:沿着渐变方向循环重复
        //CLAMP:如果在预先定义的范围外画，就重复边界的颜色
        //MIRROR:与 REPEAT 一样都是循环重复，但这个会对称重复
        paint.setShader(mShader);//用 Shader 中定义的颜色来画
        canvas.drawCircle(200, 40, 30, paint);
        canvas.drawRect(170, 90, 230, 150, paint);
        canvas.drawRect(170, 170, 230, 200, paint);
        RectF re3 = new RectF(170, 220, 230, 250);
        canvas.drawOval(re3, paint);
        Path path4 = new Path();
        path4.moveTo(170, 330);
        path4.lineTo(230, 330);
        path4.lineTo(200, 270);
        path4.close();
        canvas.drawPath(path4, paint);
        Path path5 = new Path();
        path5.moveTo(170, 410);
        path5.lineTo(230, 410);
        path5.lineTo(215, 350);
        path5.lineTo(185, 350);
        path5.close();
        canvas.drawPath(path5, paint);
        //绘制第 4 列
        paint.setTextSize(24);//设置字体大小，再使用 draw()方法绘制文字
        canvas.drawText("圆形", 240, 50, paint);
        canvas.drawText("正方形", 240, 120, paint);
        canvas.drawText("长方形", 240, 190, paint);
        canvas.drawText("椭圆形", 240, 250, paint);
        canvas.drawText("三角形", 240, 320, paint);
        canvas.drawText("梯形", 240, 390, paint);
    }
}
```

步骤 2　设置主活动的布局，采用新建类作为布局，具体代码如下：

```
public class MainActivity extends AppCompatActivity {
    @Override
    protected void onCreate(Bundle savedInstanceState) {
        super.onCreate(savedInstanceState);
        setContentView(new MyView(this));//修改布局为新建类
    }
}
```

步骤 3　运行上述程序，查看绘制效果，如图 10-1 所示。

注意：构成一个封闭图形最重要的就是设置 movtTo 和 close。如果是 Style.FILL 模式，不设置 close 也没有区别，但如果是 STROKE 模式，不设置 close 则图形不封闭。当然，也可以不设置 close，再添加一条

线，得到的效果一样。

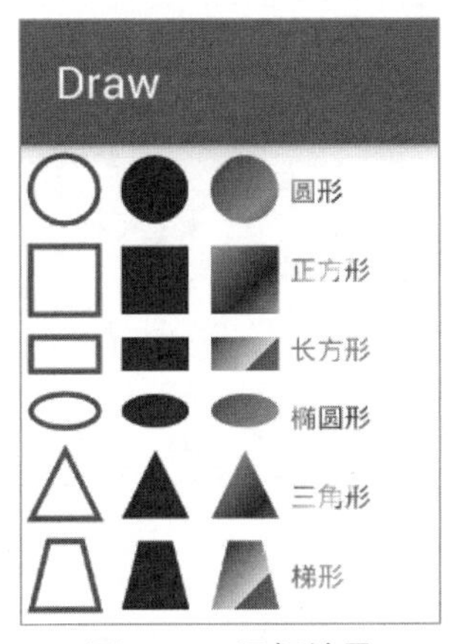

图 10-1 运行结果

10.3 综合实例

通过前面的学习，相信大家对绘图常用三大类有了一个基本的了解。由于绘图综合了多方面的技术，单独讲类不成系统，因此本节通过一个综合实例讲解绘图技术。

10.3.1 主界面

从本小节开始讲解综合实例，本实例由一个主界面和多个分界面构成。这里采用一个简单布局，在主界面中设置几个不同的按钮，单击每一个按钮跳转至不同的分界面，每一个界面新建一个活动，具体操作步骤如下。

步骤 1 新建一个模块并命名为 canvas，主活动中实现单击按钮接口。具体代码如下：

```
public class MainActivity extends AppCompatActivity implements View.OnClickListener {
    @Override
    protected void onCreate(Bundle savedInstanceState) {
        super.onCreate(savedInstanceState);
        setContentView(R.layout.activity_main);
        //创建按钮对象并与控件进行绑定，设置监听事件
        Button btn1 = findViewById(R.id.btn1);
        btn1.setOnClickListener(this);
    //此处省略部分代码
      ⋮
    }
    @Override//重写单击方法，根据按钮 ID 跳转至不同界面
    public void onClick(View v) {
        Intent intent = new Intent();
        switch (v.getId()){
            case R.id.btn1://跳转至绘制坐标系的界面
                intent.setClass(MainActivity.this,Main2Activity.class);
                startActivity(intent);
                break;
            case R.id.btn2://跳转至绘制文本的界面
```

```
                intent.setClass(MainActivity.this,Main3Activity.class);
                startActivity(intent);
                break;
            case R.id.btn3://跳转至绘制矩形的界面
                intent.setClass(MainActivity.this,Main4Activity.class);
                startActivity(intent);
                break;
            case R.id.btn4://跳转至绘制圆形的界面
                intent.setClass(MainActivity.this,Main5Activity.class);
                startActivity(intent);
                break;
            case R.id.btn5://跳转至绘制椭圆的界面
                intent.setClass(MainActivity.this,Main6Activity.class);
                startActivity(intent);
                break;
            case R.id.btn6://跳转至绘制圆弧的界面
                intent.setClass(MainActivity.this,Main7Activity.class);
                startActivity(intent);
                break;
            case R.id.btn7://跳转至绘制路径的界面
                intent.setClass(MainActivity.this,Main8Activity.class);
                startActivity(intent);
                break;
            case R.id.btn8://跳转至画笔转角界面
                intent.setClass(MainActivity.this,Main9Activity.class);
                startActivity(intent);
                break;
        }
    }
}
```

步骤 2　运行上述程序，查看运行结果，主界面如图 10-2 所示。

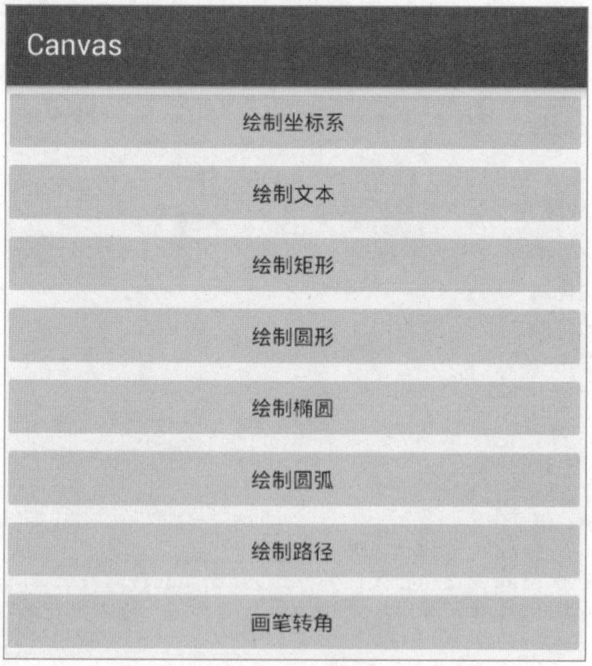

Canvas
绘制坐标系
绘制文本
绘制矩形
绘制圆形
绘制椭圆
绘制圆弧
绘制路径
画笔转角

图 10-2　主界面

10.3.2 绘制坐标系

Canvas 绘图中涉及两种坐标系：Canvas 坐标系和绘图坐标系。

1. Canvas 坐标系

Canvas 坐标系指的是 Canvas 本身的坐标系。Canvas 坐标系有且只有一个，且是唯一不变的，其坐标原点在屏幕的左上角，从坐标原点向右为 *x* 轴的正半轴，从坐标原点向下为 *y* 轴的正半轴。

2. 绘图坐标系

Canvas 的 drawXXX()方法中传入的各种坐标都是绘图坐标系中的坐标，而非 Canvas 坐标系中的坐标。默认情况下，绘图坐标系与 Canvas 坐标系完全重合，即初始状况下，绘图坐标系的坐标原点也在屏幕的左上角，从原点向右为 *x* 轴正半轴，从原点向下为 *y* 轴正半轴。但不同于 Canvas 坐标系，绘图坐标系并不是一成不变的，可以通过调用 Canvas 的 translate()方法平移坐标系，也可以通过 Canvas 的 rotate()方法旋转坐标系，还可以通过 Canvas 的 scale()方法缩放坐标系。需要注意的是，translate()、rotate()、scale()的操作都是基于当前绘图坐标系的，而不是基于 Canvas 坐标系。一旦通过以上方法对坐标系进行操作后，当前绘图坐标系就变化了，以后绘图都是基于更新的绘图坐标系了。也就是说，真正对绘图产生作用的是绘图坐标系，而不是 Canvas 坐标系。

通过一个实例演示如何绘制坐标系，具体操作步骤如下。

步骤 1　从 Canvs 模块中新建 Java 类并命名为 drawAxis。具体代码如下：

```
public class drawAxis extends View {
    Paint paint = new Paint();//新建画笔
    public drawAxis(Context context) {
        super(context);
    }
    @Override
    protected void onDraw(Canvas canvas) {
        super.onDraw(canvas);
        _drawAxis(canvas);//绘制坐标系
    }
    //绘制坐标系
    private void _drawAxis(Canvas canvas){
        int canvasWidth = canvas.getWidth();      //获取画布的宽度
        int canvasHeight = canvas.getHeight();    //获取画布的高度
        paint.setStyle(Paint.Style.STROKE);       //设置画笔风格为空心
        paint.setStrokeCap(Paint.Cap.ROUND);      //设置画笔末端为圆角
        paint.setStrokeWidth(10);                 //设置画笔宽度
        //用绿色画 x 轴，用蓝色画 y 轴，第一次绘制坐标轴
        paint.setColor(0xff00ff00);//绿色
        canvas.drawLine(20, 20, canvasWidth, 20, paint);//绘制 x 轴
        paint.setColor(0xff0000ff);//蓝色
        canvas.drawLine(20, 20, 0, canvasHeight, paint);//绘制 y 轴
        //对坐标系平移后，第二次绘制坐标轴
        canvas.translate(canvasWidth / 4, canvasWidth /4);//把坐标系向右下角平移
        paint.setColor(0xff00ff00);//绿色
        canvas.drawLine(0, 0, canvasWidth, 0, paint);//绘制 x 轴
        paint.setColor(0xff0000ff);//蓝色
        canvas.drawLine(0, 0, 0, canvasHeight, paint);//绘制 y 轴
        //再次平移坐标系并在此基础上旋转坐标系，第三次绘制坐标轴
```

```
        canvas.translate(canvasWidth / 4, canvasWidth / 4);//在上次平移的基础上再把坐标系向右下角平移
        canvas.rotate(30);//基于当前绘图坐标系的原点旋转坐标系
        paint.setColor(0xff00ff00);//绿色
        canvas.drawLine(0, 0, canvasWidth, 0, paint);//绘制 x 轴
        paint.setColor(0xff0000ff);//蓝色
        canvas.drawLine(0, 0, 0, canvasHeight, paint);//绘制 y 轴
    }
}
```

步骤 2　创建新的活动，修改活动布局为 drawAxis 类。具体代码如下：

```
setContentView(new drawAxis(this));//设置布局
```

步骤 3　运行上述程序，跳转至绘制坐标系界面，运行结果如图 10-3 所示。

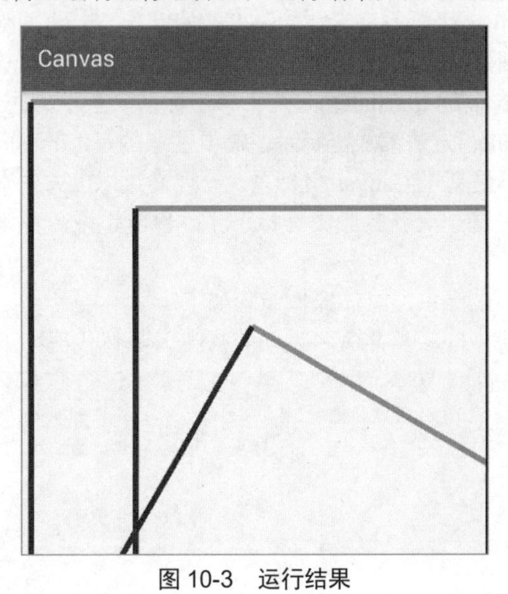

图 10-3　运行结果

10.3.3　绘制文本

Canvas 中用 drawText()方法绘制文字。绘制文字也是实际开发中使用较多的一种操作，例如游戏中角色间的对话常用绘制文字实现。

Android 中的画笔有 Paint 和 TextPaint 两种。其中，Paint 可以用来绘制点、线、矩形、椭圆等图形；TextPaint 继承自 Paint，是专门用来绘制文本的，也可以用其绘制点、线、面、矩形、椭圆等图形。

通过一个实例演示如何绘制文本，具体操作步骤如下。

步骤 1　新建 Java 类并命名为 drawText。具体代码如下：

```
public class drawText extends View {
   Paint paint = new Paint();//创建画笔
    int textHeight = 20;//设置文字间隔高度
    public drawText(Context context) {
        super(context);
    }
    @Override
    protected void onDraw(Canvas canvas) {
        super.onDraw(canvas);
        _drawText(canvas);
```

```
    }
    private void _drawText(Canvas canvas){
        int canvasWidth = canvas.getWidth();//获取画布的宽度
        int halfCanvasWidth = canvasWidth / 2;//计算出画布的中心位置
        float translateY = textHeight;//赋值
        paint.setTextSize(30);//设置字体大小
        //绘制正常文本
        canvas.save();//保存设置
        canvas.translate(0, translateY);//将画笔向下移动
        canvas.drawText("正常绘制文本", 20, 20, paint);
        canvas.restore();//还原设置
        translateY += textHeight * 2;
        //绘制绿色文本
        paint.setColor(0xff00ff00);//设置字体为绿色
        canvas.save();//保存画布设置
        canvas.translate(0, translateY);//将画笔向下移动
        canvas.drawText("绘制绿色文本", 20, 20, paint);
        canvas.restore();//还原设置
        paint.setColor(0xff000000);//重新设置为黑色
        translateY += textHeight * 2;
        //设置左对齐
        paint.setTextAlign(Paint.Align.LEFT);
        canvas.save();//保存设置
        canvas.translate(halfCanvasWidth, translateY);//移动
        canvas.drawText("左对齐文本", 20, 20, paint);
        canvas.restore();//还原设置
        translateY += textHeight * 2;
        //设置居中对齐
        paint.setTextAlign(Paint.Align.CENTER);
        canvas.save();//保存设置
        canvas.translate(halfCanvasWidth, translateY);//移动
        canvas.drawText("居中对齐文本", 20, 20, paint);
        canvas.restore();
        translateY += textHeight * 2;
        //设置右对齐
        paint.setTextAlign(Paint.Align.RIGHT);
        canvas.save();//保存设置
        canvas.translate(halfCanvasWidth, translateY);//移动
        canvas.drawText("右对齐文本", 20, 20, paint);
        canvas.restore();//还原设置
        paint.setTextAlign(Paint.Align.LEFT);
        translateY += textHeight * 2;
        //设置下画线
        paint.setUnderlineText(true);//设置具有下画线
        canvas.save();//保存设置
        canvas.translate(0, translateY);//移动
        canvas.drawText("下画线文本", 20, 20, paint);
        canvas.restore();//还原设置
        paint.setUnderlineText(false);//重新设置为没有下画线
        translateY += textHeight * 2;
        //绘制加粗文字
        paint.setFakeBoldText(true);//将画笔设置为粗体
```

```
        canvas.save();//保存设置
        canvas.translate(0, translateY);
        canvas.drawText("粗体文本", 20, 20, paint);
        canvas.restore();//还原设置
        paint.setFakeBoldText(false);//重新将画笔设置为非粗体状态
        translateY += textHeight * 2;
        //设置文本绕绘制起点顺时针旋转
        canvas.save();//保存设置
        canvas.translate(0, translateY);
        canvas.rotate(20);
        canvas.drawText("文本绕绘制起点旋转20°", 20, 20, paint);
        canvas.restore();//还原设置
    }
}
```

步骤 2　创建新活动并设置新活动的布局为自定义类，具体代码与上节相同。

步骤 3　运行上述程序，跳转至绘制文本界面，运行结果如图 10-4 所示。

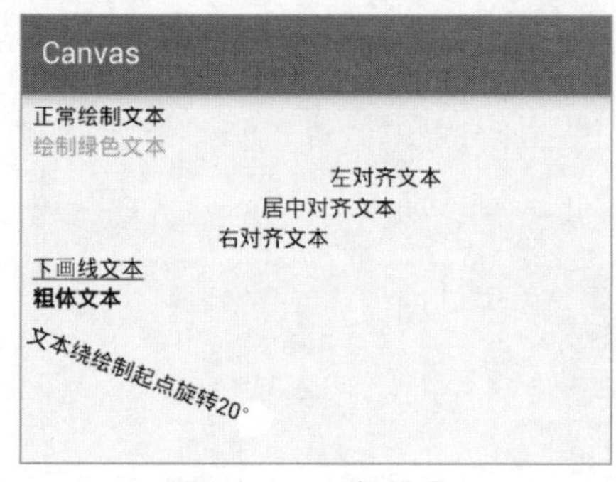

图 10-4　运行结果

注意：

（1）上述代码中将 canvas.translate()和 canvas.rotate()放到了 canvas.save()与 canvas.restore()之间，这样做的好处是：在 canvas.save()调用时，将当前坐标系保存下来，并将当前坐标系的矩阵 Matrix 入栈保存，然后通过 translate()或 rotate()等对坐标系进行变换，再进行绘图；绘图完成后，通过调用 canvas.restore()让以前保存的 Matrix 出栈，这样就将当前绘图坐标系恢复到了 canvas.save()执行时的状态。

（2）上述代码通过调用 paint.setColor(0xff00ff00)可以改变画笔颜色。paint 的 setColor()方法需要传入一个 int 值，通常情况下是以十六进制的形式表示，第一个字节存储 Alpha 通道，第二个字节存储 Red 通道，第三个字节存储 Green 通道，第四个字节存储 Blue 通道，每个字节的取值都是从 00 到 ff。如果对这种设置颜色的方式不熟悉，也可以调用 paint.setARGB(int a, int r, int g, int b)方法设置画笔的颜色，不过 paint.setColor(int color)的方式更简洁。

（3）上述代码通过调用 paint.setTextAlign()可以设置文本的对齐方式，该对齐方式是相对于绘制文本时画笔的坐标来说的，绘制文本时画笔在 Canvas 宽度的中间。在 drawText()方法执行时，需要传入一个 x 轴和 y 轴坐标，假设该点为 P 点，P 点表示从 P 点绘制文本。当对齐方式为 Paint.Align.LEFT 时，绘制的文本以 P 点为基准向左对齐，这是默认的对齐方式；当对齐方式为 Paint.Align.CENTER 时，绘制的文本以 P 点为基准居中对齐；当对齐方式为 Paint.Align.RIGHT 时，绘制的文本以 P 点为基准向右对齐。

（4）上述代码通过调用 paint.setUnderlineText(true)可以绘制带有下画线的文本。

（5）上述代码通过调用 paint.setFakeBoldText(true)可以绘制粗体文本。

（6）上述代码通过 rotate()旋转坐标系，可以绘制倾斜文本。

10.3.4 绘制矩形

Canvas 通过 drawRect()方法绘制矩形，这个操作比较简单。使用到的方式是 drawRect(float left, float top, float right, float bottom, Paint paint)，其中参数 left 和 right 表示矩形的左边和右边分别到绘图坐标系 y 轴正半轴的距离，参数 top 和 bottom 表示矩形的上边和下边分别到绘图坐标系 x 轴正半轴的距离。

通过一个实例演示如何绘制矩形，具体操作步骤如下。

步骤 1 新建 Java 类并命名为 drawRect。具体代码如下：

```
public class drawRect extends View {
    Paint paint = new Paint();//创建画笔
    public drawRect(Context context) {
        super(context);
    }
    @Override
    protected void onDraw(Canvas canvas) {
        super.onDraw(canvas);
        _drawRect(canvas);
    }
    private void _drawRect(Canvas canvas){
        int canvasWidth = canvas.getWidth();                        //获取画布的宽度
        int canvasHeight = canvas.getHeight();                      //获取画布的高度
        //默认画笔的填充色是黑色
        int left1 = 20;                                             //设置距左侧的位置
        int top1 = 20;                                              //设置距顶部的位置
        int right1 = canvasWidth / 3;                               //设置宽度
        int bottom1 = canvasHeight /3;                              //设置高度
        canvas.drawRect(left1, top1, right1, bottom1, paint);       //绘制矩形
        //修改画笔颜色
        paint.setColor(0xff8bc5ba);                                 //A:ff,R:8b,G:c5,B:ba
        int left2 = canvasWidth / 3 * 2;                            //设置距左侧的位置
        int top2 = 20;                                              //设置距顶部的位置
        int right2 = canvasWidth - 20;                              //设置宽度
        int bottom2 = canvasHeight / 3;                             //设置高度
        canvas.drawRect(left2, top2, right2, bottom2, paint);       //绘制矩形
    }
}
```

步骤 2 新建活动，并修改活动的布局为新建 Java 类。

步骤 3 运行上述程序，跳转至绘制矩形界面，运行结果如图 10-5 所示。

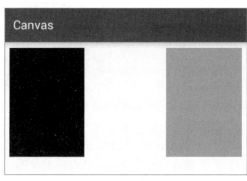

图 10-5 运行结果

10.3.5 绘制圆形

Canvas 中用 drawCircle()方法绘制圆形，使用到的方式是 drawCircle(float cx, float cy, float radius, Paint paint)，在使用时需要传入圆心的坐标及半径，当然还有画笔 Paint 对象。

通过一个实例演示如何绘制圆形，具体操作步骤如下。

步骤 1　新建 Java 类并命名为 drawCircle。具体代码如下：

```
public class drawCircle extends View {
    Paint paint = new Paint();//创建画笔
    public drawCircle(Context context) {
        super(context);
    }
    @Override
    protected void onDraw(Canvas canvas) {
        super.onDraw(canvas);
        _drawCircle(canvas);
    }
    private void _drawCircle(Canvas canvas){
        paint.setColor(0xff8bc5ba);//设置颜色
        paint.setStyle(Paint.Style.FILL);//默认绘图为填充模式
        int canvasWidth = canvas.getWidth();//获取画布的宽度
        int canvasHeight = canvas.getHeight();//获取画布的高度
        int halfCanvasWidth = canvasWidth / 2;//计算出画布的中心
        int count = 3;//定义一个计数
        int D = canvasHeight / (count + 1);//计算出绘制位置
        int R = D / 2;//计算每个圆的中心点
        //绘制圆
        canvas.translate(0, D / (count + 1));
        canvas.drawCircle(halfCanvasWidth, R, R, paint);
        //通过绘制两个圆形构成圆环
        //1. 绘制大圆
        canvas.translate(0, D + D / (count + 1));
        canvas.drawCircle(halfCanvasWidth, R, R, paint);
        //2. 绘制小圆，让小圆遮盖大圆的一部分，形成圆环效果
        int r = (int)(R * 0.75);
        paint.setColor(0xffffffff);//将画笔设置为白色，画小圆
        canvas.drawCircle(halfCanvasWidth, R, r, paint);
        //通过线条绘图模式绘制圆环
        canvas.translate(0, D + D / (count + 1));
        paint.setColor(0xff8bc5ba);//设置颜色
        paint.setStyle(Paint.Style.STROKE);//设置绘图为线条模式
        float strokeWidth = (float)(R * 0.25);//计算出画笔宽度
        paint.setStrokeWidth(strokeWidth);//设置画笔宽度
        canvas.drawCircle(halfCanvasWidth, R, R, paint);
    }
}
```

步骤 2　创建新活动，并设置活动布局为新建 Java 类。

步骤 3　运行上述程序，跳转至绘制图形界面，运行结果如图 10-6 所示。

在调用 drawCircle()、drawOval()、drawArc()、drawRect()等方法时，既可以绘制对应图形的填充面，也可以只绘制该图形的轮廓线，控制的关键在于画笔 Paint 中的 style。Paint 通过 setStyle()方法设置要绘制的类型，style 有 3 种取值：Paint.Style.FILL、Paint.Style.STROKE 和 Paint.Style.FILL_AND_STROKE。

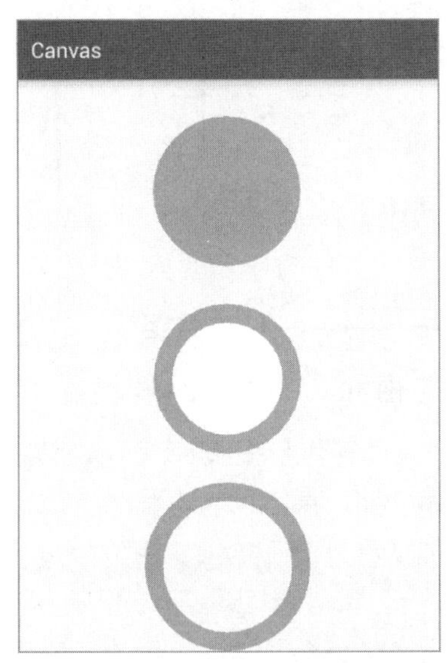

图 10-6　运行结果

当 style 为 FILL 时，绘制的是填充面，FILL 是 Paint 默认的 style。

当 style 为 STROKE 时，绘制的是图形的轮廓线。

当 style 为 FILL_AND_STROKE 时，同时绘制填充面和轮廓线，不过这种情况用的不多，因为填充面和轮廓线是用同一种颜色绘制的，区分不出轮廓线的效果。

在 Paint 的 style 是 FILL 时，通过 drawCircle 绘制出圆面，如本例效果中的第一个图形所示。

可以通过绘制两个圆面的方式绘制出圆环的效果。首先将画笔设置为某一颜色，且 style 设置为 FILL 状态，通过 drawCircle 绘制一个大的圆面；然后将画笔 Paint 的颜色改为白色或其他颜色，并减小半径再次通过 drawCircle 绘制一个小圆，这样就用小圆遮盖了大圆的一部分，未遮盖的部分便自然形成了圆环的效果，如本例效果中的第二个图形所示。

除了上述方法，还有一种方法绘制圆环的效果。首先将画笔 Paint 的 style 设置为 STROKE 模式，表示画笔处于画线条模式，而非填充模式。然后为了让圆环比较明显有一定的宽度，需要调用 Paint 的 setStrokeWidth()方法设置线宽。最后调用 drawCircle()方法绘制出宽度比较大的圆的轮廓线，也就形成了圆环效果，如本例效果中的最后一个图形所示。此处需要说明的是，当使用 STROKE 模式画圆时，轮廓线是以实际圆的边界为分界线分别向内向外扩充 1/2 的线宽的距离，比如圆的半径是 100，线宽是 20，那么在 STROKE 模式下绘制出的圆环效果相当于半径为 110 的大圆和半径为 90 的小圆形成的效果，$100 + 20 / 2 = 110$，$100 - 20/2 = 90$。

10.3.6　绘制椭圆

Canvas 中用 drawCircle( )方法绘制圆形，在绘图中绘制椭圆相当于绘制一个矩形，并从这个矩形中抠出一个椭圆类。

使用到的方法是 public void drawOval(RectF oval, Paint paint)，RectF 有 4 个字段，分别是 left、top、right、bottom，这 4 个值对应了椭圆的左、上、右、下 4 个点到相应坐标轴的距离。具体来说，left 和 right 表示椭圆最左侧的点和最右侧的点到绘图坐标系的 y 轴的距离，top 和 bottom 表示椭圆顶部的点和底部的点到绘图坐标系的 x 轴的距离，这 4 个值就决定了椭圆的形状。right 与 left 的差值即为椭圆的长轴，bottom 与 top 的差值即为椭圆的短轴，如图 10-7 所示。

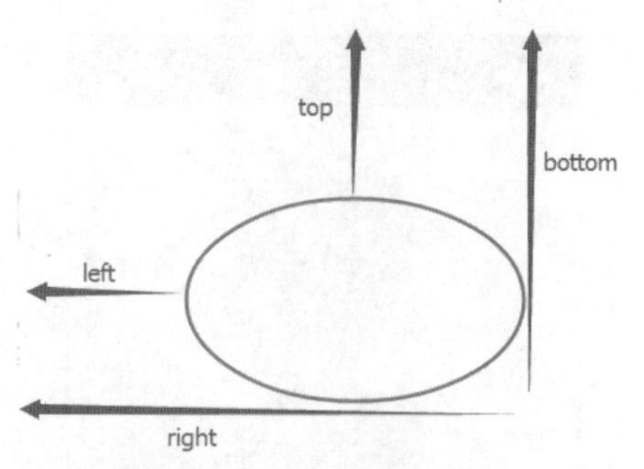

图 10-7 椭圆的长轴和短轴

通过一个实例演示如何绘制椭圆，具体操作步骤如下。

步骤 1 新建 Java 类并命名为 drawOval，具体代码如下：

```
public class drawOval extends View {
    Paint paint = new Paint();//创建画笔
    int density = 10;//设置一个距离
    public drawOval(Context context) {
        super(context);
    }
    @Override
    protected void onDraw(Canvas canvas) {
        super.onDraw(canvas);
        _drawOval(canvas);
    }
    private void _drawOval(Canvas canvas){
        int canvasWidth = canvas.getWidth();//获取画布的宽度
        int canvasHeight = canvas.getHeight();//获取画布的高度
        float quarter = canvasHeight / 4;//计算出画布 4 等分
        float left = 10 * density;//计算与左侧的距离
        float top = 0;//计算与顶部的距离
        float right = canvasWidth - left;//计算椭圆的宽度
        float bottom= quarter;//计算椭圆的高度
        RectF rectF = new RectF(left, top, right, bottom);//定义一个矩形
        //绘制椭圆形轮廓线
        paint.setStyle(Paint.Style.STROKE);//设置画笔为线条模式
        paint.setStrokeWidth(2 * density);//设置线宽
        paint.setColor(0xff8bc5ba);//设置线条颜色
        canvas.translate(0, quarter / 4);//向下移动
        canvas.drawOval(rectF, paint);//绘制椭圆
        //绘制椭圆形填充面
        paint.setStyle(Paint.Style.FILL);//设置画笔为填充模式
        canvas.translate(0, (quarter + quarter / 4));
        canvas.drawOval(rectF, paint);
        //画两个椭圆，形成轮廓线和填充色不同的效果
        canvas.translate(0, (quarter + quarter / 4));
        //1.绘制填充色
        paint.setStyle(Paint.Style.FILL);//设置画笔为填充模式
        canvas.drawOval(rectF, paint);//绘制椭圆形的填充效果
        //2. 将线条颜色设置为蓝色，绘制轮廓线
        paint.setStyle(Paint.Style.STROKE);//设置画笔为线条模式
        paint.setColor(0xff0000ff);//设置填充色为蓝色
        canvas.drawOval(rectF, paint);//设置椭圆的轮廓线
```

```
        }
    }
```

步骤 2 创建新活动，并设置活动布局为新建 Java 类。

步骤 3 运行上述程序，跳转至绘制椭圆界面，如图 10-8 所示。

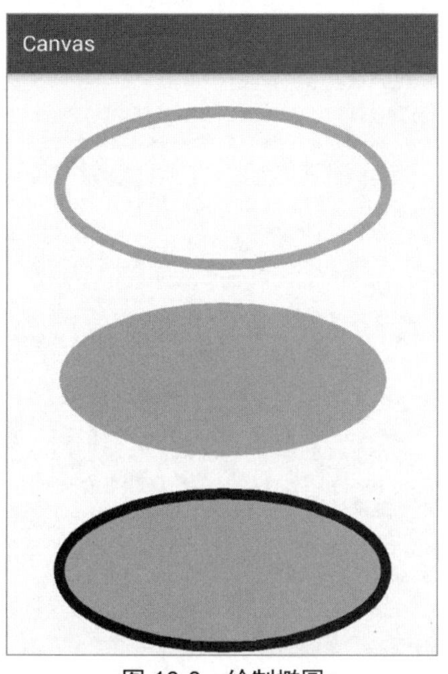

图 10-8 绘制椭圆

通过 Paint 的 setStyle()方法将画笔的 style 设置成 STROKE，即画线条模式。这种情况下，用画笔画出来的是椭圆的轮廓线，而非填充面，如本例运行结果中的第一个图形所示。

当将画笔 Paint 的 style 设置为 FILL 时，即填充模式。这种情况下，用画笔画出来的是椭圆的填充面，如本例运行结果中的第二个图形所示。

如果想绘制带有其他颜色轮廓线的椭圆面，可以通过绘制两个椭圆来实现。首先以 FILL 模式画一个椭圆的填充面，然后更改画笔颜色，以 STROKE 模式画椭圆的轮廓线，如本例运行结果中的最后一个图形所示。

10.3.7 绘制圆弧

Canvas 提供了 drawArc()方法用于绘制圆弧，这里的圆弧有两种形式：弧面和弧线。弧面即用圆弧围成的填充面，弧线即为弧面的轮廓线。

用 drawArc 画弧指的是画椭圆弧，即椭圆的一部分。当然，如果椭圆的长轴和短轴相等，这时候可以使用 drawArc()方法绘制圆弧。具体方法如下：

```
    public void drawArc(RectF oval, float startAngle, float sweepAngle, boolean useCenter, Paint
paint)
```

其中每个参数的解释如下。

（1）oval 是 RecF 类型的对象，其定义了椭圆的形状。

（2）startAngle 指的是绘制的起始角度，钟表的 3 点位置对应着 0 度，如果传入的 startAngle 小于 0 或者大于或等于 360，那么用 startAngle 对 360 进行取模后作为起始绘制角度。

（3）sweepAngle 指的是从 startAngle 开始沿着钟表的顺时针方向旋转扫过的角度。如果 sweepAngle 大于等于 360，那么会绘制完整的椭圆弧。如果 sweepAngle 小于 0，那么会用 sweepAngle 对 360 进行取模后作为扫过的角度。

（4）useCenter 是个 boolean 值，如果为 true，表示在绘制完弧之后，用椭圆的中心点连接弧上的起点和终点以闭合弧；如果值为 false，表示在绘制完弧之后，弧的起点和终点直接连接，不经过椭圆的中心点。

通过一个实例讲解如何绘制圆弧，具体操作步骤如下。

步骤 1　新建 Java 类并命名为 drawArc，具体代码如下：

```
public class drawArc extends View {
    Paint paint = new Paint();//创建画笔
    int density = 10;//定义一个偏移量
    public drawArc(Context context) {
        super(context);
    }
    @Override
    protected void onDraw(Canvas canvas) {
        super.onDraw(canvas);
        _drawArc(canvas);
    }
    private void _drawArc(Canvas canvas){
        int canvasWidth = canvas.getWidth();//获取画布的宽度
        int canvasHeight = canvas.getHeight();//获取画布的高度
        int count = 5;//定义一个计数
        float ovalHeight = canvasHeight / (count + 2);//将屏幕划分为 7 份
        float left = 10 * density;//左边距
        float top = 0;//顶边距
        float right = canvasWidth - left;//右边距
        float bottom= ovalHeight;//底边距
        RectF rectF = new RectF(left, top, right, bottom);//定义一个矩形
        paint.setStrokeWidth(2 * density);//设置线宽
        paint.setColor(0xff8bc5ba);//设置颜色
        paint.setStyle(Paint.Style.FILL);//默认设置画笔为填充模式
        //用 drawArc()绘制完整的椭圆
        canvas.translate(0, ovalHeight / count);
        canvas.drawArc(rectF, 0, 360, true, paint);
        //绘制椭圆的四分之一,起点是钟表的 3 点位置，从 3 点绘制到 6 点的位置
        canvas.translate(0, (ovalHeight + ovalHeight / count));
        canvas.drawArc(rectF, 0, 90, true, paint);
        //绘制椭圆的四分之一,将 useCenter 设置为 false
        canvas.translate(0, (ovalHeight + ovalHeight / count));
        canvas.drawArc(rectF, 0, 90, false, paint);
        //绘制椭圆的四分之一，只绘制轮廓线
        paint.setStyle(Paint.Style.STROKE);//设置画笔为线条模式
        canvas.translate(0, (ovalHeight + ovalHeight / count));
        canvas.drawArc(rectF, 0, 90, true, paint);
        //绘制带有轮廓线椭圆的四分之一
        //1. 绘制椭圆的填充部分
        paint.setStyle(Paint.Style.FILL);//设置画笔为填充模式
        canvas.translate(0, (ovalHeight + ovalHeight / count));
        canvas.drawArc(rectF, 0, 90, true, paint);
        //2. 绘制椭圆的轮廓线部分
        paint.setStyle(Paint.Style.STROKE);//设置画笔为线条模式
        paint.setColor(0xff0000ff);//设置轮廓线条为蓝色
        canvas.drawArc(rectF, 0, 90, true, paint);
    }
}
```

步骤 2 新建活动，并设置活动布局为新建 Java 类。

步骤 3 运行上述程序，跳转至绘制圆弧界面，如图 10-9 所示。

图 10-9 运行结果

在代码中将画笔的风格设置为 FILL，即填充模式。drawOval()方法可以看作是 drawArc()方法的一种特例。如果在 drawArc()方法中 sweepAngle 为 360，无论 startAngle 为多少，drawArc 都会绘制一个椭圆。本例运行结果中第一个图形，使用 canvas.drawArc(rectF, 0, 360, true, paint)绘制了一个完整的椭圆，就像用 drawOval 画出的那样。

调用方法 canvas.drawArc(rectF, 0, 90, true, paint)时，指定了起始角度为 0，然后顺时针绘制 90 度，从 3 点到 6 点这 90 度的弧，如本例运行结果第二个图形所示，绘制了一个椭圆的右下角的四分之一的弧面，需要注意的是此处设置的 useCenter 为 true，所以弧上的起点（3 点位置）和终点（6 点位置）都和椭圆的中心连接了形成了。当调用方法 canvas.drawArc(rectF, 0, 90, false, paint)时，还是绘制椭圆右下角的弧面，不过这次是将 useCenter 设置成了 false，如本例运行结果的第三个图形所示，弧上的起点（3 点位置）和终点（6 点位置）直接相连闭合了，而没有经过椭圆的中心点。

上面介绍到的绘图都是在画笔 Paint 处于 FILL 状态下绘制的。可以通过 paint.setStyle (Paint.Style.STROKE)方法将画笔的 style 改为 STROKE，即绘制线条模式。然后再次执行 canvas.drawArc (rectF, 0, 90, true, paint)，初始角度为 0，扫过 90 度的区域，useCenter 为 true，绘制的效果如本例运行结果第四个图形，此时只绘制了椭圆的轮廓线。需要注意的是，由于 Paint 默认的线宽为 0，所以在绘制之前要确保掉用过 Paint.setStrokeWidth()方法以设置画笔的线宽。

如果想绘制出带有其他颜色轮廓线的弧面时，可以分两步完成：首先，将画笔 Paint 的 style 设置为 FILL 模式，通过 drawArc()方法绘制出弧面，然后，将画笔 Paint 的 style 设置为 STROKE 模式，并通过 paint 的 setColor()方法改变画笔的颜色，最后 drawArc()方法绘制出弧线。如本例运行结果最后一个图形所示。

10.3.8 绘制路径

Canvas 通过 drawPath()方法可以绘制 Path。在 Android 中，Path 是一种线条的组合图形，其可以由直线、二次曲线、三次曲线、椭圆的弧等组成。Path 既可以画线条，也可以画填充面。

通过一个实例讲解如何绘制路径，具体操作步骤如下。

步骤 1　新建 Java 类并命名为 drawArc，具体代码如下：

```
public class drawPath extends View {
    Paint paint = new Paint();//创建画笔
    public drawPath(Context context) {
        super(context);
    }
    @Override
    protected void onDraw(Canvas canvas) {
        super.onDraw(canvas);
        _drawPath(canvas);
    }
    private void _drawPath(Canvas canvas){
        int canvasWidth = canvas.getWidth();//获取画布宽度
        int deltaX = canvasWidth / 4;//得到一个分屏 1/4 的位置
        int deltaY = (int)(deltaX * 0.75);//得到一个 y 轴坐标点
        paint.setColor(0xffffffff);//设置画笔颜色
        paint.setStrokeWidth(4);//设置线宽
        /*--------------------------用 Path 画填充面-----------------------------*/
        paint.setStyle(Paint.Style.FILL);//设置画笔为填充模式
        Path path = new Path();//创建路径
        //向 Path 中加入 Arc
        RectF arcRecF = new RectF(0, 0, deltaX, deltaY);//创建一个矩形
        path.addArc(arcRecF, 0, 135);//向路径中加入坐标点
        //向 Path 中加入 Oval
        RectF ovalRecF = new RectF(deltaX, 0, deltaX * 2, deltaY);
        path.addOval(ovalRecF, Path.Direction.CCW);
        //向 Path 中添加 Circle
        path.addCircle((float)(deltaX * 2.5), deltaY / 2, deltaY / 2, Path.Direction.CCW);
        //向 Path 中添加 Rect
        RectF rectF = new RectF(deltaX * 3, 0, deltaX * 4, deltaY);
        path.addRect(rectF, Path.Direction.CCW);
        canvas.drawPath(path, paint);
        /*--------------------------用 Path 画线--------------------------------*/
        paint.setStyle(Paint.Style.STROKE);//设置画笔为线条模式
        canvas.translate(0, deltaY * 2);
        Path path2 = path;
        canvas.drawPath(path2, paint);
        /*-----------------使用 lineTo()、arcTo()、quadTo()、cubicTo()画线--------------*/
        paint.setStyle(Paint.Style.STROKE);//设置画笔为线条模式
        canvas.translate(0, deltaY * 2);
        Path path3 = new Path();//创建一个路径
        //用 pointList 记录不同 path 各处的连接点
        List<Point> pointList = new ArrayList<Point>();//创建一个链表用于存储坐标点
        //1. 绘制线段
        path3.moveTo(0, 0);//移动到(0,0)点
        path3.lineTo(deltaX / 2, 0);//绘制线段
        pointList.add(new Point(0, 0));//点链表
        pointList.add(new Point(deltaX / 2, 0));
        //2. 绘制椭圆右上角四分之一的弧线
        RectF arcRecF1 = new RectF(0, 0, deltaX, deltaY);
        path3.arcTo(arcRecF1, 270, 90);//绘制圆弧
        pointList.add(new Point(deltaX, deltaY / 2));
        //3. 绘制椭圆左下角四分之一的弧线
```

```
        //注意，此处调用了 path 的 moveTo()方法，将画笔移动到下一处要绘制 arc 的起点上
        path3.moveTo(deltaX * 1.5f, deltaY);
        RectF arcRecF2 = new RectF(deltaX, 0, deltaX * 2, deltaY);
        path3.arcTo(arcRecF2, 90, 90);//绘制圆弧
        pointList.add(new Point((int)(deltaX * 1.5), deltaY));
        //4. 绘制二阶贝塞尔曲线
        //二阶贝塞尔曲线的起点就是当前画笔的位置，然后需要添加一个控制点及一个终点
        //再次通过调用 path 的 moveTo()方法，移动画笔
        path3.moveTo(deltaX * 1.5f, deltaY);
        //绘制二阶贝塞尔曲线
        path3.quadTo(deltaX * 2, 0, deltaX * 2.5f, deltaY / 2);
        pointList.add(new Point((int)(deltaX * 2.5), deltaY / 2));
        //5. 绘制三阶贝塞尔曲线，三阶贝塞尔曲线的起点也是当前画笔的位置
        //其需要两个控制点，即比二阶贝赛尔曲线多一个控制点，最后也需要一个终点
        //再次通过调用 path 的 moveTo()方法，移动画笔
        path3.moveTo(deltaX * 2.5f, deltaY / 2);
        //绘制三阶贝塞尔曲线
        path3.cubicTo(deltaX * 3, 0, deltaX * 3.5f, 0, deltaX * 4, deltaY);
        pointList.add(new Point(deltaX * 4, deltaY));
        //Path 准备就绪后，真正将 Path 绘制到 Canvas 上
        canvas.drawPath(path3, paint);
        //最后绘制 Path 的连接点，方便大家对比观察
        paint.setStrokeWidth(10);//将点的 strokeWidth 值要设置得比画路径时大
        paint.setStrokeCap(Paint.Cap.ROUND);//将点设置为圆点状
        paint.setColor(0xff0000ff);//设置圆点为蓝色
        for(Point p : pointList){
            //遍历 pointList，绘制连接点
            canvas.drawPoint(p.x, p.y, paint);
        }
    }
}
```

步骤 2　新建一个活动，并修改活动布局为新建 Java 类。

步骤 3　运行上述程序，跳转到绘制路径界面，如图 10-10 所示。

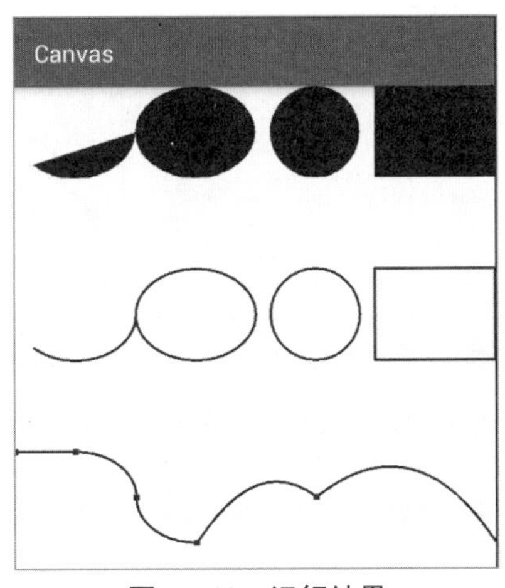

图 10-10　运行结果

Canvas 的 drawPath()方法接收 Path 和 Paint 两个参数。当 Paint 的 style 是 FILL 时，可以用 darwPath 来画填充面。Path 类提供了 addArc()、addOval()、addCircle()、addRect()等方法，可以通过这些方法向 Path 添加各种闭合图形，Path 甚至还提供了 addPath()方法将一个 Path 对象添加到另一个 Path 对象中，作为其

中的一部分。通过 Path 的 addXXX()方法向 Path 中添加各种图形后，就可以调用 canvas.drawPath(path, paint)绘制出 Path 了，如本例运行结果第一行中的几个图形所示。

通过调用 Paint 的 setStyle()方法将画笔 Paint 设置为 STROKE，即线条模式，然后再次执行 canvas.darwPath()方法绘制同一个 Path 对象，这次绘制的就只是 Path 的轮廓线了，如本例运行结果中第二行中的几个图形所示。

Path 对象还有很多 xxTo()方法，例如 lineTo()、arcTo()、quadTo()、cubicTo()等。通过这些方法，可以方便地从画笔位置绘制到指定坐标的连续线条，如本例运行结果中最后一行的几个线状图形所示。使用了 lineTo()、arcTo()、quadTo()、cubicTo()这 4 种方法画了五段线条，并且单独通过调用 drawPoint 画出了每段线条的两个端点。

moveTo()方法用于设置下一个线条的起始点，可以认为是移动了画笔。

lineTo()方法 public void lineTo(float x, float y)，Path 的 lineTo()方法会从当前画笔的位置移动到指定的坐标构建一条线段，然后将其添加到 Path 对象中，如上图中最后一行图形中的第一条线段所示。

arcTo()方法 public void arcTo(RectF oval, float startAngle, float sweepAngle)，oval、startAngle 与 sweepAngle 的参数与之前提到的 darwArc()方法对应的形参意义相同。Path 的 arcTo()方法会构建一条弧线并添加到 Path 对象中，如本例运行结果中最后一行图形中的第二条和第三条线状图形所示，这两条弧线都是通过 Path 的 arcTo()方法创建的。

quadTo()方法是用来画二阶贝塞尔曲线的，即抛物线，其方法是 public void quadTo(float x1, float y1, float x2, float y2)。

二阶贝塞尔曲线绘图过程，如图 10-11 所示。

二阶贝塞尔曲线的绘制一共需要三个点，一个起点，一个终点，还要有一个中间的控制点。画笔的位置就相当于上图中 P0 的位置，quadTo()中的前两个参数 x1 和 y1 指定了控制点 P1 的坐标，后面两个参数 x2 和 y2 指定了终点 P2 的坐标。本例运行结果中最后一行的第四个线状图形就是用 quadTo()绘制的二阶贝塞尔曲线。

cubicTo()跟 quadTo()类似，不过是用来画三阶贝塞尔曲线的，其方法是 public void cubicTo(float x1, float y1, float x2, float y2, float x3, float y3)。

三阶贝塞尔曲线的绘制过程如图 10-12 所示。

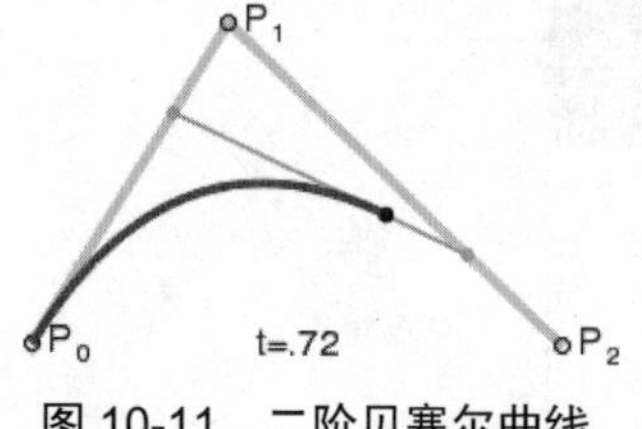

图 10-11　二阶贝塞尔曲线

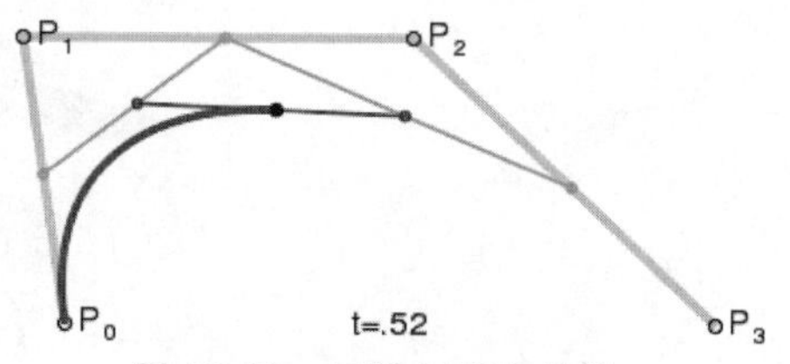

图 10-12　三阶贝塞尔曲线

三阶贝塞尔曲线的绘制需要四个点，一个起点，一个终点，以及两个中间的控制点，也就是说它比二阶贝塞尔曲线要多一个控制点。画笔的位置相当于起始点 P0 位置，cubicTo()中的前两个参数 x1 和 y1 指定了第一个控制点的 P1 坐标，参数 x2 和 y2 指定了第二个控制点 P2 的坐标，最后两个参数 x3 和 y3 指定了终点 P3 的坐标。如本例运行结果中最后一行的最后一个线状图形就是用 cubicTo()绘制的三阶贝塞尔曲线。

Path 的 moveTo()方法可以移动画笔的位置，因为 Path 和 Paint 没有任何关系，准确的说是移动了 Path 的当前点，当调用 lineTo()、arcTo()、quadTo()、cubicTo()等方法时，首先要从当前点开始绘制。对于 lineTo()、quadTo()、cubicTo()这三个方法来说，Path 的当前点作为了这三个方法绘制的线条中的起始点，但是对于 arcTo()方法来说却不同。当调用 arcTo()方法时，首先会从 Path 的当前点画一条直线到所画弧的起始点，所以在使用 Path 的 arcTo()方法前要注意通过调用 Path 的 moveTo()方法使当前点与所画弧的起点重合，否则有可能会看到多了一条当前点到弧的起点的线段。moveTo 可以移动当前点，当调用了 lineTo()、arcTo()、quadTo()、cubicTo()等方法时，当前点也会移动，当前点就变成了所绘制线条的最后一个点。

moveTo()、lineTo()、arcTo()、quadTo()、cubicTo()的方法中传入的坐标都是绘图坐标系中的坐标，即绘图坐标系中的绝对坐标。可以用相对坐标调用这些类型功能的方法。因此 path 类提供了对应的 rMoveTo()、rLineTo()、rQuadTo()、rCubicTo()方法，其形参列表与对应的方法相同，只不过里面传入的坐标不是相对于当前点的相对坐标，即传入的坐标是相对于当前点的偏移值。

lineTo()、arcTo()、quadTo()、cubicTo()等方法只是向路径中添加相应的线条，只有在执行了 canvas.drawPath(path3, paint)方法后，才能将路径绘制到 Canvas 上。

10.3.9 画笔转角

在绘图中画笔转角有三种模式，研究画笔转角对于处理图像是非常有必要的。

绘图中画笔转角的三种模式，如图 10-13 所示。

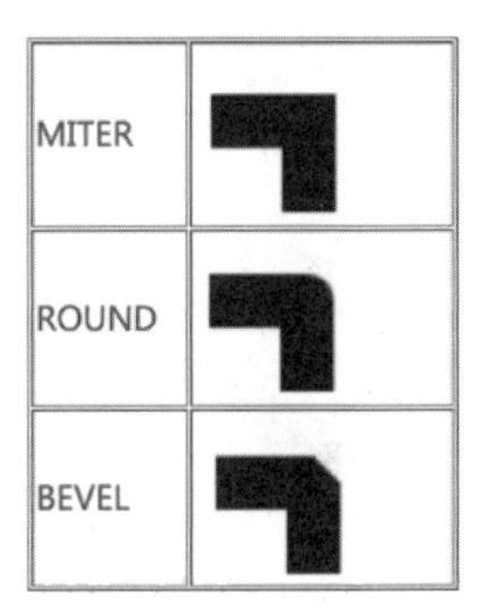

图 10-13 画笔转角

通过一个实例讲解画笔转角，具体操作步骤如下。

步骤 1 新建一个 Java 类并命名为 drawCap，具体代码如下：

```
public class drawCap extends View {
    public drawCap(Context context) {
        super(context);
    }
    @Override
    protected void onDraw(Canvas canvas) {
        super.onDraw(canvas);
        _drawCap(canvas);
    }
    private void _drawCap(Canvas canvas){
        Paint paint = new Paint();//创建画笔
        paint.setStrokeWidth(40);//设置画笔宽度
        paint.setColor(Color.GREEN);//设置画笔颜色
        paint.setStyle(Paint.Style.STROKE);//设置画笔风格为空心
        paint.setAntiAlias(true);//设置抗锯齿
        Path path  = new Path();//创建新路径
        path.moveTo(100,100);
        path.lineTo(450,100);
        path.lineTo(100,300);
        paint.setStrokeJoin(Paint.Join.MITER);//设置连接方式为 MITER
        canvas.drawPath(path,paint);//绘制路径
```

```
        path.moveTo(100,400);
        path.lineTo(450,400);
        path.lineTo(100,600);
        paint.setStrokeJoin(Paint.Join.BEVEL);//设置连接方式为 BEVEL
        canvas.drawPath(path,paint);//绘制路径
        path.moveTo(100,700);
        path.lineTo(450,700);
        path.lineTo(100,900);
        paint.setStrokeJoin(Paint.Join.ROUND);//设置连接方式为 ROUND
        canvas.drawPath(path,paint);//绘制路径
    }
}
```

步骤 2　新建活动，并设置该活动的布局为新建 Java 类。

步骤 3　运行上述程序，跳转到画笔转角界面，如图 10-14 所示。

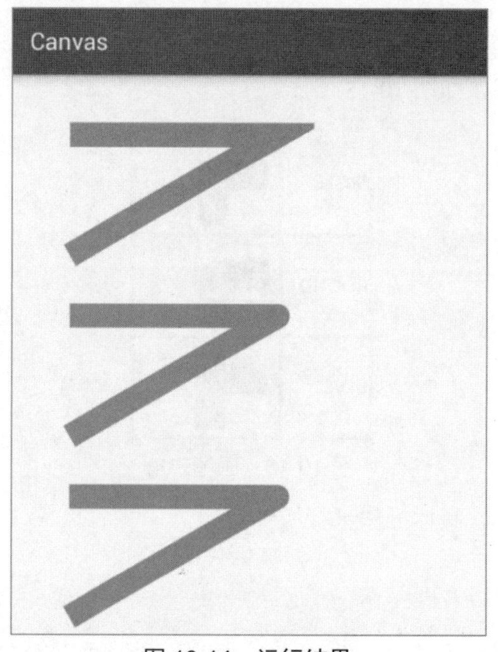

图 10-14　运行结果

10.4　就业面试技巧与解析

本章讲解了 Android 中有关绘图的相关知识，绘图也是自定视图的基础，因此开发中经常使用到，面试官会问及有关图像缓存的技术和如何优化图像缓存。本章涉及的 Bitmap 类和绘图三大元素类应熟练掌握。

10.4.1　面试技巧与解析（一）

面试官：Android 中的 Bitmap 对象如何初始化？

应聘者：Bitmap 是一个私有类，因此可以通过 BitmapFactory 工厂类进行初始化。

BitmapFactory 类提供的 4 种加载图片的方法如下。

decodeFile()：从文件系统加载出一个 Bitmap 对象。

decodeResource()：从资源文件加载出一个 Bitmap 对象。
decodeStream()：从输入流加载出一个 Bitmap 对象。
decodeByteArray()：从字节数组加载出一个 Bitmap 对象。

10.4.2 面试技巧与解析（二）

面试官：介绍一下实现一个自定义 View 的基本流程。
应聘者：自定义 View 的实现基础是重绘，可以通过以下几个步骤完成。
（1）自定义 View 的属性编写 attr.xml 文件。
（2）在布局文件中引用，同时引用命名空间。
（3）在 View 的构造方法中获得我们自定义的属性，在自定义控件中进行读取。
（4）重写 onMesure()。
（5）重写 onDraw()。

第 11 章

多媒体应用开发

学习指引

Android 提供了对声音和视频处理的一些类，通过使用这些类可以实现音乐播放、视频播放、相机控制等，为 Android 多媒体项目开发提供支持。本章将对多媒体应用开发进行讲解。

重点导读

- 熟悉音频播放 MediaPlayer、SoundPool 类。
- 熟悉视频播放 MediaPlayer+SurfaceView、VideoView 类。
- 了解 Camera。
- 了解拍照流程。

11.1 播放音乐

Android 中多媒体可以简单分为音频和视频两个类别。

11.1.1 MediaPlayer

对于 Android 音频的播放，首先想到的一定是 MediaPlayer 类。MediaPlayer 功能非常强大，提供了对音频播放的各种控制。

1. MediaPlayer 播放音乐

MediaPlayer 支持的常用音频格式有 AAC、AMR、FLAC、MP3、MIDI、OGG 和 PCM 等。音频文件如果作为资源存放，会位于 res 目录下的 raw 目录中，使用 MediaPlayer 播放资源文件中的音频可以使用以下代码。

```
//直接创建，不需要设置 setDataSource
mMediaPlayer=MediaPlayer.create(this, R.raw.audio);//创建 MediaPlayer 对象
```

```
    mMediaPlayer.start();//使用 start()方法开始播放
```

通过设置播放源存放路径来播放音频文件，具体代码如下。

```
    setDataSource(String path)
    //如果从 SD 卡中加载音乐，需要设置 SD 卡的读权限，将以下代码加入清单文件
    //<uses-permission android:name="android.permission.READ_EXTERNAL_STORAGE"/>
    //利用 Environment.getExternalStorageDirectory()获取 SD 卡的根目录，一般为/storage/emulated/0
    //把 xxx.wav 存储到 SD 卡的根目录下:String path=Environment.getExternalStorage Directory()+"/xxx.wav";，
就可以获得文件路径
    mMediaPlayer.setDataSource(path) ;
    //如果从网络加载音乐，那么需要设置网络权限
    //<uses-permission android:name="android.permission.INTERNET"/>
    mMediaPlayer.setDataSource("http://..../xxx.mp3") ;
    //需使用异步缓冲
    mMediaPlayer.prepareAsync() ;
    setDataSource(FileDescriptor fd)
    //需将资源文件存储在 assets 文件夹下
    AssetFileDescriptor fd = getAssets().openFd("samsara.mp3");
    mMediaPlayer.setDataSource(fd.getFileDescriptor());//经过笔者的测试，发现使用该方法有时不能播放成功，
应尽量使用另一个重载方法: setDataSource(FileDescptor fd,long offset,long length)
    mMediaPlayer.prepare() ;
    setDataSource(Context context,Uri uri)
```

通过 ContentProvider 获取 Android 系统提供的共享 music 来取得 uri，然后设置数据播放，具体代码如下。

```
    setDataSource(FileDescptor fd,long offset,long length)
    //需将资源文件放在 assets 文件夹下
    AssetFileDescriptor fd = getAssets().openFd("samsara.mp3");
    mMediaPlayer.setDataSource(fd.getFileDescriptor(), fd.getStartOffset(), fd.getLength());
    mMediaPlayer.prepare();
```

设置完数据源后不要忘记 prepare()，应尽量使用异步 prepareAsync()，这样不会阻塞 UI 线程。

2. MediaPlayer 的常用方法

```
    start();//开始播放
    pause();//暂停播放
    reset()//清空 MediaPlayer 中的数据
    setLooping(boolean);//设置是否循环播放
    seekTo(msec)//定位到音频数据的位置，单位为 ms
    stop();//停止播放
    relase();//释放资源
```

11.1.2 SoundPool

SoundPool 实例化方式有以下两种。

第一种：new SoundPool()，这种方式适用于 Android 5.0 以下较旧版本。

```
    SoundPool(int maxStreams, int streamType, int srcQuality)
```

从 Android 5.0 开始，此方法被标记为过时，其中几个参数说明如下。

- maxStreams：允许同时播放流的最大值。
- streamType：音频流的类型描述，在 AudioManager 中有种类型声明，游戏应用通常会使用流媒体音乐（AudioManager.STREAM_MUSIC）。
- srcQuality：采样率转换质量，默认值为 0。

第二种：new SoundPool.Builder()，推荐此种方式，适用于 Android 5.0 以后的版本。

```
    //设置描述音频流信息的属性
```

```
    AudioAttributes abs = new AudioAttributes.Builder()
                .setUsage(AudioAttributes.USAGE_MEDIA)
                .setContentType(AudioAttributes.CONTENT_TYPE_MUSIC)
                .build() ;
    SoundPool mSoundPoll =  new SoundPool.Builder()
                .setMaxStreams(100)   //设置允许同时播放流的最大值
                .setAudioAttributes(abs)   //完全可以设置为null
                .build() ;
```

SoundPool 还有以下几个比较重要的方法。

1）load()方法

下面几个 load()方法与上节讲到的 MediaPlayer 基本一致，这里的每个 load()都会返回一个 SoundId 值，这个值可以用来播放和卸载音频。

```
    int load(AssetFileDescriptor afd, int priority)
    int load(Context context, int resId, int priority)
    int load(String path, int priority)
    int load(FileDescriptor fd, long offset, long length, int priority)
    final void pause(int streamID)
```

2）Play()方法

```
    final int play(int soundID, float leftVolume, float rightVolume, int priority, int loop, float
rate)
```

该方法用于播放音频，其中几个参数说明如下。

- soundID：音频 ID（这个 ID 来自 load()方法的返回值）。
- leftVolume/rightVolume：左/右声道，默认值分别为 1。
- loop：循环次数（-1 代表无限循环，0 代表不循环）。
- rate：播放速率（1 为标准）。

该方法会返回一个 streamID，如果 StreamID 为 0 表示播放失败，否则为播放成功。

3）其他方法

```
    //通过流 ID 暂停播放
    final void pause(int streamID)
    //释放资源
    final void release()
    //恢复播放
    final void resume(int streamID)
    //设置指定 ID 的音频循环播放次数
    final void setLoop(int streamID, int loop)
    //设置加载监听（因为加载是异步的，所以需要监听加载，完成后再播放）
    void setOnLoadCompleteListener(SoundPool.OnLoadCompleteListener listener)
    //设置优先级（同时播放个数超过最大值时，优先级低的先被移除）
    final void setPriority(int streamID, int priority)
    //设置指定音频的播放速率，取值范围为 0.5~2.0(rate>1 加速播放，反之慢速播放)
    final void setRate(int streamID, float rate)
    //停止指定音频播放
    final void stop(int streamID)
    //卸载指定音频，soundID 来自 load()方法的返回值
    final boolean unload(int soundID)
    //暂停所有音频的播放
    final void autoPause()
    //恢复所有暂停的音频播放
    final void autoResume()
```

下面给出一段实例代码。

```
    protected void onCreate(Bundle savedInstanceState) {
```

```
        super.onCreate(savedInstanceState);
        setContentView(R.layout.activity_main);
         SoundPool soundPool=new  SoundPool(100,AudioManager.STREAM_MUSIC,0);//创建 SoundPool 对象
         int soundId=soundPool.load(context,R.raw.test,1);//加载资源, 得到 soundId
         int streamId= soundPool.play(soundId, 1,1,1,-1,1);//播放, 得到 StreamId
         //soundPool.stop(streamId);//暂停
    }
```

使用上面这段代码可能会播放不成功。这是因为音频加载到内存需要一段时间，可能在调用 play()方法时音频还没有加载完成，这种情况便会导致播放音乐失败。

针对这种播放失败的情况，有以下两种解决办法。

第一种：加载音频在 OnCreate()方法中完成，播放在单独的按钮代码中完成。

第二种：设置 OnLoadCompleteListener()方法。具体代码如下：

```
//创建 SoundPool 对象
SoundPool soundPool=new SoundPool(100,AudioManager.STREAM_MUSIC,5);
  soundPool.setOnLoadCompleteListener(new OnLoadCompleteListener() {
    @Override
    public void onLoadComplete(SoundPool soundPool, int sampleId, int status) {
    soundPool.play(sampleId,1,1,1,0,1);//播放
    }
});
soundPool.load(this,R.raw.victory,1);//加载资源
```

11.2 播放视频

11.2.1 MediaPlayer+SurfaceView

MediaPlayer 除了可以播放音频以外，还可以播放视频，但是需要 SurfaceView 与其进行配合使用。MediaPlayer()中的一些方法与音频中的相同，播放视频只是在音频的基础上加入了图像，通过 SurfaceView 进行呈现而已。通过一个实例演示如何使用 MediaPlayer 播放视频，具体操作步骤如下。

步骤 1　新建模块并命名为 SurfaceView，布局中的具体代码如下：

```
<LinearLayout
    xmlns:android="http://schemas.android.com/apk/res/android"
    xmlns:tools="http://schemas.android.com/tools"
    android:id="@+id/activity_main"
    android:layout_width="match_parent"
    android:layout_height="match_parent"
    tools:context="com.example.surfaceview.MainActivity"
    android:layout_margin="10dp"
    android:orientation="vertical">
    <EditText
        android:id="@+id/et"
        android:layout_width="match_parent"
        android:layout_height="wrap_content"
        android:hint="请输入文件名称，例如: aa.mp4，务必确保文件放在 sdcard 目录下"/>
    <SurfaceView
        android:id="@+id/sfv"
        android:layout_width="match_parent"
        android:layout_marginTop="10dp"
        android:layout_height="200dp" />
    <SeekBar
        android:id="@+id/sb"
        android:layout_width="match_parent"
        android:layout_height="wrap_content"
```

```
            android:layout_marginTop="10dp"/>
        <LinearLayout
            android:layout_width="match_parent"
            android:layout_height="wrap_content"
            android:layout_marginTop="10dp"
            android:orientation="horizontal">
            <Button
                android:id="@+id/play"
                android:layout_width="0dp"
                android:layout_height="60dp"
                android:layout_weight="1"
                android:onClick="play"
                android:text="播放"/>
            <Button
                android:id="@+id/pause"
                android:layout_width="0dp"
                android:layout_height="60dp"
                android:layout_marginLeft="10dp"
                android:layout_weight="1"
                android:onClick="pause"
                android:text="暂停"/>
            <Button
                android:layout_width="0dp"
                android:layout_height="60dp"
                android:layout_marginLeft="10dp"
                android:layout_weight="1"
                android:onClick="stop"
                android:text="停止"/>
            <Button
                android:layout_width="0dp"
                android:layout_height="60dp"
                android:layout_marginLeft="10dp"
                android:layout_weight="1"
                android:onClick="replay"
                android:text="重播"/>
        </LinearLayout>
    </LinearLayout>
```

步骤 2　在主活动中定义相应的成员变量，具体代码如下：

```
private SurfaceView sfv;//能够播放图像的控件
private SeekBar sb;//进度条
private String path ;//本地文件路径
private SurfaceHolder holder;
private MediaPlayer player;//媒体播放器
private Button Play;//播放按钮
private Timer timer;//定时器
private TimerTask task;//定时器任务
private int position = 0;//进度
private EditText et;//编辑框控件
```

步骤 3　设置初始化方法，具体代码如下：

```
  //初始化控件，并为进度条和图像控件添加监听
   private void initView() {
       sfv = (SurfaceView) findViewById(R.id.sfv);
       sb = (SeekBar) findViewById(R.id.sb);
       Play = (Button) findViewById(R.id.play);
       et = (EditText) findViewById(R.id.et);
       Play.setEnabled(false);
       holder = sfv.getHolder();//获取 holder 对象
       holder.setType(SurfaceHolder.SURFACE_TYPE_PUSH_BUFFERS);
```

```
        //设置拖动条控件
        sb.setOnSeekBarChangeListener(new SeekBar.OnSeekBarChangeListener() {
            @Override
            public void onProgressChanged(SeekBar seekBar, int progress, boolean fromUser) {
            }
            @Override
            public void onStartTrackingTouch(SeekBar seekBar) {
            }
            @Override
            public void onStopTrackingTouch(SeekBar seekBar) {
           //当进度条停止拖动时，把媒体播放器的进度跳转到进度条对应的进度
                if (player != null) {
                    player.seekTo(seekBar.getProgress());
                }
            }
        });
        //设置回调
        holder.addCallback(new SurfaceHolder.Callback() {
            @Override
            public void surfaceCreated(SurfaceHolder holder) {
        //为了避免图像控件还没有创建成功，用户就开始播放视频而造成程序异常，所以在创建成功后才使播放按钮可被单击
                Log.d("zhangdi","surfaceCreated");
                Play.setEnabled(true);
            }
            @Override
            public void surfaceChanged(SurfaceHolder holder, int format, int width, int height) {
                Log.d("zhangdi","surfaceChanged");
            }
            @Override
            public void surfaceDestroyed(SurfaceHolder holder) {
    //当程序没有退出，但不在前台运行时，因为SurfaceView很耗费空间，所以会自动销毁。这样便会出现再次激活进程，单击“播放”按钮时，声音继续播放，却没有图像的情况。为了避免这种情况的出现，简单的解决办法就是，只要SurfaceView销毁，就把媒体播放器等都销毁，这样每次进来都会重新播放。当然，更好的办法是，在这里记录当前的播放位置，每次激活进程时把位置赋给媒体播放器，具体操作方法很简单，加个全局变量即可。
                Log.d("zhangdi","surfaceDestroyed");
                if (player != null) {
                    position = player.getCurrentPosition();
                    stop();
                }
            }
        });
    }
```

步骤 4 播放方法相应的具体代码如下：

```
    private void play() {
        Play.setEnabled(false);//播放时不允许再单击“播放”按钮
        if (isPause) {//如果是暂停状态下播放，直接调用start()方法
            isPause = false;
            player.start();
            return;
        }
        path = Environment.getExternalStorageDirectory().getPath()+"/";
        path = path + et.getText().toString();//sdcard路径加上文件名称是文件全路径
        File file = new File(path);
        if (!file.exists()) {//判断需要播放的文件路径是否存在，不存在退出播放流程
            Toast.makeText(this,"文件路径不存在",Toast.LENGTH_LONG).show();
            return;
        }
        try {
            player = new MediaPlayer();//初始化MediaPlayer对象
            player.setDataSource(path);//设置路径
            player.setDisplay(holder);//将影像播放控件与媒体播放控件关联起来
```

```
            player.setOnCompletionListener(new MediaPlayer.OnCompletionListener() {
                @Override//视频播放完成后，释放资源
                public void onCompletion(MediaPlayer mp) {
                    Play.setEnabled(true);
                    stop();
                }
            });
            player.setOnPreparedListener(new MediaPlayer.OnPreparedListener() {
                @Override
                public void onPrepared(MediaPlayer mp) {
                //媒体播放器就绪后，设置进度条总长度，开启计时器不断更新进度条，播放视频
                    Log.d("zhangdi","onPrepared");
                    sb.setMax(player.getDuration());
                    timer = new Timer();//创建初始化定时器对象
                    task = new TimerTask() {
                        @Override
                        public void run() {
                            if (player != null) {
                                int time = player.getCurrentPosition();
                                sb.setProgress(time);
                            }
                        }
                    };
                    timer.schedule(task,0,500);
                    sb.setProgress(position);//设置进度
                    player.seekTo(position);//调整播放进度
                    player.start();//开始播放
                }
            });
            player.prepareAsync();
        } catch (IOException e) {
            e.printStackTrace();
        }
    }
```

步骤 5　暂停方法相应的具体代码如下：

```
private boolean isPause;//定义开关
private void pause() {
    if (player != null && player.isPlaying()) {
        player.pause();//暂停方法
        isPause = true;//设置开关状态
        Play.setEnabled(true);
    }
}
```

步骤 6　运行上述程序，查看运行结果，如图 11-1 所示。

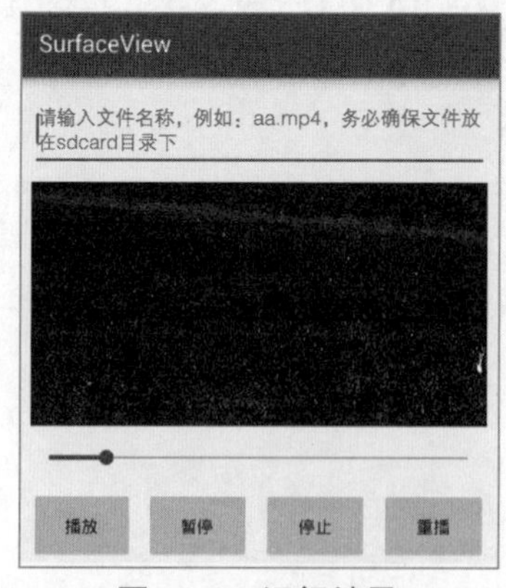

图 11-1　运行结果

11.2.2　VideoView

VideoView 为系统自带的视频播放控件，自带进度条、暂停、播放等功能。其使用起来十分简单，只需要为控件设置好播放路径，并判断监听是否准备就绪，就绪后直接播放。

VideoView 类的构造函数有以下 3 个。

- public VideoView(Context context)：创建一个默认属性的 VideoView 实例。
- public VideoView(Context context, AttributeSet attrs)：创建一个带有 attrs 属性的 VideoView 实例。参数 attrs 用于视图的 XML 标签属性集合。
- public VideoView(Context context, AttributeSet attrs, int defStyle)：创建一个带有 attrs 属性，并且指定其默认样式的 VideoView 实例。参数 defStyle 为应用到视图的默认风格，如果其值为 0 则不应用（包括当前主题中的）风格；该值可以是当前主题中的属性资源，也可以是明确的风格资源 ID。

比较常用的共有方法包括播放方法 start()、暂停方法 pause()等，具体描述与用法见后面测试部分。

通过一个实例演示如何使用 VideoView，具体操作步骤如下。

步骤 1　创建一个模块并命名为 VideoView，布局中的具体代码如下：

```
<LinearLayout
    xmlns:android="http://schemas.android.com/apk/res/android"
    xmlns:tools="http://schemas.android.com/tools"
    android:id="@+id/activity_main2"
    android:layout_width="match_parent"
    android:layout_height="match_parent"
    tools:context="com.example.videoview.MainActivity"
    android:orientation="vertical">
    <LinearLayout
        android:layout_width="match_parent"
        android:layout_height="wrap_content"
        android:orientation="horizontal">
        <EditText
            android:id="@+id/et1"
            android:layout_width="0dp"
            android:layout_height="wrap_content"
            android:layout_weight="3"
            android:hint="请输入文件名"/>
        <Button
            android:id="@+id/btn"
            android:layout_width="0dp"
            android:layout_height="match_parent"
            android:layout_weight="1"
            android:text="确定"/>
    </LinearLayout>
    <VideoView
        android:id="@+id/video"
        android:layout_width="match_parent"
        android:layout_height="300dp"
        android:layout_marginTop="10dp"/>
</LinearLayout>
```

步骤 2　主活动中的具体代码如下：

```
public class MainActivity extends AppCompatActivity {
    private VideoView video;//创建 VideoView 对象
```

```
    private EditText et;//创建编辑框对象
    private Button btn;//创建按钮对象
    @Override
    protected void onCreate(Bundle savedInstanceState) {
        super.onCreate(savedInstanceState);
        setContentView(R.layout.activity_main);
    }
    private void initView() {
        //初始化控件并与控件进行绑定
        et = (EditText) findViewById(R.id.et1);
        video = (VideoView) findViewById(R.id.video);
        btn = (Button) findViewById(R.id.btn);
        //设置按钮的监听事件
        btn.setOnClickListener(new View.OnClickListener() {
            @Override
            public void onClick(View v) {
                String path = Environment.getExternalStorageDirectory().getPath()+"/"+et.getText().
toString();//获取视频路径
                Uri uri = Uri.parse(path);//将路径转换成 uri
                video.setVideoURI(uri);//为视频播放器设置视频路径
                video.setMediaController(new MediaController(MainActivity.this));
                //显示控制栏
                video.setOnPreparedListener(new MediaPlayer.OnPreparedListener() {
                    @Override
                    public void onPrepared(MediaPlayer mp) {
                        video.start();//开始播放视频
                    }
                });
            }
        });
    }
}
```

步骤 3　运行上述程序，查看运行结果，如图 11-2 所示。

图 11-2　运行结果

11.3 相机

11.3.1 Camera

Android 框架层包含了对多种相机和相机特性的支持，可以使开发者在应用中实现拍照或录像效果。Camera 是一个已过时的控制相机设备的 API，为此 Android 提供了 Camera2 类，但是 Camera2 类在开发中应用起来相对复杂，因此学习简单的 Camera 还是有必要的。

Android 系统提供 API 和 Intent 来支持自定义相机拍照和快速拍照，以下是有关的类。

Camera：该类提供基础 API 来使用设备上的相机，且该类可以为你的应用提供拍照和录像相关的 API。

SurfaceView：该类用于显示相机的预览数据。

MediaRecorder：该类提供与相机录像相关的 API。

Intent：使用 MediaStore.ACTION_IMAGE_CAPTURE 和 MediaStore.ACTION_VIDEO_CAPTURE Intent action 可以快速拍照或录像。

在使用相机功能前需要了解相应的权限。

Camera Permission：应用必须先申请相机权限才可以使用设备相机。

```
<uses-permission android:name="android.permission.CAMERA" />
```

注意： *如果使用 Intent 发送快速拍照请求，应用无须申请该权限。*

Storage Permission：如果你的应用需要保持照片或者视频到设备存储中，必须在 Manifest 文件中指定文件的写权限。

```
<uses-permission android:name="android.permission.WRITE_EXTERNAL_STORAGE" />
```

Audio Recording Permission：如果录制视频，必须申请录音权限才能使用相机来录像。

```
<uses-permission android:name="android.permission.RECORD_AUDIO" />
```

Location Permission：如果需要拍摄的照片记录地理位置，要申请如下权限。

```
<uses-permission android:name="android.permission.ACCESS_FINE_LOCATION" />
```

1. CameraInfo

CameraInfo 类用来描述相机信息，通过 Camera 类中 getCameraInfo(int cameraId, CameraInfo cameraInfo) 方法获得，主要包括以下两个成员变量。

（1）facing。facing 代表相机的方向，它的值只能是 CAMERA_FACING_BACK（后置摄像头）或者 CAMERA_FACING_FRONT（前置摄像头）。CAMERA_FACING_BACK 和 CAMERA_FACING_FRONT 是 CameraInfo 类中的静态变量。

（2）orientation。orientation 是相机采集图片的角度。这个值是相机所采集的图片需要顺时针旋转至自然方向的角度值。它必须是 0、90、180 或 270 中的一个。

屏幕坐标：在 Android 系统中，屏幕的左上角是坐标系统的原点（0,0）坐标。原点向右延伸是 X 轴正方向，原点向下延伸是 Y 轴正方向。

自然方向：每个设备都有一个自然方向，手机和平板的自然方向不同。手机的自然方向是 portrait（竖屏），平板的自然方向是 landscape（横屏）。

图像传感器（Image Sensor）方向：手机相机的图像数据都是来自于摄像头硬件的图像传感器，这个传感器在被固定到手机上后有一个默认的取景方向。

这三个方向如图 11-3 所示。

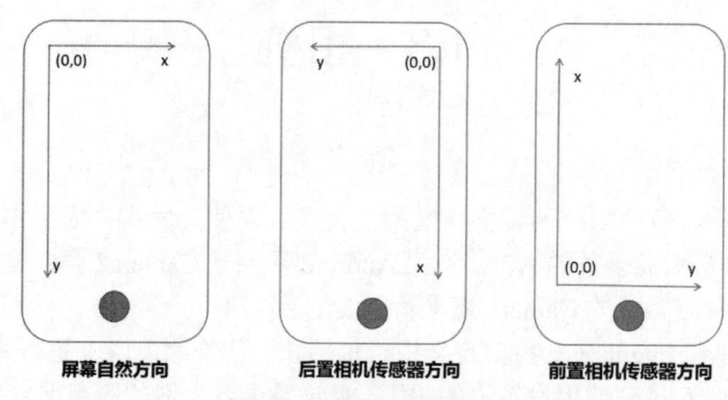

图 11-3　设备的不同方向

相机的预览方向：将图像传感器捕获的图像，显示在屏幕上的方向。在默认情况下，与图像传感器方向一致。在相机 API 中可以通过 setDisplayOrientation()设置相机预览方向。在默认情况下，这个值为 0，与图像传感器方向一致。方向间的转换，如图 11-4 所示。

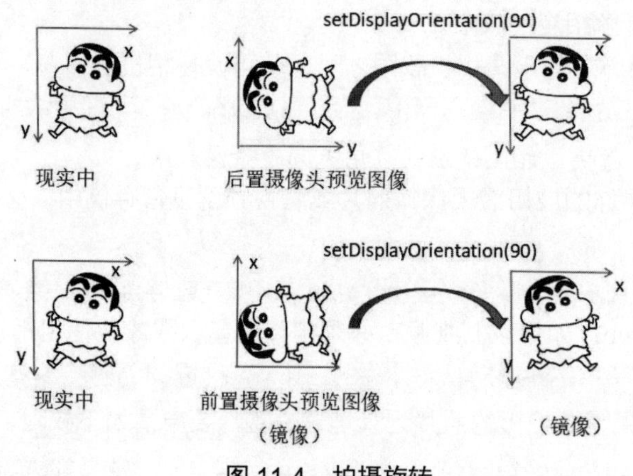

图 11-4　拍摄旋转

相机采集图像方向后，需要进行顺时针旋转的角度，如图 11-5 所示。

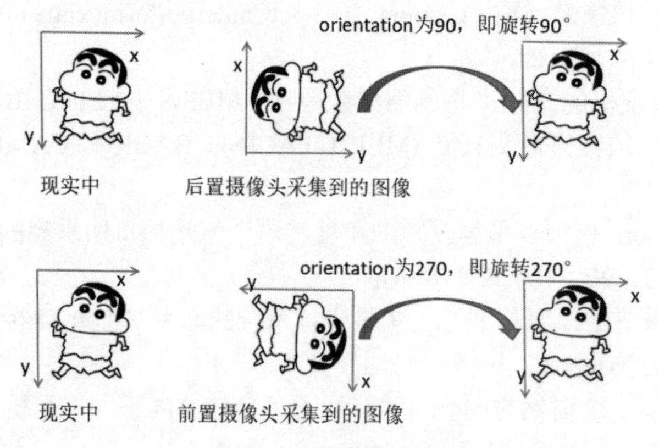

图 11-5　采集图像旋转

绝大部分安卓手机中图像传感器方向是横向的，且不能改变，所以 orientation 是 90 或是 270。当点击拍照保存图片时，需要对图片做旋转处理，使其旋转为自然方向。

通过 setDisplayOrientation()方法设置预览方向，使预览画面为自然方向。前置摄像头在进行角度旋转之前，图像会进行一个水平的镜像翻转，所以用户在看预览图像时就像在照镜子。

2. Size

图片大小里面包含两个变量：width 和 height（图片的宽和高）。

3. Parameters

Parameters 是相机服务设置，不同的相机可能是不相同的，比如相机所支持的图片大小、对焦模式等。下面介绍这个类中常用的方法。

getSupportedPreviewSizes()：获得相机支持的预览图片大小，返回值是一个 List<Size>数组。

setPreviewSize(int width, int height)：设置相机预览图片的大小。

getSupportedPreviewFormats()：获得相机支持的图片预览格式，所有的相机都支持 ImageFormat.NV21。更多的图片格式可以查看 ImageFormat 类。

setPreviewFormat(int pixel_format)：设置预览图片的格式。

getSupportedPictureSizes()：获得相机支持的采集的图片大小（即拍照后保存的图片大小）。

setPictureSize(int width, int height)：设置保存的图片大小。

getSupportedPictureFormats()：获得相机支持的图片格式。

setPictureFormat(int pixel_format)：设置保存的图片格式。

getSupportedFocusModes()：获得相机支持的对焦模式。

setFocusMode(String value)：设置相机的对焦模式。

getMaxNumDetectedFaces()：返回当前相机所支持的最大人脸检测个数。

4. PreviewCallback

PreviewCallback 是一个抽象接口。

void onPreviewFrame(byte[] data, Camera camera)：通过 onPreviewFrame()方法来获取相机预览到的数据，第一个参数 data 是相机预览到的原始数据。

5. Face

Face 类用来描述通过 Camera 的人脸检测功能检测到的人脸信息。

Rect：是一个 Rect 对象，它所表示的就是检测到的人脸区域。

注意：这个 Rect 对象中的坐标系并不是安卓屏幕的坐标系，需要进行转换后才能使用。

Score：检测到的人脸可信度，范围是 1 到 100。

leftEye：是一个 Point 对象，表示检测到的左眼的位置坐标。

rightEye：是一个 Point 对象，表示检测到的右眼的位置坐标。

mouth：是一个 Point 对象，表示检测到的嘴的位置坐标。

leftEye、rightEye 和 mouth 这 3 个人脸中关键点并不是所有相机都支持的，如果相机不支持的话，这 3 个的值为 null。

6. FaceDetectionListener

这是一个抽象接口，当进行人脸检测时开始回调。

```
onFaceDetection(Face[] faces, Camera camera)
```

第一参数代表检测到的人脸，是一个 Face 数组（画面内可能存在多张人脸）。

Camera 类中的方法如下。

getNumberOfCameras()：返回当前设备上可用的摄像头个数。

open()使用当前设备上第一个后置摄像头创建一个 Camera 对象。如果当前设备没有后置摄像头，则返回值为 null。

open(int cameraId)：使用传入 id 所表示的摄像头创建一个 Camera 对象，如果 id 所表示的摄像头已经被打开，则会抛出异常。设备上每一个物理摄像都是有一个 id 的，id 从 0 开始，到 getNumberOfCameras()-1 结束。

getCameraInfo(int cameraId, CameraInfo cameraInfo)：返回指定 id 所表示的摄像头的信息。

setDisplayOrientation(int degrees)：设置相机预览画面旋转的角度。

setPreviewDisplay(SurfaceHolder holder)：设置一个 Surface 对象用来实时预览。

setPreviewCallback(PreviewCallback cb)：设置相机预览数据的回调，参数是一个 PreviewCallback 对象。

getParameters()：返回当前相机的参数信息，返回值是一个 Parameters 对象。

setParameters(Parameters params)：设置当前相机的参数信息。

startPreview()：开始预览，调用此方法之前，如果没有 setPreviewDisplay(SurfaceHolder) 或 setPreviewTexture(SurfaceTexture)的话，是没有效果的。

stopPreview()：停止预览。

startFaceDetection()：开始人脸检测，这个方法必须在开始预览之后调用。

stopFaceDetection()：停止人脸检测。

setFaceDetectionListener(FaceDetectionListener listener)：设置人脸检测监听回调。

release()：释放相机。

11.3.2 实现拍照

实现拍照功能有两种方式，可以通过启动已有相机功能的程序，或者自己实现拍照功能。Camera intent 可以通过已存在的相机应用来抓取一张照片或一段视频剪辑，并将它们返回给调用的应用。

1. 使用 Camera Intent 拍照

使用 Camera Intent 拍照的流程如下。

步骤 1　Compose a Camera Intent 创建一个 Intent 请求用来拍照或者录像。

有关的 Intent 类型如下：

```
MediaStore.ACTION_IMAGE_CAPTURE: 该 Intent action 类型用于请求系统相机拍照。
MediaStore.ACTION_VIDEO_CAPTURE: 该 Intent action 类型用于请求系统相机录像。
```

步骤 2　Start the Camera Intent 调用 Activity 的 startActivityForResult()方法来发送 Camera Intent 请求拍照或录像，当发送 Camera Intent 以后，当前应用会跳转到系统相机的应用界面，用户可以选择拍照或录像。

步骤 3　Receive the Intent Result 在自己的应用中实现 onActivityResult()回调方法去接收来自系统相机的拍摄结果。该方法在用户完成拍照或录像以后由系统调用。

2. 使用 Intent 拍照

使用 Camera Intent 拍照是一个既快速又最简单的方法。发送 Intent 拍照携带的外部数据 extra 的信息如下。

MediaStore.EXTRA_OUTPUT 用于创建一个 Uri 对象来指定一个路径和文件名保存照片。这个设置是可选的，建议使用该方法来保存照片。如果没有指定该关键字的值，系统的 camera 应用会将照片以默认的名称保存在一个默认的位置；当指定了该关键字的值，数据以 Intent.getData()方法返回 Uri 对象。

下面给出一段代码通过 Intent 实现拍照。

```
//定义返回码
private static final int CAPTURE_IMAGE_ACTIVITY_REQUEST_CODE = 100;
private Uri fileUri;
@Override
public void onCreate(Bundle savedInstanceState) {
    super.onCreate(savedInstanceState);
    setContentView(R.layout.main);
    //创建 Intent 对象，指定包含拍照功能的程序
    Intent intent = new Intent(MediaStore.ACTION_IMAGE_CAPTURE);
    fileUri = getOutputMediaFileUri(MEDIA_TYPE_IMAGE); //创建一个文件保存照片
    intent.putExtra(MediaStore.EXTRA_OUTPUT, fileUri); //设置文件名称
    //启动相机
    startActivityForResult(intent, CAPTURE_IMAGE_ACTIVITY_REQUEST_CODE);
}
```

当调用 startActivityForResult()方法以后，用户可以看到系统相机的拍照界面。在用户拍照结束（或取消拍照）以后，系统相机会把照片数据返回给调用应用，这里需要在应用中实现 onActivityResult()方法来接收照片数据。

3. 使用 Intent 录像

使用 Camera Intent 录像可以发送 Intent 录像携带的外部数据 extra 的信息如下。

MediaStore.EXTRA_OUTPUT：该关键字和拍照使用的关键字一样，意思就是指定一个路径和文件名来构建一个 Uri 对象保存录像结果，同样录像结果会以 Intent.getData()方法返回 Uri 对象。

MediaStore.EXTRA_VIDEO_QUALITY：该关键字用于指定拍摄的录像质量，参数 0 表示低质量，参数 1 表示高质量。

MediaStore.EXTRA_DURATION_LIMIT：该关键字用于指定拍摄录像时间限制，单位为 s。

MediaStore.EXTRA_SIZE_LIMIT：该关键字用于指定拍摄录像的文件大小限制，单位为 byte。

下面给出一段代码通过 Intent 实现录制视频。

```
//定义返回码
private static final int CAPTURE_VIDEO_ACTIVITY_REQUEST_CODE = 200;
private Uri fileUri;//定义 Uri 对象
@Override
public void onCreate(Bundle savedInstanceState) {
    super.onCreate(savedInstanceState);
    setContentView(R.layout.main);
    //创建一个 Intent 对象
    Intent intent = new Intent(MediaStore.ACTION_VIDEO_CAPTURE);
    fileUri = getOutputMediaFileUri(MEDIA_TYPE_VIDEO);     //创建一个文件保存视频
    intent.putExtra(MediaStore.EXTRA_OUTPUT, fileUri);     //设置文件名称
    intent.putExtra(MediaStore.EXTRA_VIDEO_QUALITY, 1);    //设置视频质量
    //启动带有录像功能的应用
    startActivityForResult(intent, CAPTURE_VIDEO_ACTIVITY_REQUEST_CODE);
}
```

4. 接收相机返回的数据

当应用发起了一个拍照或录像的 intent，那么该应用必须去接收 Intent 的结果数据。为了接收 Intent 的结果数据，需要重写 Activity 的 onActivityResult()方法。

下面通过一段代码演示如何实现使用 onActiviytResult()方法来接收照片或视频数据。

```
//定义返回码
```

```
private static final int CAPTURE_IMAGE_ACTIVITY_REQUEST_CODE = 100;
private static final int CAPTURE_VIDEO_ACTIVITY_REQUEST_CODE = 200;
@Override
protected void onActivityResult(int requestCode, int resultCode, Intent data) {
    if (requestCode == CAPTURE_IMAGE_ACTIVITY_REQUEST_CODE) {
        if (resultCode == RESULT_OK) {
        //保存调用返回的图片信息
            Toast.makeText(this, "Image saved to:\n" +
                     data.getData(), Toast.LENGTH_LONG).show();
        } else if (resultCode == RESULT_CANCELED) {
        //用户取消了拍照
        } else {
        //如果获取照片信息失败，从这里进行通知
        }
    }
    if (requestCode == CAPTURE_VIDEO_ACTIVITY_REQUEST_CODE) {
        if (resultCode == RESULT_OK) {
        //保存视频文件
            Toast.makeText(this, "Video saved to:\n" +
                     data.getData(), Toast.LENGTH_LONG).show();
        } else if (resultCode == RESULT_CANCELED) {
        //用户取消了视频录制
        } else {
        //获取视频失败，进行通知
        }
    }
}
```

11.3.3 自定义相机

上两小节已经学习了 Camera 类的一些基础知识，以及如何调用系统相机实现拍照与录制视频。本节将使用 Camera 类自定义一个相机应用。

具体实现思路：

（1）在 XML 布局中定义一个 SurfaceView，用于预览相机采集的数据。

（2）给 SurfaceHolder 添加回调，在 surfaceCreated（holder: SurfaceHolder?）回调中打开相机。

（3）成功打开相机后，设置相机参数，包括对焦模式、预览大小、照片保存大小等。

（4）设置相机预览时的旋转角度，然后调用 startPreview()方法开始预览。

（5）调用 takePicture()方法拍照或在 Camera 的预览回调中保存照片。

（6）对保存的照片进行旋转处理，使其成为自然方向。

（7）关闭界面，释放相机资源。

通过一个实例演示如何实现自定义相机，具体操作步骤如下。

步骤 1　新建模块并命名为 Camera，在清单文件中加入权限，具体代码如下：

```
<uses-permission android:name="android.permission.CAMERA" /> <uses-permission android:name=
"android.permission.WRITE_EXTERNAL_STORAGE" />
```

步骤 2　新建活动用于显示拍照结果，具体代码如下：

```
public class ResultActivity extends Activity {
    @Override
    protected void onCreate(Bundle savedInstanceState) {
        super.onCreate(savedInstanceState);
        setContentView(R.layout.activity_result);
        String path=getIntent().getStringExtra("PicturePath");
```

```
        ImageView imageview=(ImageView) findViewById(R.id.picture);
        //由于这样只能获得横屏，所以我们要使用流的形式来转换
        //Bitmap bitmap=BitmapFactory.decodeFile(path);
        //imageview.setImageBitmap(bitmap);
        FileInputStream fis;
        try {
            fis = new FileInputStream(path);
            Bitmap bitmap=BitmapFactory.decodeStream(fis);
            Matrix matrix=new Matrix();
            matrix.setRotate(90);
            bitmap=Bitmap.createBitmap(bitmap, 0,0, bitmap.getWidth()
                    ,bitmap.getHeight(),matrix,true);
            imageview.setImageBitmap(bitmap);
        } catch (FileNotFoundException e) {
            e.printStackTrace();
        }
    }
}
```

步骤 3　新建活动用于预览摄像头信息及拍照，具体代码如下：

```
public class CustomCarema extends Activity implements SurfaceHolder.Callback{
    private Camera myCamera;//定义相机对象
    private SurfaceView preview;//定义 SurfaceView 对象用于相机预览
    private SurfaceHolder myHolder;  //myHolder 用于展现 SurfaceView 的图像
    private Camera.PictureCallback myPictureCallBack=new Camera.PictureCallback() {
        @Override
        public void onPictureTaken(byte[] data, Camera arg1) {
            //将拍照得到的数据信息存储到本地
            File tempFile=new File("/sdcard/temp.png");
            try {
                FileOutputStream fos=new FileOutputStream(tempFile);
                fos.write(data);
                fos.close();
                //将这个照片的数据信息传送给要进行展示的 Activity
                Intent intent=new Intent(CustomCarema.this,ResultActivity.class);
                intent.putExtra("PicturePath", tempFile.getAbsolutePath());
                startActivity(intent);
                //拍照结束后销毁当前的 Activity，进入图片展示界面
                CustomCarema.this.finish();
            } catch (FileNotFoundException e) {
                e.printStackTrace();
            } catch (IOException e) {
                e.printStackTrace();
            }
        }
    };
    @Override
    protected void onCreate(Bundle savedInstanceState) {
        super.onCreate(savedInstanceState);
        setContentView(R.layout.activity_custom_carema);
        preview=(SurfaceView) findViewById(R.id.preview);
        myHolder=preview.getHolder();
        myHolder.addCallback(this);
        //实现单击屏幕自动聚焦的功能，此处并不需要拍照，故只是聚焦
        preview.setOnClickListener(new OnClickListener() {
            @Override
            public void onClick(View arg0) {
                myCamera.autoFocus(null);
            }
```

```
        });
    }
    @Override
    protected void onResume() {
        super.onResume();
        if(myCamera==null){
            myCamera=getCamera();
            if(myHolder != null ){
                setStartPreview(myCamera, myHolder);
            }
        }
    }
    @Override
    protected void onPause() {
        super.onPause();
        releaseCamera();
    }
   //释放相机的资源
    private void releaseCamera(){
        if(myCamera !=null ){
            myCamera.setPreviewCallback(null);
            myCamera.stopPreview();
            myCamera.release();
            myCamera=null;
        }
    }
    //拍照的一些参数设置,单击此按钮后会触发拍照的回调，进而实现拍照的效果
    public void onCapture(View view){
        Camera.Parameters parameters=myCamera.getParameters();
        //设置照片的类型
        parameters.setPictureFormat(ImageFormat.JPEG);
        parameters.setPictureSize(800, 600);
        //设置为自动聚焦
        parameters.setFocusMode(Camera.Parameters.FOCUS_MODE_AUTO);
        //设置为自动聚焦是不够的，因为我们想得到的是最为清晰的照片，所以要在聚焦成功后才进行拍照
        myCamera.autoFocus(new Camera.AutoFocusCallback() {
            @Override
            public void onAutoFocus(boolean success, Camera camera) {
                if(success){
                    myCamera.takePicture(null, null, myPictureCallBack);
                }
            }
        });
    }
    //获取系统的一个 Camera 对象
    private Camera getCamera(){
        Camera camera=null;
        try{
            camera=Camera.open();
        }catch(Exception e){
            e.printStackTrace();
        }
        return camera;
    }
    //开始预览相机的内容，其实就是将 SurfaceHolder 与其绑定
    private void setStartPreview(Camera camera,SurfaceHolder holder){
        //直接调用系统方式绑定预览
        try {
            camera.setPreviewDisplay(holder);
```

```
            //由于系统默认使用横屏预览，所以要进行设置
            camera.setDisplayOrientation(90);
            camera.startPreview();
        } catch (IOException e) {
            e.printStackTrace();
        }
    }
    @Override
    public void surfaceChanged(SurfaceHolder holder, int arg1, int arg2, int arg3) {
        myCamera.stopPreview();
        setStartPreview(myCamera, myHolder);
    }
    @Override
    public void surfaceCreated(SurfaceHolder holder) {
        setStartPreview(myCamera, myHolder);
    }
    @Override
    public void surfaceDestroyed(SurfaceHolder arg0) {
        releaseCamera();
    }
}
```

步骤 4 主活动中的具体代码如下：

```
public class MainActivity extends AppCompatActivity {
    //为下面的获取请求所用
    private static int REQ_1=1;
    private static int REQ_2=2;
    Button btn_startCareme,btn_startCarema2,btn_customCarema;
    ImageView imageView;
    //定义照片存储的路径
    private String myFilePath;
    @Override
    protected void onCreate(Bundle savedInstanceState) {
        super.onCreate(savedInstanceState);
        setContentView(R.layout.activity_main);
        btn_startCareme=(Button) findViewById(R.id.startCarema);
        btn_startCarema2=(Button) findViewById(R.id.startCarema2);
        btn_customCarema=(Button) findViewById(R.id.customCarema);
        imageView=(ImageView) findViewById(R.id.imageview);
        //初始化不同手机 SD 卡的路径
        myFilePath=Environment.getExternalStorageDirectory().getPath();
        myFilePath=myFilePath+"/"+"temperature.png";
    }
    public void onCustomCarema(View view){
        Intent intent=new Intent(this,CustomCarema.class);
        startActivity(intent);
    }
    public void onStartCarema(View view){
        Intent intent=new Intent(MediaStore.ACTION_IMAGE_CAPTURE);
        startActivityForResult(intent, REQ_1);
    }
     /* 此方法的存在意义在于，不是在 onActivityResult()方法的 data 中获取所拍照片的缩略图，而是从文件输出目
录下直接查看原图。这样的好处就是可以对大容量的照片进行便捷、准确的操作*/
    public void onStartCarema2(View view){
        Intent intent=new Intent(MediaStore.ACTION_IMAGE_CAPTURE);
        //将文件路径传递回需要的处理方法中
        Uri uri=Uri.fromFile(new File(myFilePath));
        //设置文件的输出路径
        intent.putExtra(MediaStore.EXTRA_OUTPUT, uri);
```

```
        startActivityForResult(intent, REQ_2);
    }
    @Override
    protected void onActivityResult(int requestCode, int resultCode, Intent data) {
        super.onActivityResult(requestCode, resultCode, data);
        if(resultCode==RESULT_OK){
            if(requestCode==REQ_1){
                Bundle bundle=data.getExtras();
                Bitmap bitmap=(Bitmap) bundle.get("data");
                imageView.setImageBitmap(bitmap);
            }else if(requestCode==REQ_2){
                FileInputStream fis=null;
                try {
                    fis=new FileInputStream(myFilePath);
                    Bitmap bitmap=BitmapFactory.decodeStream(fis);
                    imageView.setImageBitmap(bitmap);
                } catch (FileNotFoundException e) {
                    e.printStackTrace();
                }finally{
                    try {
                        fis.close();
                    } catch (IOException e) {
                        e.printStackTrace();
                    }
                }
            }
        }
    }
}
```

步骤5　运行上述程序，查看运行结果，如图11-6所示。

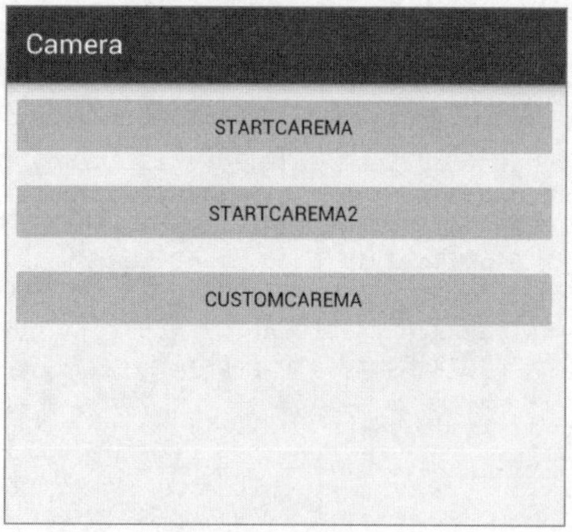

Camera

STARTCAREMA

STARTCAREMA2

CUSTOMCAREMA

图11-6　运行结果

11.4　就业面试技巧与解析

本章讲解了有关多媒体的开发内容，在面试过程中面试官经常会问及与Camera、Audio、Video相关的问题，大多数是考察应聘者对多媒体开发是否熟悉。Android开发中有关相机的开发是非常关键的，读者应熟悉自定义相机的使用。

11.4.1 面试技巧与解析（一）

面试官： 调用系统相机时如何获取系统的图像，是否需要申请系统权限？为什么？

应聘者： 调用系统相机可以通过 Intent 的方式实现，也可以通过 Camera 自定义相机。需要申请权限，因为相机属于系统资源，不申请权限打开会报错。

11.4.2 面试技巧与解析（二）

面试官： 在 Android 中有哪些播放音频的方式？在游戏中应选择哪种音频播放方式？为什么？

应聘者： 在 Android 中提供了 MediaPlayer 与 SoundPool 两种播放音频的类，在游戏中应使用 SoundPool 进行音频播放，因为 SoundPool 可以同时播放多个音频。

第12章

文件的存储技术

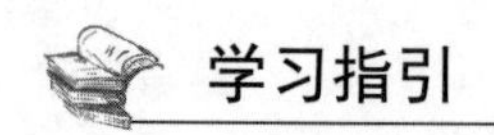

学习指引

在Android开发中，不可避免地需要操作一些文件去获取或存储数据。常用的有四类操作：基本文件、XML文件、JSON文件及Share Preference存储类的操作。

重点导读

- 熟悉文件的基本操作。
- 掌握保存账号的基本方法。
- 熟悉XML文件、JSON文件的操作。
- 掌握Share Preference存储类操作。

12.1 操作文件

Android中基础数据操作是针对File类的操作，这类操作是通用的，其他语言也需要进行File类的操作。

12.1.1 文件的基本操作

Android中本身采用Java进行开发，因此支持以Java的方式操作文件，可以使用File类读写文件。

1. 常用方法

1）文件的常用方法

File是通过FileInputStream和FileOutputStream对文件进行操作的。Context提供了如下两个方法，用来打开应用程序的数据文件，通常是以文件I/O流的形式操作。

（1）FileInputStream openFileInput(String name)：以输入流的方式，打开以name命名的文件。

（2）FileOutputStream openFileOutput(String name,int mode)：以出流的方式，打开以name命名的文件。其中参数mode用来指定打开文件的模式，该模式支持以下几种取值。

- MODE_PRIVATE：文件只能被当前程序读写。
- MODE_APPEND：以追加方式打开文件，应用程序可以向文件中追加内容。
- MODE_WORLD_READABLE：文件的内容可以被其他应用程序读取。
- MODE_WORLD_WRITEABLE：文件的内容可以由其他程序读、写。

2）数据文件夹的常用方法

（1）getDir(String name,int mode)：在应用程序的数据文件夹下获取或创建 name 对应的子目录。

（2）File getFilesDir()：获取应用程序中数据文件夹的绝对路径。

（3）String[] fileList()：返回应用程序中数据文件夹下的全部文件。

（4）deleteFile(String)：删除应用程序中数据文件夹下的指定文件。

2. 文件的创建、删除和重命名

1）创建文件

创建文件使用 createNewFile()方法，具体代码如下：

```
public static final String FILE_NAME = "myFile.txt";
File file=new File(FileUtil.FILE_NAME);
        //判断文件是否存在
        if(!file.exists())
        {
            try {
                //文件不存在，就创建一个新文件
                file.createNewFile();
                System.out.println("文件已经创建了");
            } catch (IOException e) {
                e.printStackTrace();
            }
        }
        else
        {
            System.out.println("文件已经存在");
            System.out.println("文件名: "+file.getName());
            System.out.println("文件绝对路径为: "+file.getAbsolutePath());
            //是存在工程目录下，所以
            System.out.println("文件相对路径为: "+file.getPath());
            System.out.println("文件大小为: "+file.length()+"字节");
            System.out.println("文件是否可读: "+file.canRead());
            System.out.println("文件是否可写: "+file.canWrite());
            System.out.println("文件是否隐藏: "+file.isHidden());
        }
```

2）删除文件

删除文件使用 delete()方法，具体代码如下：

```
File file=new File(FileUtil.FILE_NAME);
        //判断文件是否存在
        if(file.exists())
        {
            file.delete();
            System.out.println("文件已经被删除了");
        }
```

3）文件重命名

文件重命名使用 renameTo()方法，具体代码如下：

```
File file=new File(FileUtil.FILE_NAME);
File newFile=new File("anotherFile.txt");
```

```
file.renameTo(newFile);
System.out.println("文件已经成功地被命名了"+file.getName());
```

注意：文件重命名只是操作文件的名称，并不改变其中的内容。

3. 文件夹的创建和删除

1）创建文件夹

创建文件夹使用 mkdirs()方法，具体代码如下：

```
File folder=new File(FileUtil.FOLDER_NAME);
if(!folder.exists())
{
    //创建文件夹，一旦存在相同的文件或文件夹，将不再重新创建
    //folder.mkdir();
    //不管路径是否存在，都会慢慢向下一级创建文件夹。所以创建文件夹一般用此方法，以确保稳定性
    folder.mkdirs();
}
```

注意：File 同时可以表示文件或文件夹。

2）删除文件夹

删除文件夹使用 delete()方法，具体代码如下：

```
File folder=new File(FileUtil.FOLDER_NAME);
        if(folder.exists())
        {
在移除的时候，只会移除最下层的目录，不会移除多层目录
           folder.delete();
        }
```

12.1.2 保存账号和密码

本小节通过一个实例演示普通 File 类在实际应用中的使用，这里引入了模拟 QQ 应用中保存账号与密码的操作，具体操作步骤如下。

步骤 1 新建模块并命名为 FileSave，布局中的代码如下：

```
<?xml version="1.0" encoding="utf-8"?>
<RelativeLayout xmlns:android="http://schemas.android.com/apk/res/android"
    android:layout_width="match_parent"
    android:layout_height="match_parent"
    android:background="#E6E6E6"
    android:orientation="vertical">
    <ImageView
        android:id="@+id/iv"
        android:layout_width="70dp"
        android:layout_height="70dp"
        android:layout_centerHorizontal="true"
        android:layout_marginTop="40dp"
        android:background="@drawable/head"/>
    <LinearLayout
        android:id="@+id/ll_number"
        android:layout_width="match_parent"
        android:layout_height="wrap_content"
        android:layout_below="@id/iv"
        android:layout_centerVertical="true"
        android:layout_marginBottom="5dp"
        android:layout_marginLeft="10dp"
        android:layout_marginRight="10dp"
        android:layout_marginTop="15dp"
        android:background="#ffffff">
        <TextView
            android:id="@+id/tv_number"
```

```
            android:layout_width="wrap_content"
            android:layout_height="wrap_content"
            android:padding="10dp"
            android:text="账号:"
            android:textColor="#000"
            android:textSize="20sp"/>
        <EditText
            android:id="@+id/et_number"
            android:layout_width="match_parent"
            android:layout_height="wrap_content"
            android:layout_marginLeft="5dp"
            android:background="@null"
            android:padding="10dp"/>
    </LinearLayout>
    <LinearLayout
        android:id="@+id/ll_password"
        android:layout_width="match_parent"
        android:layout_height="wrap_content"
        android:layout_below="@id/ll_number"
        android:layout_centerVertical="true"
        android:layout_marginLeft="10dp"
        android:layout_marginRight="10dp"
        android:background="#ffffff">
        <TextView
            android:id="@+id/tv_password"
            android:layout_width="wrap_content"
            android:layout_height="wrap_content"
            android:padding="10dp"
            android:text="密码:"
            android:textColor="#000"
            android:textSize="20sp"/>
        <EditText
            android:id="@+id/et_password"
            android:layout_width="match_parent"
            android:layout_height="wrap_content"
            android:layout_marginLeft="5dp"
            android:layout_toRightOf="@id/tv_password"
            android:background="@null"
            android:inputType="textPassword"
            android:padding="10dp"/>
    </LinearLayout>
    <Button
        android:id="@+id/btn_login"
        android:layout_width="match_parent"
        android:layout_height="wrap_content"
        android:layout_below="@id/ll_password"
        android:layout_marginLeft="10dp"
        android:layout_marginRight="10dp"
        android:layout_marginTop="50dp"
        android:background="#3C8DC4"
        android:text="登录"
        android:textColor="#ffffff"
        android:textSize="20sp"/>
</RelativeLayout>
```

步骤 2　新建文件操作类并命名为 FileSave，具体代码如下：

```
public class FileSave {
    //保存用户信息
    public static boolean saveUserInfo(Context context, String number, String password){
        try {
```

```
            FileOutputStream fos = context.openFileOutput("data.txt", Context.MODE_PRIVATE);
            fos.write((number+":"+password).getBytes());
            fos.close();
            return true;
        } catch (Exception e) {
            e.printStackTrace();
            return false;
        }
    }
    //读取用户信息
    public static Map<String,String> getUserInfo(Context context){
        String content="";
        try {
            FileInputStream fis = context.openFileInput("data.txt");
            byte[] buffer = new byte[fis.available()];
            fis.read(buffer);
            content = new String(buffer);
            Map<String,String> userMap = new HashMap<String,String>();
            String[] infos = content.split(":");
            userMap.put("number",infos[0]);
            userMap.put("password",infos[1]);
            fis.close();
            return userMap;
        } catch (Exception e) {
            e.printStackTrace();
            return null;
        }
    }
}
```

步骤 3　主活动中的具体代码如下：

```
public class MainActivity extends AppCompatActivity implements View.OnClickListener{
    private EditText et_number,et_password;//创建编辑框对象
    private Button btn_login;//创建按钮对象
    @Override
    protected void onCreate(Bundle savedInstanceState) {
        super.onCreate(savedInstanceState);
        setContentView(R.layout.activity_main);
        //初始化界面
        init();
        //加载保存成功的用户信息
        Map<String,String> userInfo = FileSave.getUserInfo(this);
        if(userInfo!=null){//如果文件不为空，读取文件内容并设置给编辑框控件
            et_number.setText(userInfo.get("number"));
            et_password.setText(userInfo.get("password"));
        }
    }
    private void init(){
        et_number = (EditText) findViewById(R.id.et_number);
        et_password = (EditText) findViewById(R.id.et_password);
        btn_login = (Button) findViewById(R.id.btn_login);
        //设置按钮的单击事件
        btn_login.setOnClickListener(this);
    }
    @Override
    public void onClick(View v) {
        //当单击“登录”按钮时,获取 QQ 账号和密码
        String number = et_number.getText().toString().trim();
        String password = et_password.getText().toString().trim();
```

```
        //检验账号和密码是否正确
        if(TextUtils.isEmpty(number)){
            Toast.makeText(this,"请输入 QQ 号码",Toast.LENGTH_SHORT).show();
            return;
        }
        if(TextUtils.isEmpty(number)){
            Toast.makeText(this,"请输入 QQ 密码",Toast.LENGTH_SHORT).show();
            return;
        }
        //保存用户信息
        boolean isSaveSuccess = FileSave.saveUserInfo(this,number,password);
        if(isSaveSuccess){
            Toast.makeText(this,"保存成功",Toast.LENGTH_SHORT).show();
        }else{
            Toast.makeText(this,"保存失败",Toast.LENGTH_SHORT).show();
        }
    }
}
```

步骤 4　运行上述程序，查看运行结果，如图 12-1 所示。

图 12-1　运行结果

12.2　操作 XML 文件

在网络存储过程中有很多时候会遇到解析 XML 文件和使用 XML 保存一些信息的情况，XML 在多种程序开发中都得到了广泛应用，在 Android 开发中也不例外。XML 作为承载数据的一个重要角色，使得会读写 XML 成为 Android 开发中一项重要的技能。

12.2.1　SAX 解析

SAX（Simple API for XML）解析器是一种基于事件的解析器，它的核心是事件处理模式，主要是围绕事件源及事件处理器来工作的。当事件源产生事件后，调用事件处理器相应的处理方法，一个事件就可以得到处理。在事件源调用事件处理器中特定方法的时候，还要将相应事件的状态信息传递给事件处理器，这样事件处理器才能够根据提供的事件信息来决定自己的行为。SAX 解析器的优点是解析速度快、占用内存少，所以它非常适合在 Android 移动设备中使用。

通过一个实例讲解如何使用 SAX 解析器解析 XML 数据，具体操作步骤如下。

步骤 1　创建新模块并命名为 SAX，创建一个实体类并命名为 Book。具体代码如下：

```
public class Book {
    private int id;//定义 Id
    private String name;//定义名称
    private float price;//定义价格
    public int getId() {
        return id;
    }
    public void setId(int id) {
        this.id = id;
    }
    public String getName() {
        return name;
    }
    public void setName(String name) {
        this.name = name;
    }
    public float getPrice() {
        return price;
    }
    public void setPrice(float price) {
        this.price = price;
    }
    @Override
    public String toString() {
        return "id:" + id + ", name:" + name + ", price:" + price;
    }
}
```

步骤 2　定义一个接口并命名为 BookParser，具体代码如下：

```
public interface BookParser {
    //解析输入流，得到 Book 对象集合
    public List<Book> parse(InputStream is) throws Exception;
    //序列化 Book 对象集合，得到 XML 形式的字符串
    public String serialize(List<Book> books) throws Exception;
}
```

步骤 3　定义一个用于解析数据的类并命名为 SaxBookParser，具体代码如下：

```
public class SaxBookParser implements BookParser {
    @Override
    public List<Book> parse(InputStream is) throws Exception {
    //取得 SAXParserFactory 实例
        SAXParserFactory factory = SAXParserFactory.newInstance();
        SAXParser parser = factory.newSAXParser();//从 factory 获取 SAXParser 实例
        MyHandler handler = new MyHandler();//实例化自定义 Handler
        parser.parse(is, handler);//根据自定义 Handler 规则解析输入流
        return handler.getBooks();
    }
    @Override
    public String serialize(List<Book> books) throws Exception {
    //取得 SAXTransformerFactory 实例
        SAXTransformerFactory factory = (SAXTransformerFactory) TransformerFactory.newInstance();
        //从 factory 获取 TransformerHandler 实例
        TransformerHandler handler = factory.newTransformerHandler();
        //从 handler 获取 Transformer 实例
        Transformer transformer = handler.getTransformer();
```

```
        //设置输出采用的编码方式
        transformer.setOutputProperty(OutputKeys.ENCODING, "UTF-8");
        //设置是否自动添加额外的空白
        transformer.setOutputProperty(OutputKeys.INDENT, "yes");
        //设置是否忽略 XML 声明
        transformer.setOutputProperty(OutputKeys.OMIT_XML_DECLARATION, "no");
        StringWriter writer = new StringWriter();
        Result result = new StreamResult(writer);
        handler.setResult(result);
        String uri = "";    //代表命名空间的 URI，当 URI 无值时，须置为空字符串
        //命名空间的本地名称(不包含前缀)，当没有进行命名空间处理时，须置为空字符串
        String localName = "";
        handler.startDocument();
        handler.startElement(uri, localName, "books", null);
        AttributesImpl attrs = new AttributesImpl();//负责存放元素的属性信息
        char[] ch = null;
        for (Book book : books) {
            attrs.clear();  //清空属性列表
            attrs.addAttribute(uri, localName, "id", "string", String.valueOf(book.getId()));
            //添加一个名为 id 的属性(type 影响不大，这里设为“string”)
            //开始一个 book 元素，关联上面设置的 id 属性
            handler.startElement(uri, localName, "book", attrs);
            //开始一个 name 元素，没有属性
            handler.startElement(uri, localName, "name", null);
            ch = String.valueOf(book.getName()).toCharArray();
            handler.characters(ch, 0, ch.length);//设置 name 元素的文本节点
            handler.endElement(uri, localName, "name");
            //开始一个 price 元素，没有属性
            handler.startElement(uri, localName, "price", null);
            ch = String.valueOf(book.getPrice()).toCharArray();
            handler.characters(ch, 0, ch.length);//设置 price 元素的文本节点
            handler.endElement(uri, localName, "price");
            handler.endElement(uri, localName, "book");
        }
        handler.endElement(uri, localName, "books");
        handler.endDocument();
        return writer.toString();
    }
    //需要重写 DefaultHandler 的方法
    private class MyHandler extends DefaultHandler {
        private List<Book> books;
        private Book book;
        private StringBuilder builder;
        //返回解析后得到的 Book 对象集合
        public List<Book> getBooks() {
            return books;
        }
        @Override
        public void startDocument() throws SAXException {
            super.startDocument();
            books = new ArrayList<Book>();//创建一个链表
            builder = new StringBuilder();//创建一个 builder
        }
        @Override
        public void startElement(String uri, String localName, String qName, Attributes attributes)
throws SAXException {
            super.startElement(uri, localName, qName, attributes);
            if (localName.equals("book")) {
```

```
                book = new Book();
            }//将字符长度设置为 0，以便重新开始读取元素内的字符节点
            builder.setLength(0);
        }
        @Override
        public void characters(char[] ch, int start, int length) throws SAXException {
            super.characters(ch, start, length);
            builder.append(ch, start, length);//将读取的字符数组追加到 builder 中
        }
        @Override
        public void endElement(String uri, String localName, String qName) throws SAXException {
            super.endElement(uri, localName, qName);
            if (localName.equals("id")) {
                book.setId(Integer.parseInt(builder.toString()));
            } else if (localName.equals("name")) {
                book.setName(builder.toString());
            } else if (localName.equals("price")) {
                book.setPrice(Float.parseFloat(builder.toString()));
            } else if (localName.equals("book")) {
                books.add(book);
            }
        }
    }
}
```

步骤 4　主活动中的具体代码如下：

```
public class MainActivity extends AppCompatActivity {
    private static final String TAG = "XML";
    private BookParser parser;//定义 SAX 解析器
    private List<Book> books;//创建链表
    @Override
    protected void onCreate(Bundle savedInstanceState) {
        super.onCreate(savedInstanceState);
        setContentView(R.layout.activity_main);
        Button readBtn = (Button) findViewById(R.id.readBtn);
        Button writeBtn = (Button) findViewById(R.id.writeBtn);
        readBtn.setOnClickListener(new View.OnClickListener() {
            @Override
            public void onClick(View v) {
                try {//打开文件获取输入流
                    InputStream is = getAssets().open("books.xml");
                    parser = new SaxBookParser();   //创建 SaxBookParser 实例
                    books = parser.parse(is);        //解析输入流
                    for (Book book : books) {        //循环解析（增强 for 循环）
                        Log.i(TAG, book.toString());
                    }
                } catch (Exception e) {
                    Log.e(TAG, e.getMessage());
                }
            }
        });
        writeBtn.setOnClickListener(new View.OnClickListener() {
            @Override
            public void onClick(View v) {
                try {
                    String xml = parser.serialize(books);  //序列化
                    //打开文件获取一个输出流
                    FileOutputStream fos = openFileOutput("books.xml", Context.MODE_PRIVATE);
```

```
                fos.write(xml.getBytes("UTF-8"));//写入数据
            } catch (Exception e) {
                Log.e(TAG, e.getMessage());
            }
        }
    });
  }
}
```

步骤 5　运行上述程序，在日志中可以看到解析出的内容，如图 12-2 所示。

```
01-08 02:16:48.325 1210-1210/com.example.sax I/XML: id:1001, name:Thinking In Java, price:80.0
01-08 02:16:48.325 1210-1210/com.example.sax I/XML: id:1002, name:Core Java, price:90.0
01-08 02:16:48.325 1210-1210/com.example.sax I/XML: id:1003, name:Hello, Andriod, price:100.0
```

图 12-2　日志信息

以上代码中定义了事件处理逻辑，重写了 DefaultHandler 几个重要事件方法。下面介绍 DefaultHandler 的相关知识。DefaultHandler 是一个事件处理器，可以接收解析器报告的所有事件，处理所发现的数据。它实现了 EntityResolver 接口、DTDHandler 接口、ErrorHandler 接口和 ContentHandler 接口。这几个接口代表不同类型的事件处理器，而 ContentHandler 接口相对比较重要一些。

ContentHandler 是 Java 类包中一个特殊的 SAX 接口，位于 org.xml.sax 包中。该接口封装了一些对事件处理的方法，当 XML 解析器开始解析 XML 输入文档时，它会遇到某些特殊的事件，比如文档的开头和结束、元素开头和结束，以及元素中的字符数据等事件。当遇到这些事件时，XML 解析器会调用 ContentHandler 接口中相应的方法来响应该事件。ContentHandler 接口的方法有以下几种。

void startDocument()方法：接收文档开始的通知，SAX 解析器仅调用该方法一次。

void endDocument()方法：接收文档结尾的通知，SAX 解析器仅调用该方法一次，并且它将是解析期间最后调用的方法。直到解析器放弃解析（由于不可恢复的错误）或到达输入的结尾时，该方法才会被调用。

void startElement(String uri, String localName, String qName, Attributes atts)方法：接收元素开始的通知。该方法的参数信息如下。

- uri：名称空间 URI，如果元素没有名称空间 URI，如果未执行名称空间处理，则为空字符串。
- localName：本地名称（不带前缀），如果未执行命名空间处理，则为空字符串。
- qName：元素名（带有前缀），如果元素名不可用，则为空字符串。
- atts：该元素的属性。如果没有属性，则它将是空 Attributes 对象。在 startElement 返回后，此对象的值是未定义的。

void endElement(String uri, String localName, String qName)方法：接收元素结束的通知。该方法的参数含义与 startElement()方法的参数含义一致。

void characters(char[ ] ch, int start, int length)方法：接收字符数据的通知。该方法的参数信息如下。

- ch：字符数组，来自 XML 文档中的字符串数据。
- start：数组中的开始位置。
- length：从数组中读取的字符的个数。

void ignorableWhitespace(char[ ] ch, int start, int length)方法：接收元素内容中可忽略的空白通知。该方法的参数含义与 characters()方法的参数含义一致。

void startPrefixMapping(String prefix, String uri)方法：开始标记的前缀 URI 名称空间范围映射。该方法的参数信息如下。

- prefix：声明的名称空间前缀。对于没有前缀的默认元素名称空间，使用空字符串。

- uri：将前缀映射到的名称空间 URI。

void endPrefixMapping(String prefix)方法：结束标记的前缀 URI 名称空间范围的映射。

void setDocumentLocator(Locator locator)方法：接收用来查找 SAX 文档事件起源的对象。如果要使用 SAX 解析器来提供定位器，则必须在调用 ContentHandler 接口中的任何其他方法之前调用该方法，为应用程序提供定位器。

void ignorableWhitespace(char[ ] ch, int start, int length)方法：接收元素内容中可忽略的空白通知。

void processingInstruction(String target, String data)方法：接收处理指令的通知。

void skippedEntity(String name)方法：接收跳过的实体的通知。

12.2.2 DOM 解析

DOM 解析器是基于树形结构的节点或信息片段的集合，允许开发人员使用 DOM API 遍历 XML 树、检索所需数据。其分析结构通常需要加载整个文档和构造树形结构，然后才可以检索和更新节点信息。

由于 DOM 解析器在内存中以树形结构存放，因此检索和更新效率会更高。但是对于特别大的文档，解析和加载整个文档会很耗资源。

下面给出一段代码，以便了解如何使用 DOM 解析器解析 XML 数据。

```
public class DomBookParser implements BookParser {
    @Override
    public List<Book> parse(InputStream is) throws Exception {
        List<Book> books = new ArrayList<Book>();
        //取得 Document BuilderFactory 实例
        DocumentBuilderFactory factory = DocumentBuilderFactory.newInstance();
        //从 factory 获取 DocumentBuilder 实例
        DocumentBuilder builder = factory.newDocumentBuilder();
        Document doc = builder.parse(is);                        //解析输入流，得到 Document 实例
        Element rootElement = doc.getDocumentElement();
        NodeList items = rootElement.getElementsByTagName("book");
        for (int i = 0; i < items.getLength(); i++) {
            Book book = new Book();
            Node item = items.item(i);
            NodeList properties = item.getChildNodes();
            for (int j = 0; j < properties.getLength(); j++) {
                Node property = properties.item(j);
                String nodeName = property.getNodeName();
                if (nodeName.equals("id")) {
                    book.setId(Integer.parseInt(property.getFirstChild().getNodeValue()));
                } else if (nodeName.equals("name")) {
                    book.setName(property.getFirstChild().getNodeValue());
                } else if (nodeName.equals("price")) {
                    book.setPrice(Float.parseFloat(property.getFirstChild().getNodeValue()));
                }
            }
            books.add(book);
        }
        return books;
    }
    @Override
    public String serialize(List<Book> books) throws Exception {
        DocumentBuilderFactory factory = DocumentBuilderFactory.newInstance();
        DocumentBuilder builder = factory.newDocumentBuilder();
        Document doc = builder.newDocument();    //由 builder 创建新文档
        Element rootElement = doc.createElement("books");
        for (Book book : books) {
```

```
            Element bookElement = doc.createElement("book");
            bookElement.setAttribute("id", book.getId() + "");
            Element nameElement = doc.createElement("name");
            nameElement.setTextContent(book.getName());
            bookElement.appendChild(nameElement);
            Element priceElement = doc.createElement("price");
            priceElement.setTextContent(book.getPrice() + "");
            bookElement.appendChild(priceElement);
            rootElement.appendChild(bookElement);
        }
        doc.appendChild(rootElement);
        //取得 TransformerFactory 实例
        TransformerFactory transFactory = TransformerFactory.newInstance();
        //从 transFactory 获取 Transformer 实例
        Transformer transformer = transFactory.newTransformer();
        //设置输出采用的编码方式
        transformer.setOutputProperty(OutputKeys.ENCODING, "UTF-8");
        //设置是否自动添加额外的空白
        transformer.setOutputProperty(OutputKeys.INDENT, "yes");
        //设置是否忽略 XML 声明
        transformer.setOutputProperty(OutputKeys.OMIT_XML_DECLARATION, "no");
        StringWriter writer = new StringWriter();
        Source source = new DOMSource(doc);//表明文档来源是.doc
        Result result = new StreamResult(writer); //表明目标结果为 writer
        transformer.transform(source, result);     //开始转换
        return writer.toString();
    }
}
```

其运行结果与 SAX 解析器的相同，请参看源码。

12.2.3　PULL 解析

PULL 解析器的运行方式和 SAX 解析器的类似，都是基于事件的模式。不同的是，PULL 在解析过程中，需要其自行获取产生的事件，再作相应的操作，不像 SAX 解析器那样由处理器触发一种事件的方法，执行相应的代码。PULL 解析器的优点是小巧轻便、解析速度快、简单易用，所以它非常适合在 Android 移动设备中使用。Android 系统内部在解析各种 XML 时也是用的 PULL 解析器。

下面给出一段代码，以便了解如何使用 PULL 解析器解析 XML 数据。

```
public class PullBookParser implements BookParser {
    @Override
    public List<Book> parse(InputStream is) throws Exception {
        List<Book> books = null;//创建链表
        Book book = null;//创建实体类对象
        //XmlPullParserFactory factory = XmlPullParserFactory.newInstance();
        //XmlPullParser parser = factory.newPullParser();
        //由 android.util.xml 创建一个 XmlPullParser 实例
        XmlPullParser parser = Xml.newPullParser();
        parser.setInput(is, "UTF-8");//设置输入流并指明编码方式
        int eventType = parser.getEventType();
        while (eventType != XmlPullParser.END_DOCUMENT) {
            switch (eventType) {
                case XmlPullParser.START_DOCUMENT:
                    books = new ArrayList<Book>();
                    break;
```

```
                case XmlPullParser.START_TAG:
                    if (parser.getName().equals("book")) {
                        book = new Book();
                    } else if (parser.getName().equals("id")) {
                        eventType = parser.next();
                        book.setId(Integer.parseInt(parser.getText()));
                    } else if (parser.getName().equals("name")) {
                        eventType = parser.next();
                        book.setName(parser.getText());
                    } else if (parser.getName().equals("price")) {
                        eventType = parser.next();
                        book.setPrice(Float.parseFloat(parser.getText()));
                    }
                    break;
                case XmlPullParser.END_TAG:
                    if (parser.getName().equals("book")) {
                        books.add(book);
                        book = null;
                    }
                    break;
            }
            eventType = parser.next();
        }
        return books;
    }
    @Override
    public String serialize(List<Book> books) throws Exception {
    //XmlPullParserFactory factory = XmlPullParserFactory.newInstance();
    //XmlSerializer serializer = factory.newSerializer();
    //由 android.util.xml 创建一个 XmlSerializer 实例
        XmlSerializer serializer = Xml.newSerializer();
        StringWriter writer = new StringWriter();
        serializer.setOutput(writer);    //设置输出目标为 writer
        serializer.startDocument("UTF-8", true);
        serializer.startTag("", "books");
        for (Book book : books) {
            serializer.startTag("", "book");
            serializer.attribute("", "id", book.getId() + "");
            serializer.startTag("", "name");
            serializer.text(book.getName());
            serializer.endTag("", "name");
            serializer.startTag("", "price");
            serializer.text(book.getPrice() + "");
            serializer.endTag("", "price");
            serializer.endTag("", "book");
        }
        serializer.endTag("", "books");
        serializer.endDocument();
        return writer.toString();
    }
}
```

12.2.4 XML 解析实例

通过前面的学习，相信读者对于 XML 解析有了一定的了解，并熟知解析 XML 文件的 3 种方式。本小节通过一个实际案例——每日天气预报，加深对 XML 解析的了解。具体操作步骤如下。

步骤 1　新建一个模块并命名为 XML1，再新建用于解析数据的实体类 WeatherInfo，具体代码如下：

```
public class WeatherInfo {
    private String id;//定义 ID
    private String temp;//定义温度
    private String weather;//定义天气
    private String name;//定义名称
    private String pm;//定义 pm 值
    private String wind;//定义风力
    public String getId() {
        return id;
    }
    public void setId(String id) {
        this.id = id;
    }
    public String getTemp() {
        return temp;
    }
    public void setTemp(String temp) {
        this.temp = temp;
    }
    public String getWeather() {
        return weather;
    }
    public void setWeather(String weather) {
        this.weather = weather;
    }
    public String getName() {
        return name;
    }
    public void setName(String name) {
        this.name = name;
    }
    public String getPm() {
        return pm;
    }
    public void setPm(String pm) {
        this.pm = pm;
    }
    public String getWind() {
        return wind;
    }
    public void setWind(String wind) {
        this.wind = wind;
    }
}
```

步骤 2　创建一个用于解析的服务类并命名为 WeatherService，具体代码如下：

```
public class WeatherService {
    public static List<WeatherInfo> getInfosFromXML (InputStream is)
            throws Exception {
        //得到 pull 解析器
        XmlPullParser parser = Xml.newPullParser();
        //初始化解析器,第一个参数代表包含 XML 的数据
        parser.setInput(is, "utf-8");
        List<WeatherInfo> weatherInfos = null;
        WeatherInfo weatherInfo = null;
        //得到当前事件的类型
        int type = parser.getEventType();
```

```
            //END_DOCUMENT 文档结束标签
            while (type != XmlPullParser.END_DOCUMENT) {
                switch (type) {
                    //一个节点的开始标签
                    case XmlPullParser.START_TAG:
                        if("infos".equals(parser.getName())){
                            weatherInfos = new ArrayList<WeatherInfo>();
                        }else if("city".equals(parser.getName())){
                            weatherInfo = new WeatherInfo();
                            weatherInfo.setId(parser.getAttributeValue(0));
                        }else if("temp".equals(parser.getName())){
                            weatherInfo.setTemp(parser.nextText());
                        }else if("weather".equals(parser.getName())){
                            weatherInfo.setWeather(parser.nextText());
                        }else if("name".equals(parser.getName())){
                            weatherInfo.setName(parser.nextText());
                        }else if("pm".equals(parser.getName())){
                            weatherInfo.setPm(parser.nextText());
                        }else if("wind".equals(parser.getName())){
                            weatherInfo.setWind(parser.nextText());
                        }
                        break;
                    //一个节点的结束标签
                    case XmlPullParser.END_TAG:
                        //一个城市的信息处理完毕，city 的结束标签
                        if("city".equals(parser.getName())){
                            weatherInfos.add(weatherInfo);
                        }
                        break;
                }
                type = parser.next();
            }
            return weatherInfos;
        }
    }
```

步骤 3　主活动中展示数据的核心代码如下：

```
    //将城市天气信息分条展示到界面上
    private void getMap(String id) {
        WeatherInfo weatherInfo = weatherInfoMap.get(id);
        tv_city.setText(weatherInfo.getName());
        tv_weather.setText(weatherInfo.getWeather());
        tv_temp.setText("" + weatherInfo.getTemp());
        tv_wind.setText("风力:" + weatherInfo.getWind());
        tv_pm.setText("pm: " + weatherInfo.getPm());
        switch (weatherInfo.getWeather()) {
            case "晴天":
                iv_icon.setImageResource(R.drawable.sun);
                break;
            case "多云":
                iv_icon.setImageResource(R.drawable.clouds);
                break;
            case "晴天多云":
                iv_icon.setImageResource(R.drawable.cloud_sun);
                break;
        }
    }
```

步骤 4　执行上述程序，查看运行结果，如图 12-3 所示。

图 12-3　运行结果

12.3　操作 JSON 文件

JSON 是一种文本形式的数据交换格式，比 XML 更为轻量。JSON 的解析和生成的方式很多，在 Android 平台上最常用的类库有 Gson 和 FastJSON 两种。

12.3.1　JSON 基础

JSON 数据同 XML 数据都是网络传输的数据格式，使用也是非常广泛，因此解释 JSON 数据可以同 XML 数据进行比较学习。

1. JSON 与 XML 的比较

（1）没有结束标签。

（2）更加简短。

（3）读写的速度更快。

（4）使用数组。

（5）不使用保留字。

2. JSON 语法

（1）数组在键值对中。

（2）数据由逗号分隔。

（3）大括号保存对象。

（4）中括号保存数组。

3. JSON 值

（1）数字（整数或浮点数）。

（2）字符串（在双引号中）。

（3）逻辑值（true 或 false）。

（4）数组。

（5）对象。

（6）null。

4. JSON 对象

在大括号中书写，可以包含多个键值对。例如：

```
{"firstName":"John", "lastName":"Doe"}
```

在中括号中书写，可以包含多个对象，通过逗号分隔。例如：

```
{
    "employees":[
        {"firstName":"John", "lastName":"Doe"},
        {"firstName":"Anna", "lastName":"Smith"},
        {"firstName":"Peter", "lastName":"Jones"}
    ]
}
```

5. 在 Android 中读取 JSON 数据

这里给出一段模拟数据，具体数据如下：

```
{
    "languages":[
        {"id":1, "ide":"Eclipse", "name":"Java"},
        {"id":2, "ide":"XCode", "name":"Swift"},
        {"id":3, "ide":"Visual Sutdio", "name":"C#"}
    ],
    "cat":"it"
}
```

将 test.json 复制到项目的 assets 目录中。

将 test.json 中的内容读取到一个字符串中。具体代码如下：

```
StringBuilder sBuilder = new StringBuilder();
try {
//打开一个文件，并返回一个输入流对象
    InputStreamReader isr = new InputStreamReader(getAssets().open("test.json"), "UTF-8");
    BufferedReader br = new BufferedReader(isr);//创建一个读取文件缓冲区
    String line;//定义一个字符串
    while((line = br.readLine()) != null) {//如果文件没有结束，则一直循环读取
        sBuilder.append(line);//将字符串加入到缓冲区
    }
    br.close();//关闭缓冲区
    isr.close();//关闭输入流
} catch (IOException e) {
    e.printStackTrace();
}
```

解析并显示 JSON 数据的具体代码如下：

```
try {
//创建对象 JSONObject
```

```
    JSONObject root = new JSONObject(sBuilder.toString());
    Log.d("Tag", "cat=" + root.getString("cat"));
    JSONArray array = root.getJSONArray("languages");//JSON 数组
    for (int i = 0; i < array.length(); i++) {
        JSONObject lan = array.getJSONObject(i);
        Log.d("Tag", "---------------------------------");
        Log.d("Tag", "id=" + lan.getInt("id")); //get()方法中的数据类型要与 JSON 中实际数据类型一致
        Log.d("Tag", "ide=" + lan.getString("ide"));
        Log.d("Tag", "name=" + lan.getString("name"));
    }
} catch (JSONException e) {
    e.printStackTrace();
}
```

6. 在 Android 中创建 JSON 数据

创建与 test.json 中完全一致的数据，具体代码如下：

```
try {
    JSONObject root = new JSONObject();
    //1. 创建 cat 属性并赋值
    root.put("cat", "it");
    //2. 创建数组中的对象
    //{"id":1, "ide":"Eclipse", "name":"Java"}
    JSONObject lan1 = new JSONObject();
    lan1.put("id", 1);
    lan1.put("ide", "Eclipse");
    lan1.put("name", "Java");
    //{"id":2, "ide":"XCode", "name":"Swift"}
    JSONObject lan2 = new JSONObject();
    lan2.put("id", 2);
    lan2.put("ide", "XCode");
    lan2.put("name", "Swift");
    //{"id":3, "ide":"Visual Sutdio", "name":"C#"}
    JSONObject lan3 = new JSONObject();
    lan3.put("id", 3);
    lan3.put("ide", "Visual Sutdio");
    lan3.put("name", "C#");
    //3. 将对象放入数组中
    JSONArray array = new JSONArray();
    array.put(lan1);
    array.put(lan2);
    array.put(lan3);
    //将数组添加到 root 中
    root.put("languages", array);
    Log.d("Tag", root.toString());
} catch (JSONException e) {
    e.printStackTrace();
}
```

12.3.2　解析 JSON

本小节通过一个实例演示如何使用 JSON 数据解析天气信息，完成每日天气预报，具体操作步骤如下。

步骤 1　新建模块并命名为 JSON，新建天气信息的实体类并命名为 WeatherInfo，具体代码如下：

```
public class WeatherInfo {
    private String id;
    private String temp;
    private String weather;
    private String name;
    private String pm;
    private String wind;
    public String getId() {
        return id;
    }
    public void setId(String id) {
        this.id = id;
    }
    public String getTemp() {
        return temp;
    }
    public void setTemp(String temp) {
        this.temp = temp;
    }
    public String getWeather() {
        return weather;
    }
    public void setWeather(String weather) {
        this.weather = weather;
    }
    public String getName() {
        return name;
    }
    public void setName(String name) {
        this.name = name;
    }
    public String getPm() {
        return pm;
    }
    public void setPm(String pm) {
        this.pm = pm;
    }
    public String getWind() {
        return wind;
    }
    public void setWind(String wind) {
        this.wind = wind;
    }
}
```

步骤 2　创建 Java 类并命名为 WeatherService，该类用于解析 JSON 数据。具体代码如下：

```
public class WeatherService {
    //解析 JSON 文件返回天气信息的集合
    public static List<WeatherInfo> getInfosFromJson(InputStream is)
            throws Exception {
        byte[] buffer = new byte[is.available()];
        is.read(buffer);
        String json = new String(buffer, "utf-8");
        Gson gson = new Gson();
        Type listType = new TypeToken<List<WeatherInfo>>(){}.getType();
        List<WeatherInfo> weatherInfos = gson.fromJson(json,listType);
        return weatherInfos;
    }
}
```

步骤 3　使用 Gson 解析数据需要添加一个依赖，打开工程中的 Gradle Scripts，如图 12-4 所示。

Gradle Scripts
build.gradle (Project: app12)
build.gradle (Module: app)
build.gradle (Module: dom)
build.gradle (Module: filesave)
build.gradle (Module: json)
build.gradle (Module: sax)
build.gradle (Module: xml1)

图 12-4　Gradle 脚本

步骤 4　在 dependencies 标记中加入如下一段代码。

```
compile group: 'com.google.code.gson', name: 'gson', version: '2.8.2'
```

步骤 5　主活动中的具体代码如下：

```
public class MainActivity extends AppCompatActivity implements View.OnClickListener {
    private TextView tv_city;
    private TextView tv_weather;
    private TextView tv_temp;
    private TextView tv_wind;
    private TextView tv_pm;
    private ImageView iv_icon;
    private Map<String, WeatherInfo> weatherInfoMap;
    @Override
    protected void onCreate(Bundle savedInstanceState) {
        super.onCreate(savedInstanceState);
        setContentView(R.layout.activity_main);
        init();
        try {//打开资源中的文件，并返回一个输入流对象
            InputStream is = this.getResources().openRawResource(R.raw.weather1);
            List<WeatherInfo> infos = WeatherService.getInfosFromJson(is);
            weatherInfoMap = new HashMap<String, WeatherInfo>();
            for(WeatherInfo info : infos){
                weatherInfoMap.put(info.getId(),info);
            }
        } catch (Exception e) {
            e.printStackTrace();
        }
        getMap("bj");
    }
    private void init() {
        tv_city = (TextView) findViewById(R.id.tv_city);
        tv_weather = (TextView) findViewById(R.id.tv_weather);
        tv_temp = (TextView) findViewById(R.id.tv_temp);
        tv_wind = (TextView) findViewById(R.id.tv_wind);
        tv_pm = (TextView) findViewById(R.id.tv_pm);
        iv_icon = (ImageView) findViewById(R.id.iv_icon);
        findViewById(R.id.btn_sh).setOnClickListener(this);
        findViewById(R.id.btn_bj).setOnClickListener(this);
        findViewById(R.id.btn_gz).setOnClickListener(this);
    }
    //按钮的单击事件
    @Override
    public void onClick(View v) {
        switch (v.getId()) {
            case R.id.btn_sh:
                getMap("sh");
                break;
```

```
            case R.id.btn_bj:
                getMap("bj");
                break;
            case R.id.btn_gz:
                getMap("gz");
                break;
        }
    }
    //将城市天气信息分条展示到界面上
    private void getMap(String id) {
        WeatherInfo weatherInfo = weatherInfoMap.get(id);
        tv_city.setText(weatherInfo.getName());
        tv_weather.setText(weatherInfo.getWeather());
        tv_temp.setText("" + weatherInfo.getTemp());
        tv_wind.setText("风力:" + weatherInfo.getWind());
        tv_pm.setText("pm: " + weatherInfo.getPm());
        switch (weatherInfo.getWeather()) {
            case "晴天":
                iv_icon.setImageResource(R.drawable.sun);
                break;
            case "多云":
                iv_icon.setImageResource(R.drawable.clouds);
                break;
            case "晴天多云":
                iv_icon.setImageResource(R.drawable.cloud_sun);
                break;
        }
    }
}
```

步骤 6　运行上述程序，运行结果如图 12-5 所示。

图 12-5　运行结果

12.4　SharedPreferences 存储类

SharedPreferences 是 Android 平台上一个轻量级的存储类，用来保存应用程序的各种配置信息。其本质是一个以“键-值”对方式保存数据的 XML 文件，保存在/data/data//shared_prefs 目录下。

12.4.1 SharedPreferences基础

SharedPreferences是Android中特有的，因此这种数据存储方式需要大家掌握，本节讲解SharedPreferences的基本操作。

1. 获取SharedPreferences

使用SharedPreferences来存储数据，首先需要获取到SharedPreferences对象。Android中主要提供了3种方法用于得到SharedPreferences对象。

（1）Context类中的getSharedPreferences()方法：此方法接收两个参数，第一个参数用于指定SharedPreferences文件的名称，如果指定的文件不存在则会创建一个；第二个参数用于指定操作模式，主要有以下几种模式可以选择。

- Context.MODE_PRIVATE：指定该SharedPreferences数据只能被本应用程序读、写。MODE_PRIVATE是默认的操作模式，和直接传入0的效果是相同的。
- Context.MODE_WORLD_READABLE：指定该SharedPreferences数据能被其他应用程序读，但不能写。
- Context.MODE_WORLD_WRITEABLE：指定该SharedPreferences数据能被其他应用程序读。MODE_WORLD_READABLE和MODE_WORLD_WRITEABLE这两种模式已在Android 4.2版本中被废弃。
- Context.MODE_APPEND：该模式会检查文件是否存在，存在就往文件追加内容，否则就创建新文件。

（2）Activity类中的getPreferences()方法：这个方法和Context类中的getSharedPreferences()方法很相似，不过它只接收一个操作模式参数，因为使用这个方法时会自动将当前活动的类名作为SharedPreferences的文件名。

（3）PreferenceManager类中的getDefaultSharedPreferences()方法：这是一个静态方法，它接收一个Context参数，并自动使用当前应用程序的包名作为前缀来命名SharedPreferences文件。

2. SharedPreferences的使用

SharedPreferences对象本身只能获取数据而不支持存储和修改，存储和修改是通过SharedPreferences.edit()获取的内部接口Editor对象来实现的。使用Preference来存取数据，用到了SharedPreferences接口和SharedPreferences的一个内部接口SharedPreferences.Editor，这两个接口在android.content包中。

下面给出使用SharedPreferences操作数据的一些实际应用。

（1）写入数据。具体代码如下：

```
//步骤1  创建一个SharedPreferences对象
SharedPreferences sharedPreferences= getSharedPreferences("data",Context.MODE_PRIVATE);
//步骤2  实例化SharedPreferences.Editor对象
SharedPreferences.Editor editor = sharedPreferences.edit();
//步骤3  将获取的值放入文件
editor.putString("name", "Tom");
editor.putInt("age", 28);
editor.putBoolean("marrid",false);
//步骤4  提交
editor.commit();
```

（2）读取数据。具体代码如下：

```
SharedPreferences sharedPreferences= getSharedPreferences("data", Context .MODE_PRIVATE);
String userId=sharedPreferences.getString("name","");
```

（3）删除指定数据。具体代码如下：

```
editor.remove("name");
editor.commit();
```

（4）清空数据。具体代码如下：

```
editor.clear();
editor.commit();
```

注意：如果在 Fragment 中使用 SharedPreferences 时，需要放在 onAttach(Activity activity)中进行 SharedPreferences 的初始化，否则会报空指针异常。

12.4.2 SharedPreferences 实例

本小节通过一个实例演示 SharedPreferences 在实际应用中的使用。模拟使用 SharedPreferences 保存 QQ 账号与密码的数据操作，具体操作步骤如下。

步骤 1　新建模块并命名为 SPSaveQQ，新建 Java 类并命名为 SPSaveQQ，该类用于操作 SharedPreferences 数据。具体代码如下：

```
public class SPSaveQQ {
    //保存用户信息
    public static boolean saveUserInfo(Context context,String number,String password){
        SharedPreferences sp = context.getSharedPreferences("data",Context.MODE_PRIVATE);
        SharedPreferences.Editor editor = sp.edit();
        editor.putString("number",number);
        editor.putString("password",password);
        editor.commit();
        return true;
    }
    //读取用户信息
    public static Map<String,String> getUserInfo(Context context){
        SharedPreferences sp = context.getSharedPreferences("data",Context.MODE_PRIVATE);
        String number = sp.getString("number","");
        String password = sp.getString("password","");
        Map<String,String> userMap = new HashMap<String,String>();
        userMap.put("number",number);
        userMap.put("password",password);
        return userMap;
    }
}
```

步骤 2　主活动中的具体代码如下：

```
public class MainActivity extends AppCompatActivity implements View.OnClickListener {
    private EditText et_number;
    private EditText et_password;
    private Button btn_login;
    @Override
    protected void onCreate(Bundle savedInstanceState) {
        super.onCreate(savedInstanceState);
        setContentView(R.layout.activity_main);
        //初始化界面
        init();
        //加载保存成功的用户信息
        Map<String,String> userInfo = SPSaveQQ.getUserInfo(this);
```

```
        if(userInfo!=null){
            et_number.setText(userInfo.get("number"));
            et_password.setText(userInfo.get("password"));
        }
    }
    private void init(){
        et_number = (EditText) findViewById(R.id.et_number);
        et_password = (EditText) findViewById(R.id.et_password);
        btn_login = (Button) findViewById(R.id.btn_login);
        //设置按钮的单击事件
        btn_login.setOnClickListener(this);
    }
    @Override
    public void onClick(View v) {
        //当单击“登录”按钮时，获取 QQ 账号和密码
        String number = et_number.getText().toString().trim();
        String password = et_password.getText().toString().trim();
        //检验账号和密码是否正确
        if(TextUtils.isEmpty(number)){
            Toast.makeText(this,"请输入 QQ 号码",Toast.LENGTH_SHORT).show();
            return;
        }
        if(TextUtils.isEmpty(number)){
            Toast.makeText(this,"请输入 QQ 密码",Toast.LENGTH_SHORT).show();
            return;
        }
        //保存用户信息
        boolean isSaveSuccess = SPSaveQQ.saveUserInfo(this,number,password);
        if(isSaveSuccess){
            Toast.makeText(this,"保存成功",Toast.LENGTH_SHORT).show();
        }else{
            Toast.makeText(this,"保存失败",Toast.LENGTH_SHORT).show();
        }
    }
}
```

步骤 3　运行上述程序，查看运行结果，如图 12-6 所示。

图 12-6　运行结果

12.5 就业面试技巧与解析

数据存储是应用中的重中之重，因此其也是经常会被面试官问到的。例如，通常会问到 Android 中都有哪些存储数据的方式、这些存储方式的优劣，以及哪些是 Android 存储数据所特有的。

12.5.1 面试技巧与解析（一）

面试官：请简介 Android 的数据存储方式。

应聘者：Android 提供了以下 5 种存储数据的方式。

（1）使用 Shared Preferences 存储数据。它是一种轻量级的键值存储机制，只可以存储基本数据类型。

（2）使用文件存储数据。实际工作中，可以通过 FileInputStream 和 FileOutputStream 对文件进行操作。在 Android 中，文件是一个应用程序私有的，一个应用程序无法读写其他应用程序的文件。

（3）使用 SQLite 数据库存储数据。它是 Android 提供的一个标准数据库，支持 SQL 语句。

（4）使用 Content Provider 存储数据。它是所有应用程序间数据存储和检索的一座“桥梁”，其作用就是使各个应用程序间实现数据共享。作为一种特殊存储数据的类型，它提供了一套标准的接口用来获取数据、操作数据。Android 系统提供了音频、视频、图像和个人信息等常用的 Content Provider。如果开发者想公开私有数据，可以创建自己的 Content Provider 类；或者当开发者对这些数据拥有控制写入权限时，可以将这些数据添加到 Content Provider 中实现共享。外部访问可以通过 Content Resolver 去访问并操作这些被暴露的数据。

（5）使用网络存储数据。

12.5.2 面试技巧与解析（二）

面试官：如何解析 JSON 数据与 XML 数据？它们都是网络传输数据，有什么优劣之分？

应聘者：Android 中提供了相应的类，Gson 类用于解析 JSON 数据，XML 数据解析也有多种方式，如解析器 SAX、DOM 和 PULL。JSON 数据相较 XML 数据更加小巧、简洁，因此如果没有特殊需求，建议使用 JSON 进行网络数据传输。

第 4 篇

高级应用

在本篇中，详细介绍 Android 开发中的高级应用技术，包括 Android 中的服务组件、BroadcastReceiver 数据存储技术、广播与内容提供者、使用多线程和网络等高级应用开发技术。学好本篇，可以极大地帮助读者运用 Android。

第13章

使用服务组件

学习指引

本章针对 Android 中的服务组件进行讲解，服务组件是 Android 中的四大组件之一，它的出现使得程序可以在后台执行，同时服务不需要界面。

重点导读

- 了解服务的概述。
- 熟悉服务的进阶。
- 熟悉 Binder 类和使用 Messenger 的方法。
- 了解服务的实例。

13.1 服务基础

学习服务需要从它的基础开始，只有这样，才能深入理解服务的运行机制及服务的特性。

13.1.1 服务概述

Service（服务）是一种可以在后台执行长时间运行操作而没有用户界面的应用组件。服务可以由其他应用组件启动（如 Activity），服务一旦被启动将在后台一直运行，即使启动服务的组件已销毁也不受影响。除此以外，组件可以绑定到服务，以与其进行交互，甚至是执行进程间通信（IPC）。例如，服务可以处理网络事务、播放音乐、执行文件 I/O 或与内容提供程序交互，而所有这一切均可在后台进行。Service 基本上分为以下两种状态。

1）启动状态

当应用组件（如 Activity）通过调用 startService()启动服务时，服务即处于“启动”状态。一旦启动，服务即可在后台无限期运行，即使启动服务的组件已被销毁也不受影响，除非手动调用才能停止服务。已启动的服务通常是执行单一操作，而且不会将结果返回给调用方。

2）绑定状态

当应用组件通过调用 bindService()绑定到服务时，服务即处于“绑定”状态。绑定服务提供了一个客户端—服务器接口，允许组件与服务进行交互、发送请求、获取结果，甚至是利用进程间通信跨进程执行这些操作。仅当与另一个应用组件绑定时，绑定服务才会运行。多个组件可以同时绑定到该服务，但全部取消绑定后，该服务即会被销毁。

前面讲过 Service 分为启动状态和绑定状态两种，但无论哪种具体的 Service 启动类型，都是通过继承 Service 基类自定义而来，并且服务属于 Android 中的组件，因此需要在 AndroidManifest.XML 中声明。那么在分析这两种状态前，先来了解 Service 在 AndroidManifest.XML 中的声明语法，其格式如下：

```
<service android:enabled=["true" | "false"]
    android:exported=["true" | "false"]
    android:icon="drawable resource"
    android:isolatedProcess=["true" | "false"]
    android:label="string resource"
    android:name="string"
    android:permission="string"
    android:process="string" >
</service>
```

其中，各属性功能介绍如下。

- android:enabled：是否可以被系统实例化，其默认值为 true。因为父标签也有 enabled 属性，所以必须两个都为默认值 true 的情况下服务才会被激活，否则不会被激活。
- android:exported：是否能被其他应用隐式调用，其默认值是由 service 中有无 intent-filter 决定的，如果有 intent-filter，默认值为 true，否则为 false。为 false 的情况下，即使有 intent-filter 匹配，也无法打开，即无法被其他应用隐式调用。
- android:isolatedProcess：取值设置为 true 意味着，服务会在一个特殊的进程下运行，这个进程与系统其他进程分开且没有自己的权限。与其通信的唯一途径是通过服务的 API（bind and start）。
- android:name：对应 Service 类名。
- android:permission：权限声明。
- android:process：是否需要在单独的进程中运行，当设置为 android:process=":remote"时，代表 Service 在单独的进程中运行。注意“:”很重要，它的含义是要在当前进程名称前面附加上当前的包名，所以"remote"和":remote"表示的不是同一个意思，前者的进程名称为 remote，而后者的进程名称为 App-packageName:remote。

13.1.2 新建服务

研究服务首先需要有一个服务，服务创建必须继承自 Service 类或它的子类，在实现中需要重写一些回调方法。

本小节通过一个实例演示如何创建一个新的服务，具体操作步骤如下。

步骤 1 新建模块并命名为 Service，选中该模块并右击，在弹出的快捷菜单中选择 New→Service→Service，如图 13-1 所示。

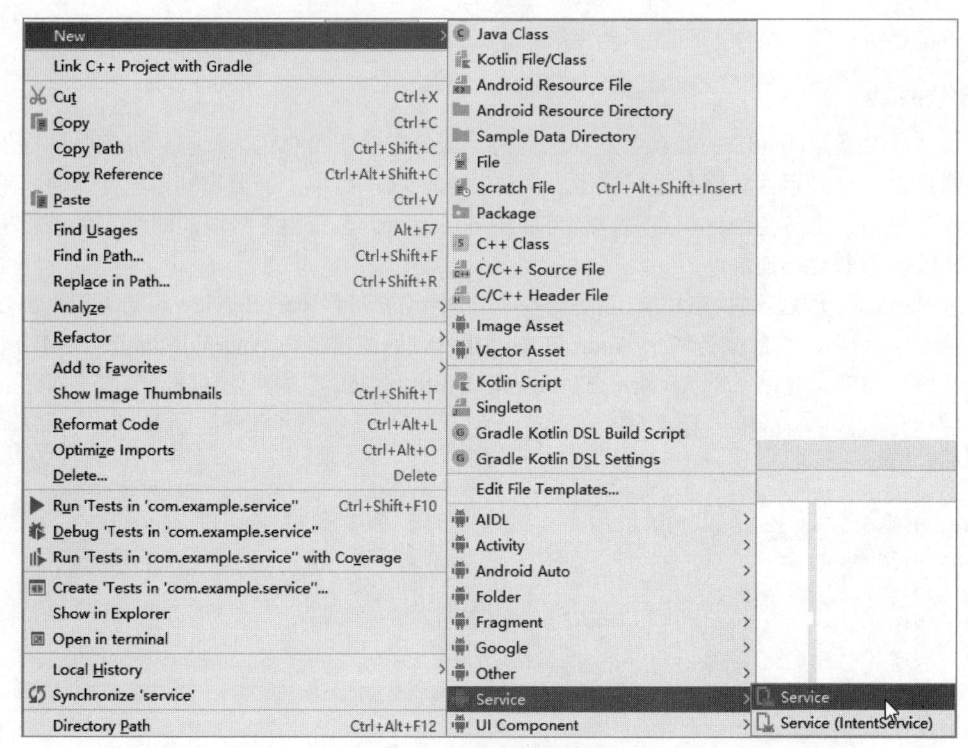

图 13-1 新建服务菜单

步骤 2 在弹出的对话框中输入服务名称，如图 13-2 所示，然后单击 Finish 按钮。

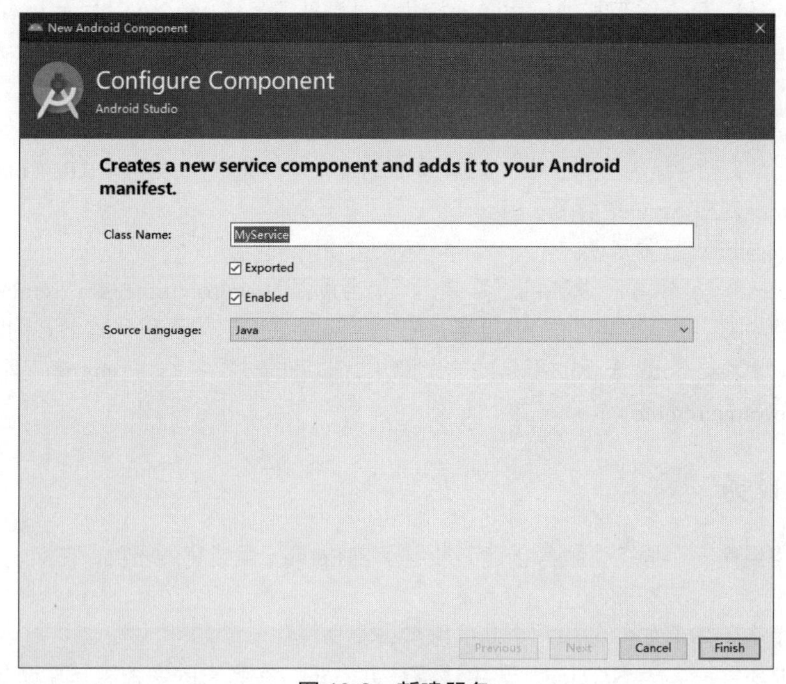

图 13-2 新建服务

步骤 3 新建服务的具体代码如下：

```
public class MyService extends Service {
```

```
    public MyService() {
    }
    @Override
    public IBinder onBind(Intent intent) {
        throw new UnsupportedOperationException("Not yet implemented");
    }
}
```

步骤 4 通过向导创建服务，会自动在清单文件中加入代码，清单文件中的具体代码如下：

```
<?xml version="1.0" encoding="utf-8"?>
<manifest xmlns:android="http://schemas.android.com/apk/res/android"
    package="com.example.service">
    <application
        android:allowBackup="true"
        android:icon="@mipmap/ic_launcher"
        android:label="@string/app_name"
        android:roundIcon="@mipmap/ic_launcher_round"
        android:supportsRtl="true"
        android:theme="@style/AppTheme">
        <activity android:name=".MainActivity">
            <intent-filter>
                <action android:name="android.intent.action.MAIN" />
                <category android:name="android.intent.category.LAUNCHER" />
            </intent-filter>
        </activity>
        <service//创建服务自动添加的代码
            android:name=".MyService"
            android:enabled="true"
            android:exported="true"></service>
    </application>
</manifest>
```

13.2 服务进阶

通过前面的学习，读者已经对服务有了一定的了解。本节需要深入探索服务启动调用及连接通信。

13.2.1 启动服务

创建服务后，接下来了解如何启动服务。在服务启动过程中会涉及一些与服务相关的方法，这些也需要重点了解。

本小节通过一个实例演示如何启动服务，具体操作步骤如下。

步骤 1 新建模块并命名为 startservice，新建一个服务并重写相应的方法，再加入打印日志功能。具体代码如下：

```
public class MyService extends Service {
    public MyService() {
    }
```

```
    @Override
    public IBinder onBind(Intent intent) {
        throw new UnsupportedOperationException("Not yet implemented");
    }
    @Override
    public void onCreate() {
        super.onCreate();
        Log.i("StartService","onCreate()");
    }
    @Override
    public int onStartCommand(Intent intent,int flags, int startId) {
        Log.i("StartService","onStartCommand()");
        return super.onStartCommand(intent, flags, startId);
    }
    @Override
    public void onDestroy() {
        super.onDestroy();
        Log.i("StartService","onDestroy()");
    }
}
```

步骤 2　主活动中的具体代码如下：

```
public class MainActivity extends AppCompatActivity {
    @Override
    protected void onCreate(Bundle savedInstanceState) {
        super.onCreate(savedInstanceState);
       setContentView(R.layout.activity_main);
    }
    //开启服务
    public void start(View view){
        Intent intent = new Intent(this,MyService.class);
        startService(intent);//启动服务
    }
    //关闭服务
    public void stop(View view){
        Intent intent = new Intent(this,MyService.class);
        stopService(intent);//停止服务
    }
}
```

步骤 3　运行上述程序，查看运行结果，如图 13-3 所示。

从上面的代码中，我们可以看出 MyService 继承了 Service 类，并重写了 onBind()方法。该方法是必须重写的，但由于此时是启动状态的服务，则该方法无须实现，返回 null 即可。只有在绑定状态的情况下才需要实现该方法并返回一个 IBinder 的实现类（这个后面会详细说），接着重写了 onCreate()、onStartCommand()、onDestroy()三个主要的生命周期方法。关于这几个方法的说明如下。

```
onBind()
```

当另一个组件想通过调用 bindService()与服务绑定（例如执行 RPC）时，系统将调用此方法。在此方法的实现中，必须返回一个 IBinder 接口的实现类，供客户端用来与服务进行通信。无论是启动状态还是绑定状态，此方法必须重写，但在启动状态的情况下直接返回 null。

图 13-3 运行结果

```
onCreate()
```

首次创建服务时，系统将调用此方法来执行一次性设置程序（在调用 onStartCommand()或 onBind()之前）。如果服务已在运行，则不会调用此方法，该方法只调用一次。

```
onStartCommand()
```

当另一个组件（如 Activity）通过调用 startService()请求启动服务时，系统将调用此方法。一旦执行此方法，服务即会启动并可在后台无限期运行。如果自己实现此方法，则需要在服务工作完成后，通过调用 stopSelf()或 stopService()来停止服务。在绑定状态下，无须实现此方法。

```
onDestroy()
```

当服务不再使用且将被销毁时，系统将调用此方法。服务应该实现此方法来清理所有资源，如线程、注册的侦听器、接收器等，这是服务接收的最后一个调用。

从代码可看出，启动服务使用 startService(Intent intent)方法仅需要传递一个 Intent 对象即可，在 Intent 对象中指定需要启动的服务。而使用 startService()方法启动的服务，在服务的外部，必须使用 stopService()方法停止，在服务的内部可以调用 stopSelf()方法停止当前服务。如果使用 startService()或者 stopSelf()方法请求停止服务，系统就会尽快销毁这个服务。值得注意的是，对于启动服务，一旦启动将与访问它的组件无任何关联，即使访问它的组件被销毁了，这个服务也一直运行下去，直到手动调用停止服务才被销毁。至于 onBind()方法，只有在绑定服务时才会起作用。在启动状态下，无须关注此方法。

运行程序后多次单击“开启服务”按钮，查看运行日志如图 13-4 所示。

```
01-08 06:11:39.265 2708-2708/com.example.startservice I/StartService: onCreate()
01-08 06:11:39.269 2708-2708/com.example.startservice I/StartService: onStartCommand()
01-08 06:11:56.285 2708-2708/com.example.startservice I/StartService: onStartCommand()
01-08 06:11:57.029 2708-2708/com.example.startservice I/StartService: onStartCommand()
01-08 06:11:57.621 2708-2708/com.example.startservice I/StartService: onStartCommand()
01-08 06:16:26.581 2708-2708/com.example.startservice I/StartService: onDestroy()
```

图 13-4 打印日志

从运行日志可以看出，第一次调用 startService()方法时，onCreate()方法、onStartCommand()方法将依次被调用，而多次调用 startService()时，只有 onStartCommand()方法被调用，最后调用 stopService()方法停止服务时 onDestory()方法被回调，这是启动状态下 Service 的执行周期。分析 onStartCommand（Intent intent, int flags, int startId），这个方法有 3 个传入参数，它们的含义如下。

（1）intent：启动时，启动组件传递过来的 Intent，如 Activity 可利用 Intent 封装所需要的参数并传递给 Service。

（2）flags：表示启动请求时是否有额外数据，可选值有 0、START_FLAG_REDELIVERY 和 START_FLAG_RETRY，0 代表没有，它们具体含义如下。

START_FLAG_REDELIVERY：这个值表示 onStartCommand()方法的返回值为 START_REDELIVER_INTENT，而且在上一次服务被“杀死”前会去调用 stopSelf()方法停止服务。其中 START_REDELIVER_INTENT 意味着当 Service 因内存不足而被系统“杀死”后，则会重建服务，并通过传递给服务的最后一个 Intent 调用 onStartCommand()，此时 Intent 是有值的。

START_FLAG_RETRY：这个值表示当 onStartCommand()方法调用后一直没有返回值时，会尝试重新去调用 onStartCommand()。

（3）startId：指明当前服务的唯一 ID，与 stopSelfResult(int startId)配合使用，stopSelfResult()可以更安全地根据 ID 停止服务。

实际上 onStartCommand()方法的返回值为 int 类型才是最值得注意的，它有三种可选值，START_STICKY、START_NOT_STICKY 和 START_REDELIVER_INTENT。它们的具体含义如下。

START_STICKY：当 Service 因内存不足而被系统“杀死”后，一段时间后内存再次空闲时，系统将会尝试重新创建此 Service。一旦创建成功后将回调 onStartCommand()方法，但其中的 Intent 将是 null，除非有挂起的 Intent，如 pendingintent，这个状态下比较适用于不执行命令、但无限期运行并等待作业的媒体播放器或类似服务。

START_NOT_STICKY：当 Service 因内存不足而被系统“杀死”后，即使系统内存再次空闲时，系统也不会尝试重新创建此 Service。除非程序中再次调用 startService()启动此 Service，这是最安全的选项，可以避免在不必要时及应用能够轻松重启所有未完成的作业时运行服务。

START_REDELIVER_INTENT：当 Service 因内存不足而被系统“杀死”后，则会重建服务，并通过传递给服务的最后一个 Intent 调用 onStartCommand()，任何挂起 Intent 均依次传递。与 START_STICKY 不同的是，其中传递的 Intent 将是非空，是最后一次调用 startService()中的 Intent。这个值适用于主动执行应该立即恢复的作业（例如下载文件）的服务。

由于每次启动服务（调用 startService()）时，onStartCommand()方法都会被调用，因此可以通过该方法使用 Intent 给 Service 传递所需要的参数，然后在 onStartCommand()方法中处理的事件，最后根据需求选择不同的 Flag 返回值，以达到对应用更友好的控制。

13.2.2 绑定服务

绑定服务是 Service 的另一种变形，当 Service 处于绑定状态时，其代表着客户端—服务器接口中的服务器。

当其他组件（如 Activity）绑定到服务时（有时可能需要从 Activity 组件中去调用 Service 中的方法，此时 Activity 以绑定的方式挂靠到 Service 后，可以轻松地访问到 Service 中的指定方法），组件（如 Activity）可以向 Service 发送请求，或者调用 Service 的方法，此时被绑定的 Service 会接收信息并响应，甚至可以通过绑定服务进行执行进程间通信（即 IPC）。与启动服务不同的是，绑定服务的生命周期通常只在为其他应用组件（如 Activity）服务时，处于活动状态，不会无限期在后台运行，也就是说宿主（如 Activity）解除绑定后，绑定服务就会被销毁。因此在提供绑定的服务时，必须提供一个 IBinder 接口的实现类，该类用于提供客户端与服务器进行交互的编程接口，该接口可以通过以下三种方法定义。

1）扩展 Binder 类

如果服务是提供给自己专用的，并且在服务器端与客户端相同的进程中运行（常见情况），则应通过扩展 Binder 类并从 onBind()返回它的一个实例来创建接口。客户端收到 Binder 后，可利用它直接访问 Binder 实现中及 Service 中可用的公共方法。如果服务只是自有应用的后台工作线程，则优先采用这种方法。不采用该方式创建接口的唯一原因是，服务被其他应用或不同的进程调用。

2）使用 Messenger

Messenger 可以翻译为“信使”，通过它可以在不同的进程中共传递 Message 对象（Handler 中的 Messager，因此 Handler 是 Messenger 的基础），在 Message 中可以存放需要传递的数据，然后在进程间传递。如果需要让接口跨不同的进程工作，则可使用 Messenger 为服务创建接口，客户端就可利用 Message 对象向服务发送命令。同时客户端也可定义自有 Messenger，以便服务回传消息。这是执行进程间通信（IPC）的最简单方法，因为 Messenger 会在单一线程中创建包含所有请求的队列，也就是说 Messenger 是以串行的方式处理客户端发来的消息，这样我们就不必对服务进行线程安全设计了。

3）使用 AIDL

由于 Messenger 是以串行的方式处理客户端发来的消息，如果当前有大量消息同时发送到 Service（服务器端），Service 依然只能一个个处理，这是 Messenger 跨进程通信的缺点，因此如果有大量并发请求，使用 Messenger 不是一个好的方案，而 AIDL（Android 接口定义语言）就可以发挥出它的作用，但实际上 Messenger 的跨进程方式其底层实现就是 AIDL，只不过 Android 系统帮我们封装成透明的 Messenger。因此，如果想让服务同时处理多个请求，则应该使用 AIDL。使用 AIDL 服务必须具备多线程处理能力，并采用线程安全式设计。使用 AIDL 必须创建一个定义编程接口的.aidl 文件。Android SDK 工具利用该文件生成一个实现接口并处理 IPC 的抽象类，随后可在服务内对其进行扩展。

以上 3 种实现方式，可以根据需求自由地选择，但需要注意的是，大多数应用“都不会”使用 AIDL 来创建绑定服务，因为它可能要求具备多线程处理能力，并可能导致实现的复杂性增加。因此 AIDL 并不适合大多数应用，本节中也不打算阐述如何使用 AIDL，接下来分别针对扩展 Binder 类和 Messenger 的使用进行分析。

13.2.3 Binder 类

前面讲过如果服务仅供本地应用使用，不需要跨进程工作，则可以实现自有 Binder 类，让客户端通过该类直接访问服务中的公共方法。其使用的开发步骤如下。

步骤 1 创建 BindService 服务端，继承自 Service 类，创建一个实现 IBinder 接口的实例对象并提供公共方法给客户端调用。

步骤 2 从 onBind()回调方法返回此 Binder 实例。

步骤 3 在客户端中，从 onServiceConnected()回调方法接收 Binder，并使用提供的方法调用绑定服务。

注意：此方式只有在客户端与服务器位于同一应用和进程内时才有效，例如对于需要将 Activity 绑定到后台播放音乐、自有服务的音乐应用，此方式非常有效。另外，要求服务和客户端必须在同一应用内是为了便于客户端转换返回的对象和正确调用其 API，服务和客户端还必须在同一进程内。

通过一个实例演示如何使用 Binder 类绑定服务，具体操作步骤如下。

步骤 1 新建模块并命名为 bindservice，新建服务的具体代码如下：

```
public class MyService extends Service {
    public MyService() {
```

```
    }
    class MyBinder extends Binder{
        public void callMethodInService(){
            methodInService();
        }
    }
    @Override
    public IBinder onBind(Intent intent) {
        Log.i("BindService","onBind()");
        MyBinder myBinder = new MyBinder();
        Log.i("BindService","MyService 中创建的 MyBinder 对象的地址为:"+myBinder);
        return myBinder;
    }
    public void methodInService(){
        Log.i("BindService","自定义方法 methodInService()被调用");
    }
    @Override
    public void onCreate() {
        Log.i("BindService","onCreate()");
        super.onCreate();
    }
    @Override
    public void onDestroy() {
        Log.i("BindService","onDestroy()");
        super.onDestroy();
    }
}
```

步骤 2　主活动中的具体代码如下：

```
public class MainActivity extends AppCompatActivity {
    private MyService.MyBinder myBinder;//创建 binder 对象
    private MyConn myConn;//自定义服务连接对象
    @Override
    protected void onCreate(Bundle savedInstanceState) {
        super.onCreate(savedInstanceState);
        setContentView(R.layout.activity_main);
    }
    //绑定服务
    public void bind(View view){
        if(myConn==null){
            myConn = new MyConn();
        }
        Intent intent = new Intent(this,MyService.class);
        bindService(intent,myConn,BIND_AUTO_CREATE);
    }
    //调用服务中的方法
    public void call(View view){
        myBinder.callMethodInService();
    }
    //解绑服务
    public void unbind(View view){
```

```
        if(myConn!=null){
            unbindService(myConn);
            myConn=null;
        }
    }
    //创建 MyConn 类,用于实现连接服务
    private class MyConn implements ServiceConnection {
        @Override
        public void onServiceConnected(ComponentName name, IBinder service) {
            myBinder = (MyService.MyBinder)service;
            Log.i("BindService","服务绑定成功,内存地址为:"+myBinder.toString());
        }
        @Override
        public void onServiceDisconnected(ComponentName name) {
        }
    }
}
```

从以上代码中，可以看出在客户端中需创建一个自定义连接对象 MyConn，并实现 ServiceConnection 接口代表与服务的连接。它只有两个方法，即 onServiceConnected()和 onServiceDisconnected()，两者含义分别说明如下：

```
onServiceConnected(ComponentName name, IBinder service)
```

Android 系统会调用该方法以传递服务的 onBind()方法返回的 IBinder。其中 service 便是服务端返回的 IBinder 实现类对象，通过该对象可以调用获取 LocalService 实例对象，进而调用服务端的公共方法；ComponentName 是一个封装了组件（Activity、Service、BroadcastReceiver 或 ContentProvider）信息的类，如包名、组件描述等信息，实际应用中较少使用该参数。

```
onServiceDisconnected(ComponentName name)
```

Android 系统会在与服务的连接意外中断时（例如当服务崩溃或被终止时）调用该方法。注意，当客户端取消绑定时，系统是不会调用该方法的。

步骤 3　运行上述程序，运行结果如图 13-5 所示。

图 13-5　运行结果

步骤 4　在启动界面中分别单击“绑定服务”“调用服务中的方法”“解绑服务”，查看日志信息，如图 13-6 所示。

```
I/BindService: onCreate()
I/BindService: onBind()
I/BindService: MyService中创建的MyBinder对象的地址为:
I/BindService: com.example.bindservice.MyService$MyBinder@536e8220
I/BindService: 服务绑定成功,内存地址为:com.example.bindservice.MyService$MyBinder@536e8220
I/BindService: 自定义方法methodInService()被调用
I/BindService: onDestroy()
```

图 13-6　打印日志

通过以上日志信息可以看到，当第一次单击“绑定服务”时，LocalService 服务端的 onCreate()、onBind()方法会依次被调用，此时客户端的 ServiceConnection 中 onServiceConnected()方法被调用并返回 LocalBinder 对象，接着调用 LocalBinder 中 getService()方法返回 LocalService 实例对象，此时客户端便持有了 LocalService 的实例对象，也就可以任意调用 LocalService 类中声明的公共方法了。

13.2.4　使用 Messenger

使用 IBinder 可以在同一应用内实现进程的通信。如果需要服务与不同进程（即不同进程间）通信，最简单的方式就是使用 Messenger 服务提供通信接口。利用此方式，我们无须使用 AIDL 便可实现进程间通信。

使用 Messenger 实现进程间通信，可以通过以下几个步骤来完成。

步骤 1　服务实现一个 Handler，由其接收来自客户端每个调用的回调。

步骤 2　Handler 用于创建 Messenger 对象（对 Handler 的引用）。

步骤 3　创建一个 IBinder，服务通过 onBind()使其返回客户端。

步骤 4　客户端使用 IBinder 将 Messenger（引用服务的 Handler）实例化，然后使用 Messenger 将 Message 对象发送给服务。

步骤 5　服务在其 Handler 中（在 handleMessage()方法中）接收每个 Message。

通过一个实例演示如何使用 Messenger 实现跨进程通信，具体操作步骤如下。

步骤 1　新建模块并命名为 Messenger，新建服务并命名为 MessengerService。具体代码如下：

```
public class MessengerService extends Service {
    static final int MSG_SAY_HELLO = 1;
    private static final String TAG ="Messenger" ;
     //用于接收从客户端传递过来的数据
    class IncomingHandler extends Handler {
        @Override
        public void handleMessage(Message msg) {
            switch (msg.what) {
                case MSG_SAY_HELLO:
                    Log.i(TAG, "thanks,Service had receiver message from client!");
                    break;
                default:
                    super.handleMessage(msg);
            }
        }
    }
     //创建 Messenger 并传入 Handler 实例对象
```

```
    final Messenger mMessenger = new Messenger(new IncomingHandler());
    //当绑定Service时,该方法被调用,将通过mMessenger返回一个实现
    //IBinder接口的实例对象
    @Override
    public IBinder onBind(Intent intent) {
        Log.i(TAG, "Service is invoke onBind");
        return mMessenger.getBinder();
    }
}
```

步骤 2　主活动中的具体代码如下：

```
public class MainActivity extends AppCompatActivity {
    Messenger mService = null;
    boolean mBound;
    @Override
    protected void onCreate(Bundle savedInstanceState) {
        super.onCreate(savedInstanceState);
        setContentView(R.layout.activity_main);
        Button bindService= (Button) findViewById(R.id.bindService);
        Button unbindService= (Button) findViewById(R.id.unbindService);
        Button sendMsg= (Button) findViewById(R.id.sendMsgToService);
        bindService.setOnClickListener(new View.OnClickListener() {
            @Override
            public void onClick(View v) {
                Log.d("zj","onClick-->bindService");
                //当前Activity绑定服务端
                bindService(new Intent(MainActivity.this, MessengerService.class), mConnection,
Context.BIND_AUTO_CREATE);
            }
        });
        //发送消息给服务端
        sendMsg.setOnClickListener(new View.OnClickListener() {
            @Override
            public void onClick(View v) {
                sayHello(v);
            }
        });
        unbindService.setOnClickListener(new View.OnClickListener() {
            @Override
            public void onClick(View v) {
                //解绑服务
                if (mBound) {
                    Log.d("zj","onClick-->unbindService");
                    unbindService(mConnection);
                    mBound = false;
                }
            }
        });
    }
    //实现与服务端连接的对象
    private ServiceConnection mConnection = new ServiceConnection() {
```

```
            public void onServiceConnected(ComponentName className, IBinder service) {
                 //通过服务端传递的 IBinder 对象,创建相应的 Messenger
                 //通过该 Messenger 对象与服务端进行交互
                mService = new Messenger(service);
                mBound = true;
            }
            public void onServiceDisconnected(ComponentName className) {
                //当已连接到服务器时可以被调用
                //意外端口连接，说明对应的进程崩溃了
                mService = null;
                mBound = false;
            }
        };
        public void sayHello(View v) {
            if (!mBound) return;
            //创建与服务交互的消息实体 Message
            Message msg = Message.obtain(null, MessengerService.MSG_SAY_HELLO, 0, 0);
            try {
                //发送消息
                mService.send(msg);
            } catch (RemoteException e) {
                e.printStackTrace();
            }
        }
    }
```

步骤 3　运行上述程序，查看运行效果，如图 13-7 所示。

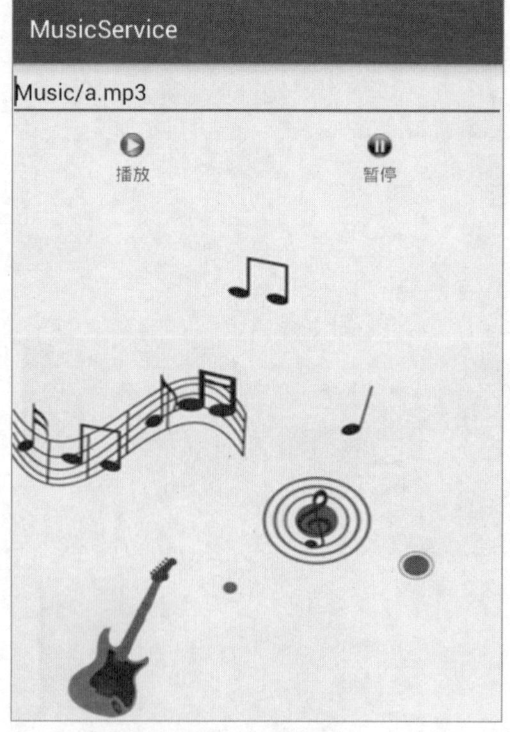

图 13-7　运行结果

从上述代码可以看出，首先同样需要创建一个服务类MessengerService（继承自Service类），同时创建一个继承自Handler的IncomingHandler对象来接收客户端进程发送过来的消息，并通过handleMessage (Message msg)进行消息处理，接着通过IncomingHandler对象创建一个Messenger对象，该对象是与客户端交互的特殊对象，然后在Service的onBind()方法中返回这个Messenger对象的底层Binder即可。

如果客户端需要服务端回复消息，修改代码如下：

```
//用于接收从客户端传递过来的数据
    class IncomingHandler extends Handler {
        @Override
        public void handleMessage(Message msg) {
            switch (msg.what) {
                case MSG_SAY_HELLO:
                    Log.i(TAG, "thanks,Service had receiver message from client!");
                    //回复客户端信息,该对象由客户端传递过来
                    Messenger client=msg.replyTo;
                    //获取回复信息的消息实体
                    Message replyMsg=Message.obtain(null,MessengerService.MSG_SAY_HELLO);
                    Bundle bundle=new Bundle();
                    bundle.putString("reply","ok~,I had receiver message from you! ");
                    replyMsg.setData(bundle);
                    //向客户端发送消息
                    try {
                        client.send(replyMsg);
                    } catch (RemoteException e) {
                        e.printStackTrace();
                    }
                    break;
                default:
                    super.handleMessage(msg);
            }
        }
    }
```

为了接收服务端的回复，客户端也需要一个接收消息的Messenger和Handler。修改代码如下：

```
//用于接收服务器返回的信息
    private Messenger mRecevierReplyMsg= new Messenger(new ReceiverReplyMsgHandler());
    private static class ReceiverReplyMsgHandler extends Handler{
        private static final String TAG = "zj";
        @Override
        public void handleMessage(Message msg) {
            switch (msg.what) {
                //接收服务端回复
                case MessengerService.MSG_SAY_HELLO:
                    Log.i(TAG, "receiver message from service:"+msg.getData().getString("reply"));
                    break;
                default:
                    super.handleMessage(msg);
            }
        }
    }
```

除了添加以上代码外，还需要在发送信息时把接收服务器端回复的 Messenger 通过 Message 的 replyTo 参数传递给服务端，以便作为通信“桥梁”。具体代码如下：

```
public void sayHello(View v) {
    if (!mBound) return;
    //创建与服务交互的消息实体Message
    Message msg = Message.obtain(null, MessengerService.MSG_SAY_HELLO, 0, 0);
   //把接收服务器端回复的Messenger通过Message的replyTo参数传递给服务端
    msg.replyTo=mRecevierReplyMsg;
    try {
        //发送消息
        mService.send(msg);
     } catch (RemoteException e) {
          e.printStackTrace();
    }
}
```

13.3 就业面试技巧与解析

本章讲解了 Android 四大组件中的服务组件。对于服务，通常面试官会问及服务的声明周期、服务与其他组件间的通信、服务的类型和不同服务在什么状态下使用。

13.3.1 面试技巧与解析（一）

面试官：谈谈 Android 启动 Service 的两种方式及它们各自的适用情况。

应聘者：如果后台服务开始后基本能独立运行，可以用 startService 方式启动。例如，音乐播放器就可以一直独立运行，直到调用 stopSelf()或 stopService()。期间可以通过发送 Intent 或接收 Intent 来与正在运行的后台服务通信，但大部分时间，只是启动服务并让它独立运行。如果需要与后台服务通过一个持续的连接来进行比较频繁的通信，建议使用 bindservice()方式启动。例如需要定位服务不停地把更新后的地理位置传给 UI。Binder 比 Intent 开发起来复杂一些，但如果真的需要，也只能使用它。从生命周期和调用者角度，两种启动方式的区别如下。

- startService()：生命周期与调用者不同。启动后，若调用者未调用 stopService()而直接退出，Service 仍会运行。
- bindService()：生命周期与调用者绑定，调用者一旦退出，Service 就会调用 unBindService→onDestroy()。

13.3.2 面试技巧与解析（二）

面试官：谈谈 Activity、Intent、Service 是什么关系？

应聘者：一个 Activity 通常是占有一个单独的屏幕，每一个 Activity 都被实现为一个单独的类，这些类都是从 Activity 基类中继承而来的。Activity 类会显示由视图控件组成的用户接口，并对视图控件的事件做出响应。

Intent 描述应用想要做什么，Intent 的调用是用来进行屏幕间切换的。Intent 数据结构中两个最重要的部分是动作和动作对应的数据，一个动作对应一个动作数据。

Service是运行在后台的代码，不能与用户交互。它可以运行在自己的进程中，也可以运行在其他应用程序的进程上下文中。Service需要一个Activity或其他Context对象来调用。

Activity跳转Activity、Activity启动Service、Service打开Activity以及传递参数都需要Intent表明意图，Intent是这些组件间信号传递的承载者。

第 14 章
SQLite 数据存储技术

学习指引

为了方便地在项目中存储数据，Android 提供了对 SQLite 数据库的支持，大大提高了对一些基础数据的读写效率。

重点导读

- 了解 SQL 数据库。
- 掌握 SQL 常用类。
- 掌握创建数据库的方法。
- 熟悉操作 SQL 数据库。
- 了解通讯录数据库实例演示。

14.1 SQLite 数据库基础

SQLite 数据库是可嵌入、小型的、效率高、开源的、关系型数据库。SQLite 数据库与其他数据库的区别在于它是程序驱动的，无数据类型，支持事物操作，独立的跨平台的磁盘文件，可以对文件进行直接操作，开发代码量少，API 简单易用。

14.1.1 常用 SQL 语句

任何一种数据库都支持 SQL 语句，因此熟悉 SQL 语句对于操作数据库是至关重要的。下面讲解常用 SQL 语句。

1）支持的数据类型 Varchar（10）、float、double、char（10）text。

2）创建表的语句

```
Create table 表名(字段名 数据类型 约束,字段名 数据类型 约束,…)
```

```
Create table preson(_id integer primary key,name varchar(10),age integer not null)
```

3）删除表的语句

```
Drop table 表名
Drop table person
```

4）插入数据

```
Insert into 表名(字段名,字段名) values(值1,值2…)
Insert into person(_id,age)values(1,20)
Insert into values(2,"zs",30)
```

5）修改语句

```
Update 表名 set 字段名 = 新值 where 修改的条件
Update person set name = "LS",age = 20 where _id=1;
```

6）删除数据

```
Delete from 表名 where 删除的条件
Delete from person where _id = 2;
```

7）查询语句

```
Select 字段名 from 表名 where 查询条件 group by 分组的字段 having 筛选条件 order by 排序字段
Select  from person;//查询表中所有的数据
Select _id,name from person;
Select  from person where _id = 1;
Select  from person where _id<>1;
Select  from person where _id=1 and age>18;
Select  from person where name like "%小%";
Select  from person where name lick "_小%";
Select  from person where name is null;
Select  from person where age between 10 and 20;
Select  from person where age>18 order by _id;//查询年龄大于18岁的记录，并根据年龄进行排序
```

14.1.2　SQLite 常用类

SQLite 是 Android 内置的一款很小的关系型数据库。它在数据存储、管理、维护等各方面都相当出色，功能也非常强大。SQLite 具有独立性强、量级轻、隔离性好、安全性好、跨平台、支持多种语言的优势。

1. 构造方法

```
public ClassName(Context context, String name, CursorFactory factory, int version)
```

参数 1：上下文对象（MainActivity.this）。

参数 2：表示创建数据库的名称。

参数 3：创建 Cursor 的工厂类，该参数是为了可自定义 Cursor 而设立的，一般取值为 null。

参数 4：表示创建数据库的版本，取值≥1。

2. 两个回调函数

```
onCreate(SQLiteDatabase db)该方法是当没有数据库存在时才会执行。
//该方法是当数据库更新时才会执行。
onUpgrade(SQLiteDatabase db, int oldVersion, int newVersion)
```

具体实现代码如下：

```
public class MyDatabaseOpenHelper extends SQLiteOpenHelper {
    private static final String db_name = "mydata.db"; //定义数据库名称
    private static final int version = 1; //定义数据库版本号
    public MyDatabaseOpenHelper(Context context) {
        super(context, db_name, null, version);
    }
    //该方法在没有数据库存在时才会执行
    public void onCreate(SQLiteDatabase db) {
    //没有数据库打印日志
        Log.i("Log","没有数据库,创建数据库");
    //创建表语句
        String sql_message = "create table t_message (id int primary key,userName varchar(50),
lastMessage varchar(50),datetime varchar(50))";
        //执行建表语句
        db.execSQL(sql_message);
    }
    //该方法在数据库更新时才会执行
    public void onUpgrade(SQLiteDatabase db, int oldVersion, int newVersion) {
    Log.i("updateLog","数据库更新了！");
    }
}
```

3. SQLiteDatabase 类

Android 提供了一个名为 SQLiteDatabase 的类，它封装了一些操作数据库的 API。SQLiteOpenHelper 是 SQLiteDatabase 的一个帮助类，用来管理数据库的创建和版本的更新，一般是创建一个类来继承它，并实现它的 onCreate()和 onUpgrade()方法。

```
onCreate(SQLiteDatabase db)创建数据库时调用
onUpgrade(SQLiteDatabase db,int oldVersion, int newVersion)版本更新时调用
getReadableDatabase()创建或打开一个只读数据库
getWritableDatabase()创建或打开一个读写数据库
```

调用代码如下：

```
public class MainActivity extends Activity {
    protected void onCreate(Bundle savedInstanceState) {
        super.onCreate(savedInstanceState);
        setContentView(R.layout.activity_main);
        MyDatabaseOpenHelper helper = new MyDatabaseOpenHelper(MainActivity.this);
        helper.getWritableDatabase().close();
    }
}
```

4. SQLiteDatabase 的相关方法

```
getCount()总记录条数
isFirst()判断是否为第一条记录
isLast()判断是否为最后一条记录
moveToFirst()移动到第一条记录
moveToLast()移动到最后一条记录
move(int offset)是指移动偏移量，而不是指移到指定位置
moveToNext()移动到下一条记录
moveToPrevious()移动到上一条记录
```

```
getColumnIndex(String columnName)获得指定列索引的 int 类型值
```

14.1.3　创建数据库

通过前面的学习，大家对 Android 中提供的 SQLite 数据库有了一定的了解，并且对于操作数据库的类也有了一定的了解。本小节通过一个实例演示如何创建数据库，具体操作步骤如下。

步骤 1　新建模块并命名为 SQLite3，新建数据库帮助类并命名为 MySqliteHelper。具体代码如下：

```
/实现接口 SQLiteOpenHelper 提供了创建数据库、更新数据库的方法
public class MySqliteHelper extends SQLiteOpenHelper {
    //构造方法
    public MySqliteHelper(Context context, String name, SQLiteDatabase.CursorFactory factory,
int version) {
        super(context, name, factory, version);
    }
    @Override
    public void onCreate(SQLiteDatabase db) {
    }
    @Override
    public void onUpgrade(SQLiteDatabase db, int oldVersion, int newVersion) {
        Log.i("tag", "---onUpgrade:--- ");
    }
}
```

步骤 2　由于数据库的操作会非常频繁，因此需要创建一个常量类用于存储固定内容。新建常量类并命名为 Constant，具体代码如下：

```
public class Constant {
    public static final String DATABASE_NAME = "info.db"; //定义数据库的名称
    public static final int DATABASE_VERSION = 1;         //定义数据库的版本号
    public static final String TABLE_NAME = "";           //定义表名(暂时为空,后面第 14.2.1 节详述)
}
```

步骤 3　给帮助类再添加一个构造方法，调用常量类进行初始化。具体代码如下：

```
public MySqliteHelper(Context context){
    //调用常量类初始化
    super(context,Constant.DATABASE_NAME,null,Constant.DATABASE_VERSION);
}
```

步骤 4　为了避免重复创建数据库对象造成资源浪费，这里再新建一个数据库管理类并命名为 DBManger，该类使用设计模式中的单例模式。具体代码如下：

```
//创建一个管理类。该类使用单例模式，以避免重复创建数据库
public class DBManger {
    private static MySqliteHelper helper;//私有成员数据库帮助类
    //通过静态方法获取帮助类对象
    public static MySqliteHelper getIntance(Context context){
        if(helper == null){
            helper = new MySqliteHelper(context);//如果为空，则创建
        }
        return helper;//如果已经存在，直接返回，不创建
    }
}
```

步骤 5　在布局中设置一个按钮，单击按钮用于创建数据库，主活动中的具体代码如下：

```
public class MainActivity extends AppCompatActivity {
    private MySqliteHelper helper;//定义数据库帮助类
    @Override
    protected void onCreate(Bundle savedInstanceState) {
        super.onCreate(savedInstanceState);
        setContentView(R.layout.activity_main);
        helper = DBManger.getIntance(this);//获取数据库对象
    }
    public void doClick(View v){
        SQLiteDatabase db = helper.getWritableDatabase();//创建数据库
    }
}
```

注意：

```
getReadableDatabase();    getWritableDatabase();//创建或打开数据库
```

如果数据库不存在，则创建数据库；如果数据库存在，则直接打开数据库。默认情况下，两个函数都表示打开或创建可读可写的数据库对象。如果在磁盘已满或数据库本身有权限等情况下，getReadableDatabase()打开的是只读数据库。

14.1.4　查看数据库

数据库创建成功后，会在 data 目录中以包名命名的文件夹下多出一个 databases 目录，其中有一个 info.db 文件（见图 14-4），这个文件就是数据库文件。查看数据库（这里需要使用到一个工具），具体操作步骤如下。

步骤 1　打开安装 Android SDK 的目录，找到 tools 文件夹并双击打开，如图 14-1 所示。

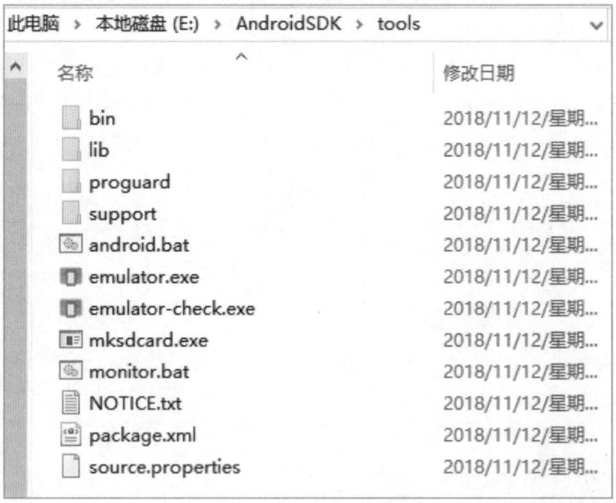

图 14-1　SDK 工具目录

步骤 2　双击 monitor.bat 启动 DDMS 工具，工具打开后的界面如图 14-2 所示。

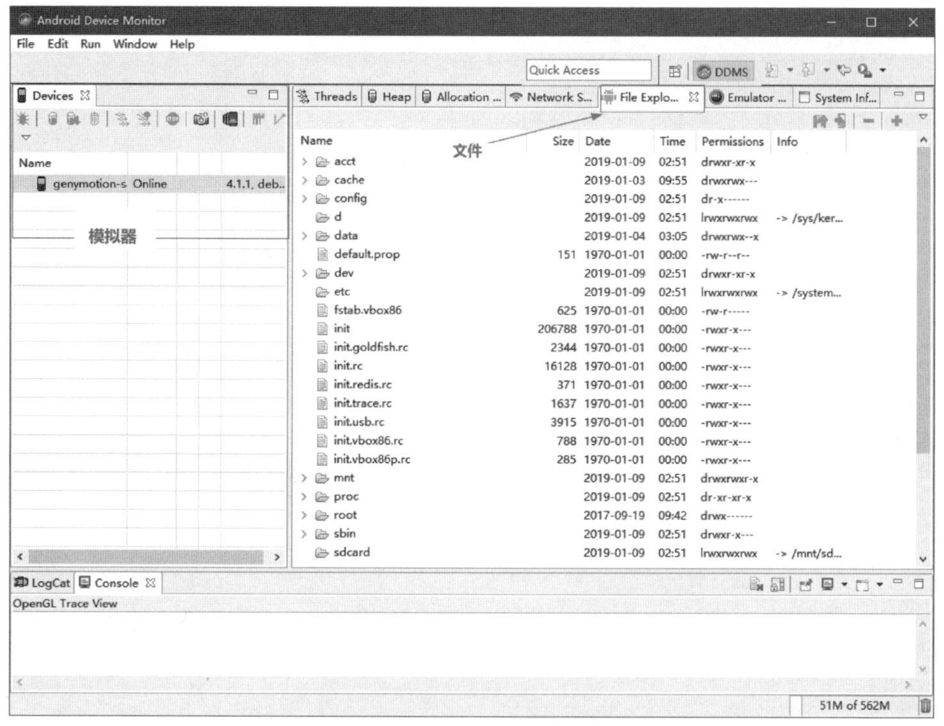

图 14-2 DDMS 工具的界面

步骤 3 打开 data/data/com.example.sqlite 目录，查看初始目录，如图 14-3 所示。

步骤 4 运行上节的应用程序，单击相应的按钮创建数据库，再次查看 com.example.sqlite 目录，此时会发现多出一个 databases 目录，如图 14-4 所示。在其中，使可查看到创建的数据库 info.db。

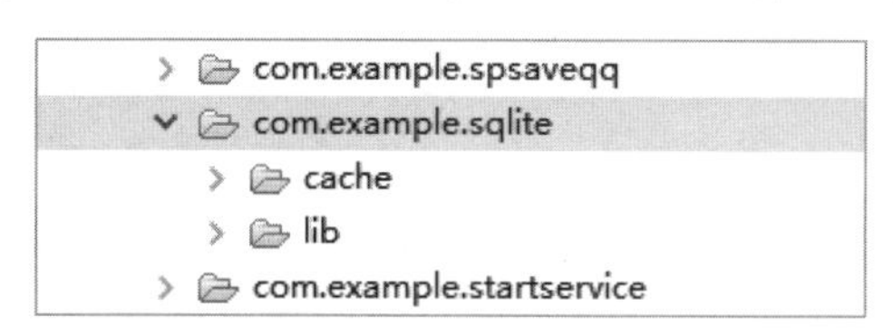

图 14-3 初始目录

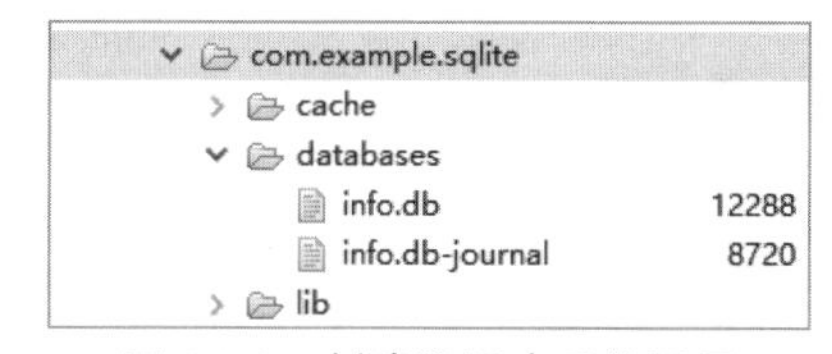

图 14-4 创建数据库后的目录

14.2 操作 SQLite 数据库

创建完数据库后便可以操作数据库，数据库操作会涉及建表、增加数据、修改数据、删除数据和查询数据等操作。本节将依次对 SQL 语句操作数据库和 API 方法操作数据库进行详细讲解。

14.2.1 SQL 语句操作数据库

数据库可理解为存储很多表的“库房”。在创建数据库时可以创建一个表，因此需要在 onCreate()方法中编写相应的创建表的语句。本小节讲解如何通过 SQL 语句操作数据库。

继续修改第 14.1.3 小节的程序，创建一个表，具体操作步骤如下。

步骤 1 将常用字段加入常量类中，具体代码如下：

```
public class Constant {
    public static final String DATABASE_NAME = "info.db";//定义数据库的名称
    public static final int DATABASE_VERSION = 1;//定义数据库的版本号
    public static final String TABLE_NAME = "person";//定义表名
    public static final String _ID = "_id";//定义表 ID
    public static final String NAME = "name";//定义 name 字段
    public static final String AGE = "age";//定义 age 字段
}
```

步骤 2　在 onCreate()方法中加入建表语句，具体代码如下：

```
public void onCreate(SQLiteDatabase db) {
    //使用常量类构建 SQL 语句
    String sql = "create table "+Constant.TABLE_NAME+"("+Constant._ID+" integer primary key
autoincrement,"+Constant.NAME+" varchar(10),"+Constant.AGE+" integer)";
    db.execSQL(sql);//执行建表 SQL 语句
    Log.i("tag", "---onCreate:--- ");//打印日志
}
```

步骤 3　修改管理类 DBManger，使其具有执行 SQL 语句的能力，具体代码如下：

```
//创建一个管理类，该类使用单例模式以避免重复创建数据库
public class DBManger {
    private static MySqliteHelper helper;//定义私有成员数据库帮助类
    //通过静态方法获取帮助类对象
    public static MySqliteHelper getIntance(Context context){
        if(helper == null){
            helper = new MySqliteHelper(context);//如果为空，则创建
        }
        return helper;//如果已经存在，则直接返回，不创建
    }//执行 SQL 语句的静态方法
    public static void execSQL(SQLiteDatabase db,String sql){
        if(db!=null){
            if(sql!=null && "".equals(sql)){
                db.execSQL(sql);
            }
        }
    }
}
```

步骤 4　在界面中添加插入数据、更新数据、删除数据的按钮，具体代码如下：

```
    public void doClick(View v){
        switch (v.getId()){
            case R.id.btn_Create:
               db = helper.getWritableDatabase();//创建数据库
                Toast.makeText(MainActivity.this,"数据库创建成功",Toast.LENGTH_SHORT).show();
                break;
            case R.id.btn_insert:
                db = helper.getWritableDatabase();//创建数据库
                //构建插入数据 SQL 语句
                String sql = "insert into " + Constant.TABLE_NAME+" values(1,'zhangsan',20)";
                DBManger.execSQL(db,sql);//执行 SQL 语句
                String sql2 = "insert into " + Constant.TABLE_NAME+" values(1,'lisi',18)";
                DBManger.execSQL(db,sql2);
                db.close();//关闭数据库对象
                break;
                case R.id.btn_update:
                    db = helper.getWritableDatabase();
```

```
                    String updateSql = "update "+Constant.TABLE_NAME+" set"+Constant.NAME+"='小李
'where "+Constant._ID+"=1" ;
                    DBManger.execSQL(db,updateSql);
                    db.close();
                    break;
            case R.id.btn_delete:
                db = helper.getWritableDatabase();
                String delSql = "delete from "+Constant.TABLE_NAME+" where "+Constant._ID+"=2";
                DBManger.execSQL(db,delSql);
                db.close();
                break;
        }
    }
```

步骤 5　从 DDMS 中选中数据库 info.db，单击相应的按钮，将其下载至本地，如图 14-5 所示。

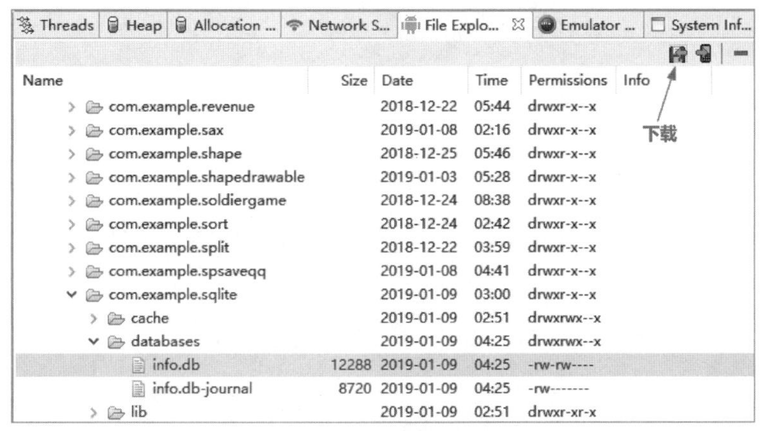

图 14-5　下载数据库

步骤 6　通过可视化工具查看数据库。下载一个 DB Browser for SQLite 可视化数据库管理工具，下载完后进行安装，然后打开可视化工具并打开下载到本地的数据库，如图 14-6 所示。

图 14-6　查看数据库

14.2.2 API 操作数据库

使用 SQL 语句虽然可以操作数据库，但是需要开发者对 SQL 语句较熟悉，如果对 SQL 语句不熟悉也没有关系，Android 还提供了 API 方式操作数据库。

本小节通过一个实例演示如何使用 API 方式操作数据库，具体操作步骤如下。

步骤 1　新建模块并命名为 SQLiteapi，同样创建常量类。具体代码如下：

```
public class Constant {
    public static final String DATABASE_NAME = "info.db";//定义数据库的名称
    public static final int DATABASE_VERSION = 1;//定义数据库的版本号
    public static final String TABLE_NAME = "persion";//定义表名
    public static final String _ID = "_id";//定义表 ID
    public static final String NAME = "name";//定义 name 字段
    public static final String AGE = "age";//定义 age 字段
}
```

步骤 2　创建帮助类，具体代码如下：

```
//实现接口 SQLiteOpenHelper 提供了创建数据库、更新数据库的方法
public class MySqliteHelper extends SQLiteOpenHelper {
    //构造方法
    public MySqliteHelper(Context context, String name, SQLiteDatabase.CursorFactory factory,
int version) {
        super(context, name, factory, version);
    }
    public MySqliteHelper(Context context){
        //调用常量类初始化
        super(context,Constant.DATABASE_NAME,null,Constant.DATABASE_VERSION);
    }
    @Override
    public void onCreate(SQLiteDatabase db) {
        //使用常量类构建 SQL 语句
        /*String sql = "create table "+Constant.TABLE_NAME+" ("+Constant._ID+" primary key,"+
        Constant.NAME+" VARCHAR(10),"+Constant.AGE+" INTEGET)";*/
        //String sql = "create table person(_id integer primary key autoincrement,name varchar(10),age
integer)";
        String sql = "create table "+Constant.TABLE_NAME+"("+Constant._ID+" integer primary key
autoincrement,"+Constant.NAME+" varchar(10),"+Constant.AGE+" integer)";
        db.execSQL(sql);//执行建表 SQL 语句
        Log.i("tag", "---onCreate:--- ");
    }
    @Override
    public void onUpgrade(SQLiteDatabase db, int oldVersion, int newVersion) {
        Log.i("tag", "---onUpgrade:--- ");
    }
}
```

步骤 3　创建管理类，具体代码如下：

```
//创建一个管理类，该类使用单例模式以避免重复创建数据库
public class DBManger {
    private static MySqliteHelper helper;//定义私有成员数据库帮助类
    //通过静态方法获取帮助类对象
    public static MySqliteHelper getIntance(Context context){
        if(helper == null){
            helper = new MySqliteHelper(context);//如果为空，则创建
        }
```

```
        return helper;//如果已经存在，则直接返回，不创建
    }
}
```

步骤 4　主活动中的具体代码如下：

```
public class MainActivity extends AppCompatActivity {
    private MySqliteHelper helper;//定义数据库帮助类
    @Override
    protected void onCreate(Bundle savedInstanceState) {
        super.onCreate(savedInstanceState);
        setContentView(R.layout.activity_main);
        helper = DBManger.getIntance(this);//获取数据库对象
    }
    public void doClick(View v){
        switch (v.getId()){
            case R.id.btn_insert://插入数据
                SQLiteDatabase db = helper.getWritableDatabase();//创建数据库
                ContentValues values = new ContentValues();
                values.put(Constant._ID,3);//put(表示插入数据库字段名称，表示插入该字段的具体值)
                values.put(Constant.NAME,"张三");
                values.put(Constant.AGE,30);
                long resualt=db.insert(Constant.TABLE_NAME,null,values);
                if(resualt>0){
                    Toast.makeText(MainActivity.this,"插入数据成功",Toast.LENGTH_SHORT).show();
                }else{
                    Toast.makeText(MainActivity.this,"插入数据失败",Toast.LENGTH_SHORT).show();
                }
                db.close();
                break;
            case R.id.btn_update://更新数据
                db = helper.getWritableDatabase();
                ContentValues cv = new ContentValues();
                cv.put(Constant.NAME,"小明");
                int count = db.update(Constant.TABLE_NAME,cv,Constant._ID+"=3",null);
                if(count>0){
                    Toast.makeText(MainActivity.this,"修改数据成功",Toast.LENGTH_SHORT).show();
                }else{
                    Toast.makeText(MainActivity.this,"修改数据失败",Toast.LENGTH_SHORT).show();
                }
                db.close();
                break;
            case R.id.btn_delete://删除数据
                db = helper.getWritableDatabase();
                int count2 = db.delete(Constant.TABLE_NAME,Constant._ID+"=? ",new String[]{"1"});
                if(count2>0){
                    Toast.makeText(MainActivity.this,"删除数据成功",Toast.LENGTH_SHORT).show();
                }else{
                    Toast.makeText(MainActivity.this,"删除数据失败",Toast.LENGTH_SHORT).show();
                }
                db.close();
                break;
        }
    }
}
```

步骤 5　下载数据库，并通过可视化工具查看数据库，如图 14-7 所示。

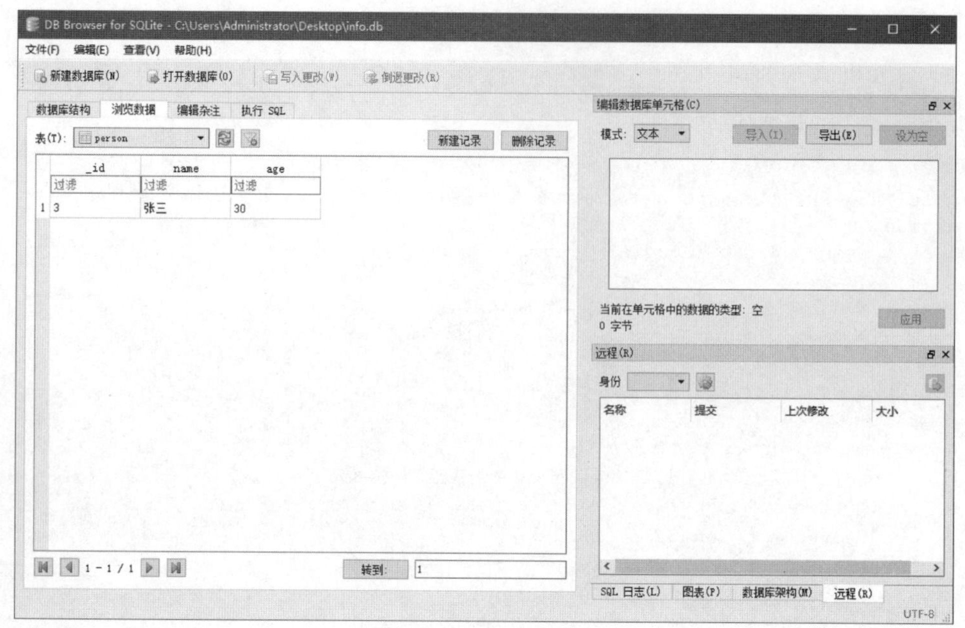

图 14-7　查看数据库

14.2.3　查询数据库

查询数据是操作数据库时较烦琐的一个步骤。因为期间会涉及很多查询条件，所以将查询操作单独分出来讲解。

查询方法也分为两种方式：第一种使用 SQL 语句；第二种使用 API。

查询数据会用到一个游标对象 Cursor，Cursor 是各种数据的集合，它是查询数据库的一个返回集。Cursor 是一个随机的数据源，所有的数据都是通过下标取得的。

关于 Cursor 的重要方法如下。

close()：关闭游标，释放资源。

copyStringToBuffer(int columnIndex, CharArrayBuffer buffer)：在缓冲区中检索请求列的文本，将其存储。

getColumnCount( )：返回所有列的总数。

getColumnIndex(String columnName)：返回指定列的名称。如果不存在，返回-1。

getColumnIndexOrThrow(String columnName)：从零开始返回指定列的名称。如果不存在，将抛出 IllegalArgumentException 异常。

getColumnName(int columnIndex)：从给定的索引返回列名。

getColumnNames( )：返回一个字符串数组的列名。

getCount( )：返回 Cursor 中的行数。

moveToFirst( )：移动光标定位到第一行。使用 moveToFirst( )定位第一行，必须知道每一列的名称及每一列的数据类型。

moveToLast( )：移动光标定位到最后一行。

moveToNext( )：移动光标定位到下一行。

moveToPrevious( )：移动光标定位到上一行。

moveToPosition(int position)：移动光标定位到一个绝对的位置。

isBeforeFirst( )：返回游标是否指向之前第一行的位置。

isAfterLast( )：返回游标是否指向最后一行的位置。

isClosed( )：如果返回 true，则表示该游标已关闭。

通过一个实例演示如何使用 SQL 语句查询数据库，具体操作步骤如下。

步骤 1　新建模块并命名为 SQLiteSelect，其帮助类及常量类与上个工程的相同，可参看源码。由于查询数据会返回一个数据集，因此这里构建一个实体类并命名为 Person。具体代码如下：

```
public class Person {
    private int _id;
    private String name;
    private int age;
    public Person(int _id,String name,int age){
        this._id = _id;
        this.name = name;
        this.age = age;
    }
    public String toString() {
        return "_id="+this._id+",name="+this.name+",age="+this.age;
    }
    public int get_id() {
        return _id;
    }
    public void set_id(int _id) {
        this._id = _id;
    }
    public String getName() {
        return name;
    }
    public void setName(String name) {
        this.name = name;
    }
    public int getAge() {
        return age;
    }
    public void setAge(int age) {
        this.age = age;
    }
}
```

步骤 2　插入数据，主活动中的具体代码如下：

```
case R.id.btn_insert://插入数据
SQLiteDatabase db = helper.getWritableDatabase();
//使用 for 循环插入数据
for(int i=1;i<30;i++){
    //构建 SQL 语句
    String sql="insert into "+Constant.TABLE_NAME+" values("+i+",'张三"+i+"',20)";
    db.execSQL(sql);//执行 SQL 语句
}
db.close();//关闭数据库
```

步骤 3　在管理类内部封装静态方法，用于查询数据及将游标数据转换成列表数据。具体代码如下：

```
//创建一个管理类，该类使用单例模式以避免重复创建数据库
public class DBManger {
    private static MySqliteHelper helper;//定义私有成员数据库帮助类
    //通过静态方法获取帮助类对象
```

```
    public static MySqliteHelper getIntance(Context context){
        if(helper == null){
            helper = new MySqliteHelper(context);//如果为空，则创建
        }
        return helper;//如果已经存在，则直接返回，不创建
    }
    public static void execSQL(SQLiteDatabase db,String sql){
        if(db!=null){
            if(sql!=null && "".equals(sql)){
                db.execSQL(sql);
            }
        }
    }
    //db: 数据库对象；sql:查询 SQL 语句；selectionArgs:查询语句的占位符，是一个数组
    public static Cursor selectDataBySql(SQLiteDatabase db, String sql,String[] selectionArgs) {
        Cursor cursor=null;
        if(db != null){
            cursor=db.rawQuery(sql,selectionArgs);//查询语句
        }
        return cursor;
    }
    //将 cursor 对象转换成 list 集合，返回集合对象
    public static List<Person> CursorToList(Cursor cursor){
        List<Person> list = new ArrayList<>();
        //遍历整个游标，直至结束。moveToNext()返回值为 true 表明还有数据，否则数据遍历结束
        while(cursor.moveToNext()){
            //根据参数中指定的字段名称获取字段下标
            int columnIndex = cursor.getColumnIndex(Constant._ID);
            int _id = cursor.getInt(columnIndex);//根据参数中指定的下标字段，获取对象 int 类型的数据
            //根据下标获取 name 列中的数据
            String name=cursor.getString(cursor.getColumnIndex(Constant.NAME));
            //根据下标获取 age 列中的数据
            int age = cursor.getInt(cursor.getColumnIndex(Constant.AGE));
            Person person = new Person(_id,name,age);//创建实体类对象并初始化
            list.add(person);//将数据加入列表
        }
        return list;
    }
}
```

步骤 4　主活动中使用 SQL 语句查询数据库的具体代码如下：

```
case R.id.btn_sql_select:
db = helper.getWritableDatabase();
//查询数据库的 SQL 语句
String selectSql = "select * from "+Constant.TABLE_NAME;
//返回游标对象。第三个参数为查询条件，没有条件传入 null
Cursor cursor = DBManger.selectDataBySql(db,selectSql,null);
db.execSQL(selectSql);//执行 SQL 语句
//将游标数据转换成列表数据
List<Person> list = DBManger.CursorToList(cursor);
for(Person p:list){//也可以将数据展示到具有适配器的控件中
    Log.i("tag", p.toString());
}
db.close();//关闭数据库
break;
```

步骤 5　使用 API 查询需使用 query()方法，具体代码如下：

```
case R.id.btn_api_select:
 db=helper.getWritableDatabase();
 //指定查询条件使用 API 进行查询
 cursor = db.query(Constant.TABLE_NAME,null,Constant._ID+">?"
       ,new String[]{"10"},null,null,Constant._ID+" desc" );
 list = DBManger.CursorToList(cursor);//转换数据
 for(Person p:list){
     Log.i("tag", p.toString());
 }
```

query(table,columns, selection, selectionArgs, groupBy, having, orderBy, limit)方法中各参数的含义如下。

- table：表名，相当于 select 语句 from 关键字后面的部分。如果是多表联合查询，可以用逗号将两个表名分开。
- columns：要查询出来的列名，相当于 select 语句 select 关键字后面的部分。
- selection：查询条件子句，相当于 select 语句 where 关键字后面的部分。在条件子句中允许使用占位符“?”。
- selectionArgs：对应于 selection 语句中占位符的值，值在数组中的位置与占位符在语句中的位置必须一致，否则就会有异常。
- groupBy：相当于 select 语句 group by 关键字后面的部分。
- having：相当于 select 语句 having 关键字后面的部分。
- orderBy：相当于 select 语句 order by 关键字后面的部分。
- limit：指定偏移量和获取的记录数，相当于 select 语句 limit 关键字后面的部分。

例如，查询图片数据库并按照编辑时间倒序。具体代码如下：

```
String columns[] = new String[] { Media._ID, Media.BUCKET_ID,
Media.PICASA_ID, Media.DATA, Media.DISPLAY_NAME, Media.TITLE,
Media.SIZE, Media.BUCKET_DISPLAY_NAME };
Cursor cur = cr.query(Media.EXTERNAL_CONTENT_URI, columns, null, null,
Media.DATE_MODIFIED + " desc"); //按编辑时间倒序
```

14.2.4　通讯录实例

数据在实际中使用非常普遍，本小节通过一个通讯录实例演示数据库在实际开发中的应用，具体操作步骤如下。

步骤 1　新建模块并命名为 directory，新建帮助类并命名为 MyHelper。具体代码如下：

```
public class MyHelper extends SQLiteOpenHelper {
    public MyHelper(Context context) {
        super(context, "itcast.db", null, 1);
    }
    @Override
    public void onCreate(SQLiteDatabase db) {
        db.execSQL("CREATE TABLE information(_id INTEGER PRIMARY KEY AUTOINCREMENT, name VARCHAR(20),
phone VARCHAR(20))");
    }
    @Override
    public void onUpgrade(SQLiteDatabase db, int oldVersion, int newVersion) {
    }
}
```

步骤 2　主活动中的具体代码如下：

```
public class MainActivity extends AppCompatActivity implements View.OnClickListener{
    private EditText et_name;
    private EditText et_phone;
    private TextView tv_show;
    MyHelper myHelper;
    @Override
    protected void onCreate(Bundle savedInstanceState) {
        super.onCreate(savedInstanceState);
        setContentView(R.layout.activity_main);
        init();
        //创建 Helper 对象
        myHelper = new MyHelper(this);
    }
    //初始化控件并设置监听事件
    private void init(){
        et_name = (EditText) findViewById(R.id.et_name);
        et_phone = (EditText) findViewById(R.id.et_phone);
        tv_show = (TextView) findViewById(R.id.tv_show);
        findViewById(R.id.btn_add).setOnClickListener(this);
        findViewById(R.id.btn_query).setOnClickListener(this);
        findViewById(R.id.btn_update).setOnClickListener(this);
        findViewById(R.id.btn_delete).setOnClickListener(this);
    }
    @Override
    public void onClick(View v) {
        String name;//定义名称
        String phone;//定义电话
        SQLiteDatabase db;//定义数据库对象
        ContentValues values;//
        switch (v.getId()) {
            case R.id.btn_add://添加
                name = et_name.getText().toString().trim();
                phone = et_phone.getText().toString().trim();
                db = myHelper.getWritableDatabase();
                values = new ContentValues();
                values.put("name",name);
                values.put("phone",phone);
                db.insert("information",null,values);
                Toast.makeText(this,"添加信息",Toast.LENGTH_SHORT).show();
                db.close();
                break;
            case R.id.btn_query://查询
                db = myHelper.getReadableDatabase();
                Cursor cursor = db.query("information", null, null, null, null, null, null);
                if(cursor.getCount()==0){
                    tv_show.setText("");
                    Toast.makeText(this, "没有数据", Toast.LENGTH_SHORT).show();
                }else{
                    cursor.moveToFirst();
                    tv_show.setText("Name:"+cursor.getString(1)+" Tel:"+cursor.getString(cursor.
getColumnIndex("phone")));
                }
                while (cursor.moveToNext()){
                    tv_show.append("Name:"+cursor.getString(1)+"  Tel:"+cursor.getString(cursor.
getColumnIndex("phone")));
                }
                cursor.close();
```

```
                db.close();
                break;
            case R.id.btn_update://更新
                db = myHelper.getWritableDatabase();
                values = new ContentValues();
                values.put("phone",et_phone.getText().toString().trim());
                db.update("information",values,"name=?",new String[]{et_name.getText().toString().
trim()});
                Toast.makeText(this, "数据更新成功", Toast.LENGTH_SHORT).show();
                db.close();
                break;
            case R.id.btn_delete://删除
                db = myHelper.getWritableDatabase();
                db.delete("information","name=?",new
String[]{et_name.getText().toString().trim()});
                Toast.makeText(this, "数据删除成功", Toast.LENGTH_SHORT).show();
                db.close();
                break;
        }
    }
}
```

步骤 3　运行上述程序，可以添加通信信息，以及查询、修改、删除信息，运行结果如图 14-8 所示。

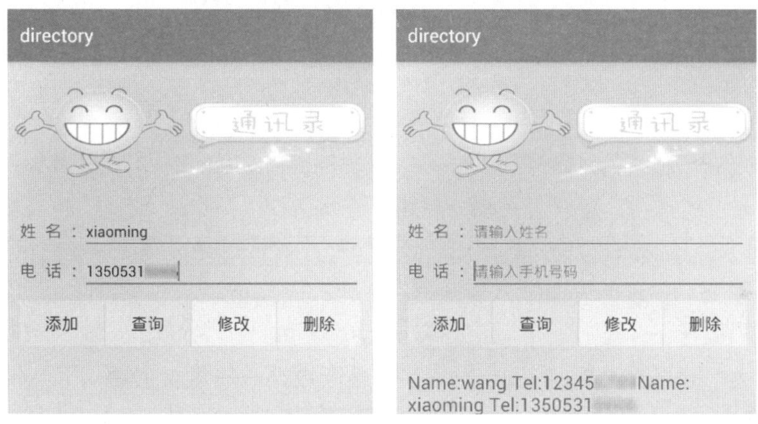

图 14-8　运行结果

14.3　就业面试技巧与解析

本章讲解了有关数据库的知识。数据库在应用开发中经常会被涉及，面试官也经常会问及有关 SQL 语句的使用，考查面试者对 SQL 语句是否熟悉。由于涉及数据库多使用 SQL 语句操作是通用的方法，因此读者应该熟练掌握 SQL 语句。

14.3.1　面试技巧与解析（一）

面试官： SQLite 数据库如何查询表 table1 中第 20 条到第 30 条的记录？

应聘者：

```
select from table1 limit 19,11;
```

SQLite 与 MySQL 一样，select 语句也支持 limit 子句。在使用 limit 子句时，要注意记录从 0 开始，第 20 条到第 30 条的记录数为 11。SQLite 的 limit 子句用于限制由 select 语句返回的数据数量（通俗地讲，用于查询数据库后，按照限制返回数据记录条数）。

14.3.2 面试技巧与解析（二）

面试官：在 SQLite 中不存在某条记录就插入，存在就更新，只用一条 SQL 语句实现。为什么不用 insert 语句？

应聘者：本题直接用 insert 语句肯定不行，insert 语句遇到约束冲突后就会抛出异常。SQLite 中提供了 replace 语句，可以使用 replace 语句来替换 insert 语句，这样，当 id 主键重复时则相当于使用 update 语句来更新 name 字段值。

1）使用 insert 语句

（1）表不存在则创建，SQL 语句为：

```
    create table if not exists table1_student(_id Integer primary key autoincrement, name Text,age
Integer);
```

（2）表中的数据不存在时插入数据，SQL 语句为：

```
    insert into table1_student(name, age)select 'bill' , 25 where not exists(select from table1_student
where name='bill' and age=25 );//重复执行多次，仍只有一条数据
```

2）使用 replace 语句

（1）创建表，SQL 语句为：

```
    create table if not exists table1_student(_id Integer primary key,name Text, age Integer)
```

（2）不存在某条记录就插入，存在就更新，SQL 语句为：

```
    replace into table1_student(_id, name, age)VALUES(1,'bill',25);//重复执行多次，仍只有一条数据
```

例如，将年龄改为 35，发现并没有插入新数据——修改一条记录中非主键字段，只更新对应数据。

```
    replace into table1_student(_id, name, age)VALUES(1,'bill',35);
```

再如，将学生 id（主键）改为 2，则发现插入了一条新数据——修改主键，相当于新插入一条记录。

```
    replace into table1_student(_id, name, age)VALUES(2, 'bill',35);
```

第 15 章

广播与内容提供者

学习指引

广播与内容提供者都属于 Android 四大组件之一，在 Android 开发中 Broadcast Receiver 的应用场景非常多，ContentProvider 是为了方便不同应用间的数据交互。

重点导读

- 了解广播的概述。
- 熟悉创建广播的步骤。
- 熟悉广播的分类。
- 掌握有序广播和无序广播的区别。
- 熟悉 ContentProvider。

15.1 广播基础

研究 Android 中的广播，首先要从什么是广播开始。广播可以理解为一种系统消息，这种消息有的是全局的，有的是私有的。

15.1.1 广播概述

在 Android 中，有一些操作完成以后，会发送广播，比如说发出一条短信或打出一个电话，如果某个程序接收了这个广播，就会做相应的处理。之所以叫作广播，就是因为它只负责“说”而不管 “听不听”。另外，广播可以被不只一个应用程序所接收，当然也可能不被任何应用程序所接收。

1. Android 广播机制三要素

（1）广播（Broadcast）：用于发送广播，是一种广泛应用在应用间传输信息的机制。

（2）广播接收器（Broadcast Receiver）：用于接收广播，是对发出来的 Broadcast 进行过滤接收并响应的组件。

（3）意图（Intent）内容：用于保存广播相关信息的媒介。

2. 广播的功能和特征

（1）广播的生命周期很短，经过调用对象→实现 onReceive→结束整个过程。从实现的复杂度和代码量来看，广播无疑是最迷人的 Android 组件，实现往往只需几行代码。广播对象被构造出来后通常只执行 BroadcastReceiver.onReceive()方法，便结束了其生命周期。

（2）和所有组件一样，广播对象也是在应用进程的主线程中被构造的，所以广播对象的执行必须是要同步且快速的。不推荐在广播中打开子线程，因为往往线程还未结束，广播对象就已经执行完毕被系统销毁。如果需要完成一项比较耗时的工作，应该通过发送 Intent 给 Service，由 Service 来完成。

（3）每次广播到来时，会重新创建 BroadcastReceiver 对象，并且调用 onReceive()方法，执行完以后，该对象即被销毁。当 onReceive()方法在 10s 内没有执行完毕，Android 会认为该程序无响应。

Android 广播分为两个方面：广播发送者和广播接收者。通常情况下，BroadcastReceiver 指的就是广播接收者（广播接收器）。

广播作为 Android 组件间的通信方式，可以使用的场景如下。

（1）同一 App 内部的同一组件内的消息通信（单个或多个线程之间）。

（2）同一 App 内部的不同组件间的消息通信（单个进程）。

（3）同一 App 具有多个进程的不同组件间的消息通信。

（4）不同 App 组件间消息通信。

（5）Android 系统在特定情况下与 App 间的消息通信。

从实现原理来看，Android 中的广播使用了观察者模式，基于消息的发布—订阅事件模型。因此，从实现的角度来看，Android 中的广播将广播的发送者和接受者极大程度上解耦，使得系统能够方便集成，更易扩展。具体实现流程要点概括如下。

（1）广播接收者（BroadcastReceiver）通过 Binder 机制向 AMS（Activity Manager Service）进行注册。

（2）广播发送者通过 binder 机制向 AMS 发送广播。

（3）AMS 查找符合相应条件（Intent Filter/Permission 等）的 BroadcastReceiver，将广播发送到 BroadcastReceiver（一般情况下是 Activity）相应的消息循环队列中。

（4）消息循环执行拿到此广播，回调 BroadcastReceiver 中的 onReceive()方法。

对于不同的广播类型，以及不同的 BroadcastReceiver 注册方式，具体实现上会有不同。但总体流程同以上几个步骤类似。

由此看来，广播发送者和广播接收者分别属于观察者模式中的消息发布和订阅两端，AMS 属于中间的处理中心。广播发送者和广播接收者的执行是异步的，发出去的广播不会关心有无接收者接收，也不确定接收者到底是何时才能接收到。显然，整体流程与 EventBus 非常类似。

下面分析实际应用中的适用性。

第一种情形：同一 App 内部的同一组件内的消息通信（单个或多个线程之间），实际应用中肯定是不会用到广播机制的（虽然可以用），无论是使用扩展变量作用域、基于接口的回调还是 Handler-post/Handler-Message 等方式，都可以直接处理此类问题，若适用广播机制，显然有些大材小用。

第二种情形：同一 App 内部的不同组件间的消息通信（单个进程）。对于此类需求，在有些较复杂的情况下单纯地依靠基于接口的回调等方式不好处理，此时可以直接使用 EventBus 等。相对而言，EventBus 由于是针对统一进程，用于处理此类需求非常适合，且轻松解耦。

第三至第五种情形：由于涉及不同进程间的消息通信，此时根据实际业务使用广播机制会显得非常适宜。下面主要针对 Android 广播中的具体知识点进行总结。

15.1.2 创建广播

本小节创建一个广播，通过系统自带的向导创建广播是最快捷的方式。创建广播同创建其他组件一样，需要在清单文件中加入相应的内容。

创建广播的具体操作步骤如下。

步骤 1 新建模块并命名为 autostart，选中该模块并右击，在弹出的快捷菜单中选择 New→Other→Broadcast Receiver 命令，如图 15-1 所示。

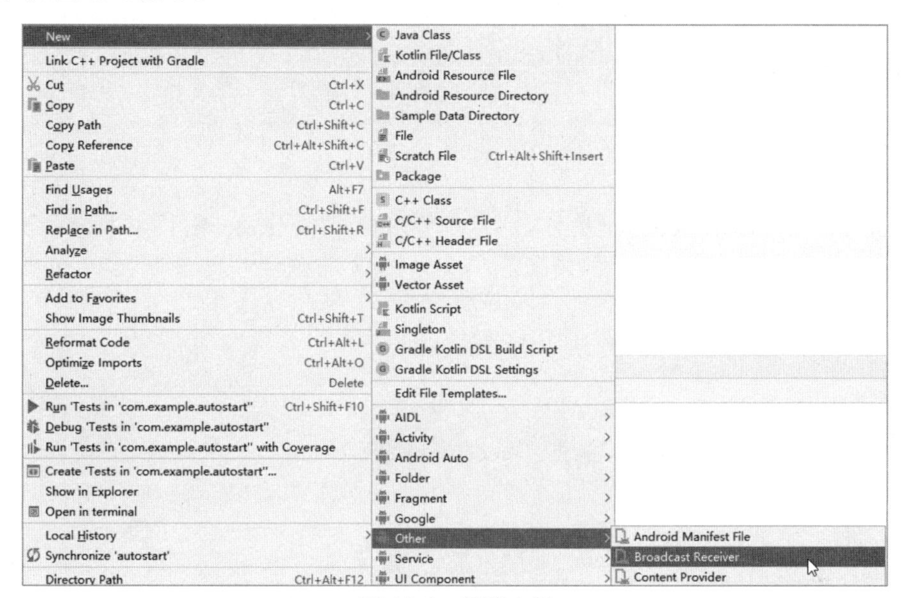

图 15-1 新建广播

步骤 2 在新建广播类中加入代码。具体代码如下：

```
public class AutoStartReceiver extends BroadcastReceiver {
   @Override
   public void onReceive(Context context, Intent intent) {
   //新建活动启动该程序
      Intent i = new Intent(context,MainActivity.class);
   //设置 Intent 标记
      i.setFlags(Intent.FLAG_ACTIVITY_NEW_TASK);
      context.startActivity(i);//启动活动
   }
}
```

步骤 3 在清单文件中加入权限代码，实现当系统开机时会发送开机广播、当程序接收到广播后会自启动。具体代码如下：

```
<manifest xmlns:android="http://schemas.android.com/apk/res/android"
   package="com.example.autostart">
   <application
      android:allowBackup="true"
      android:icon="@mipmap/ic_launcher"
      android:label="@string/app_name"
      android:roundIcon="@mipmap/ic_launcher_round"
      android:supportsRtl="true"
```

```
        android:theme="@style/AppTheme">
        <activity android:name=".MainActivity">
            <intent-filter>
                <action android:name="android.intent.action.MAIN" />
                <category android:name="android.intent.category.LAUNCHER" />
            </intent-filter>
        </activity>
        //创建广播时加入的标签及代码
        <receiver
            android:name=".AutoStartReceiver"
            android:enabled="true"
            android:exported="true"></receiver>
    </application>
    //响应开机广播
    <uses-permission android:name="android.permission.RECEIVE_BOOT_COMPLETED"/>
</manifest>
```

15.1.3 自定义广播

自定义广播需继承 BroadcastReceiver 基类，必须复写抽象方法 onReceive()。广播接收器接收到相应广播后，会自动回调 onReceive()方法。一般情况下，onReceive()方法会涉及与其他组件间的交互，如发送 Notification、启动 Service 等。

广播接收器注册的方式分为两种：静态注册和动态注册。

1. 静态注册

注册方式：在 AndroidManifest.XML 中通过<receive>标签声明。

属性说明：

```
<receiver
    android:enabled=["true" | "false"]
//此 BroadcastReceiver 能否接收其他 App 发出的广播
//默认值是由 receiver 中有无 intent-filter 决定的。如果有 intent-filter，默认值为 true，否则为 false
    android:exported=["true" | "false"]
    android:icon="drawable resource"
    android:label="string resource"
//继承 BroadcastReceiver 子类的类名
    android:name=".mBroadcastReceiver"
//具有相应权限的广播发送者发送的广播才能被此 BroadcastReceiver 接收
    android:permission="string"
//BroadcastReceiver 运行所处的进程默认为 App 的进程，可以指定独立的进程
//注：Android 四大基本组件都可以通过此属性指定自己的独立进程
    android:process="string" >
//用于指定此广播接收器将接收的广播类型
//本实例中给出的是用于接收网络状态改变时发出的广播
    <intent-filter>
        <action android:name="android.net.conn.CONNECTIVITY_CHANGE" />
    </intent-filter>
</receiver>
```

实例代码：

```
<receiver
    //此广播接收者类是 mBroadcastReceiver
    android:name=".mBroadcastReceiver" >
    //用于接收网络状态改变时发出的广播
```

```
    <intent-filter>
        <action android:name="android.net.conn.CONNECTIVITY_CHANGE" />
    </intent-filter>
</receiver>
```

当此 App 首次启动时，系统会自动实例化 mBroadcastReceiver 类，并注册到系统中。第 15. 1. 2 小节使用的便是静态注册广播。

2. 动态注册

注册方式：在代码中调用 Context.registerReceiver()方法。具体代码如下：

```
//选择在 Activity 生命周期的 onResume()方法中注册
@Override
protected void onResume(){
    super.onResume();
    //1. 实例化 BroadcastReceiver 子类 & IntentFilter
    mBroadcastReceiver mBroadcastReceiver = new mBroadcastReceiver();
    IntentFilter intentFilter = new IntentFilter();
    //2. 设置接收广播的类型
    intentFilter.addAction(android.net.conn.CONNECTIVITY_CHANGE);
    //3. 动态注册：调用 Context 的 registerReceiver()方法
    registerReceiver(mBroadcastReceiver, intentFilter);
}
//注册广播后，要在相应位置记得销毁广播，即在 onPause()中用 unregisterReceiver(mBroadcastReceiver)语句
//当此 Activity 实例化时，会动态将 MyBroadcastReceiver 注册到系统中
//当此 Activity 销毁时，动态注册的 MyBroadcastReceiver 将不再接收到相应的广播
 @Override
 protected void onPause() {
    super.onPause();
    //销毁在 onResume()方法中的广播
    unregisterReceiver(mBroadcastReceiver);
    }
}
```

注意：动态广播最好在 Activity 的 onResume()中注册、onPause()中注销。对于动态广播，有注册就必然得有注销，否则会导致内存泄露。此外，重复注册、重复注销也不允许。

通过一个实例演示自定义广播，具体操作步骤如下。

步骤 1　新建模块并命名为 forhelp，创建新的广播并命名为 HelpReceiver。具体代码如下：

```
public class HelpReceiver extends BroadcastReceiver {
    @Override
    public void onReceive(Context context, Intent intent) {
        Log.i("Receiver","自定义的广播接收者,收到了求救广播");
        Log.i("Receiver",intent.getAction());
    }
}
```

步骤 2　主活动中的具体代码如下：

```
public class MainActivity extends AppCompatActivity {
    @Override
    protected void onCreate(Bundle savedInstanceState) {
        super.onCreate(savedInstanceState);
        setContentView(R.layout.activity_main);
    }
    public void send(View view){
        Intent intent = new Intent();
        //定义广播的事件类型
```

```
            intent.setAction("cn.edu.jzsz.Help");
            //发送广播
            sendBroadcast(intent);
        }
    }
```

步骤 3　运行上述程序，运行结果如图 15-2 所示。

图 15-2　运行结果

15.2　广播进阶

通过前面的学习，相信读者对广播有了一定的了解。本节针对不同类型的广播进行深入学习。

15.2.1　广播分类

广播根据类型可以划分为普通广播（Normal Broadcast）、系统广播（System Broadcast）、有序广播（Ordered Broadcast）、App 应用内广播（Local Broadcast）和黏性广播（Sticky Broadcast）。

1. 普通广播

普通广播通常是开发者自定义 intent 的广播（最常用）。

发送广播使用如下代码。

```
Intent intent = new Intent();
//对应 BroadcastReceiver 中 intent-filter 的 action
intent.setAction(BROADCAST_ACTION);
//发送广播
sendBroadcast(intent);
```

被注册了广播接收者，并且其中注册时 intent-filter 的 action 与上述匹配，则以下代码中 mBroadcastReceiver 会接收此广播（即进行回调 onReceive()）。

```
<receiver
//此广播接收者类是 mBroadcastReceiver
android:name=".mBroadcastReceiver">
//用于接收网络状态改变时发出的广播
<intent-filter>
```

```
<action android:name="BROADCAST_ACTION" />
</intent-filter> </receiver>
```

若发送广播有相应权限，那么广播接收者也需要相应权限。

2. 系统广播

Android 中内置了多个系统广播，只要涉及手机的基本操作（如开机、网络状态变化、拍照等），都会发出相应的广播。系统操作及对应的 action 如表 15-1 所示。

表 15-1 系统操作及对应的 action

系统操作	action
监听网络变化	android.net.conn.CONNECTIVITY_CHANGE
关闭或打开飞行模式	Intent.ACTION_AIRPLANE_MODE_CHANGED
充电时或电量发生变化	Intent.ACTION_BATTERY_CHANGED
电池电量低	Intent.ACTION_BATTERY_LOW
电池电量充足（即电量从低变化到饱满时会发出广播）	Intent.ACTION_BATTERY_OKAY
系统启动完成后（仅广播一次）	Intent.ACTION_BOOT_COMPLETED
按下拍照按键（硬件按键）时	Intent.ACTION_CAMERA_BUTTON
屏幕锁屏	Intent.ACTION_CLOSE_SYSTEM_DIALOGS
设备当前设置被改变时（界面语言、设备方向等）	Intent.ACTION_CONFIGURATION_CHANGED
插入耳机时	Intent.ACTION_HEADSET_PLUG
未正确移除 SD 卡但已取出来时	Intent.ACTION_MEDIA_BAD_REMOVAL
插入外部存储装置（如 SD 卡）	Intent.ACTION_MEDIA_CHECKING
成功安装 APK	Intent.ACTION_PACKAGE_ADDED
成功删除 APK	Intent.ACTION_PACKAGE_REMOVED
重启设备	Intent.ACTION_REBOOT
屏幕被关闭	Intent.ACTION_SCREEN_OFF
屏幕被打开	Intent.ACTION_SCREEN_ON
关闭系统时	Intent.ACTION_SHUTDOWN

注意：当使用系统广播时，只需要在注册广播接收者时定义相关的 action 即可，并不需要手动发送广播。当系统有相关操作时会自动进行系统广播。

3. 有序广播

定义：发送出去的广播被广播接收者按照先后顺序接收，有序是针对广播接收者而言的。

广播接收者接收广播的顺序规则（同时面向静态和动态注册的广播接收者）：

- 按照 Priority 属性值从大到小排序。
- Priority 属性相同者，动态注册的广播优先。

特点：

- 接收广播按顺序接收。
- 先接收的广播接收者可以对广播进行截断，即后接收的广播接收者不再接收到此广播。
- 先接收的广播接收者可以对广播进行修改，那么后接收的广播接收者将接收到被修改后的广播。

具体使用：

有序广播的使用过程与普通广播非常类似，差异仅在于广播的发送方式。

```
sendOrderedBroadcast(intent);
```

4. App 应用内广播

Android 中的广播可以跨 App 直接通信（exported 属性在有 intent-filter 的情况下默认值为 true）。

可能出现的问题：

（1）其他 App 针对性发出与当前 App intent-filter 相匹配的广播，由此导致当前 App 不断接收广播并处理。

（2）其他 App 注册与当前 App 一致的 intent-filter 用于接收广播，获取广播具体信息。

即会出现安全性与效率性的问题。

解决方案。

使用 App 应用内广播。

App 应用内广播可理解为一种局部广播，广播的发送者和接收者都同属于一个 App。

相比于全局广播（普通广播），App 应用内广播优势体现在：安全性高与效率高。

（1）将全局广播设置成局部广播

注册广播时将 exported 属性设置为 false，使得非本 App 内部发出的广播不被接收。

在广播发送和接收时，增设相应权限 permission，用于权限验证。

发送广播时指定广播接收器所在的包名，广播将只会发送到此包中的 App 内与其相匹配的有效广播接收器中。通过 intent.setPackage(packageName)指定包名。

（2）使用封装好的 LocalBroadcastManager 类

使用方式上与全局广播几乎相同，只是注册/取消注册广播接收器和发送广播时将参数的 context 变成了 LocalBroadcastManager 的单一实例。

注意： 对于以 LocalBroadcastManager 方式发送的应用内广播，只能通过 LocalBroadcastManager 动态注册，不能静态注册。

```
//注册应用内广播接收器
//步骤 1  实例化 BroadcastReceiver 子类 & IntentFilter mBroadcastReceiver
mBroadcastReceiver = new mBroadcastReceiver();
IntentFilter intentFilter = new IntentFilter();
//步骤 2  实例化 LocalBroadcastManager 的实例
localBroadcastManager = LocalBroadcastManager.getInstance(this);
//步骤 3  设置接收广播的类型
intentFilter.addAction(android.net.conn.CONNECTIVITY_CHANGE);
//步骤 4  调用 LocalBroadcastManager 单一实例的 registerReceiver()方法进行动态注册
localBroadcastManager.registerReceiver(mBroadcastReceiver, intentFilter);
//取消注册应用内广播接收器
localBroadcastManager.unregisterReceiver(mBroadcastReceiver);
//发送应用内广播
Intent intent = new Intent();
```

```
intent.setAction(BROADCAST_ACTION);
localBroadcastManager.sendBroadcast(intent);
```

5. 粘性广播

由于在 Android 5.0 & API 21 中已经失效，所以不建议使用。

注意：对于不同注册方式的广播接收器回调 OnReceive（Context context，Intent intent）中的 context，返回值是不一样的。

- 对于静态注册（全局+应用内广播），回调 onReceive(context, intent)中的 context，返回值为 ReceiverRestrictedContext。
- 对于全局广播的动态注册，回调 onReceive(context, intent)中的 context，返回值为 Activity Context。
- 对于应用内广播的动态注册（LocalBroadcastManager 方式），回调 onReceive(context, intent)中的 context，返回值为 Application Context。
- 对于应用内广播的动态注册（非 LocalBroadcastManager 方式），回调 onReceive(context, intent)中的 context，返回值为 Activity Context。

15.2.2　有序广播与无序广播

当需要发送一个自定义的广播来通知程序中其他组件一些状态时，就可以使用以下两种方式分别发送两种不同的广播。

（1）通过 mContext.sendBroadcast(Intent)或 mContext.sendBroadcast(Intent, String)发送的是无序广播（后者加了权限）。

（2）通过 mContext.sendOrderedBroadcast(Intent, String, BroadcastReceiver, Handler, int, String, Bundle)发送的是有序广播。

区别：

- 无序广播——所有的接收者都会接收事件，不可以被拦截，不可以被修改。
- 有序广播——按照优先级，一级一级地向下传递，接收者可以修改广播数据，也可以终止广播事件。

1. 无序广播的使用

定义一个按钮，设置其单击事件，发送一个无序广播。具体代码如下：

```
Intent intent = new Intent();
//设置 intent 的动作为 com.example.broadcast，可以任意定义
intent.setAction("com.example.broadcast");
//发送无序广播 sendBroadcast(intent);
```

定义一个广播接收者接收这个广播事件，通过 Toast 打印判断是否收到广播。具体代码如下：

```
public class MyReceiver extends BroadcastReceiver {
    public MyReceiver() {
    }
    @Override
    public void onReceive(Context context, Intent intent) {
        Toast.makeText(context,"收到广播", Toast.LENGTH_SHORT).show();
    }
}
```

在 Manifest.XML 中配置该接收者。具体代码如下：

```
<receiver
          android:name=".MyReceiver" >
          <intent-filter>
```

```
            <!-- 动作设置为发送的广播动作 -->
            <action android:name="com.example.broadcast"/>
        </intent-filter>
</receiver>
```

2. 有序广播的使用

与无序广播使用不同的是，通过 mContext.sendOrderedBroadcast(Intent, String, BroadcastReceiver, Handler, int, String, Bundle)和为每个接收者设置优先级，就可以在小于自己优先级的接收者得到广播前，修改或终止广播。

定义一个按钮，设置其单击事件，发送一个有序广播。具体代码如下：

```
Intent intent = new Intent();
//设置 intent 的动作为 com.example.broadcast，可以任意定义
intent.setAction("com.example.broadcast");
//发送有序广播
//第一个参数：intent
//第二个参数：String 类型的接收者权限
//第三个参数：BroadcastReceiver 指定的接收者
//第四个参数：Handler scheduler
//第五个参数：int 此次广播的标记
//第六个参数：String 初始数据
//第七个参数：Bundle 往 Intent 中添加的额外数据
sendOrderedBroadcast(intent, null, null, null, "这是初始数据", );
```

定义多个广播接收者接收这个广播事件，通过 Toast 打印判断是否收到广播。具体代码如下：

在 Manifest.XML 中配置该接收者，并设置优先级。具体代码如下：

```
<!-- 优先级相等的话，写在前面的 receiver 优先级大于后面的 -->
<receiver
    android:name=".MyReceiver1" >
        <!-- 定义广播的优先级 -->
        <intent-filter android:priority="1000">
            <!-- 动作设置为发送的广播动作 -->
            <action android:name="com.example.broadcast"/>
        </intent-filter>
</receiver>
<receiver
    android:name=".MyReceiver2" >
        <!-- 定义广播的优先级 -->
        <intent-filter  android:priority="0">
            <!-- 动作设置为发送的广播动作 -->
            <action android:name="com.example.broadcast"/>
        </intent-filter>
</receiver>
<receiver
    android:name=".MyReceiver3" >
        <!-- 定义广播的优先级 -->
        <intent-filter  android:priority="-1000">
            <!-- 动作设置为发送的广播动作 -->
            <action android:name="com.example.broadcast"/>
        </intent-filter>
</receiver>
```

通过一个广播实例演示有序广播，具体操作步骤如下。

步骤 1　新建活动并命名为 orderedbroadcast，新建第一个广播并命名为 MyReceiverOne。具体代码如下：

```
public class MyReceiverOne extends BroadcastReceiver {
    @Override
    public void onReceive(Context context, Intent intent) {
```

```
        Log.i("Receiver","自定义广播接收者 one");
    }
}
```

步骤 2　创建第二个广播并命名为 MyReceiverTwo。具体代码如下：

```
public class MyReceiverTwo extends BroadcastReceiver {
    @Override
    public void onReceive(Context context, Intent intent) {
        Log.i("Receiver","自定义广播接收者 two");
    }
}
```

步骤 3　创建第三个广播并命名为 MyReceiverThree，具体代码与前两个广播类似。

步骤 4　主活动中的具体代码如下：

```
public class MainActivity extends AppCompatActivity {
    @Override
    protected void onCreate(Bundle savedInstanceState) {
        super.onCreate(savedInstanceState);
        setContentView(R.layout.activity_main);
    }
    public void send(View view){
        Intent intent = new Intent();
        intent.setAction("cn.edu.jzsz.STITCH");
        //sendOrderedBroadcast(intent,null);
        MyReceiverTwo receiverTwo = new MyReceiverTwo();
        sendOrderedBroadcast(intent,null,receiverTwo,null,0,null,null);
    }
}
```

步骤 5　运行上述程序，查看运行结果，如图 15-3 所示。

图 15-3　运行结果

步骤 6　单击“发送有序广播”按钮，查看日志，如图 15-4 所示。

```
01-08 10:01:24.965 4348-4348/com.example.orderedbroadcast I/Receiver: 自定义广播接收者one
01-08 10:01:24.965 4348-4348/com.example.orderedbroadcast I/Receiver: 自定义广播接收者three
01-08 10:01:24.973 4348-4348/com.example.orderedbroadcast I/Receiver: 自定义广播接收者two
```

图 15-4　打印日志

15.3 ContentProvider

15.3.1 简介

ContentProvider 内容提供者（四大组件之一）主要用于在不同的应用程序间实现数据共享的功能。ContentProvider 可以理解为一个 Android 应用对外开放的接口，只要是符合它所定义的 Uri 格式请求，均可以正常访问执行操作。其他的 Android 应用可以使用 ContentResolver 对象通过与 ContentProvider 同名的方法请求执行，被执行的就是 ContentProvider 中的同名方法。所以 ContentProvider 有很多对外可以访问的方法，在 ContentResolver 中均有同名的方法，是一一对应的。

Android 附带了许多有用的 ContentProvider，但是本小节只讲解如何创建自己的 ContentProvider。Android 中自带的 ContentProvider 包括以下信息。

- Browser：存储浏览器的信息。
- CallLog：存储通话记录等信息。
- Contacts Provider：存储联系人（通讯录）等信息。
- MediaStore：存储媒体文件的信息。
- Settings：存储设备的设置和首选项信息。

此外，还有日历、短信等。

如果要创建自己的内容提供者，需要新建一个类继承抽象类 ContentProvider，并重写其中的抽象方法。抽象方法如下。

- boolean onCreate()：初始化提供者。
- Cursor query(Uri uri, String[] projection, String selection, String[] selectionArgs, String sortOrder)：查询数据，返回一个数据 Cursor 对象。其中参数 selection 和 selectionArgs 是外部程序提供的查询条件。
- Uri insert(Uri uri, ContentValues values)：插入一条数据。参数 values 是需要插入的值。
- int update(Uri uri, ContentValues values, String selection, String[] selectionArgs)：根据条件更新数据。
- int delete(Uri uri, String selection, String[] selectionArgs)：根据条件删除数据。
- String getType(Uri uri)：返回 MIME 类型对应内容的 URI。

除了 onCreate()方法和 getType()方法外，其他的均为 CRUD 操作。这些方法中，Uri 参数为与 ContentProvider 匹配的请求 Uri，剩下的参数可以参见 SQLite 的增、删、改、查操作，基本一致。

注意：call()方法和 bulkInsert()方法相比，使用 call()方法理论上可以在 ContentResolver 中执行 ContentProvider 暴露出来的任何方法，而 bulkInsert()方法用于插入多条数据。

在 Android 中，Uri 是一种比较常见的资源访问方式。对于 ContentProvider 而言，Uri 也是有固定格式的。

```
<srandard_prefix>://<authority>/<data_path>/<id>
```

其中，各部分的功能说明如下。

- <srandard_prefix>：ContentProvider 的 srandard_prefix 始终是 content://。
- <authority>：ContentProvider 的名称。
- <data_path>：请求的数据类型。
- <id>：指定请求的特定数据。

ContentProvider 中的增、删、改、查操作均会传递一个 Uri 对象，通过这个对象来匹配对应的请求。需要用到一个 UriMatcher 对象来确定 Uri 执行哪项操作，这个对象用来帮助内容提供者匹配 Uri。它所提供的方法非常简单，仅有以下两个。

（1）void addURI(String authority,String path,int code)：添加一个 Uri 匹配项。其中，authority 为 AndroidManifest.xml 中注册的 ContentProvider 中的 authority 属性；path 为一个路径，期间可以设置通配符，#表示任意数字或字符；code 为自定义的一个 Uri 代码。

（2）int match(Uri uri)：匹配传递的 Uri，返回 addURI()传递的 code 参数。

通过一个读取短信的实例，演示使用 ContentResolver 查询 ContentProvider 共享出来的数据，具体操作步骤如下。

步骤 1　新建模块并命名为 readsms，在清单文件中声明读取短信的权限。具体代码如下：

```
<uses-permission android:name="android.permission.READ_SMS" />
```

步骤 2　新建用于解析短信内容的实体类并命名为 SmsInfo。具体代码如下：

```
public class SmsInfo {
    private int _id;                          //短信的主键
    private String address;                   //发送地址
    private int type;                         //类型
    private String body;                      //短信内容
    private long date;                        //时间
    //构造方法
    public SmsInfo(int _id, String address, int type, String body, long date) {
        this._id = _id;
        this.address = address;
        this.type = type;
        this.body = body;
        this.date = date;
    }
}
```

步骤 3　主活动中的具体代码如下：

```
public class MainActivity extends AppCompatActivity {
    private TextView tv_sms;
    private TextView tv_des;
    private String text = "";
    @Override
    protected void onCreate(Bundle savedInstanceState) {
        super.onCreate(savedInstanceState);
        setContentView(R.layout.activity_main);
        tv_sms = (TextView) findViewById(R.id.tv_sms);
        tv_des = (TextView) findViewById(R.id.tv_des);
        queryAuthority();
    }
    //单击按钮时触发的方法
    public void readSMS(View view) {
        //查询系统信息的 uri
        Uri uri = Uri.parse("content://sms/");
        //获取 ContentResolver 对象
        ContentResolver resolver = getContentResolver();
        //通过 ContentResolver 对象查询系统短信
        Cursor cursor = resolver.query(uri,new String[]{"_id","address","type","body","date"},
null,null,null);
        List<SmsInfo> smsInfos = new ArrayList<SmsInfo>();
        if(cursor!=null&&cursor.getCount()>0){
            tv_des.setVisibility(View.VISIBLE);
            while(cursor.moveToNext()){
                int _id = cursor.getInt(0);
                String address = cursor.getString(1);
                int type = cursor.getInt(2);
                String body = cursor.getString(3);
                long date = cursor.getLong(4);
```

```
                SmsInfo smsInfo = new SmsInfo(_id,address,type,body,date);
                smsInfos.add(smsInfo);
            }
            cursor.close();
        }
        //将查询到的短信内容显示到界面上
        for(int i=0;i<smsInfos.size();i++){
            text += "手机号码: "+smsInfos.get(i).getAddress()+"\n";
            text += "短信内容: "+smsInfos.get(i).getBody()+"\n\n";
        }
        tv_sms.setText(text);
    }
    private void queryAuthority() {
        int hasPermission = 0;
        if (Build.VERSION.SDK_INT >= Build.VERSION_CODES.M) {
            hasPermission = checkSelfPermission(Manifest.permission.READ_SMS);
        }
        if (hasPermission != PackageManager.PERMISSION_GRANTED) {
            if (Build.VERSION.SDK_INT >= Build.VERSION_CODES.M) {
                requestPermissions(new String[]{Manifest.permission.READ_SMS}, 123);
            }
            return;
        }
    }
    public void onRequestPermissionsResult(int requestCode, @NonNull String[] permissions,
@NonNull int[] grantResults) {
        switch (requestCode) {
            case 123:
                if (grantResults[0] == PackageManager.PERMISSION_GRANTED) {
                    queryAuthority();
                } else {
                    Toast.makeText(MainActivity.this, "Permission Denied", Toast.LENGTH_SHORT).
show();
                }
                break;
            default:
                super.onRequestPermissionsResult(requestCode, permissions, grantResults);
        }
    }
}
```

步骤 4　运行上述程序，查看实际运行结果，如图 15-5 所示。

图 15-5　运行结果

15.3.2 内容观察者

内容观察者（ContentObserver）是用来观察指定 Uri 所代表的数据的。要使用 ContentObserver 观察数据变化，就必须在 ContentProvider 的 delete()、insert()、update()方法中调用 ContentResolver 的 notifyChange()方法。

ContentObserver 的两个常用方法如下。

- public void ContentObserver(Handler handler)：ContentObserver 的派生类都需要调用该构造方法。参数可以是主线程 Handler，也可以是任何 Handler 对象。
- public void onChange(boolean selfChange)：当观察到 Uri 代表的数据发生变化时，会触发该方法。在该方法中使用 ContentResovler 可以查询到变化的数据。

内容观察者的整个运行过程，如图 15-6 所示。

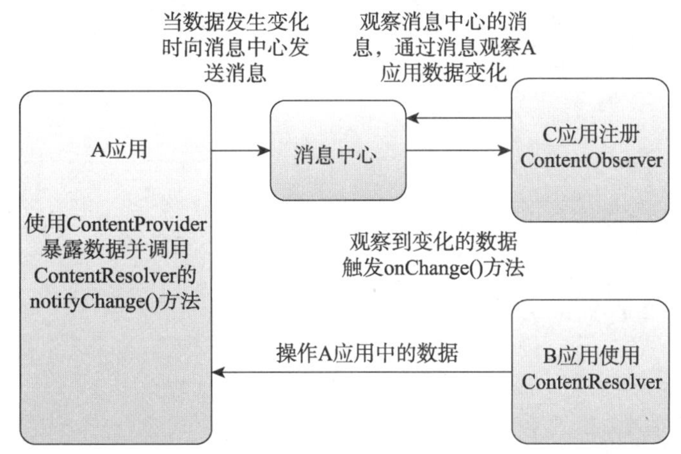

图 15-6 内容观察者运行过程

通过一个实例演示内容观察者的使用，具体操作步骤如下。

步骤 1 新建模块并命名为 contentobserverdb，新建类并命名为 PersonProvider。具体代码如下：

```
public class PersonProvider extends ContentProvider {
    //定义一个 Uri 路径的匹配器，如果路径匹配不成功，返回-1
    private static UriMatcher uriMatcher = new UriMatcher(-1);
    //匹配路径成功时的返回码
    private static final int SUCCESS = 1;
    //数据库操作类的对象
    private PersonDBOpenHelper helper;
    //添加路径匹配器的规则
    static{
        uriMatcher.addURI("cn.edu.jzsz.contentobserverdb","info",SUCCESS);
    }
    //当内容提供者被创建时调用
    public boolean onCreate() {
        helper = new PersonDBOpenHelper(getContext());
        return false;
    }

    //查询数据操作
    public Cursor query(Uri uri, String[] projection, String selection,
                        String[] selectionArgs, String sortOrder) {
        //匹配查询的 Uri 路径
```

```
        int code = uriMatcher.match(uri);
        if(code==SUCCESS){
            SQLiteDatabase db = helper.getReadableDatabase();
            return db.query("info",projection,selection,selectionArgs,null,null,sortOrder);
        }else{
            throw new IllegalArgumentException("路径不正确，我是不会给你提供数据的！");
        }
    }

    //添加数据操作
    public Uri insert(Uri uri, ContentValues values) {
        //匹配查询的Uri路径
        int code = uriMatcher.match(uri);
        if(code==SUCCESS){
            SQLiteDatabase db = helper.getWritableDatabase();
            long rowId = db.insert("info",null,values);
            if(rowId>0){
                Uri insertUri = ContentUris.withAppendedId(uri,rowId);
                getContext().getContentResolver().notifyChange(insertUri,null);
                return insertUri;
            }
            db.close();
            return uri;
        }else{
            throw new IllegalArgumentException("路径不正确，我是不会给你添加数据的！");
        }

    }

    //删除数据操作
    public int delete(Uri uri, String selection, String[] selectionArgs) {
        //匹配查询的Uri路径
        int code = uriMatcher.match(uri);
        if(code==SUCCESS){
            SQLiteDatabase db = helper.getWritableDatabase();
            int count = db.delete("info",selection,selectionArgs);
            if(count>0){
                getContext().getContentResolver().notifyChange(uri,null);
            }
            db.close();
            return count;
        }else{
            throw new IllegalArgumentException("路径不正确，我是不会给你删除数据的！");
        }
    }

    //更新数据操作
    public int update(Uri uri, ContentValues values, String selection,
                String[] selectionArgs) {
        int code = uriMatcher.match(uri);
        if(code==SUCCESS){
            SQLiteDatabase db = helper.getWritableDatabase();
            int count = db.update("info",values,selection,selectionArgs);
            if(count>0){
                getContext().getContentResolver().notifyChange(uri,null);
            }
            db.close();
            return count;
        }else{
```

```
            throw new IllegalArgumentException("路径不正确，我是不会给你更新数据的！");
        }
    }
    @Override
    public String getType(Uri uri) {
        return null;
    }
}
```

步骤 2　新建数据库操作类并命名为 PersonDBOpenHelper，具体代码如下：

```
public class PersonDBOpenHelper extends SQLiteOpenHelper {
    //构造方法，调用此方法新建一个 person.db 数据库并返回一个数据库帮助类的对象
    public PersonDBOpenHelper(Context context) {
        super(context, "person.db", null, 1);
    }
    @Override
    public void onCreate(SQLiteDatabase db) {
        //创建该数据库的同时新建一个 info 表，表中有_id 和 name 这两个字段
        db.execSQL("create table info (_id integer primary key autoincrement, name varchar(20))");
    }
    @Override
    public void onUpgrade(SQLiteDatabase db, int oldVersion, int newVersion) {
    }
}
```

步骤 3　主活动中的具体代码如下：

```
public class MainActivity extends AppCompatActivity implements View.OnClickListener{
    private ContentResolver resolver;
    private Uri uri;
    private ContentValues values;
    @Override
    protected void onCreate(Bundle savedInstanceState) {
        super.onCreate(savedInstanceState);
        setContentView(R.layout.activity_main);
        initView();
        createDB();
    }
    private void initView(){
        findViewById(R.id.btn_insert).setOnClickListener(this);
        findViewById(R.id.btn_update).setOnClickListener(this);
        findViewById(R.id.btn_delete).setOnClickListener(this);
        findViewById(R.id.btn_select).setOnClickListener(this);
    }
    @Override
    public void onClick(View v) {
        //得到一个内容提供者的解析对象
        resolver = getContentResolver();
        //新加一个 uri 路径，参数是 string 类型的
        uri = Uri.parse("content://cn.edu.jzsz.contentobserverdb/info");
        //新建一个 ContentValues 对象，该对象以 key-values 的形式来添加记录到数据库表中
        values = new ContentValues();
        switch (v.getId()) {
            case R.id.btn_insert:
                Random random = new Random();
                values.put("name","add_itcast"+random.nextInt(10));
                Uri newuri = resolver.insert(uri,values);
                Toast.makeText(this,"添加成功",Toast.LENGTH_SHORT).show();
```

```
                Log.i("数据库应用","添加"+newuri);
                break;
            case R.id.btn_delete:
                int deleteCount = resolver.delete(uri,"name=?",new String[]{"itcast0"});
                Toast.makeText(this,"删除成功,删除了"+deleteCount+"条数据。",Toast.LENGTH_SHORT).show();
                Log.i("数据库应用","删除");
                break;
            case R.id.btn_select:
                List<Map<String,String>> data = new ArrayList<Map<String,String>>();
                Cursor cursor = resolver.query(uri,new String[]{"_id","name"},null,null,null);
                while(cursor.moveToNext()){
                    Map<String,String> map = new HashMap<String,String>();
                    map.put("_id",cursor.getString(0));
                    map.put("name",cursor.getString(1));
                    data.add(map);
                }
                cursor.close();
                Toast.makeText(this,"查询成功",Toast.LENGTH_SHORT).show();
                Log.i("数据库应用","查询结果:"+data.toString());
                break;
            case R.id.btn_update:
                values.put("name","update_itcast");
                int updateCount = resolver.update(uri,values,"name=?",new String[]{"itcast1"});
                Toast.makeText(this,"更新成功,更新了"+updateCount+"条数据。",Toast.LENGTH_SHORT).show();
                Log.i("数据库应用","更新");
                break;
        }
    }
    private void createDB(){
        PersonDBOpenHelper helper = new PersonDBOpenHelper(this);
        SQLiteDatabase db = helper.getWritableDatabase();
        for(int i=0;i<3;i++){
            ContentValues values = new ContentValues();
            values.put("name","itcast"+i);
            db.insert("info",null,values);
        }
        db.close();
    }
}
```

步骤 4　运行上述程序，单击不同的按钮，查看运行结果，如图 15-7 所示。

图 15-7　运行结果

15.4 就业面试技巧与解析

本章讲解了 Android 四大组件中的广播及内容提供者，广播属于一种通信机制，在其他语言中也会涉及；内容提供者是 Android 中为了不同组件间数据统一而提供的组件。面试中也会经常问到广播的作用，以及内容提供者是如何统一不同数据间的交互的。

15.4.1 面试技巧与解析（一）

面试官：请描述一下 BroadcastReceiver。

应聘者：BroadcastReceiver 用于接收并处理广播通知（Broadcast Announcements）。多数的广播是系统发起的，如地域变换、电量不足、来电短信等。程序也可以播放一个广播。程序可以有任意数量的 BroadcastReceiver 来响应它觉得重要的通知。BroadcastReceiver 可以通过多种方式通知用户，如启动 Activity、使用 NotificationManager、开启背景灯、振动设备、播放声音等，最典型的是在状态栏显示一个图标，这样用户就可以单击图标查看通知内容。通常，我们的某个应用或系统本身在某些事件（如电池电量不足、来电短信）来临时会广播一个 Intent 出去，我们可以注册一个 BroadcastReceiver 来监听这些 Intent 并获取 Intent 中的数据。

15.4.2 面试技巧与解析（二）

面试官：在 manifest 中和代码中如何注册及使用 BroadcastReceiver。

应聘者：

在 Android 的 manifest 中注册：

```
<receiver android: name ="Receiver1">
    <intent-filter>
        <!----与 Intent 中的 action 对应--->
        <actionandroid: name="com.forrest.action.mybroadcast"/>
    </intent-filter>
</receiver>
```

在代码中注册：

```
IntentFilter filter = new IntentFilter("com.forrest.action.mybroadcast");//与广播中 Intent 的
action 对应
MyBroadcastReceiver br= new MyBroadcastReceiver();
registerReceiver(br, filter);
```

15.4.3 面试技巧与解析（三）

面试官：请介绍 ContentProvider 是如何实现数据共享的。

应聘者：一个程序可以通过实现一个 ContentProvider 抽象接口将自己的数据完全暴露出去，而且是以类似数据库中表的方式暴露。ContentProvider 存储和检索数据，通过它可以让所有的应用程序访问到，这也是应用程序间唯一共享数据的方法。

要想使应用程序的数据公开化，可以通过两种方法：创建一个属于自己的 ContentProvider 或者将数据添加到一个已经存在的 ContentProvider 中，前提是有相同数据类型并且有写入 ContentProvider 的权限。Android 提供了 ContentResolver，外界的程序可以通过 ContentResolver 接口访问 ContentProvider 提供的数据。

第16章

使用多线程

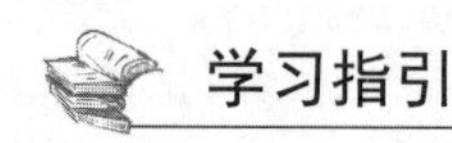

学习指引

Android 中的多线程与其他语言的多线程不同，不能运行在主线程内，常用 Handler、AsyncTask 进行多线程处理。

重点导读

- 熟悉 Handler 的使用方法。
- 掌握解决非 UI 线程更新用户界面问题的两种方法。
- 熟悉消息循环机制。
- 了解 5 种模式实现倒计时。
- 了解 AsyncTask 的使用方法。

16.1 Handler

Android 消息机制主要指 Handler 的运行机制及 Handler 所附带的 MessageQueue 和 Looper 的工作流程。

16.1.1 常规的使用

Handler：是一个消息分发对象，进行消息发送和处理，并且其 Runnable 对象与一个线程的 MessageQueue 关联。其作用是：调度消息，将一个任务切换到某个指定的线程中去执行。

在 Android 机制中是不允许使用非 UI 线程更新 UI 的，因此采用单线程模型处理 UI 操作。通过 Handler 切换到 UI 线程，就可以解决子线程中无法访问 UI 的问题。

在 Android 开发中，经常会遇到这样一种情况：在用户界面上进行某项操作后要执行一段很耗时的代码，比如在界面上单击一个“下载”按钮，需要执行网络请求，这是一个耗时的操作，因为不知道什么时候才能完成。为了保证不影响 UI 线程，需创建一个新的线程去执行耗时的操作。当耗时操作完成后，需要更新用户界面以告知用户操作完成了，可能会写出以下代码。

```
public class MainActivity extends Activity implements View.OnClickListener {
    private TextView statusTextView = null;
    @Override
    protected void onCreate(Bundle savedInstanceState) {
        super.onCreate(savedInstanceState);
        setContentView(R.layout.activity_main);
        statusTextView = (TextView)findViewById(R.id.statusTextView);
        Button btnDownload = (Button)findViewById(R.id.btnDownload);
        btnDownload.setOnClickListener(this);
    }
    @Override
    public void onClick(View v) {
        DownloadThread downloadThread = new DownloadThread();
        downloadThread.start();
    }
    class DownloadThread extends Thread{
        @Override
        public void run() {
            try{
                System.out.println("开始下载文件");
                //此处让线程 DownloadThread 休眠 5s，模拟文件的耗时过程
                Thread.sleep(5000);
                System.out.println("文件下载完成");
                //文件下载完成后，更新用户界面
                MainActivity.this.statusTextView.setText("文件下载完成");
            }catch (InterruptedException e){
                e.printStackTrace();
            }
        }
    }
}
```

但是使用以上代码会报错，出现这样错误的原因是 Android 中的 View 不是线程安全的，在 Android 应用启动时，会自动创建一个线程，即程序的主线程，主线程负责 UI 的展示、UI 事件消息的派发处理等，因此主线程也叫做 UI 线程，statusTextView 是在 UI 线程中创建的，当 DownloadThread 线程去更新 UI 线程中创建的 statusTextView 时自然会报错。Android 的 UI 控件是非线程安全的，其实很多平台的 UI 控件都是非线程安全的，比如 C#的.Net Framework 中的 UI 控件也是非线程安全的，所以不仅仅在 Android 平台中存在从一个新线程中去更新 UI 线程中创建的 UI 控件的问题。不同的平台提供了不同的解决方案以实现跨线程更新 UI 控件，Android 为了解决这种问题，引入了 Handler 机制。

Handler 是 Android 中引入的一种让开发者参与处理线程中消息循环的机制。每个 Hanlder 都关联了一个线程，每个线程内部都维护了一个消息队列（MessageQueue），这样 Handler 实际上也就关联了一个消息队列。可以通过 Handler 将 Message 和 Runnable 对象发送到该 Handler 所关联线程的 MessageQueue 中，然后该消息队列一直在循环拿出一个 Message，对其进行处理；处理完后拿出下一个 Message，继续进行处理，周而复始。当创建一个 Handler 的时候，该 Handler 就绑定了当前创建 Hanlder 的线程。从这时起，该 Hanlder 就可以发送 Message 和 Runnable 对象到该 Handler 对应的消息队列中，当从 MessageQueue 取出某个 Message 时，会让 Handler 对其进行处理。

Handler 用于在多线程间进行通信，在一个线程中去更新 UI 线程中的 UI 控件只是 Handler 使用中的一种典型案例，除此之外，Handler 可以做很多其他的事情。每个 Handler 都绑定了一个线程，假设存在两个线程 ThreadA 和 ThreadB，并且 HandlerA 绑定了 ThreadA，在 ThreadB 中的代码执行到某处时。出于某些原因，需要让 ThreadA 执行某些代码，此时则可以使用 Handler，可以在 ThreadB 中向 HandlerA 中加入某些信息以告知 ThreadA 中该做某些处理了。由此可以看出，Handler 是 Thread 的代言人，是多线程之间通

信的“桥梁”。通过 Handler，可以在一个线程中控制另一个线程去做某事。

16.1.2 post( )

Handler 提供了两种方式解决非 UI 线程更新 UI 的问题，本节讲解调用 post()方法实现多线程，具体代码如下：

```
public class MainActivity extends AppCompatActivity implements View.OnClickListener {
    private TextView tv = null;
    //uiHandler 在主线程中创建，所以自动绑定主线程
    private Handler uiHandler = new Handler();//创建 handler 对象
    @Override
    protected void onCreate(Bundle savedInstanceState) {
        super.onCreate(savedInstanceState);
        setContentView(R.layout.activity_main);
        tv=findViewById(R.id.tv);
        Button btn = (Button)findViewById(R.id.btn);
        btn.setOnClickListener(this);
        System.out.println("Main thread id " + Thread.currentThread().getId());
    }
    @Override
    public void onClick(View v) {
        DownloadThread downloadThread = new DownloadThread();  //创建新线程
        downloadThread.start();                                //启动线程
    }
    //自定义线程内部类，继承自 Thread
    class DownloadThread extends Thread{
        @Override                                              //重写 run()方法
        public void run() {
            try{
                System.out.println("DownloadThread id " + Thread.currentThread().getId());
                System.out.println("开始下载文件");
                //此处让线程 DownloadThread 休眠 5s，模拟文件的耗时过程
                Thread.sleep(5000);
                System.out.println("文件下载完成");
                //文件下载完成后，更新用户界面
                Runnable runnable = new Runnable() {           //创建 runnable 对象
                    @Override                                  //重写 run()方法
                    public void run() {
                        System.out.println("Runnable thread id " + Thread.currentThread().getId());
                        MainActivity.this.tv.setText("文件下载完成");
                    }
                };
                uiHandler.post(runnable);                      //提交 runnable 对象
            }catch (InterruptedException e){
                e.printStackTrace();
            }
        }
    }
}
```

由以上代码可知，在 Activity 中创建了一个 Handler 成员变量 uiHandler，Handler 有个特点：在执行 new Handler();语句时，默认情况下 Handler 会绑定当前代码执行的线程，在主线程中实例化了 uiHandler，所以 uiHandler 自动绑定了主线程。DownloadThread 线程中执行完耗时代码后，将一个 Runnable 对象通过 post()方法传入到了 Handler 中，Handler 会在合适的时候让主线程执行 Runnable 中的代码，这样 Runnable 在主线

程中执行了，从而正确更新了主线程中的 UI。运行结果如图 16-1 所示。

```
1119-1119/com.example.post I/System.out: Main thread id 1
1119-1140/com.example.post I/System.out: DownloadThread id 86
1119-1140/com.example.post I/System.out: 开始下载文件
1119-1140/com.example.post I/System.out: 文件下载完成
1119-1119/com.example.post I/System.out: Runnable thread id 1
```

图 16-1 输出打印信息

通过输出结果可以看出，Runnable 中的代码所执行的线程 ID 与 DownloadThread 的线程 ID 不同，而与主线程的线程 ID 相同，因此在执行 uiHandler.post(runnable);这段代码后，运行 Runnable 代码的线程与 Handler 所绑定的线程是一致的，却与执行 ui Handler.post(runnable);这段代码的线程（DownloadThread）无关。

16.1.3 sendMessage()

Handler 提供了两种方式解决非 UI 线程更新 UI 的问题，本节讲解调用 sendMessage()方法实现多线程。

使用 sendMessage()方法实现，具体代码如下：

```
public class MainActivity extends AppCompatActivity implements View.OnClickListener {
    private TextView tv = null;
    //uiHandler 在主线程中创建，所以自动绑定主线程
    private Handler uiHandler = new Handler(){
        @Override
        public void handleMessage(Message msg) {
            switch (msg.what){
                case 1:
                    System.out.println("handleMessage thread id " + Thread.currentThread().getId());
                    System.out.println("msg.arg1:" + msg.arg1);
                    System.out.println("msg.arg2:" + msg.arg2);
                    MainActivity.this.tv.setText("文件下载完成");
                    break;
            }
        }
    };
    @Override
    protected void onCreate(Bundle savedInstanceState) {
        super.onCreate(savedInstanceState);
        setContentView(R.layout.activity_main);
        Button btn = findViewById(R.id.btn);
        btn.setOnClickListener(this);
        System.out.println("Main thread id " + Thread.currentThread().getId());
    }
    @Override
    public void onClick(View v) {
        DownloadThread downloadThread = new DownloadThread();
        downloadThread.start();
    }
    class DownloadThread extends Thread{
        @Override
        public void run() {
            try{
                System.out.println("DownloadThread id " + Thread.currentThread().getId());
```

```
                System.out.println("开始下载文件");
                //此处让线程 DownloadThread 休眠 5s，模拟文件的耗时过程
                Thread.sleep(5000);
                System.out.println("文件下载完成");
                //文件下载完成后，更新用户界面
                Message msg = new Message();
                //虽然 Message 的构造函数是 public 类型的，但也可以用以下两种方式通过循环对象获取 Message
                //msg = Message.obtain(uiHandler);
                //msg = uiHandler.obtainMessage();
                //what 是自定义的一个 Message 识别码，以便在 Handler 的 handleMessage()方法中根据 what 识别
                出不同的 Message，做出不同的处理操作
                msg.what = 1;
                //可以通过 arg1 和 arg2 给 Message 传入简单的数据
                msg.arg1 = 123;
                msg.arg2 = 321;
                //也可以通过给 obj 赋值 Object 类型向 Message 传入任意数据
                //msg.obj = null;
                //还可以通过 setData()方法和 getData()方法向 Message 中写入和读取 Bundle 类型的数据
                //msg.setData(null);
                //Bundle data = msg.getData();
                //将该 Message 发送给对应的 Handler
                uiHandler.sendMessage(msg);
            }catch (InterruptedException e){
                e.printStackTrace();
            }
        }
    }
}
```

通过 Message 与 Handler 进行通信的步骤如下。

（1）重写 Handler 的 handleMessage()方法，根据 Message 的 what 值进行不同的处理操作。

（2）创建 Message 对象。虽然 Message 的构造函数是 public 类型的，但还可以通过 Message.obtain()或 Handler.obtainMessage()来获得一个 Message 对象（Handler.obtainMessage()内部其实调用了 Message.obtain()）。

（3）设置 Message 的 what 值。

（4）设置 Message 所携带的数据，简单数据可以通过两个 int 类型的 arg1 和 arg2 来赋值，并可以在 handleMessage()中读取。

（5）如果 Message 需要携带复杂的数据，那么可以设置 Message 的 obj 字段，obj 字段是 Object 类型的，可以赋予任意类型的数据。或者可以通过调用 Message 的 setData()方法赋予 Bundle 类型的数据，通过 getData()方法获取该 Bundle 数据。

（6）通过 Handler.sendMessage()方法将 Message 传入 Handler 中，在 handleMessage()中对其进行处理。

需要说明的是，如果在 handleMessage 中不需要判断 Message 类型。那么无须设置 Message 的 what 值，而且让 Message 携带数据也不是必须的，只有在需要的时候才使用。如果确实需要让 Message 携带数据，应该尽量使用 arg1、arg2 或两者（能用 arg1 和 arg2 就不要用 obj，因为用 arg1 和 arg2 更高效）。

程序的运行结果如图 16-2 所示。

执行 handleMessage()的线程与创建 Handler 的线程是同一线程，在本实例中都是主线程。执行 handleMessage()的线程与执行 uiHandler.sendMessage(msg)的线程没有关系。

```
1204-1204/com.example.send I/System.out: Main thread id 1
1204-1228/com.example.send I/System.out: DownloadThread id 89
1204-1228/com.example.send I/System.out: 开始下载文件
1204-1228/com.example.send I/System.out: 文件下载完成
1204-1204/com.example.send I/System.out: handleMessage thread id 1
1204-1204/com.example.send I/System.out: msg.arg1:123
1204-1204/com.example.send I/System.out: msg.arg2:321
```

图 16-2 输出打印信息

16.1.4 消息循环

Handler 是 Android 中引入的一种让开发者参与处理线程中消息循环的机制。在使用 Handler 的时候与 Message 打交道最多，Message 是 Hanlder 机制向开发人员暴露出来的相关类，可以通过 Message 类完成大部分操作 Handler 的功能。

但作为开发者，不能只知道怎么用 Handler，还要知道其内部是如何实现的。Handler 的内部实现主要涉及 Looper、MessageQueue 和 Thread 这 3 个类。这几个类间的关系如图 16-3 所示。

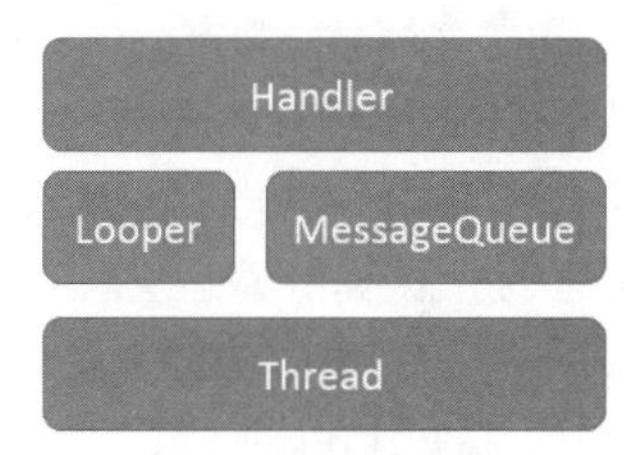

图 16-3 类关系

Thread 是最基础的，Looper 和 MessageQueue 都构建在 Thread 之上，Handler 又构建在 Looper 和 MessageQueue 之上。通过 Handler 可以间接地与下面这几个相对底层的类打交道。

1. MessageQueue

最基础、底层的是 Thread，每个线程内部都维护了一个消息队列——MessageQueue。MessageQueue 是存储消息的队列，那队列中存储的消息是什么呢？假设在用户界面上单击了某个按钮，而此时程序又恰好收到了某个广播事件，那如何处理这两件事呢？因为一个线程在某一时刻只能处理一件事情，不能同时处理多件事情，所以不能同时处理按钮的单击事件和广播事件，只能依次进行处理，只要依次处理就要有处理的先后顺序。为此 Android 把用户界面上单击按钮的事件封装成了一个消息，将其放入消息队列中，即将单击按钮事件的 Message 入栈到消息队列中，再将广播事件封装成 Message 也将其入栈到消息队列中。也就是说，一个 Message 对象表示的是线程需要处理的一件事情，消息队列就是一堆需要处理的 Message 的池。线程 Thread 会依次取出消息队列中的消息，并依次对其进行处理。消息队列中有两个比较重要的方法：一个是 enqueueMessage()方法，另一个是 next()方法。enqueueMessage()方法用于将一个消息放入消息队列中，next()方法是从消息队列中阻塞式地取出一个消息。在 Android 中，消息队列负责管理顶级程序对象（Activity、BroadcastReceiver 等）及由其创建的所有窗口。需要注意的是，消息队列不是 Android 平台特有的，其他平台的框架也会用到消息队列，如微软的 MFC 框架等。

2. Looper

消息队列只是存储消息的地方，真正让消息队列循环起来的是 Looper。如果 looper 消息队列中的消息永远无法被取走，Looper 让消息队列循环往复地吐出消息。

Looper 是用来使线程中的消息循环起来的。默认情况下，新创建的线程中是没有消息队列的。为了让线程能够绑定一个消息队列，需要借助 Looper——首先要调用 Looper 的 prepare()方法，然后调用 Looper 的 Loop()方法。这里给出一段实例代码，具体代码如下：

```
class LooperThread extends Thread {
     public Handler mHandler;
     public void run() {
        Looper.prepare();
```

```
            mHandler = new Handler() {
                public void handleMessage(Message msg) {
                    //此处处理收到的信息
                }
            };
            Looper.loop();
        }
    }
```

需要注意的是，Looper.prepare()和 Looper.loop()都是在新线程的 run()方法内调用的，这两个方法都是静态方法。通过查看 Looper 的源码可以发现，Looper 的构造函数是 private 类型的，也就是在该类的外部不能用 new Looper()形式得到一个 Looper 对象。根据上面的描述，可知线程 Thread 和 Looper 是一对一绑定的，即一个线程中最多只有一个 Looper 对象，这也就能解释 Looper 的构造函数为什么是 private 类型的了，因此只能通过 Looper.myLooper()这个静态方法获取当前线程所绑定的 Looper。

Looper 通过如下代码保存了对当前线程的引用。

```
static final ThreadLocal<Looper> sThreadLocal = new ThreadLocal<Looper>();
```

所以在 Looper 对象中通过 sThreadLocal 可以找到其绑定的线程。ThreadLocal 中有个 set()方法和 get()方法，可以通过 set()方法向 ThreadLocal 中存入一个对象，然后可以通过 get()方法取出存入的对象。ThreadLocal 在新建的时候使用了泛型，从上面的代码中可以看到此处的泛型类型是 Looper，也就是通过 ThreadLocal 的 set()方法和 get()方法只能写入和读取 Looper 对象类型，如果调用其 ThreadLocal 的 set()方法传入一个 Looper，将该 Looper 绑定给了该线程，相应的 get()方法就能获得该线程所绑定的 Looper 对象。

再来看一下 Looper.prepare()，该方法是让 Looper 做好准备。只有 Looper 准备好后，才能调用 Looper.loop()方法。具体代码如下：

```
private static void prepare(boolean quitAllowed) {
        if (sThreadLocal.get() != null) {
            throw new RuntimeException("Only one Looper may be created per thread");
        }
        sThreadLocal.set(new Looper(quitAllowed));
}
```

上面的代码，首先通过 sThreadLocal.get()得到线程 sThreadLocal 所绑定的 Looper 对象，由于初始情况下 sThreadLocal 并没有绑定 Looper，所以第一次调用 prepare()方法时，sThreadLocal.get()返回 null，不会抛出异常。其中重点是这段代码：

```
sThreadLocal.set(new Looper(quitAllowed));
```

先通过私有的构造函数创建了一个 Looper 对象的实例，然后通过 sThreadLocal 的 set()方法将该 Looper 绑定到 sThreadLocal 中。这样就完成了线程 sThreadLocal 与 Looper 的双向绑定。

具体步骤如下。

步骤 1　在 Looper 内通过 sThreadLocal 可以获取 Looper 所绑定的线程。

步骤 2　线程 sThreadLocal 通过 sThreadLocal.get()方法可以获取该线程所绑定的 Looper 对象。

上面的代码执行了 Looper 的构造函数，这里给出一段代码，具体代码如下：

```
private Looper(boolean quitAllowed) {
    mQueue = new MessageQueue(quitAllowed);
    mThread = Thread.currentThread();
}
```

可以看到在其构造函数中实例化一个消息队列，并将其赋值给成员字段 mQueue，这样 Looper 也就与 MessageQueue 通过成员字段 mQueue 进行了关联。

在执行完 Looper.prepare()后，可以在外部通过调用 Looper.myLooper()获取当前线程绑定的 Looper 对象。

myLooper()的具体代码如下：

```
public static Looper myLooper() {
    return sThreadLocal.get();
}
```

需要注意的是，在一个线程中只能调用一次 Looper.prepare()，因为在第一次调用 Looper.prepare()后，当前线程就已经绑定了 Looper。在该线程内第二次调用 Looper.prepare()方法的时候，sThreadLocal.get()会返回第一次调用 prepare()时绑定的 Looper，不是 null，这样就会执行代码 throw new RuntimeException("Only one Looper may be created per thread")，从而抛出异常，告知开发者一个线程只能绑定一个 Looper 对象。

在调用 Looper.prepare()方法后，当前线程和 Looper 就进行了双向的绑定，这时候就可以调用 Looper.loop()方法让消息队列循环起来了。需要注意的是，Looper.loop()应在该 Looper 所绑定的线程中执行。

Looper.loop()的具体代码如下：

```
public static void loop() {
        final Looper me = myLooper();
        if (me == null) {
            throw new RuntimeException("No Looper; Looper.prepare() wasn't called on this thread.");
        }
        //注意下面这行
        final MessageQueue queue = me.mQueue;
        //确保此线程的标识是本地进程的标识
        //并跟踪该标识实际上是什么
        Binder.clearCallingIdentity();
        final long ident = Binder.clearCallingIdentity();
        //注意下面这行
        for (;;) {
            //注意下面这行
            Message msg = queue.next(); //might block
            if (msg == null) {
                //没有消息，表明消息队列正在退出
                return;
            }
            //This must be in a local variable, in case a UI event sets the logger
            Printer logging = me.mLogging;
            if (logging != null) {
                logging.println(">>>>> Dispatching to " + msg.target + " " +
                        msg.callback + ": " + msg.what);
            }
            //注意下面这行
            msg.target.dispatchMessage(msg);
            if (logging != null) {
                logging.println("<<<<< Finished to " + msg.target + " " + msg.callback);
            }
            //确保在调度过程中
            //标识的线程没有被破坏
            final long newIdent = Binder.clearCallingIdentity();
            if (ident != newIdent) {
                Log.wtf(TAG, "Thread identity changed from 0x"
                        + Long.toHexString(ident) + " to 0x"
                        + Long.toHexString(newIdent) + " while dispatching to "
                        + msg.target.getClass().getName() + " "
                        + msg.callback + " what=" + msg.what);
            }
            msg.recycleUnchecked();
        }
}
```

以上代码的几个关键点如下。

（1）在 final MessageQueue queue = me.mQueue;中，变量 me 是通过静态方法 myLooper()获得当前线程所绑定的 Looper；me.mQueue 是当前线程所关联的消息队列。

（2）for(;;)循环没有设置循环终止的条件，所以这个 for 循环是个死循环。

（3）在 Message msg = queue.next();中，通过 next()方法从消息队列中取出一条消息，如果此时消息队列中有 Message，那么 next()方法会立即返回该 Message；否则，next()方法就会阻塞式地等待获取 Message。

（4）在 msg.target.dispatchMessage(msg);中，msg 的 target 属性是 Handler。关于 Handler 的 dispatchMessage()方法将会在后面详细介绍。

3. Handler

Handler 是暴露给开发者的一个顶层类，其构建在 Thread、Looper 与 MessageQueue 之上。Handler 具有多个构造函数，分别如下。

① publicHandler();

② publicHandler(Callback callback);

③ publicHandler(Looper looper);

④ publicHandler(Looper looper, Callback callback)。

第 1 个和第 2 个构造函数都没有传递 Looper，这两个构造函数都将通过调用 Looper.myLooper()获取当前线程绑定的 Looper 对象，然后将该 Looper 对象保存到名为 mLooper 的成员字段中。

第 3 个和第 4 个构造函数传递了 Looper 对象，这两个构造函数会将该 Looper 保存到名为 mLooper 的成员字段中。

第 2 个和第 4 个构造函数还传递了 Callback 对象，Callback 是 Handler 中的内部接口，需要实现其内部的 handleMessage()方法。

Callback 的具体代码如下：

```
public interface Callback {
    public boolean handleMessage(Message msg);
}
```

Handler.Callback 是用来处理 Message 的一种手段，如果没有传递该参数，那么就应该重写 Handler 的 handleMessage()方法。为了使 Handler 能够处理 Message，这里有两种方法。

方法一：向 Hanlder 的构造函数传入一个 Handler.Callback 对象，并实现 Handler.Callback 的 handleMessage()方法。

方法二：无须向 Hanlder 的构造函数传入 Handler.Callback 对象，但是需要重写 Handler 本身的 handleMessage()方法。

无论采用哪种方式，都得通过某种方式实现 handleMessage()方法，这点与 Java 中对 Thread 的设计有相似之处。

在 Java 中，如果想使用多线程，也有两种方法。

方法一：向 Thread 的构造函数传入一个 Runnable 对象，并实现 Runnable 的 run()方法。

方法二：无须向 Thread 的构造函数传入 Runnable 对象，但是要重写 Thread 本身的 run()方法。

所以只要用过多线程 Thread，就应该对 Hanlder 这种需要实现 handleMessage()的两种方法非常熟悉。

sendMessageXXX 系列方法可以向消息队列中添加消息，通过源码可以看出这些方法的调用顺序，sendMessage()调用了 sendMessageDelayed()，sendMessageDelayed()又调用了 sendMessageAtTime()。Handler 中还有一系列的 sendEmptyMessageXXX 方法，而这些方法在内部又分别调用了其对应的 sendMessageXXX 方法。它们之间的调用关系如图 16-4 所示。

由此可见，所有的 sendMessageXXX 方法和 sendEmptyMessageXXX 方法最终都调用了 sendMessageAtTime()方法。

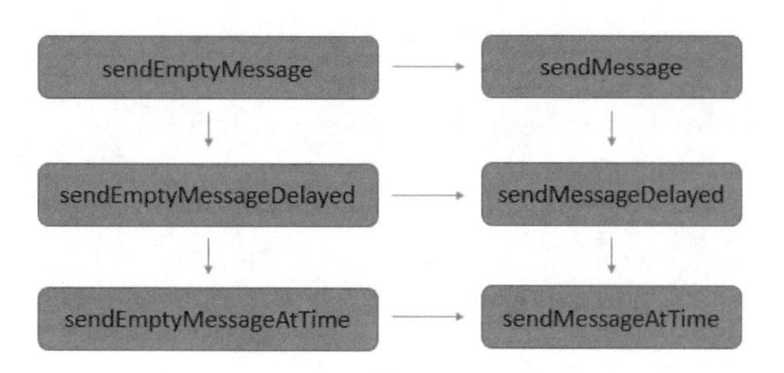

图 16-4　调用关系（一）

再来看看 post()方法，会发现 post()方法在其内部又调用了对应的 sendMessageXXX 方法。具体代码如下：

```
public final boolean post(Runnable r)
{
   return sendMessageDelayed(getPostMessage(r), 0);
}
```

可以看到，以上代码中调用了 getPostMessage( )方法，该方法传入一个 Runnable 对象。得到一个 Message 对象。getPostMessage 的具体代码如下：

```
private static Message getPostMessage(Runnable r) {
   Message m = Message.obtain();
   m.callback = r;
   return m;
}
```

通过以上代码可以看到，在 getPostMessage( )方法中创建了一个 Message 对象，并将传入的 Runnable 对象赋值给 Message 的 callback 成员字段，然后返回该 Message，然后在 post()方法中将携带有 Runnable 信息的 Message 传入到 sendMessageDelayed()方法中。由此可见，所有的 post()方法内部都需要借助 sendMessageXXX 方法来实现，所以 post( )方法与 sendMessageXXX 方法并不是对立关系，而是 post( )依赖 sendMessageXXX 方法；post( )方法可以通过 sendMessageXXX 方法向消息队列中传入消息，只不过通过 post( ) 方法向消息队列中传入的消息都携带有 Runnable 对象（Message.callback）。

这里同样给出一张调用关系图，如图 16-5 所示。

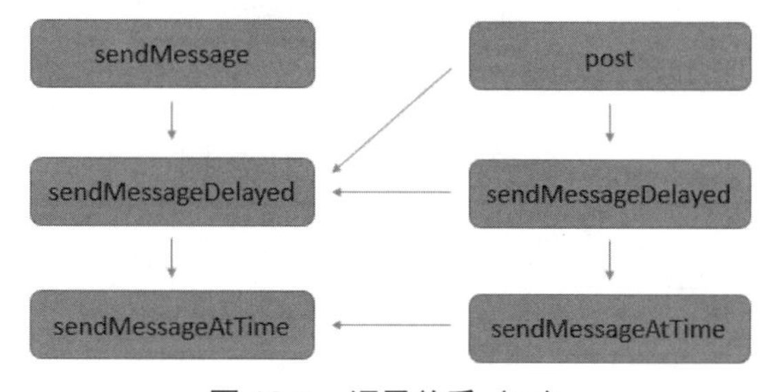

图 16-5　调用关系（二）

通过分别分析 sendEmptyMessageXXX 方法、post( )方法与 sendMessageXXX( )方法间的关系，可以看到在 Handler 中所有可直接或间接向消息队列发送 Message 的方法最终都调用了 sendMessageAtTime( )方法。其具体代码如下：

```
public boolean sendMessageAtTime(Message msg, long uptimeMillis) {
   MessageQueue queue = mQueue;
```

```
    if (queue == null) {
        RuntimeException e = new RuntimeException(
            this + " sendMessageAtTime() called with no mQueue");
        Log.w("Looper", e.getMessage(), e);
        return false;
    }
    //注意下面这行代码
    return enqueueMessage(queue, msg, uptimeMillis);
}
```

该方法内部调用了 enqueueMessage()方法，其具体代码如下：

```
private boolean enqueueMessage(MessageQueue queue, Message msg, long uptimeMillis) {
    //注意下面这行代码
    msg.target = this;
    if(mAsynchronous) {
        msg.setAsynchronous(true);
    }
    //注意下面这行代码
    return queue.enqueueMessage(msg, uptimeMillis);
}
```

在该方法中有以下两点需要注意。

（1）msg.target = this；该代码将 Message 的 target 绑定为当前的 Handler。

（2）queue.enqueueMessage()中变量 queue 表示的是 Handler 所绑定的消息队列，通过调用 queue.enqueueMessage(msg, uptimeMillis)；将 Message 放入消息队列中。

这里给出一张调用关系的完整图，如图 16-6 所示。

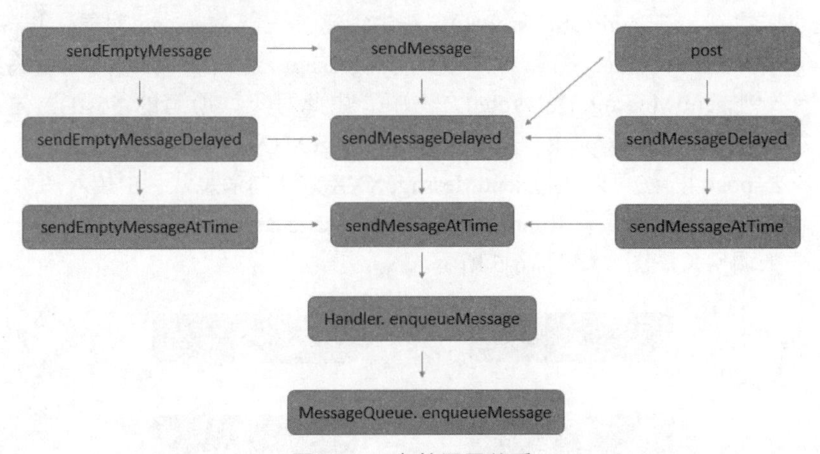

图 16-6　完整调用关系

查看 Looper.loop()的源码时发现，Looper 一直在不断地从消息队列中通过 MessageQueue 的 next()方法获取 Message，然后通过代码 msg.target.dispatchMessage(msg)让该 msg 所绑定的 Handler（Message.target）执行 dispatchMessage()方法，以实现对 Message 的处理。

dispatchMessage()方法的具体代码如下：

```
public void dispatchMessage(Message msg) {
    //注意下面这行代码
    if(msg.callback != null){
        handleCallback(msg);
        } else {
            //注意下面这行代码
```

```
            if (mCallback != null) {
                if (mCallback.handleMessage(msg)) {
                    return;
                }
            }
            //注意下面这行代码
            handleMessage(msg);
        }
    }
```

具体分析步骤如下。

步骤 1 if(msg.callback != null)这段代码会先判断 msg.callback 是否存在。msg.callback 是 Runnable 类型的，如果 msg.callback 存在，那么说明该 Message 是通过执行 Handler 的 post()方法将 Message 放入消息队列中的，这种情况下会执行 handleCallback(msg)。handleCallback 的具体代码如下：

```
private static void handleCallback(Message message) {
    message.callback.run();
}
```

这样我们就清楚地看到执行了 msg.callback 的 run()方法，也就是执行了 post()所传递的 Runnable 对象的 run()方法。

步骤 2 如果不是通过 post()方法将 Message 放入消息队列中的，那么 msg.callback 就是 null，代码继续往下执行，接着会判断 Handler 的成员字段 mCallback 存不存在。mCallback 是 Hanlder.Callback 类型的，这个在上面提到过，在 Handler 的构造函数中可以传递 Hanlder.Callback 类型的对象，该对象需要实现 handleMessage()方法，如果在构造函数中传递了该 Callback 对象，那么会让 Callback 的 handleMessage()方法来处理 Message。

步骤 3 如果在构造函数中没有传入 Callback 类型的对象，那么 mCallback 就为 null，会调用 Handler 自身的 hanldeMessage()方法。该方法默认是个空方法，需要自己重写实现。

通过以上分析可以看到，Handler 提供了 3 种途径处理 Message，而且处理有前后优先级之分：首先尝试让 post()中传递的 Runnable 执行，其次尝试让 Handler 构造函数中传入的 Callback 的 handleMessage()方法处理，最后才是让 Handler 自身的 handleMessage()方法处理 Message。

这里给出一张 Handler 运行机制图，如图 16-7 所示。

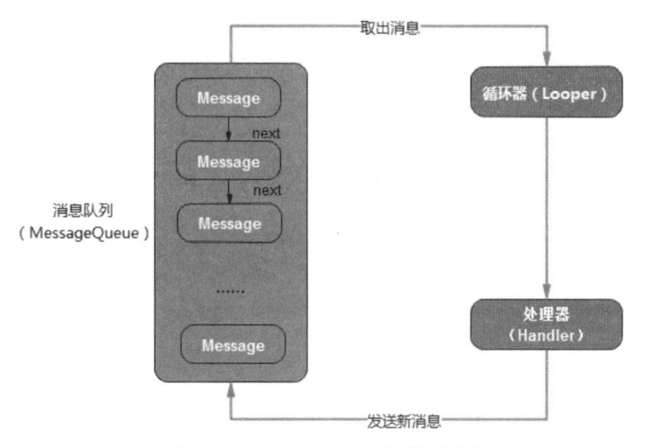

图 16-7 Handler 运行机制

16.1.5 实例

本小节将通过一个倒计时案例，新建模块 Handler，分为 5 种模式实现倒计时。这 5 种模式基本涵盖 Handler

中的所有模式。

（1）新建活动的第一种实现模式

活动中的具体代码如下：

```
public class Main2Activity extends AppCompatActivity {
    private int recLen = 11;//定义倒计时计数
    private TextView txtView;//定义文本框对象
    Timer timer = new Timer();//创建定时器对象
    @Override
    protected void onCreate(Bundle savedInstanceState) {
        super.onCreate(savedInstanceState);
        setContentView(R.layout.activity_main2);
        txtView = findViewById(R.id.txttime);
        timer.schedule(task, 1000, 1000);//设置延时 1000ms
    }
    TimerTask task = new TimerTask() {//定时器抽象类
        @Override//重写 run()方法
        public void run() {
            runOnUiThread(new Runnable() {//runOnUiThread 可以帮助你在线程中执行 UI 更新操作
                @Override//它也需要重写 run()方法
                public void run() {
                    recLen--;//计时减少
                    txtView.setText(""+recLen);//设置显示文本
                    if(recLen < 0){
                        timer.cancel();//关闭定时器
                        txtView.setVisibility(View.GONE);//设置隐藏文本框
                    }
                }
            });
        }
    };
}
```

（2）新建活动的第二种实现模式

活动中的具体代码如下：

```
public class Main3Activity extends AppCompatActivity {
    private int recLen = 11;//设置倒计时计数
    private TextView txtView;//定义文本框对象
    Timer timer = new Timer();//创建计时器对象
    @Override
    protected void onCreate(Bundle savedInstanceState) {
        super.onCreate(savedInstanceState);
        setContentView(R.layout.activity_main3);
        txtView = (TextView)findViewById(R.id.txttime);
        timer.schedule(task, 1000, 1000);//设置延时 1000ms
    }
    final Handler handler = new Handler(){//创建 handler 对象
        @Override
        public void handleMessage(Message msg){
            switch (msg.what) {//判断消息
                case 1:
                    txtView.setText(""+recLen);//设置显示文本
                    if(recLen < 0){//如果计数小于 0
                        timer.cancel();//停止计时器
                        txtView.setVisibility(View.GONE);//设置隐藏文本框
                    }
            }
```

```
        }
    };
    TimerTask task = new TimerTask() {
        @Override
        public void run() {
            recLen--;//计数减少
            Message message = new Message();//创建消息对象
            message.what = 1;//设置消息码
            handler.sendMessage(message);//发送消息
        }
    };
}
```

（3）新建活动的第三种实现模式

活动中的具体代码如下：

```
public class Main4Activity extends AppCompatActivity {
    private int recLen = 11;
    private TextView txtView;
    @Override
    protected void onCreate(Bundle savedInstanceState) {
        super.onCreate(savedInstanceState);
        setContentView(R.layout.activity_main4);
        txtView = (TextView) findViewById(R.id.txttime);
        Message message = handler.obtainMessage(1); //创建消息对象并设置消息码
        handler.sendMessageDelayed(message, 1000);//设置延时 1000ms 发送一次消息
    }
    final Handler handler = new Handler() {//创建 handler 对象
        public void handleMessage(Message msg) {//创建 handleMessage()方法
            switch (msg.what) {//根据消息码判断
                case 1:
                    recLen--;//计数减少
                    txtView.setText("" + recLen);//设置显示文本
                    if (recLen > 0) {
                        Message message = handler.obtainMessage(1);//创建消息对象并设置消息码
                        handler.sendMessageDelayed(message, 1000); //发送消息
                    } else {
                        txtView.setVisibility(View.GONE);//设置隐藏文本框
                    }
            }
            super.handleMessage(msg);//父类
        }
    };
}
```

（4）新建活动的第四种实现模式

活动中的具体代码如下：

```
public class Main5Activity extends AppCompatActivity {
    private int recLen = 0;//设置计数变量
    private TextView txtView;
    @Override
    protected void onCreate(Bundle savedInstanceState) {
        super.onCreate(savedInstanceState);
        setContentView(R.layout.activity_main5);
        txtView = (TextView)findViewById(R.id.txttime);
        new Thread(new MyThread()).start();  //创建线程并启用
    }
    final Handler handler = new Handler(){  //创建 hanlder 对象
        public void handleMessage(Message msg){
```

```
        switch (msg.what) {//根据消息码判断
            case 1:
                recLen++;//计数自增
                txtView.setText("" + recLen);//设置显示文本
        }
        super.handleMessage(msg);//调用父类 handleMessage()方法
    }
};
public class MyThread implements Runnable{//自定义线程类实现 runnable 接口
    @Override//重写 run()方法
    public void run(){
        while(true){//死循环
            try{
                Thread.sleep(1000);//线程休眠 1000ms
                Message message = new Message();//创建消息对象
                message.what = 1;//设置消息码
                handler.sendMessage(message);//发送消息
            }catch (Exception e) {
            }
        }
    }
}
}
```

（5）新建活动的第五种实现模式

活动中的具体代码如下：

```
public class Main6Activity extends AppCompatActivity {
    private int recLen = 0;//设置计数变量
    private TextView txtView;
    @Override
    protected void onCreate(Bundle savedInstanceState) {
        super.onCreate(savedInstanceState);
        setContentView(R.layout.activity_main6);
        txtView = (TextView)findViewById(R.id.txttime);
        handler.postDelayed(runnable, 1000);//设置延时 1000ms 投递消息
    }
    Handler handler = new Handler();//创建 handler 对象
    Runnable runnable = new Runnable() {//创建 runnable 对象
        @Override//重写 run()方法
        public void run() {
            recLen++;//计数自增
            txtView.setText("" + recLen);//设置显示文本
            handler.postDelayed(this, 1000);//设置间隔 1000ms 投递消息
        }
    };
}
```

16.2 AsyncTask

本节主要介绍 AsyncTask——一个执行异步任务的类，底层是采用线程池实现的。

16.2.1 AsyncTask 简介

AsyncTask 是一个抽象类，作为由 Android 封装的一个轻量级异步类（轻量体现在使用方便、代码简洁），

它可以在线程池中执行后台任务，然后把执行的进度和最终结果传递给主线程并在主线程中更新UI。

AsyncTask的内部封装了两个线程池（SerialExecutor和THREAD_POOL_EXECUTOR）及一个Handler（InternalHandler）。其中SerialExecutor线程池用于任务的排队；让需要执行的多个耗时任务按顺序排列，THREAD_POOL_EXECUTOR线程池才真正地执行任务；InternalHandler用于从工作线程切换到主线程。

1. AsyncTask的泛型参数

AsyncTask的类声明如下：

```
public abstract class AsyncTask<Params, Progress, Result>
```

参数解释如下。

- Params：开始异步任务执行时，传入的参数类型。
- Progress：异步任务执行过程中，返回下载进度值的类型。
- Result：异步任务执行完成后，返回的结果类型。

如果确定AsyncTask不需要传递具体参数，那么这3个泛型参数可以用Void来代替。

有了这3个参数类型后，也就控制了这个AsyncTask子类各个阶段的返回类型。如果有不同任务，我们就需要再另写一个AsyncTask的子类进行处理。

2. AsyncTask的核心方法

（1）onPreExecute()：这个方法会在后台任务开始执行之前调用，在主线程中执行，用于进行一些界面上的初始化操作，例如显示一个进度条对话框等。

（2）doInBackground()：这个方法中的所有代码都会在子线程中运行，应该在这里去处理所有的耗时任务。任务一旦完成，就可以通过return语句来将任务的执行结果进行返回。如果AsyncTask的第三个泛型参数指定的是Void，就可以不返回任务执行结果。

注意：*在这个方法中是不可以进行UI操作的，如果需要更新UI元素，例如反馈当前任务的执行进度，可以调用publishProgress()方法来完成。*

（3）onProgressUpdate()：当在后台任务中调用publishProgress()方法后，这个方法就很快会被调用，方法中携带的参数就是在后台任务中传递过来的。在这个方法中可以对UI进行操作（在主线程中进行），利用参数中的数值就可以对界面元素进行相应的更新。

（4）onPostExecute()：当doInBackground()执行完毕并通过return语句进行返回时，这个方法就很快会被调用。返回的数据会作为参数传递到此方法中，可以利用返回的数据来进行一些UI操作（在主线程中进行），例如提醒任务执行的结果及关闭进度条对话框等。

上面几个方法的调用顺序：

```
onPreExecute()--> doInBackground()--> publishProgress()--> onProgressUpdate()--> onPostExecute()
```

如果不需要执行更新进度，则调用顺序为onPreExecute()--> doInBackground()--> onPostExecute()，除了上面4个方法外，AsyncTask还提供了onCancelled()方法，它同样在主线程中执行。当异步任务取消时，onCancelled()会被调用，这个时候 onPostExecute()则不会被调用。但需要注意的是，AsyncTask 中的onCancelled()方法并不是真正去取消任务，只是设置这个任务为取消状态，需要在doInBackground()中判断并终止任务。就好比想要终止一个线程，调用interrupt()方法只是标记为中断，需要在线程内部进行标记判断后才能中断线程。

下面给出一段AsyncTask的使用代码。

```
lass DownloadTask extends AsyncTask<Void, Integer, Boolean> {
    @Override
    protected void onPreExecute() {
```

```
            progressDialog.show();
        }
        @Override
        protected Boolean doInBackground(Void... params) {
            try {
                while (true) {
                    int downloadPercent = doDownload();
                    publishProgress(downloadPercent);
                    if (downloadPercent >= 100) {
                        break;
                    }
                }
            } catch (Exception e) {
                return false;
            }
            return true;
        }
        @Override
        protected void onProgressUpdate(Integer... values) {
            progressDialog.setMessage("当前下载进度: " + values[0] + "%");
        }
        @Override
        protected void onPostExecute(Boolean result) {
            progressDialog.dismiss();
            if (result) {
                Toast.makeText(context, "下载成功", Toast.LENGTH_SHORT).show();
            } else {
                Toast.makeText(context, "下载失败", Toast.LENGTH_SHORT).show();
            }
        }
    }
```

使用 AsyncTask 的注意事项如下。

（1）异步任务的实例必须在 UI 线程中创建，即 AsyncTask 对象必须在 UI 线程中创建。

（2）execute(Params... params)方法必须在 UI 线程中调用。

（3）不要手动调用 onPreExecute()、doInBackground(Params...params)、onProgressUpdate(Progress...values)和 onPostExecute(Result result)这几个方法。

（4）不能在 doInBackground(Params... params)中更改 UI 组件的信息。

（5）一个任务实例只能执行一次，如果执行第二次，将会抛出异常。

16.2.2 AsyncTask 源码分析

通过源码分析能够更好地了解 AsyncTask 运行机制及多线程运行原理。

首先对初始化一个 AsyncTask 时调用的构造函数进行分析，具体代码如下：

```
public AsyncTask() {
    mWorker = new WorkerRunnable<Params, Result>() {
        public Result call() throws Exception {
            mTaskInvoked.set(true);
            Result result = null;
            try {
                Process.setThreadPriority(Process.THREAD_PRIORITY_BACKGROUND);
                //无须检查
                result = doInBackground(mParams);
```

```
                Binder.flushPendingCommands();
            } catch (Throwable tr) {
                mCancelled.set(true);
                throw tr;
            } finally {
                postResult(result);
            }
            return result;
        }
    };

    mFuture = new FutureTask<Result>(mWorker) {
        @Override
        protected void done() {
            try {
                postResultIfNotInvoked(get());
            } catch (InterruptedException e) {
                android.util.Log.w(LOG_TAG, e);
            } catch (ExecutionException e) {
                throw new RuntimeException("An error occurred while executing doInBackground()",
                        e.getCause());
            } catch (CancellationException e) {
                postResultIfNotInvoked(null);
            }
        }
    };
}
```

以上这段代码虽然看起来有点长，但实际上并没有任何具体的逻辑会得到执行，只是初始化了两个变量 mWorker 和 mFuture，并在初始化 mFuture 时将 mWorker 作为参数传入。mWorker 是一个 Callable 对象，mFuture 是一个 FutureTask 对象，这两个变量会暂时保存在内存中，稍后才会用到它们。FutureTask 实现了 Runnable 接口。

mWorker 中的 call()方法执行了耗时操作（即 result = doInBackground(mParams);），然后把执行得到的结果通过 postResult(result);传递给内部的 Handler，跳转到主线程中。在这里，只是实例化了两个变量，并没有开启执行任务模式。那么 mFuture 对象是怎么加载到线程池中执行的呢？接着如果想要启动某一个任务，就需要调用该任务的 execute()方法。现在来看一看 execute()方法的源码，具体代码如下：

```
public final AsyncTask<Params, Progress, Result> execute(Params... params) {
    return executeOnExecutor(sDefaultExecutor, params);
}
```

调用 executeOnExecutor()方法，具体代码如下：

```
public final AsyncTask<Params, Progress, Result> executeOnExecutor(Executor exec,
    Params... params) {
    if (mStatus != Status.PENDING) {
        switch (mStatus) {
            case RUNNING:
                throw new IllegalStateException("Cannot execute task:"
                        + " the task is already running.");
            case FINISHED:
                throw new IllegalStateException("Cannot execute task:"
                        + " the task has already been executed "
                        + "(a task can be executed only once)");
        }
    }
    mStatus = Status.RUNNING;
    onPreExecute();
    mWorker.mParams = params;
```

```
        exec.execute(mFuture);
        return this;
    }
```

可以看出，以上代码先执行了 onPreExecute()方法，然后具体执行耗时任务是在 exec.execute(mFuture)中，把构造函数中实例化的 mFuture 传递进去了。

此外，从上面可以看出 exec 具体是指 sDefaultExecutor，再追溯可看到是 SerialExecutor 类。具体代码如下：

```
    private static class SerialExecutor implements Executor {
        final ArrayDeque<Runnable> mTasks = new ArrayDeque<Runnable>();
        Runnable mActive;
        public synchronized void execute(final Runnable r) {
            mTasks.offer(new Runnable() {
                public void run() {
                    try {
                        r.run();
                    } finally {
                        scheduleNext();
                    }
                }
            });
            if (mActive == null) {
                scheduleNext();
            }
        }
        protected synchronized void scheduleNext() {
            if ((mActive = mTasks.poll()) != null) {
                THREAD_POOL_EXECUTOR.execute(mActive);
            }
        }
    }
```

追溯到调用 SerialExecutor 类的 execute()方法。SerialExecutor 是个静态内部类，是所有实例化的 AsyncTask 对象公有的。SerialExecutor 内部维持了一个队列，通过锁使该队列保证 AsyncTask 中的任务是串行执行的，即多个任务需要一个个加到该队列中，然后执行完队列头部的再执行下一个，依此类推。

在这个方法中，有以下两个主要步骤。

步骤 1　向队列中加入一个新的任务，即以前实例化后的 mFuture 对象。

步骤 2　调用 scheduleNext()方法和调用 THREAD_POOL_EXECUTOR 执行队列头部的任务。

由此可见，SerialExecutor 类仅仅为了保持任务执行是串行的，实际执行交给了 THREAD_POOL_EXECUTOR。

THREAD_POOL_EXECUTOR 的具体代码如下：

```
    ThreadPoolExecutor threadPoolExecutor = new ThreadPoolExecutor(
    CORE_POOL_SIZE, MAXIMUM_POOL_SIZE, KEEP_ALIVE_SECONDS, TimeUnit.SECONDS,sPoolWorkQueue,
sThreadFactory);
    threadPoolExecutor.allowCoreThreadTimeOut(true);
    THREAD_POOL_EXECUTOR = threadPoolExecutor;
```

由以上代码可知，它实际是个线程池，开启了一定数量的核心线程和工作线程。然后调用线程池的 execute()方法，执行具体的耗时任务，即开头构造函数中 mWorker 的 call()方法内容。执行完 doInBackground()方法后，又执行 postResult()方法。该方法的具体代码如下：

```
    private Result postResult(Result result) {
        @SuppressWarnings("unchecked")
        Message message = getHandler().obtainMessage(MESSAGE_POST_RESULT,
            new AsyncTaskResult<Result>(this, result));
        message.sendToTarget();
```

```
        return result;
    }
```

该方法向 Handler 对象发送了一个消息，下面看 AsyncTask 中实例化的 Hanlder 对象。

```
    private static class InternalHandler extends Handler {
        public InternalHandler() {
            super(Looper.getMainLooper());
        }
        @SuppressWarnings({"unchecked", "RawUseOfParameterizedType"})
        @Override
        public void handleMessage(Message msg) {
            AsyncTaskResult<?> result = (AsyncTaskResult<?>) msg.obj;
            switch (msg.what) {
                case MESSAGE_POST_RESULT:
                    result.mTask.finish(result.mData[0]);
                    break;
                case MESSAGE_POST_PROGRESS:
                    result.mTask.onProgressUpdate(result.mData);
                    break;
            }
        }
    }
```

在 InternalHandler 中，如果收到的消息是 MESSAGE_POST_RESULT，即执行完了 doInBackground()方法并传递结果，那么就调用 finish()方法。

```
    private void finish(Result result) {
        if (isCancelled()) {
            onCancelled(result);
        } else {
            onPostExecute(result);
        }
        mStatus = Status.FINISHED;
    }
```

如果任务已经取消，则回调 onCancelled()方法，否则回调 onPostExecute()方法。

如果收到的消息是 MESSAGE_POST_PROGRESS，则回调 onProgressUpdate()方法，更新进度。

InternalHandler 是一个静态类，为了能够将执行环境切换到主线程，这个类必须在主线程中进行加载，所以变相要求 AsyncTask 的类必须在主线程中进行加载。

到此为止，从任务执行开始到结束的源码就分析完了。

AsyncTask 的串行和并行。从上述源码分析中可知，默认情况下 AsyncTask 的执行效果是串行的，因为有了 SerialExecutor 类来维持保证队列的串行。如果想使用并行执行任务，那么可以直接跳过 SerialExecutor 类，使用 executeOnExecutor()方法来执行任务。

如果 AsyncTask 使用不当，可能引起的后果有以下几点。

（1）生命周期

AsyncTask 不与任何组件绑定生命周期，所以在 Activity 或 Fragment 中创建执行 AsyncTask 时，最好在 Activity 或 Fragment 的 onDestory()中调用 cancel(boolean)。

（2）内存泄露

如果 AsyncTask 被声明为 Activity 的非静态内部类，那么 AsyncTask 会保留一个对创建了 AsyncTask 的 Activity 的引用。如果 Activity 已经被销毁，AsyncTask 的后台线程还在执行，它将继续在内存里保留这个引用，导致 Activity 无法被回收，引起内存泄露。

（3）结果丢失

手机屏幕旋转或 Activity 在后台被系统“杀掉”等情况会导致 Activity 的重新创建。以前运行的 AsyncTask 会持有一个以前 Activity 的引用，这个引用已经无效，这时调用 onPostExecute()更新界面将不再生效。

16.3 就业面试技巧与解析

多线程也是面试中经常会被问及的问题，而 Android 中的多线程非常有特点，Handler 机制设计得就非常巧妙，所以面试中会经常被问及有关 Handler 的运行机制和 Handler 中的几个内部类。

16.3.1 面试技巧与解析（一）

面试官：Android 开发中何时使用多进程，使用多进程的好处是什么？

应聘者：要想知道如何使用多进程，先要知道 Android 中的多进程概念。一般情况下，一个应用程序就是一个进程，这个进程名称就是应用程序包名。进程是系统分配资源和调度的基本单位，所以每个进程都有自己独立的资源和内存空间，别的进程是不能任意访问其他进程的内存和资源的。

那如何让自己的应用拥有多个进程呢？

很简单，四大组件在 AndroidManifest 文件中注册的时候，有个属性是 android:process。

（1）这里可以指定组件所处的进程，默认就是应用的主进程。指定为别的进程后，系统在启动这个组件的时候，就先创建（如果还没创建的话）进程，然后创建该组件。可以重载 Application 类的 onCreate() 方法，打印出它的进程名称，就可以清楚地看见了。再设置 android:process 属性时，有个地方需要注意：如果是 android:process=":deamon"中以“:”开头的名称，则表示这是一个应用程序的私有进程，否则它是一个全局进程。私有进程的进程名称是会在冒号前自动加上包名，而全局进程则不会。一般都是有私有进程，很少使用全局进程。

（2）使用多进程显而易见的好处就是分担主进程的内存压力。应用越做越大，内存越来越多，将一些独立的组件放到不同的进程，它就不占用主进程的内存空间了。当然还有其他好处，有心人会发现 Android 后台进程中有很多应用是有多个进程的，因为它们要常驻后台，特别是即时通信或者社交应用，不过现在多进程经常被滥用。典型用法是在启动一个不可见的轻量级私有进程，在后台收发消息，或者做一些耗时的事情，或者开机启动这个进程，然后做监听等。还有就是防止主进程被杀守护进程，守护进程和主进程之间相互监视，有一方被杀就重新启动它。

（3）坏处是多占用了系统的空间，如果大家都这么用，系统内存很容易占满而导致卡顿。应用程序架构会变复杂，因为要处理多进程之间的通信。

16.3.2 面试技巧与解析（二）

面试官：Android 多线程的实现方式有哪些?

应聘者：Thread 与 AsyncTask。

Thread 可以与 Loop 和 Handler 共用建立消息处理队列。

AsyncTask 可以作为线程池并行处理多任务。

第 17 章

Android 的网络应用

学习指引

Android 中大多数应用程序是网络程序，因此如何正确使用网络资源、如何请求获取网络资源是网络开发的基础。

重点导读

- 认识 HTTP。
- 熟悉 HttpURLConnection 和 ResponseCode。
- 掌握消息的返回 ResponseCode。
- 了解 HttpURLConnection 获取网络图片。
- 熟悉 OkHttp 网络请求框架。
- 掌握 POST 请求传递参数。

17.1 网络基础

Android 中的网络开发基于 HTTP 的比较多，因此本节针对 http 的开发进行讲解。

17.1.1 认识 HTTP

Android 中发送 http 网络请求是很常见的，主要有 GET 请求和 POST 请求。一个完整的 http 请求需要经历两个过程：客户端发送请求到服务器，然后服务器将结果返回给客户端。

客户端->服务器

客户端向服务器发送请求主要包含以下信息：请求的 URL 地址、请求头及可选的请求体。打开百度首页，客户端向服务器发送的信息如图 17-1 所示。

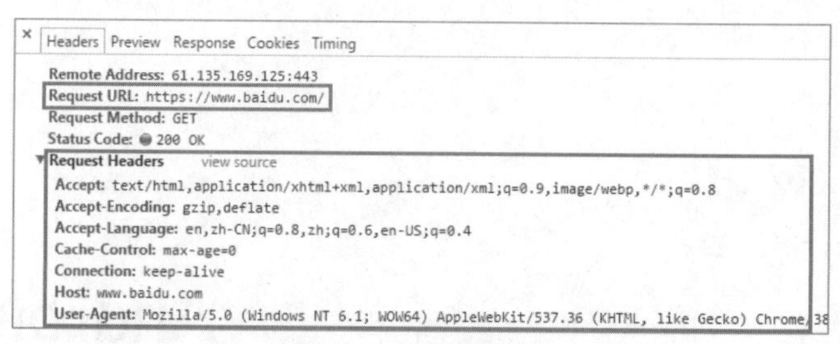

图 17-1 请求信息

请求 URL（Request URL）

上图中的 RequestURL 就是请求的 URL 地址，即 https://www.baidu.com/，该 URL 地址没有附加其他的参数。其实可以通过“？”和“&”符向 URL 地址后面追加一系列的键值对参数，例如地址 https://www.baidu.com/s? ie=utf-8&wd=Android 就包含两个键值对——ie=utf-8 和 wd=Android，其中 ie 和 wd 是 key，utf-8 和 Android 分别是对应的 value，服务端可以获取 ie 和 wd 所对应的 value 值。由此可以看出，URL 能够携带额外的数据信息。一般情况下，URL 的长度不能超过 2048 个字符（即 2KB），否则服务器可能无法识别。

请求头（Request Headers）

图 17-1 中 Request Headers 部分就是请求头。请求头其实也是一些键值对，不过这些键值通常都是 W3C 定义的标准 http 请求头的名称。请求头包含了客户端想告知服务器的一些元数据信息（注意是元数据，而不是数据），例如请求头 User-Agent 会告知服务器这条请求来自于什么浏览器；再如请求头 Accept-Encoding 会告知服务器客户端支持的压缩格式。除了这些标准的请求头以外，我们还可以添加自定义的请求头。

请求体（Request Body）

对于发送数据很大（超过了 2KB）的情况可以将很大的数据放到请求体中，注意 GET 请求不支持请求体，只有 POST 请求才能设置请求体。请求体中可放置任意格式、大小等的字节流，从而可以方便地发送任意格式的数据。服务器只需要读取该输入流即可。

服务器接收到客户端发来的请求后，会进行相应的处理，并向客户端输出信息。输出的信息包括响应头和响应体。

响应头（Response Headers）

响应头也是一些键值对，如图 17-2 所示。响应头包含了服务器想要返回客户端的一些元数据信息，例如通过响应头 Content-Encoding 反馈客户端服务器所采用的压缩格式，响应头 Content-Type 反馈客户端响应体内是什么格式的数据；再如服务端可以通过多个 Set-Cookie 响应头向客户端写入多条 Cookie 信息等。刚刚提到的几个响应头都是 W3C 规定的标准响应头名称，也可以在服务器向客户端写入自定义的响应头。

```
Response Headers   view source
BDPAGETYPE: 1
BDQID: 0x8f2f3e9f0000423e
BDUSERID: 0
Cache-Control: private
Connection: keep-alive
Content-Encoding: gzip
Content-Type: text/html; charset=utf-8
Cxy_all: baidu+7681d7fa269f78885f1cfddaa7eb879e
Date: Mon, 16 May 2016 15:09:00 GMT
Expires: Mon, 16 May 2016 15:08:25 GMT
Server: bfe/1.0.8.14
Set-Cookie: BDSVRTM=0; path=/
Set-Cookie: BD_HOME=0; path=/
Set-Cookie: H_PS_PSSID=18880_18286_1427_18195_19570_19559_19842_18560_17001_15346_11877; path=/; domain=.baidu.com
Set-Cookie: __bsi=11054054407556605794_00_6_R_N_3_0303_C02F_N_I_I_0; expires=Mon, 16-May-16 15:09:05 GMT; domain=ww
Transfer-Encoding: chunked
Vary: Accept-Encoding
X-Powered-By: HPHP
X-UA-Compatible: IE=Edge,chrome=1
```

图 17-2 响应信息

响应体（Response Body）

响应体是服务器向客户端传输的实际数据信息。其本质就是一堆字节流，可以表示为文本，也可以表示为图片或其他格式的信息，如图 17-3 所示。

```
× Headers Preview Response Cookies Timing
<!DOCTYPE html><!--STATUS OK--><html><head><meta http-equiv="content-type" content="text/html;c
content="IE=Edge"><meta content="always" name="referrer"><meta name="theme-color" content="#293
type="image/x-icon" /><link rel="search" type="application/opensearchdescription+xml" href="/co
sizes="any" mask href="//www.baidu.com/img/baidu.svg"><link rel="dns-prefetch" href="//s1.bdsta
href="//t1.baidu.com"/><link rel="dns-prefetch" href="//t2.baidu.com"/><link rel="dns-prefetch"
href="//t10.baidu.com"/><link rel="dns-prefetch" href="//t11.baidu.com"/><link rel="dns-prefetc
href="//b1.bdstatic.com"/><title>百度一下，你就知道</title>
<style index="index"  id="css_index">html,body{height:100%}html{overflow-y:auto}body{font:12px
align:;background:#fff}body,p,form,ul,li{margin:0;padding:0;list-style:none}body,form,#fm{posit
align:left}img{border:0}a{color:#00c}a:active{color:#f60}input{border:0;padding:0}#wrapper{posi
height:100%}#head{padding-bottom:100px;text-align:center;*z-index:1}#ftCon{height:100px;positio
align:left;width:100%;margin:0 auto;z-index:0;overflow:hidden}.ftCon-Wrapper{overflow:hidden;ma
align:center;*width:640px}#qrcode{display:inline-block;*float:left;*margin-top:4px}#qrcode .qrc
left:33px}#qrcode .qrcode-img{float:left;width:60px;height:60px}#qrcode .qrcode-item-1 .qrcode-
img{background:url(https://ss1.bdstatic.com/5eN1bjq8AAUYm2zgoY3K/r/www/cache/static/protocol/ht
repeat}#qrcode .qrcode-item-2 .qrcode-
img{background:url(https://ss1.bdstatic.com/5eN1bjq8AAUYm2zgoY3K/r/www/cache/static/protocol/ht
repeat}
@media only screen and (-webkit-min-device-pixel-ratio:2){#qrcode .qrcode-item-1 .qrcode-img{ba
image:url(https://ss1.bdstatic.com/5eN1bjq8AAUYm2zgoY3K/r/www/cache/static/protocol/https/home/
size:60px 60px}#qrcode .qrcode-item-2 .qrcode-img{background-
image:url(https://ss1.bdstatic.com/5eN1bjq8AAUYm2zgoY3K/r/www/cache/static/protocol/https/home/
```

图 17-3　响应体

GET 与 POST 的对比

HTTP 协议支持的操作有 GET、POST、HEAD、PUT、TRACE、OPTIONS、DELETE，其中常用的还是 GET 和 POST 操作。下面我们看一看 GET 和 POST 的区别。

GET：

GET 请求可以被缓存。

当发送键值对信息时，可以在 URL 上面直接追加键值对参数。当用 GET 请求发送键值对时，键值对会随着 URL 地址一起发送。

由于 GET 请求发送的键值对是随着 URL 地址一起发送的，因此一旦该 URL 地址被黑客截获，那么对方就能看到发送的键值对信息。由此可见，GET 请求的安全性很低，不能用 GET 请求发送敏感的信息（如用户名和密码）。

由于 URL 不能超过 2048 个字符，因此 GET 请求发送数据是有长度限制的。

由于 GET 请求具有较低的安全性，因此不应该用 GET 请求去执行增加、删除、修改等操作，应该只用它获取数据。

POST：

POST 请求从不会被缓存。

POST 请求的 URL 中追加键值对参数，不过这些键值对参数不是随着 URL 地址发送的，而是被放入请求体中发送。这样安全性会稍微好一些。

应该用 POST 请求发送敏感信息，而不是用 GET 请求。

由于可以在请求体中发送任意的数据，因此理论上 POST 请求不存在发送数据大小的限制。

当执行增减、删除、修改等操作时，应该使用 POST 请求，而不应该使用 GET 请求。

HttpURLConnectionvsDefaultHttpClient

在 AndroidAPILevel 9（Android 2.2）以前只能使用 DefaultHttpClient 类发送 http 请求。DefaultHttpClient 是 Apache 用于发送 http 请求的客户端，其提供了强大的 API 支持，而且基本没有什么 bug，但由于其太过

复杂，Android 团队在保持向后兼容的情况下，很难对 DefaultHttpClient 进行增强。为此，Android 团队从 AndroidAPILevel 9 开始实现了一个发送 http 请求的客户端类——HttpURLConnection。

相比 DefaultHttpClient，Http URLConnection 比较轻量级，虽然功能没有 DefaultHttpClient 那么强大，但是能够满足开始时的大部分需求，所以起初 Android 团队推荐使用 HttpURLConnection 代替 DefaultHttpClient，并不强制使用 HttpURLConnection。从 AndroidAPILevel 23（Android 6.0）开始，开发时已不能在 Android 中使用 DefaultHttpClient，而是强制使用 HttpURLConnection。

17.1.2 HttpURLConnection

HttpURLConnection 是一种多用途、轻量级的 HTTP 客户端，使用它可以进行 HTTP 操作，其适用于大多数的应用程序。之前一直使用 DefaultHttpClient 而不使用 HttpURLConnection 也是有原因的。

Get 请求给出一段代码，具体代码如下：

```
private void requestGet(HashMap<String,String>paramsMap){
try{
String baseUrl="https://xxx.com/getUsers?";
String Builder tempParams=new String Builder();
In tpos=0;
for(String key:paramsMap.keySet()){
if(pos>0){
tempParams.append("&");
}
tempParams.append(String.format("%s=%s",key,URLEncoder.encode(paramsMap.get(key),"utf-8")));
pos++;
}
String requestUrl=baseUrl+tempParams.toString();
//新建一个 URL 对象
URL url=new URL(requestUrl);
//打开一个 HttpURLConnection 连接
HttpURLConnection urlConn=(HttpURLConnection)url.openConnection();
//设置连接主机超时时间
urlConn.setConnectTimeout(5*1000);
//设置从主机读取数据超时
urlConn.setReadTimeout(5*1000);
//设置是否使用缓存，默认值为 true
urlConn.setUseCaches(true);
//设置为 Get 请求
urlConn.setRequestMethod("GET");
//urlConn 设置请求头信息
//设置请求中的媒体类型信息
urlConn.setRequestProperty("Content-Type","application/json");
//设置客户端与服务器间连接类型
urlConn.addRequestProperty("Connection","Keep-Alive");
//开始连接
urlConn.connect();
//判断请求是否成功
if(urlConn.getResponseCode()==200){
//获取返回的数据
String result=streamToString(urlConn.getInputStream());
Log.e(TAG,"Get 方式请求成功，result--->"+result);
}else{
```

```
Log.e(TAG,"Get 方式请求失败");
}
//关闭连接
urlConn.disconnect();
}catch(Exceptione){
Log.e(TAG,e.toString());
}
}
```

Post 请求给出一段代码，具体代码如下：

```
private void requestPost(HashMap<String,String>paramsMap){
try{
String baseUrl="https://xxx.com/getUsers";
//合成参数
String Builder tempParams=new String Builder();
int pos=0;
for(String key:paramsMap.keySet()){
if(pos>0){
tempParams.append("&");
}
tempParams.append(String.format("%s=%s",key,URLEncoder.encode(paramsMap.get(key),"utf-8")));
pos++;
}
String params=tempParams.toString();
//请求的参数转换为 byte 数组
byte[] postData=params.getBytes();
//新建一个 URL 对象
URL url=new URL(baseUrl);
//打开一个 HttpURLConnection 连接
HttpURLConnection urlConn=(HttpURLConnection) url.openConnection();
//设置连接超时时间
urlConn.setConnectTimeout(5*1000);
//设置从主机读取数据超时
urlConn.setReadTimeout(5*1000);
//Post 请求必须设置允许输出，默认值为 false
urlConn.setDoOutput(true);
//设置请求允许输入，默认值为 true
urlConn.setDoInput(true);
//Post 请求不能使用缓存
urlConn.setUseCaches(false);
//设置为 Post 请求
urlConn.setRequestMethod("POST");
//设置本次连接是否自动处理重定向
urlConn.setInstanceFollowRedirects(true);
//配置请求 Content-Type
urlConn.setRequestProperty("Content-Type","application/json");
//开始连接
urlConn.connect();
//发送请求参数
DataOutputStream dos=new DataOutputStream(urlConn.getOutputStream());
dos.write(postData);
dos.flush();
dos.close();
//判断请求是否成功
```

```
if(urlConn.getResponseCode()==200){
//获取返回的数据
String result=streamToString(urlConn.getInputStream());
Log.e(TAG,"Post 方式请求成功，result--->"+result);
}else{
Log.e(TAG,"Post 方式请求失败");
}
//关闭连接
urlConn.disconnect();
}catch(Exceptione){
Log.e(TAG,e.toString());
}
}
```

处理网络字节流，将输入流转换成字符串，具体代码如下：

```
*将输入流转换成字符串
*@param is 从网络获取的输入流
Public String streamToString(InputStream is){
try{
ByteArrayOutputStream baos=new ByteArrayOutputStream();
byte[] buffer=new byte[1024];
int len=0;
while((len=is.read(buffer))!=-1){
baos.write(buffer,0,len);
}
baos.close();
is.close();
byte[] byteArray=baos.toByteArray();
return new String(byteArray);
}catch(Exceptione){
Log.e(TAG,e.toString());
Return null;
}
}
```

以上就是 HttpConnection 的 Get 请求、Post 请求的简单实现。如果想要实现上传下载，可参见下面的代码。

关于文件下载的具体代码如下：

```
private void downloadFile(String fileUrl){
try{
//新建一个 URL 对象
URL url=new URL(fileUrl);
//打开一个 HttpURLConnection 连接
HttpURLConnection urlConn=(HttpURLConnection)url.openConnection();
//设置连接主机超时时间
urlConn.setConnectTimeout(5*1000);
//设置从主机读取数据超时
urlConn.setReadTimeout(5*1000);
//设置是否使用缓存，默认为 true
urlConn.setUseCaches(true);
//设置为 Get 请求
urlConn.setRequestMethod("GET");
//urlConn 设置请求头信息
//设置请求中的媒体类型信息
urlConn.setRequestProperty("Content-Type","application/json");
//设置客户端与服务器间连接类型
urlConn.addRequestProperty("Connection","Keep-Alive");
//开始连接
```

```
urlConn.connect();
//判断请求是否成功
if(urlConn.getResponseCode()==200){
String filePath="";
File descFile=new File(filePath);
FileOutputStream fos=new FileOutputStream(descFile);;
byte[] buffer=new byte[1024];
intlen;
InputStream inputStream=urlConn.getInputStream();
while((len=inputStream.read(buffer))!=-1){
//写到本地
fos.write(buffer,0,len);
}
}else{
Log.e(TAG,"文件下载失败");
}
//关闭连接
urlConn.disconnect();
}catch(Exceptione){
Log.e(TAG,e.toString());
}
}
```

关于文件上传，具体代码如下：

```
Private void upLoadFile(String filePath,HashMap<String,String> paramsMap){
try{
String baseUrl="https://xxx.com/uploadFile";
File file=new File(filePath);
//新建 URL 对象
URL url=new URL(baseUrl);
//通过 HttpURLConnection 对象，向网络地址发送请求
HttpURLConnection urlConn=(HttpURLConnection)url.openConnection();
//设置该连接允许读取
urlConn.setDoOutput(true);
//设置该连接允许写入
urlConn.setDoInput(true);
//设置不能使用缓存
urlConn.setUseCaches(false);
//设置连接超时时间
urlConn.setConnectTimeout(5*1000);
//设置读取超时时间
urlConn.setReadTimeout(5*1000);
//设置请求方法为 Post
urlConn.setRequestMethod("POST");
//设置维持长连接
urlConn.setRequestProperty("connection","Keep-Alive");
//设置文件字符集
urlConn.setRequestProperty("Accept-Charset","UTF-8");
//设置文件类型
urlConn.setRequestProperty("Content-Type","multipart/form-data;boundary="+"*****");
Stringname=file.getName();
DataOutputStream requestStream=new DataOutputStream(urlConn.getOutputStream());
requestStream.writeBytes("--"+"*****"+"\r\n");
//发送文件参数信息
StringBuilder tempParams=new StringBuilder();
tempParams.append("Content-Disposition:form-data;name=\""+name+"\";filename=\""+name+"\";");
int pos=0;
int size=paramsMap.size();
for(String key:paramsMap.keySet()){
tempParams.append(String.format("%s=\"%s\"",key,paramsMap.get(key),"utf-8"));
```

```
if(pos<size-1){
tempParams.append(";");
}
pos++;
}
tempParams.append("\r\n");
tempParams.append("Content-Type:application/octet-stream\r\n");
tempParams.append("\r\n");
String params=tempParams.toString();
requestStream.writeBytes(params);
//发送文件数据
FileInputStream fileInput=new FileInputStream(file);
int bytesRead;
byte[] buffer=new byte[1024];
DataInputStream in=new DataInputStream(new FileInputStream(file));
while((bytesRead=in.read(buffer))!=-1){
requestStream.write(buffer,0,bytesRead);
}
requestStream.writeBytes("\r\n");
requestStream.flush();
requestStream.writeBytes("--"+"*****"+"--"+"\r\n");
requestStream.flush();
file Input.close();
int statusCode=urlConn.getResponseCode();
if(statusCode==200){
//获取返回的数据
String result=streamToString(urlConn.getInputStream());
Log.e(TAG,"上传成功，result--->"+result);
}else{
Log.e(TAG,"上传失败");
}
}catch(IOExceptione){
Log.e(TAG,e.toString());
}
}
```

最后，只要涉及网络请求，一定要在清单文件中加入权限。具体代码如下：

```
<uses-permission android:name="android.permission.INTERNET"/>
```

17.1.3 ResponseCode

在网络请求中所有的信息都通过 ResponseCode 进行返回，所以了解一些常见 ResponseCode 是非常有必要的。

1xx——信息提示

这些状态代码表示临时的响应。客户端在收到常规响应前，应准备接收一个或多个 1xx 响应。

100——Continue 初始的请求已经接收，客户应当继续发送请求的其余部分。（HTTP 协议 1.1 新版本）

101——SwitchingProtocols 服务器将遵从客户的请求转换到另外一种协议。（HTTP 协议 1.1 新版本）

2xx——成功

这类状态代码表明服务器成功地接受了客户端请求。

200——OK 一切正常，对 GET 请求和 POST 请求的应答文档跟在后面。

201——Created 服务器已经创建文档，Location 头给出了它的 URL 地址。

202——Accepted 已经接受请求，但处理尚未完成。

203——Non-AuthoritativeInformation 文档已经正常地返回，但一些应答头可能不正确，因为使用的是文档的复件，非权威性信息。（HTTP 协议 1.1 新版本）

204——NoContent 没有新文档，浏览器应该继续显示原来的文档。如果用户定期地刷新页面，而 Servlet

可以确定用户文档足够新，这个状态代码是很有用的。

205——ResetContent 没有新的内容，浏览器应该重置所显示的内容。它用来强制浏览器清除表单输入内容。（HTTP 协议 1.1 新版本）

206——PartialContent 客户发送了一个带有 Range 头的 GET 请求（分块请求），服务器完成请求。（HTTP 协议 1.1 新版本）

3xx——重定向

客户端浏览器必须采取更多操作来实现请求。例如，浏览器可能不得不请求服务器上的不同页面，或通过代理服务器重复该请求。

300——MultipleChoices 客户请求的文档可以在多个位置找到，这些位置已经在返回的文档内列出。如果服务器要提出优先选择请求，则应该在 Location 应答头中指明。

301——MovedPermanently 客户请求的文档在其他地方，新的 URL 地址在 Location 头中给出，浏览器应该自动地访问新的 URL 地址。

302——Found 类似于 301 响应，但新的 URL 地址应该被视为临时性的替代，而不是永久性的。注意，在 HTTP 协议 1.0 新版本中对应的状态信息是 MovedTemporatily。出现该状态代码时，浏览器能够自动访问新的 URL 地址，因此它是一个很有用的状态代码。注意这个状态代码有时候可以和 301 响应替换使用。例如，如果浏览器错误地请求 http://host/~user（缺少了后面的斜杠），有的服务器返回 301 响应，有的则返回 302 响应。严格地说，我们只有假定原来的请求是 GET 时，浏览器才会自动重定向。请参见 307 响应。

303——SeeOther 类似于 301/302 响应，不同之处在于，如果原来的请求是 POST，Location 头指定的重定向目标文档应该通过 GET 提取。（HTTP 协议 1.1 新版本）

304——NotModified 客户端有缓冲的文档并发出了一个条件性的请求（一般是提供 If-Modified-Since 头，表示客户只想要比指定日期更新的文档）。服务器告知客户，原来缓冲的文档还可以继续使用。

305——UseProxy 客户请求的文档应该通过 Location 头所指明的代理服务器提取。（HTTP 协议 1.1 新版本）

307——TemporaryRedirect 和 302（Found）响应相同。许多浏览器会错误地响应 302 应答进行重定向，实际上只能在 POST 请求的应答是 303 时才能重定向。由于这个原因，HTTP 协议 1.1 新版本提出了 307 响应，以便更加清楚地区分几个状态代码。当出现 303 应答时，浏览器可以跟随重定向的 GET 和 POST 请求；当出现 307 应答时，则浏览器只能跟随对 GET 请求的重定向。

4xx——客户端错误

出现 4 xx 错误，说明客户端可能有问题，例如，客户端请求不存在的页面、客户端未提供有效的身份验证信息等。

400——BadRequest 请求出现语法错误。

401——Unauthorized 访问被拒绝，客户试图访问未经授权、受密码保护的页面。应答中会包含一个 WWW-Authenticate 头，浏览器据此显示用户名字/密码对话框，填写合适的 Authorization 头后会再次发出请求。IIS 定义了许多不同的 401 错误，用来指出更为具体的错误原因。这些具体的错误代码在浏览器中显示，但不在 IIS 日志中显示。

401.1——登录失败。

401.2——服务器配置导致登录失败。

401.3——由于 ACL 对资源的限制而未获得授权。

401.4——筛选器授权失败。

401.5——ISAPI/CGI 应用程序授权失败。

401.7——访问被 Web 服务器上的 URL 授权策略拒绝。这个错误代码为 IIS 6.0 所专用。

403——Forbidden 资源不可用。服务器理解客户的请求，但拒绝处理它。通常由服务器上文件或目录的权限设置导致。禁止访问：IIS 定义了许多不同的 403 错误，用来指出更为具体的错误原因。

403.1——执行访问被禁止。

403.2——读访问被禁止。

403.3——写访问被禁止。

403.4——要求 SSL。

403.5——要求 SSL128。

403.6——IP 地址被拒绝。

403.7——要求客户端证书。

403.8——站点访问被拒绝。

403.9——用户数过多。

403.10——配置无效。

403.11——密码更改。

403.12——拒绝访问映射表。

403.13——客户端证书被吊销。

403.14——拒绝目录列表。

403.15——超出客户端访问许可。

403.16——客户端证书不受信任或无效。

403.17——客户端证书已过期或尚未生效。

403.18——在当前的应用程序池中不能执行所请求的 URL。这个错误代码为 IIS 6.0 所专用。

403.19——不能为这个应用程序池中的客户端执行 CGI。这个错误代码为 IIS 6.0 所专用。

403.20——Passport 登录失败。这个错误代码为 IIS 6.0 所专用。

404——NotFound 无法找到指定位置的资源。这也是一个常用的应答。

404.0——（无）没有找到文件或目录。

404.1——无法在所请求的端口上访问 Web 站点。

404.2——Web 服务扩展锁定策略阻止本请求。

404.3——MIME 映射策略阻止本请求。

405——MethodNotAllowed 请求方法（GET、POST、HEAD、DELETE、PUT、TRACE 等）对指定的资源不适用，用来访问本页面的 HTTP 谓词不被允许（方法不被允许）。（HTTP 协议 1.1 新版本）

406——NotAcceptable 指定的资源已经找到，但它的 MIME 类型和客户在 Accpet 头中所指定的不兼容，客户端浏览器不接受所请求页面的 MIME 类型。（HTTP 协议 1.1 新版本）

407——ProxyAuthenticationRequired 要求进行代理身份验证，类似于 401 响应，表示客户必须先经过代理服务器的授权。（HTTP 协议 1.1 新版本）

408——RequestTimeout 在服务器许可的等待时间内，客户一直没有发出任何请求。客户可以在以后重复同一请求。（HTTP 协议 1.1 新版本）

409——Conflict 通常和 PUT 请求有关。由于请求和资源的当前状态相冲突，因此请求不能成功。（HTTP 协议 1.1 新版本）

410——Gone 所请求的文档已经不再可用，而且服务器不知道应该重定向到哪一个地址。它和 404 响应的不同在于，返回 410 表示文档永久地离开了指定的位置；而 404 表示由于未知的原因，文档变得不可用。（HTTP 协议 1.1 新版本）

411——LengthRequired 服务器不能处理请求，除非客户发送一个 Content-Length 头。（HTTP 协议 1.1 新版本）

412——PreconditionFailed 请求头中指定的一些前提条件失败（HTTP 协议 1.1 新版本）。

413——RequestEntityTooLarge 目标文档的大小超过服务器当前能处理的大小。如果服务器认为能够稍后再处理该请求，则应该提供一个 Retry-After 头。（HTTP 协议 1.1 新版本）

414——RequestURITooLongURI 太长。（HTTP 协议 1.1 新版本）

415——不支持的媒体类型。

416——RequestedRangeNotSatisfiable 服务器不能满足客户在请求中指定的 Range 头。（HTTP 协议 1.1 新版本）

417——执行失败。

423——锁定的错误。

5xx——服务器错误

服务器由于遇到错误而不能完成请求。

500——InternalServerError 服务器遇到了意料不到的情况，不能完成客户的请求。

500.12——应用程序正忙于在 Web 服务器上重新启动。

500.13——Web 服务器太忙。

500.15——不允许直接请求 Global.asa。

500.16——UNC 授权凭据不正确。这个错误代码为 IIS 6.0 所专用。

500.18——URL 授权存储不能打开。这个错误代码为 IIS 6.0 所专用。

500.100——内部 ASP 错误。

501——NotImplemented 服务器不支持实现请求所需要的功能，页眉值指定了未实现的配置。例如，客户发出了一个服务器不支持的 PUT 请求。

502——BadGateway 服务器作为网关或者代理时，为了完成请求，需访问下一个服务器，但该服务器返回了非法的应答。也可以说，Web 服务器用作网关或代理服务器时收到了无效响应。

502.1——CGI 应用程序超时。

502.2——CGI 应用程序出错。

503——ServiceUnavailable 服务不可用，服务器由于维护或负载过重，未能应答。例如，Servlet 可能在数据库连接池已满的情况下返回 503。服务器返回 503 时，可以提供一个 Retry-After 头。这个错误代码为 IIS 6.0 所专用。

504——GatewayTimeout 网关超时，由作为代理或网关的服务器使用，表示不能及时地从远程服务器获得应答。（HTTP 协议 1.1 新版本）

505——HTTPVersionNotSupported 服务器不支持请求中所指明的 HTTP 版本。（HTTP 协议 1.1 新版本）

17.1.4 网络图片

本节通过一个实例演示 HttpURLConnection 获取网络图片。使用 GET 发送请求解析网络地址获取并显示图片到应用，具体操作步骤如下。

步骤 1 新建模块并命名为 NetImageview，由于使用网络，因此需在清单文件中加入网络访问权限。具体代码如下：

```
<uses-permission android:name="android.permission.INTERNET"/>
```

步骤 2 主活动中的具体代码如下：

```
public class MainActivity extends AppCompatActivity{
protected static finalintCHANGE_UI=1;//定义消息码
```

```
protected static finalintERROR=2;//错误类型
private EditTextet_path;
private ImageViewiv_pic;
//主线程创建消息处理器
private Handler handler=new Handler(){
@Override
public void handleMessage(Message msg){
if(msg.what==CHANGE_UI){
Bitmap bitmap=(Bitmap) msg.obj;//获取图片
iv_pic.setImageBitmap(bitmap);//显示图片
}elseif(msg.what==ERROR){//如果消息码为错误信息，做出提示
Toast.makeText(MainActivity.this,"图片显示错误",Toast.LENGTH_SHORT).show();
}
}
};
@Override
protected void onCreate(Bundle savedInstanceState){
super.onCreate(savedInstanceState);
setContentView(R.layout.activity_main);
et_path=findViewById(R.id.et_path);
iv_pic=findViewById(R.id.iv_pic);
}
//处理按钮事件
public void click(View view){
final String path=et_path.getText().toString().trim();
if(TextUtils.isEmpty(path)){
Toast.makeText(this,"图片路径不能为空",Toast.LENGTH_SHORT).show();
}else{
new Thread(){//创建线程
private HttpURLConnection conn;//创建网络连接对象
private Bitmap bitmap;//创建图片对象
public void run(){//线程中的 run()方法
try{
URL url=new URL(path);//获取 URL 地址
conn=(HttpURLConnection) url.openConnection();//打开链接地址
conn.setRequestMethod("GET");//使用 Get 方式请求
conn.setConnectTimeout(5000);//设置超时事件
int code=conn.getResponseCode();//获取请求码
if(code==200){//正确获取
InputStream is=conn.getInputStream();//创建输入流，从网络链接获取
bitmap=BitmapFactory.decodeStream(is);//生成图片对象
Message msg=new Message();//创建消息对象
msg.what=CHANGE_UI;//设置消息码
msg.obj=bitmap;//获取图片
handler.sendMessage(msg);//将消息发送出去
}else{
Message msg=new Message();//创建消息对象
msg.what=ERROR;//设置错误消息码
handler.sendMessage(msg);//发送消息
}
}catch(Exceptione){
e.printStackTrace();
Messagemsg=newMessage();
msg.what=ERROR;
handler.sendMessage(msg);
}
}
}.start();//启动线程
}
```

```
    }
    }
```

步骤 3　运行程序，在图片地址栏中输入 URL 地址，单击“浏览”按钮，运行结果如图 17-4（右）所示。

图 17-4 运行结果

17.2 OkHttp

OkHttp 是一款第三方类库，用于 Android 中请求网络。它是一个开源项目、一款流行的轻量级网络请求框架。

17.2.1 OkHttp 基础

本小节探究 OkHttp 的使用方法，包括 Get 请求、Post 请求、上传下载文件、上传下载图片等功能。

使用 OkHttp 前，先了解如下几个比较核心的类。

OkHttpClient：客户端对象。

Request：访问请求，Post 请求中需要包含 RequestBody。

RequestBody：请求数据，在 Post 请求中用到。

Response：即网络请求的响应结果。

MediaType：数据类型，用来表明数据为 json、image、PDF 等一系列格式。

client.newCall(request).execute()：同步的请求方法。

client.newCall(request).enqueue(Callback callBack)：异步的请求方法，但 Callback 是执行在子线程中的，因此不能在此进行 UI 更新操作。

使用前，需要在项目中添加 OkHttp 的依赖库，在对应的 Module 的 gradle 中添加代码，具体代码如下：

```
compile 'com.squareup.okhttp3:okhttp:3.6.0'
```

OkHttp 内部还依赖另一个开源库 OkIo，所以也要将它导入，具体代码如下：

```
compile 'com.squareup.okio:okio:1.11.0'
```

OkHttp 的官方网站地址为 http://square.github.io/okhttp/。

此外，也可以将其包下载下来，从本地添加。

1. get 请求的使用方法

使用 OkHttp 进行网络请求支持两种方式，一种是同步请求，一种是异步请求。下面分情况进行介绍。

1）get 的同步请求

对于同步请求，请求时需要开启子线程，请求成功后需要跳转到 UI 线程修改 UI。具体代码如下：

```
public void getDatasync(){
```

```
new Thread(new Runnable() {
    @Override
    public void run() {
        try {
            OkHttpClient client = new OkHttpClient();//创建 OkHttpClient 对象
            Request request = new Request.Builder()
            //请求接口。如果需要传参，拼接到接口后面
                    .url("http://www.baidu.com")
                    .build();//创建 Request 对象
            Response response = null;
            response = client.newCall(request).execute();//得到 Response 对象
            if (response.isSuccessful()) {
            Log.d("kwwl","response.code()=="+response.code());
            Log.d("kwwl","response.message()=="+response.message());
            Log.d("kwwl","res=="+response.body().string());
            //此时的代码执行在子线程中，修改 UI 时请使用 handler 跳转到 UI 线程中
            }
        } catch (Exception e) {
            e.printStackTrace();
        }
    }
}).start();
}
```

执行上述代码，打印结果如下：

```
response.code()==200;
response.message()==OK;
res=={"code":200,"message":success};
```

有以下三点需要注意。

第一，response.code()是 HTTP 响应行中的 code，如果访问成功则返回 200。这个 Code 不是服务器设置的，而是协议 HTTP 中自带的。res 中的 code 才是服务器设置的。注意两者的区别。

第二，response.body().string()本质是输入流的读操作，所以它还是网络请求的一部分。这行代码必须放在子线程中。

第三，response.body().string()只能调用一次，在第一次时有返回值，第二次再调用时将会返回 null。原因是：response.body().string()的本质是输入流的读操作，必须有服务器输出流的写操作时，客户端的读操作才能得到数据。而服务器的写操作只执行一次，所以客户端的读操作也只能执行一次，第二次将返回 null。

2）get 的异步请求

这种方式不用再次开启子线程，但回调方法是执行在子线程中，所以在更新 UI 时还要跳转到 UI 线程中。具体代码如下：

```
private void getDataAsync() {
OkHttpClient client = new OkHttpClient();
Request request = new Request.Builder()
        .url("http://www.baidu.com")
        .build();
client.newCall(request).enqueue(new Callback() {
    @Override
    public void onFailure(Call call, IOException e) {
    }
    @Override
    public void onResponse(Call call, Response response) throws IOException {
        if(response.isSuccessful()){//回调的方法执行在子线程中
            Log.d("kwwl","获取数据成功了");
            Log.d("kwwl","response.code()=="+response.code());
            Log.d("kwwl","response.body().string()=="+response.body().string());
```

```
            }
        }
    });
    }
```

异步请求的打印结果和注意事项与同步请求时相同。最大的不同点就是，异步请求不需要开启子线程，enqueue()方法会自动将网络请求部分放入子线程中执行。

有以下两点需要注意。

第一，回调接口的 onFailure()方法和 onResponse()方法执行在子线程。

第二，response.body().string()方法也必须放在子线程中。当执行这行代码得到结果后，再跳转到 UI 线程中修改 UI。

2. Post 请求的使用方法

Post 请求也分为同步和异步两种方式，其同步与异步间的区别和 Get 请求的类似，所以这里只讲解 Post 异步请求的使用方法。具体代码如下：

```
private void postDataWithParame() {
OkHttpClient client = new OkHttpClient();//创建 OkHttpClient 对象
FormBody.Builder formBody = new FormBody.Builder();//创建表单请求体
formBody.add("username","zhangsan");//传递键值对参数
Request request = new Request.Builder()//创建 Request 对象
        .url("http://www.baidu.com")
        .post(formBody.build())//传递请求体
        .build();
//回调方法的使用与 Get 异步请求相同
client.newCall(request).enqueue(new Callback() {
});
⋮
}
```

Post 请求中并没有设置请求方式为 POST，回忆在 Get 请求中也没有设置请求方式为 GET，但 Request.Builder 对象创建之初默认为 Get 请求，所以在 Get 请求中不需要设置请求方式。而当调用 post()方法时则需要把请求方式修改为 POST，所以此时为 Post 请求。

17.2.2 Post 请求

在 Post 请求使用方法中有一种传递参数的方法，就是创建表单请求体对象，然后把表单请求体对象作为 post()方法的参数。Post 请求传递参数的方法还有很多种，但都是通过 post()方法传递的。

Request.Builder 类的 post()方法声明如下：

```
public Builder post(RequestBody body)
```

由 Post()方法的声明可以看出，post()方法接收的参数是 RequestBody 对象，所以只要是 RequestBody 类及子类对象，都可以当作参数进行传递。FormBody 就是 RequestBody 的一个子类对象。

1. 使用 FormBody 传递键值对参数

这种方式用来上传 String 类型的键值对。具体代码如下：

```
private void postDataWithParame() {
OkHttpClient client = new OkHttpClient();//创建 OkHttpClient 对象
FormBody.Builder formBody = new FormBody.Builder();//创建表单请求体
formBody.add("username","zhangsan");//传递键值对参数
Request request = new Request.Builder()//创建 Request 对象
        .url("http://www.baidu.com")
```

```
        .post(formBody.build())//传递请求体
        .build();
client.newCall(request).enqueue(new Callback() {
⋮
});//此处省略回调方法
}
```

2. 使用 RequestBody 传递 Json 对象或 File 对象

RequestBody 是抽象类，不能直接使用。但是它有静态方法 create()，可以使用该方法得到 RequestBody 对象。使用这种方式可以上传 Json 对象或 File 对象。

上传 Json 对象的实例代码，具体代码如下：

```
OkHttpClient client = new OkHttpClient();//创建 OkHttpClient 对象
MediaType JSON = MediaType.parse("application/json; charset=utf-8");//数据类型为 json 格式
String jsonStr = "{\"username\":\"lisi\",\"nickname\":\"李四\"}";//json 数据
RequestBody body = RequestBody.create(JSON, josnStr);
Request request = new Request.Builder()
    .url("http://www.baidu.com")
    .post(body)
    .build();
client.newCall(request).enqueue(new Callback() {
⋮
});//此处省略回调方法
```

上传 File 对象的实例代码，具体代码如下：

```
OkHttpClient client = new OkHttpClient();//创建 OkHttpClient 对象
MediaType fileType = MediaType.parse("File/*");//数据类型为 json 格式
File file = new File("path");//File 对象
RequestBody body = RequestBody.create(fileType, file);
Request request = new Request.Builder()
    .url("http://www.baidu.com")
    .post(body)
    .build();
client.newCall(request).enqueue(new Callback() {
⋮
});//此处省略回调方法
```

3. 使用 MultipartBody 类同时传递键值对参数和 File 对象

FromBody 传递的是字符串型的键值对，RequestBody 传递的是多媒体。如果想两者都传递，可以使用 MultipartBody 类。

下面给出一段实例代码，具体代码如下：

```
OkHttpClient client = new OkHttpClient();
MultipartBody multipartBody =new MultipartBody.Builder()
    .setType(MultipartBody.FORM)
    .addFormDataPart("groupId",""+groupId)//添加键值对参数
    .addFormDataPart("title","title")
    .addFormDataPart("file",file.getName(),RequestBody.create(MediaType.parse("file/*"),
file))//添加文件
    .build();
final Request request = new Request.Builder()
    .url(URLContant.CHAT_ROOM_SUBJECT_IMAGE)
    .post(multipartBody)
    .build();
client.newCall(request).enqueue(new Callback() {
⋮
});
```

4. 自定义 RequestBody 实现流的上传

通过上面的分析可知，只要是 RequestBody 及子类都可以作为 post()方法的参数。下面自定义一个继承自 RequestBody 的类，实现流的上传。

首先创建一个 RequestBody 类的子类对象，具体代码如下：

```
RequestBody body = new RequestBody() {
@Override
public MediaType contentType() {
    return null;
}
@Override
public void writeTo(BufferedSink sink) throws IOException {//重写 writeTo()方法
    FileInputStream fio= new FileInputStream(new File("fileName"));
    byte[] buffer = new byte[1024*8];
    if(fio.read(buffer) != -1){
        sink.write(buffer);
    }
}
};
```

然后使用 body 对象，具体代码如下：

```
OkHttpClient client = new OkHttpClient();//创建 OkHttpClient 对象
Request request = new Request.Builder()
    .url("http://www.baidu.com")
    .post(body)
    .build();
client.newCall(request).enqueue(new Callback() {
 ⋮
});
```

以上代码与其他代码的不同之处在于 body 对象，这个 body 对象重写了 write()方法，里面有个 sink 对象。这个是 OKio 包中的输出流，有 write()方法。

使用 RequestBody 上传文件时，并没有实现断点续传的功能。使用这种方法并结合 RandomAccessFile 类可以实现断点续传的功能。

17.2.3　实例

本小节通过一个网络应用实例演示 OkHttp 框架。在实际网络应用的开发中，本实例通过网络获取图片、JSON 数据及登录验证，具体操作步骤如下。

步骤 1　新建模块并命名为 OkHttp，在清单文件中加入网络访问权限。具体代码如下：

```
<uses-permission android:name="android.permission.INTERNET"/>
```

步骤 2　主活动中的具体代码如下：

```
public class MainActivity extends AppCompatActivity {
    private Button testButton, getJsonButton, button3;
    private ImageView testImageView;
    private final static int SUCCESS_SATUS = 1;
    private final static int FAILURE = 0;
    private final static String Tag = MainActivity.class.getSimpleName();
    private OkManager manager;
    private OkHttpClient clients;
    //图片下载的请求地址
    private String img_path = "http://192.168.191.1:8080/OkHttp3Server/UploadDownloadServlet?
method=download";
    //请求返回值为 Json 数组
    private String jsonpath = "http://192.168.191.1:8080/OkHttp3Server/ServletJSON";
```

```
    //登录验证请求
    private String login_path = "http://192.168.191.1:8080/OkHttp3Server/OkHttpLoginServlet";
    @Override
    protected void onCreate(Bundle savedInstanceState) {
        super.onCreate(savedInstanceState);
        setContentView(R.layout.activity_main);
        testButton = (Button) findViewById(R.id.test);
        getJsonButton = (Button) findViewById(R.id.getjson);
        testImageView = (ImageView) findViewById(R.id.testImageView);
        button3 = (Button) findViewById(R.id.button3);
        manager = OkManager.getInstance();
        getJsonButton.setOnClickListener(new View.OnClickListener() {
            @Override
            public void onClick(View v) {
                manager.asyncJsonStringByURL(jsonpath, new OkManager.Fun1() {
                    @Override
                    public void onResponse(String result) {
                        Log.i(Tag, result);   //获取 JSON 字符串
                    }
                });
            }
        });
        //用于登录请求测试，登录用户名和登录密码应该与 Server 上的对应
        button3.setOnClickListener(new View.OnClickListener() {
            @Override
            public void onClick(View v) {
                Map<String, String> map = new HashMap<String, String>();
                map.put("username", "123");
                map.put("password", "123");
                manager.sendComplexForm(login_path, map, new OkManager.Fun4() {
                    @Override
                    public void onResponse(JSONObject jsonObject) {
                        Log.i(Tag, jsonObject.toString());
                    }
                });
            }
        });
        testButton.setOnClickListener(new View.OnClickListener() {
            @Override
            public void onClick(View v) {
                manager.asyncDownLoadImgtByUrl(img_path, new OkManager.Fun3() {
                    @Override
                    public void onResponse(Bitmap bitmap) {
                        //testImageView.setBackgroundResource(0);
                        testImageView.setImageBitmap(bitmap);
                        Log.i(Tag, "231541645");
                    }
                });
            }
        });
    }
}
```

步骤 3　新建 Java 类并命名为 OkManager，该类主要将 OkHttp 3 工具类进行封装，用于对数据的传输（包括 Spring、Json、img）、表单等数据的提交与获取等。获取对象采用单例模式，具体代码如下：

```
//采用单例模式获取对象
    public static OkManager getInstance() {
        OkManager instance = null;
        if (manager == null) {
            synchronized (OkManager.class) {        //同步代码块
                if (instance == null) {
                    instance = new OkManager();
                    manager = instance;
                }
```

```
            }
        }
        return instance;
    }
```

步骤 4 异步请求，请求返回图片，具体代码如下：

```
public void asyncDownLoadImgtByUrl(String url, final Fun3 callback) {
    final Request request = new Request.Builder().url(url).build();
    client.newCall(request).enqueue(new Callback() {
        @Override
        public void onFailure(Call call, IOException e) {
            e.printStackTrace();
        }
        @Override
        public void onResponse(Call call, Response response) throws IOException {
            if (response != null && response.isSuccessful()) {
                byte[] data = response.body().bytes();
                Bitmap bitmap = BitmapFactory.decodeByteArray(data, 0, data.length);
                onSuccessImgMethod(bitmap, callback);
                System.out.println(data.length);
            }
        }
    });
}
```

步骤 5 模拟表单的提交，具体代码如下：

```
public void sendComplexForm(String url, Map<String, String> param, final Fun4 callback) {
    FormBody.Builder form_builder = new FormBody.Builder(); //创建表单对象，包含以 input 开始的对
象，模拟一个表单操作（以 HTML 表单为主）
    //如果键值对不为空，且值不为空
    if(param != null && !param.isEmpty()) {
        //循环这个表单，添加 for 循环
        for (Map.Entry<String, String> entry : param.entrySet()) {
            form_builder.add(entry.getKey(), entry.getValue());
        }
    }
    //声明一个请求对象体
    RequestBody request_body = form_builder.build();
    //采用 post()方法进行提交
    Request request = new Request.Builder().url(url).post(request_body).build();
    client.newCall(request).enqueue(new Callback() {
        @Override
        public void onFailure(Call call, IOException e) {
        }
        @Override
        public void onResponse(Call call, Response response) throws IOException {
            if (response != null && response.isSuccessful()) {
                onSuccessJSONObjectMethod(response.body().string(), callback);
            }
        }
    });
}
```

17.3 就业面试技巧与解析

本章讲解了有关网络开发的相关知识。目前网络应用是非常普及的，因此与网络相关的知识也经常在面试中被问及。例如，面试中经常会问到与 HTTP 相关的问题、针对 Android 开发中涉及网络开发框架的应用等问题（读者至少应该熟悉一种网络框架的使用）。

17.3.1 面试技巧与解析（一）

面试官：描述 URI 和 URL 的区别。

应聘者：URI（Uniform Resource Identifier，统一资源标识符），用来唯一地标识资源。例如，file://a:1234/b/c/d.txt，表示在 a 主机下 1234 端口处，可找到 b 目录下 c 子目录下文件名为 d.txt 的文档。

URI 由三部分组成。

（1）访问资源的命名机制。

（2）访问资源的主机名。

（3）资源自身的名称，由路径表示，着重强调资源。

URL（Uniform Resource Locator，统一资源定位器），是一种具体的 URI，即 URL 不仅可以用来标识一个资源，还指明了如何定位这个资源。例如，www.baidu.com --> 180.97.33.108。

URL 由三部分组成。

（1）协议。

（2）存放该资源的主机 IP 地址。

（3）主机资源的具体地址。

17.3.2 面试技巧与解析（二）

面试官：GET（获取服务器端资源）和 POST（提交资源到服务器端）的区别。

应聘者：

（1）提交数据方面的区别

GET 提交的数据一般放在 URL 之后，用“?”分隔开来，post 是通过 HTTP POST 机制，将表单内各个字段与其内容放置在 HTML HEADER 内，一起传送到 ACTION 属性所指的 URL 地址。用户看不到这个过程。

因为 GET 常用来传输小数据，而且最好是不修改服务器的数据，所以浏览器一般都在地址栏中可以看到。但 POST 一般都用来传递大数据或比较隐私的数据，所以在地址栏中看不到。能不能看到不是协议规定的，而是浏览器规定的。

（2）提交的数据大小是否有限制

GET 是有大小限制的，而 POST 是没有大小限制的。get 传输的数据容量较小，不能大于 2KB。POST 传输的数据量较大，一般默认为不受限制。但理论上，IIS 4 中最大数据容量为 80KB，IIS 5 中为 100KB。

日常大家上传文件都是用 POST 方式上传的。POST 基本没有限制，只不过要修改 form 中的 type 参数。

（3）取得变量的值

对于 GET 方式，服务器端用 Request.QueryString 获取变量的值；对于 POST 方式，服务器端用 Request.Form 获取提交的数据。

（4）安全性

GET 安全性非常低，POST 安全性较高。如果没有加密，它们的安全级别都是一样的，随便一个监听器都可以把所有的数据监听到。

第 5 篇

项目实践

在本篇中，将贯通前面所讲的各项知识和技能来探究 Android 在不同领域软件开发中的应用技能。通过本篇的学习，读者可具备利用 Android 在游戏、员工管理和公交查询等领域开发的能力，并为日后进行其他领域软件开发积累下开发经验。

第18章

入门阶段——开发《飞机大战》游戏

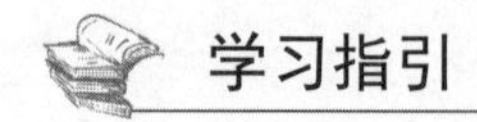

学习指引

本章将开发一款类似微信飞机大战的游戏。飞机大战是一款经典的游戏，开发这款游戏需要涵盖的知识点非常丰富，主要包括绘图、声音、面向对象的封装/继承/多态及自定义视图等。

重点导读

- 熟悉游戏开发背景。
- 熟悉游戏开发原理。
- 熟悉界面类视图。
- 熟悉抽象类、敌机类、子弹类和角色类。

18.1 开发背景

通过开发这款飞机大战游戏，能增加读者动手能力，同时能将所学知识进行汇总应用，还能让读者体验实际开发项目中的设计思想。

设计这套游戏分为4个部分，即显示系统、对象类、碰撞检测与声音系统，整体规划如图18-1所示。

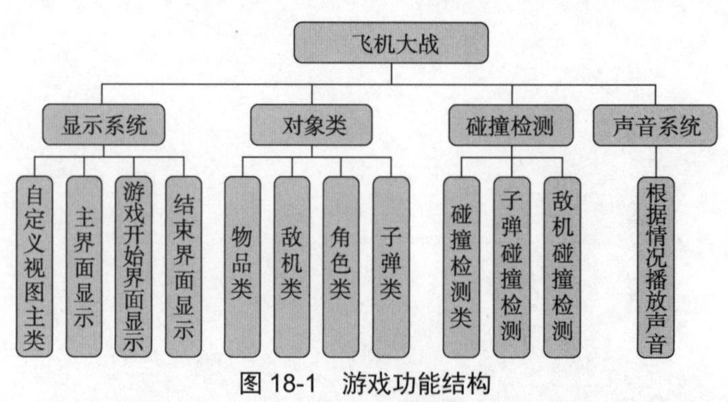

图18-1 游戏功能结构

18.2 游戏原理

在开发这款游戏前需要先了解整个游戏的运行原理，通过这些运行原理便可分别构建出不同的模块。

整个游戏的运行原理：玩家通过触碰角色飞机滑动屏幕改变角色飞机位置，敌机从屏幕上方落下，当子弹击中敌机后根据伤害程度判断是否敌机爆炸。玩家打子弹分为两种形式：第一种为单路子弹；第二种为双路子弹。

整个游戏开发难点：

（1）使用 SurfaceView 自定义视图开发，多线程绘制。

（2）游戏中的爆炸效果是用一张图显示的，需要通过截取显示不同区域图片来实现。

（3）屏幕的滚动需要在多线程绘制时改变背景，并注意衔接位置。

（4）碰撞检测是游戏开发的核心，需要通过角色遍历对象链表进行检测。

（5）在飞机被击中时需要发出相应的声音。

18.3 界面类

游戏中的各种动作都需要通过界面进行展示，因此首先需要考虑界面的绘制。

18.3.1 自定义视图

由于游戏中的角色在不停地移动，因此这里选择 SurfaceView 这个组件进行显示。它可以实时绘制图像，同时支持多线程绘制。

创建新工程，在工程中创建一个 View 包，用于存放视图类；定义一个 Java 类并命名为 BaseView，这个是绘图基类。具体代码如下：

```
public class BaseView extends SurfaceView implements SurfaceHolder.Callback,Runnable {
    protected int currentFrame;
    protected float scalex;//缩放 x 轴坐标
    protected float scaley;//缩放 y 轴坐标
    protected float screen_width;
    protected float screen_height;
    protected boolean threadFlag;//线程开启标志
    protected Paint paint;//画笔对象
    protected Canvas canvas;//画布对象
    protected Thread thread;//线程对象
    protected SurfaceHolder sfh;//SurfaceHolder 对象用于显示视图
    protected GameSoundPool sounds;//播放声音对象
    protected MainActivity mainActivity;//主活动对象
    //构造方法
    public BaseView(Context context,GameSoundPool sounds){
        super(context);
        this.sounds = sounds;//初始化声音
        this.mainActivity = (MainActivity) context;//通过设备上下文
        sfh = this.getHolder();//获取 hodler 对象
        sfh.addCallback(this);//设置回调
        paint = new Paint();//创建画笔
```

```
    }
    //视图改变的方法
    @Override
    public void surfaceChanged(SurfaceHolder arg0, int arg1, int arg2, int arg3) {
    }
    //视图创建的方法
    @Override
    public void surfaceCreated(SurfaceHolder arg0) {
        screen_width = this.getWidth();        //获得视图的宽度
        screen_height = this.getHeight();      //获得视图的高度
        threadFlag = true;                     //线程启动标志
    }
    //视图销毁的方法
    @Override
    public void surfaceDestroyed(SurfaceHolder arg0) {
        threadFlag = false;//视图销毁时停止线程
    }
    //初始化图片资源方法
    public void initBitmap() {}
    //释放图片资源的方法
    public void release() {}
    //绘图方法
    public void drawSelf() {}
    //线程运行的方法
    @Override
    public void run() {
    }
    public void setThreadFlag(boolean threadFlag){
        this.threadFlag = threadFlag;//设置线程启动标志
    }
}
```

该类继承自 SurfaceView，并实现了 SurfaceView 回调方法与多线程 Runnable 接口，定义了相应的方法，是自定义视图的基类。

18.3.2 开始前界面

游戏开始前的界面显示，这个界面是打开游戏的第一个界面，该界面继承自视图基类，同时设定“开始游戏”按钮与“退出游戏”按钮，同时上方设置飞机动画效果。

开始游戏界面预览如图 18-2 所示。

图 18-2 游戏开始前界面

在工程 View 包下创建 Java 类并命名为 ReadyView，该类的部分代码如下：

```
//响应触屏事件的方法
@Override
public boolean onTouchEvent(MotionEvent event) {
    if (event.getAction() == MotionEvent.ACTION_DOWN
            && event.getPointerCount() == 1) {
        float x = event.getX();
        float y = event.getY();
        //判断第一个按钮是否被按下
        if (x > button_x && x < button_x + button.getWidth()
                && y > button_y && y < button_y + button.getHeight()) {
            sounds.playSound(7, 0);
```

```
            isBtChange = true;
            drawSelf();
            mainActivity.getHandler().sendEmptyMessage(ConstantUtil.TO_MAIN_VIEW);
        }
        //判断第二个按钮是否被按下
        else if (x > button_x && x < button_x + button.getWidth()
                && y > button_y2 && y < button_y2 + button.getHeight()) {
            sounds.playSound(7, 0);
            isBtChange2 = true;
            drawSelf();
            mainActivity.getHandler().sendEmptyMessage(ConstantUtil.END_GAME);
        }
        return true;
    }
    //响应屏幕单点移动的消息
    else if (event.getAction() == MotionEvent.ACTION_MOVE) {
        float x = event.getX();
        float y = event.getY();
        if (x > button_x && x < button_x + button.getWidth()
                && y > button_y && y < button_y + button.getHeight()) {
            isBtChange = true;
        } else {
            isBtChange = false;
        }
        if (x > button_x && x < button_x + button.getWidth()
                && y > button_y2 && y < button_y2 + button.getHeight()) {
            isBtChange2 = true;
        } else {
            isBtChange2 = false;
        }
        return true;
    }
    //响应手指离开屏幕的消息
    else if (event.getAction() == MotionEvent.ACTION_UP) {
        isBtChange = false;
        isBtChange2 = false;
        return true;
    }
    return false;
}
//初始化图片资源方法
@Override
public void initBitmap() {
    background = BitmapFactory.decodeResource(getResources(),R.drawable.bg_01);
    text = BitmapFactory.decodeResource(getResources(), R.drawable.text);
    planefly = BitmapFactory.decodeResource(getResources(), R.drawable.fly);
    button = BitmapFactory.decodeResource(getResources(), R.drawable.button);
    button2 = BitmapFactory.decodeResource(getResources(),R.drawable.button2);
    scalex = screen_width / background.getWidth();
    scaley = screen_height / background.getHeight();
    text_x = screen_width / 2 - text.getWidth() / 2;
    text_y = screen_height / 2 - text.getHeight();
    fly_x = screen_width / 2 - planefly.getWidth() / 2;
    fly_height = planefly.getHeight() / 3;
    fly_y = text_y - fly_height - 20;
    button_x = screen_width / 2 - button.getWidth() / 2;
    button_y = screen_height / 2 + button.getHeight();
    button_y2 = button_y + button.getHeight() + 40;
    //返回包围整个字符串最小的一个 Rect 区域
    paint.getTextBounds(startGame, 0, startGame.length(), rect);
```

```
        strwid = rect.width();
        strhei = rect.height();
    }
    //绘图方法
    @Override
    public void drawSelf() {
        try {
            canvas = sfh.lockCanvas();
            canvas.drawColor(Color.BLACK); //绘制背景色
            canvas.save();
            canvas.scale(scalex, scaley, 0, 0);//计算背景图片与屏幕的比例
            canvas.drawBitmap(background, 0, 0, paint);//绘制背景图
            canvas.restore();
            canvas.drawBitmap(text, text_x, text_y, paint);//绘制文字图片
            //飞机飞行的动画
            canvas.save();//画布保存
            //裁切图片
            canvas.clipRect(fly_x, fly_y, fly_x + planefly.getWidth(), fly_y + fly_height);
            //绘制图片
            canvas.drawBitmap(planefly, fly_x, fly_y - currentFrame * fly_height,paint);
            currentFrame++;//将图像绘制改变相当于裁切下一张图片
            if (currentFrame >= 3) {//如果图像裁切到末尾，则切换至第一张
               currentFrame = 0;
            }
            canvas.restore();
        } catch (Exception err) {
            err.printStackTrace();
        } finally {
            if (canvas != null)
                sfh.unlockCanvasAndPost(canvas);
        }
    }
```

该类中主要涉及两个按钮绘制和飞机动画绘制，并需要根据触屏位置计算是否按下按钮。

18.3.3 操控界面

该界面为真正游戏界面，响应用户操作，判断用户是否按下角色飞机，通过手指移动改变角色飞机位置。游戏中的画面预览如图 18-3 所示。

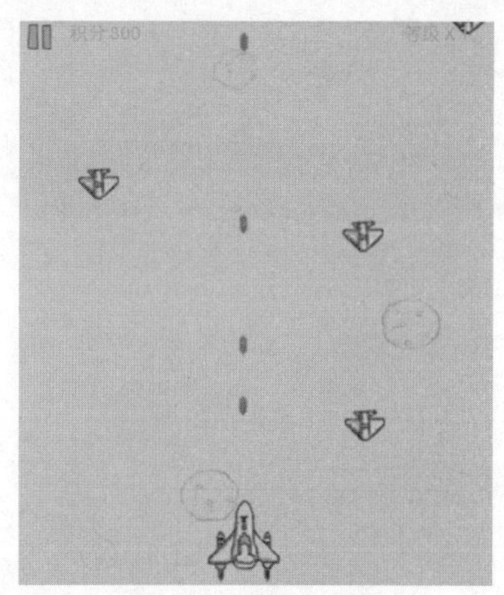

图 18-3 游戏中的画面

在工程 View 包中创建 Java 类并命名为 MainView，该类中的部分代码如下：

```
//响应触屏事件的方法
    @Override
    public boolean onTouchEvent(MotionEvent event) {
        if(event.getAction() == MotionEvent.ACTION_UP){
            isTouchPlane = false;//如果手指抬起，将触摸飞机标记设置为假
            return true;
        }
        else if(event.getAction() == MotionEvent.ACTION_DOWN){
            float x = event.getX();//获取手指 x 轴坐标
            float y = event.getY();//获取手指 y 轴坐标
            if(x > 10 && x < 10 + play_bt_w && y > 10 && y < 10 + play_bt_h){
```

```
            if(isPlay){
                isPlay = false;
            }
            else{
                isPlay = true;
                synchronized(thread){
                    thread.notify();
                }
            }
            return true;
        }
        //判断玩家飞机是否被按下
        else if(x > myPlane.getObject_x() && x < myPlane.getObject_x() + myPlane.getObject_
            width()&& y > myPlane.getObject_y() && y < myPlane.getObject_y() +
            myPlane.getObject_height()){
            if(isPlay){
                isTouchPlane = true;
            }
            return true;
        }
        //判断导弹按钮是否被按下
        else if(x > 10 && x < 10 + missile_bt.getWidth()
                && y > missile_bt_y && y < missile_bt_y + missile_bt.getHeight()){
            if(missileCount > 0){
                missileCount--;
                sounds.playSound(5, 0);
                for(EnemyPlane pobj:enemyPlanes){
                    if(pobj.isCanCollide()){
                        pobj.attacked(100);                //敌机增加伤害
                        if(pobj.isExplosion()){
                            addGameScore(pobj.getScore()); //获得分数
                        }
                    }
                }
            }
            return true;
        }
    }
    //响应手指在屏幕移动的事件
    else if(event.getAction() == MotionEvent.ACTION_MOVE && event.getPointerCount() == 1){
        //判断触摸点是否为玩家的飞机
        if(isTouchPlane){
            float x = event.getX();
            float y = event.getY();
            if(x > myPlane.getMiddle_x() + 20){
                if(myPlane.getMiddle_x() + myPlane.getSpeed() <= screen_width){
                    myPlane.setMiddle_x(myPlane.getMiddle_x() + myPlane.getSpeed());
                }
            }
            else if(x < myPlane.getMiddle_x() - 20){
                if(myPlane.getMiddle_x() - myPlane.getSpeed() >= 0){
                    myPlane.setMiddle_x(myPlane.getMiddle_x() - myPlane.getSpeed());
                }
            }
            if(y > myPlane.getMiddle_y() + 20){
                if(myPlane.getMiddle_y() + myPlane.getSpeed() <= screen_height){
                    myPlane.setMiddle_y(myPlane.getMiddle_y() + myPlane.getSpeed());
                }
            }
```

```
            else if(y < myPlanc.gctMiddlc_y() - 20){
                if(myPlane.getMiddle_y() - myPlane.getSpeed() >= 0){
                    myPlane.setMiddle_y(myPlane.getMiddle_y() - myPlane.getSpeed());
                }
            }
            return true;
        }
    }
    return false;
}
```

在该类中初始化游戏对象，其中包括小型敌机、中型敌机、大型敌机、BOSS 敌机、导弹物品、子弹物品、BOSS 子弹、玩家子弹等。同时还应该绘制背景并改变背景的显示位置实现动态背景，当分数发生改变时也应及时绘制，后期加入音效，这些整体在线程中工作。如果不是在线程中工作，则无法保证绘图的及时性及画面的流畅度。

18.4 抽象类

整个游戏中所有物品可以抽象为一个类，通过该类继承实现统一管理，其中 3 个子类分别是敌机类、物品类及子弹类。

18.4.1 游戏对象基类

该类提供所有游戏对象的基本属性，但它并不真实存在，而是一个抽象类，只提供统一方法与接口以实现统一。

为了便于管理，将游戏中出现的所有对象放于单独的 Object 包中，新建 Object 包并创建 Java 类，命名为 GameObject。具体代码如下：

```
abstract public class GameObject {
    protected int currentFrame;      //当前动画帧
    protected int speed;             //对象的速度
    protected float object_x;        //对象的横坐标
    protected float object_y;        //对象的纵坐标
    protected float object_width;    //对象的宽度
    protected float object_height;   //对象的高度
    protected float screen_width;    //屏幕的宽度
    protected float screen_height;   //屏幕的高度
    protected boolean isAlive;       //判断是否存活
    protected Paint paint;           //画笔对象
    protected Resources resources;   //资源类
    //构造函数
    public GameObject(Resources resources) {
        this.resources = resources;
        this.paint = new Paint();
    }
    //设置屏幕宽度和高度
    public void setScreenWH(float screen_width, float screen_height) {
        this.screen_width = screen_width;
        this.screen_height = screen_height;
    }
```

```
    //初始化数据，参数分别为：速度增加的倍数，x 轴中心坐标，y 轴中心坐标，
    public void initial(int arg0,float arg1,float arg2){}
    //初始化图片资源
    protected abstract void initBitmap();
    //对象的绘图方法
    public abstract void drawSelf(Canvas canvas);
    //释放资源的方法
    public abstract void release();
    //检测碰撞的方法
    public boolean isCollide(GameObject obj) {
        return true;
    }
    //对象的逻辑方法
    public void logic(){}
    //getter()和 setter()方法这里省略，可参见源码
  ⋮
}
```

18.4.2 敌机类

该类继承自游戏对象基类，将符合敌机特征的元素单独封装为一个类。

在 Object 包中创建 Java 类并命名为 EnemyPlane。类中部分代码如下：

```
public class EnemyPlane extends GameObject{
    protected int score;              //对象的分值
    protected int blood;              //对象的当前血量
    protected int bloodVolume;        //对象总的血量
    protected boolean isExplosion;    //判断是否爆炸
    protected boolean isVisible;      //判断对象是否为可见状态
    public EnemyPlane(Resources resources) {
        super(resources);
        initBitmap();//初始化图片资源
    }
    //对象的逻辑函数
    @Override
    public void logic() {
        if (object_y < screen_height) {
            object_y += speed;
        }
        else {
            isAlive = false;
        }
        if(object_y + object_height > 0){
            isVisible = true;
        }
        else{
            isVisible = false;
        }
    }
    //被攻击的逻辑函数
    public void attacked(int harm) {
        blood -= harm;
        if (blood <= 0) {
            isExplosion = true;
        }
    }
```

```
    //检测碰撞
    @Override
    public boolean isCollide(GameObject obj) {
        //矩形1位于矩形2的左侧
        if (object_x <= obj.getObject_x()
                && object_x + object_width <= obj.getObject_x()) {
            return false;
        }
        //矩形1位于矩形2的右侧
        else if (obj.getObject_x() <= object_x
                && obj.getObject_x() + obj.getObject_width() <= object_x) {
            return false;
        }
        //矩形1位于矩形2的上方
        else if (object_y <= obj.getObject_y()
                && object_y + object_height <= obj.getObject_y()) {
            return false;
        }
        //矩形1位于矩形2的下方
        else if (obj.getObject_y() <= object_y
                && obj.getObject_y() + obj.getObject_height() <= object_y) {
            return false;
        }
        return true;
    }
    //判断能否被检测碰撞
    public boolean isCanCollide() {
        return isAlive && !isExplosion && isVisible;
    }
```

18.4.3 物品类

该类继承自游戏对象基类，为游戏中出现的所有物品单独封装一个类。

在 Object 包中新建 Java 类并命名为 GameGoods。该类的部分代码如下：

```
public class GameGoods extends GameObject{
    protected Bitmap bmp;
    private int direction;//物品的方向
    public GameGoods(Resources resources) {
        super(resources);
        this.speed = 10;
        Random ran = new Random();//设置随机数对象
        direction = ran.nextInt（2）+ 3;//创建随机数
        initBitmap();
    }
    //初始化数据
    @Override
    public void initial(int arg0,float arg1,float arg2){
        isAlive = true;
        object_x = screen_width/2 - object_width/2;
        object_y = -object_height * (arg0*2 + 1);
    }
    //对象的绘图方法
    @Override
    public void drawSelf(Canvas canvas) {
        if(isAlive){
            canvas.save();
            canvas.clipRect(object_x,object_y,object_x + object_width,object_y + object_height);
            canvas.drawBitmap(bmp, object_x, object_y,paint);
```

```
            canvas.restore();
            logic();
        }
    }
    //对象的逻辑函数
    @Override
    public void logic() {
        Random ran = new Random();
        //物品移动的原方向为左上方
        if(direction == ConstantUtil.DIR_LEFT_UP){
            object_x -= ran.nextInt(3) + speed;
            object_y -= ran.nextInt(3) + speed;
            if(object_x <= 0 || object_y <= 0){
                if(object_x <= 0)
                    object_x = 0;
                else
                    object_y = 0;
                int dir = 0;
                do{
                    dir = ran.nextInt(4)+1;
                }
                while(dir == direction);
                direction = dir;
                this.speed = 10 + ran.nextInt(5);
            }
        }
        //物品移动的原方向为右上方
        else if(direction == ConstantUtil.DIR_RIGHT_UP){
            object_x += ran.nextInt(3) + speed;
            object_y -= ran.nextInt(3) + speed;
            if(object_x >= screen_width - object_width || object_y <= 0){
                if(object_x >= screen_width - object_width)
                    object_x = screen_width - object_width;
                else
                    object_y = 0;
                int dir = 0;
                do{
                    dir = ran.nextInt(4)+1;
                }
                while(dir == direction);
                direction = dir;
                this.speed = 10 + ran.nextInt(5);
            }
        }
        //物品移动的原方向为左下方
        else if(direction == ConstantUtil.DIR_LEFT_DOWN){
            object_x -= ran.nextInt(3) + speed;
            object_y += ran.nextInt(3) + speed;
            if(object_x <= 0 || object_y >= screen_height - object_height){
                if(object_x <= 0)
                    object_x = 0;
                else
                    object_y = screen_height - object_height;
                int dir = 0;
                do{
                    dir = ran.nextInt(4)+1;
                }
                while(dir == direction);
                direction = dir;
                this.speed = 10 + ran.nextInt(5);
            }
```

```
            }
            //物品移动的原方向为右下方
            else if(direction == ConstantUtil.DIR_RIGHT_DOWN){
                object_x += ran.nextInt(3) + speed;
                object_y += ran.nextInt(3) + speed;
                if(object_x >= screen_width - object_width || object_y >= screen_height - object_height){
                    if(object_x >= screen_width - object_width)
                        object_x = screen_width - object_width;
                    else
                        object_y = screen_height - object_height;
                    int dir = 0;
                    do{
                        dir = ran.nextInt(4)+1;
                    }
                    while(dir == direction);
                    direction = dir;
                    this.speed = 10 + ran.nextInt(5);
                }
            }
        }
        //检测碰撞
        @Override
        public boolean isCollide(GameObject obj) {
            //矩形1位于矩形2的左侧
            if (object_x <= obj.getObject_x()
                    && object_x + object_width <= obj.getObject_x()) {
                return false;
            }
            //矩形1位于矩形2的右侧
            else if (obj.getObject_x() <= object_x
                    && obj.getObject_x() + obj.getObject_width() <= object_x) {
                return false;
            }
            //矩形1位于矩形2的上方
            else if (object_y <= obj.getObject_y()
                    && object_y + object_height <= obj.getObject_y()) {
                return false;
            }
            //矩形1位于矩形2的下方
            else if (obj.getObject_y() <= object_y
                    && obj.getObject_y() + obj.getObject_height() <= object_y) {
                return false;
            }
            isAlive = false;
            return true;
        }
    }
```

18.4.4 子弹类

该类继承自游戏对象基类，虽然子弹分为角色子弹与敌方子弹，但是它们具有相同特性，因此可以单独封装成一个类。

在 Object 包中新建 Java 类并命名为 Bullet。该类的部分代码如下：

```
public class Bullet extends GameObject{
    protected int harm;
    //检测碰撞的方法
    @Override
    public boolean isCollide(GameObject obj) {
```

```
        //矩形1位于矩形2的左侧
        if (object_x <= obj.getObject_x()
                && object_x + object_width <= obj.getObject_x()) {
            return false;
        }
        //矩形1位于矩形2的右侧
        else if (obj.getObject_x() <= object_x
                && obj.getObject_x() + obj.getObject_width() <= object_x) {
            return false;
        }
        //矩形1位于矩形2的上方
        else if (object_y <= obj.getObject_y()
                && object_y + object_height <= obj.getObject_y()) {
            return false;
        }
        //矩形1位于矩形2的下方
        else if (obj.getObject_y() <= object_y
                && obj.getObject_y() + obj.getObject_height() <= object_y) {
            if(obj instanceof SmallPlane){
                if(object_y - speed < obj.getObject_y()){
                    isAlive = false;
                    return true;
                }
            }
            else
                return false;
        }
        isAlive = false;
        return true;
    }
    //getter()和setter()方法
  ⋮
}
```

子弹类的主要作用在于碰撞检测，一旦碰撞需要消失。

18.5 敌机类

敌机类包括小型敌机、中型敌机、大型敌机、BOSS敌机等类，其他飞机通过继承该类实现代码复用。

18.5.1 中型敌机类

中型敌机类继承自敌机类，该类重写了敌机类的方法，并凸显出中型敌机类所特有的方法。

在Object包中创建Java类并命名为MiddlePlane。该类的部分代码如下：

```
public class MiddlePlane extends EnemyPlane{
    private static int currentCount = 0;      //对象当前的数量
    private Bitmap middlePlane;               //对象图片
    public static int sumCount = 4;           //对象总的数量
    public MiddlePlane(Resources resources) {
        super(resources);
        this.score = 1000;//为对象设置分数
    }
    //初始化数据
    @Override
    public void initial(int arg0,float arg1,float arg2){
        isAlive = true;//初始化时对象存活
```

```
        bloodVolume = 15;
        blood = bloodVolume;
        Random ran = new Random();
        speed = ran.nextInt(2)+6*arg0;
        object_x = ran.nextInt((int)(screen_width - object_width));
        object_y = -object_height*(currentCount*2+1);
        currentCount++;
        if(currentCount >= sumCount){
            currentCount = 0;
        }
    }
    //初始化图片资源
    @Override
    public void initBitmap() {
        middlePlane = BitmapFactory.decodeResource(resources, R.drawable.middle);
        object_width = middlePlane.getWidth();//获得每一帧位图的宽
        object_height = middlePlane.getHeight()/4;//获得每一帧位图的高
    }
    //对象的绘图函数
    @Override
    public void drawSelf(Canvas canvas) {
        if(isAlive){//如果对象存活
            if(!isExplosion){//判断是否爆炸
                if(isVisible){//是否显示
                    canvas.save();//没有爆炸，正常绘制
                    canvas.clipRect(object_x,object_y,object_x + object_width,object_y + object_
                        height);
                    canvas.drawBitmap(middlePlane, object_x, object_y,paint);
                    canvas.restore();
                }
                logic();
            }
            else{//如果发生爆炸，绘制爆炸图像
                int y = (int) (currentFrame*object_height); //获得当前帧相对于位图的 y 轴坐标
                canvas.save();
                canvas.clipRect(object_x,object_y,object_x+object_width,object_y+object_height);
                canvas.drawBitmap(middlePlane, object_x, object_y - y,paint);
                canvas.restore();
                currentFrame++;
                if(currentFrame >= 4){
                    currentFrame = 0;
                    isExplosion = false;//绘制完成后设置爆炸为假
                    isAlive = false;//设置显示为假
                }
            }
        }
    }
}
```

18.5.2 大型敌机类

大型敌机类继承自敌机类，该类重写了敌机类的方法。大型敌机与中型敌机类似，不同之处在于角色图像、血量、分数及对象数量。

在 Object 包中创建 Java 类并命名为 BigPlane。该类的部分代码如下：

```
public class BigPlane extends EnemyPlane{
    private static int currentCount = 0; //对象当前的数量
    public static int sumCount = 2; //对象总的数量
    private Bitmap bigPlane; //对象图片
```

```
    public BigPlane(Resources resources) {
        super(resources);
        this.score = 3000;//为对象设置分数
    }
    //初始化数据
    @Override
    public void initial(int arg0,float arg1,float arg2){
        isAlive = true;//初始化对象存活
        bloodVolume = 30;
        blood = bloodVolume;
        Random ran = new Random();//随机数用于确定敌机出现的位置
        speed = ran.nextInt(2)+4*arg0;
        object_x = ran.nextInt((int)(screen_width - object_width));
        object_y = -object_height*(currentCount*2+1);
        currentCount++;
        if(currentCount >= sumCount){
            currentCount = 0;
        }
    }
    //初始化图片资源
    @Override
    public void initBitmap() {
        bigPlane = BitmapFactory.decodeResource(resources, R.drawable.big);
        object_width = bigPlane.getWidth();        //获得每一帧位图的宽
        object_height = bigPlane.getHeight()/5;    //获得每一帧位图的高
    }
    //对象的绘图函数
    @Override
    public void drawSelf(Canvas canvas) {
        if(isAlive){//是否存活
            if(!isExplosion){//是否爆炸
                if(isVisible){//是否显示
                    canvas.save();
                    canvas.clipRect(object_x,object_y,object_x + object_width,object_y + object_height);
                    canvas.drawBitmap(bigPlane, object_x, object_y,paint);
                    canvas.restore();
                }
                logic();//对象逻辑函数
            }
            else{
                int y = (int) (currentFrame*object_height); //获得当前帧相对于位图的y轴坐标
                canvas.save();
                canvas.clipRect(object_x,object_y,object_x + object_width,object_y + object_height);
                canvas.drawBitmap(bigPlane, object_x, object_y - y,paint);
                canvas.restore();
                currentFrame++;
                if(currentFrame >= 5){
                    currentFrame = 0;
                    isExplosion = false;//设置爆炸为假
                    isAlive = false;//设置隐藏
                }
            }
        }
    }
}
```

18.5.3 BOSS 敌机类

BOSS 敌机类继承自敌机类，该类重写了敌机类的方法。BOSS 敌机有很多特性，它具有狂暴与发送子弹的特性，并且狂暴以后会有大招。

在 Object 包中创建 Java 类并命名为 BossPlane。该类的部分代码如下：

```
public class BossPlane extends EnemyPlane{
    private static int currentCount = 0;     //对象当前的数量
    private static int sumCount = 1;
    private Bitmap boosPlane;                //Boss飞机图像
    private Bitmap boosPlaneBomb;            //Boss飞机子弹
    private int direction;                   //移动的方向
    private int interval;                    //发射子弹的间隔
    private float leftBorder;                //飞机能移动的左边界
    private float rightBorder;               //飞机能移动的右边界
    private boolean isFire;                  //是否允许射击
    private boolean isCrazy;                 //是否为疯狂状态
    private List<Bullet> bullets;            //子弹类
    private MyPlane myplane;
    //初始化数据
    @Override
    public void initial(int arg0,float arg1,float arg2){
        isAlive = true;                      //存活
        isVisible = true;                    //显示
        isCrazy = false;                     //是否狂暴
        isFire = false;                      //大招
        speed = 6;
        bloodVolume = 500;
        blood = bloodVolume;
        direction = ConstantUtil.DIR_LEFT;
        object_x = screen_width/2 - object_width/2;
        object_y = -object_height*(arg0*2+1);
        currentCount++;
        if(currentCount >= sumCount){
            currentCount = 0;
        }
    }
    //发射子弹
    public boolean shoot(Canvas canvas){
        if(isFire){
            //遍历子弹的对象
            for(Bullet obj:bullets){
                if(obj.isAlive()){
                    obj.drawSelf(canvas);//绘制子弹
                    if(obj.isCollide(myplane)){
                        myplane.setAlive(false);
                        return true;
                    }
                }
            }
        }
        return false;
    }
}
```

18.6　子弹类

子弹类主要是玩家子弹，它有两种样式：一种为红色子弹；另一种为蓝色子弹，蓝色子弹速度更快一些。

18.6.1 玩家子弹 1

玩家子弹 1，即普通子弹，继承自子弹类。子弹类具有减少伤害的特性，击中后会自动消失。

在 Object 包中创建 Java 类并命名为 MyBullet。该类的部分代码如下：

```
public class MyBullet extends Bullet{
    private Bitmap bullet; //子弹的图片
    public MyBullet(Resources resources) {
        super(resources);
        this.harm = 1;//普通子弹伤害为 1
    }
    //初始化数据
    @Override
    public void initial(int arg0,float arg1,float arg2){
        isAlive = true;
        speed = 100;
        object_x = arg1 - object_width/2;
        object_y = arg2 - object_height;
    }
    //初始化图片资源
    @Override
    public void initBitmap() {
        bullet = BitmapFactory.decodeResource(resources, R.drawable.bullet);
        object_width = bullet.getWidth();
        object_height = bullet.getHeight();
    }
    //对象的绘图方法
    @Override
    public void drawSelf(Canvas canvas) {
        if (isAlive) {
            canvas.save();
            canvas.clipRect(object_x, object_y, object_x + object_width,object_y + object_height);
            canvas.drawBitmap(bullet, object_x, object_y, paint);
            canvas.restore();
            logic();
        }
    }
    //释放资源的方法
    @Override
    public void release() {
        if(!bullet.isRecycled()){
            bullet.recycle();
        }
    }
    //对象的逻辑函数
    @Override
    public void logic() {
        if (object_y >= 0) {
            object_y -= speed;
        } else {
            isAlive = false;
        }
    }
    //检测碰撞的方法
    @Override
    public boolean isCollide(GameObject obj) {
        return super.isCollide(obj);
    }
}
```

18.6.2 玩家子弹 2

玩家子弹 2 与玩家子弹 1 类似，唯一不同在于它是双路的，因此需要对两路子弹分别判断。

在 Object 包中创建 Java 类并命名为 MyBullet2。该类的部分代码如下：

```
public class MyBullet2 extends Bullet{
    private Bitmap bullet; //子弹的图片
    private float object_x2;
    private float object_y2;
    private boolean isAlive2;//第二路子弹标记
    private boolean attack;//标记子弹是否击中
    private boolean attack2;
    public MyBullet2(Resources resources) {
        super(resources);
        this.harm = 1;//伤害值
    }
    //对象的绘图方法
    @Override
    public void drawSelf(Canvas canvas) {
        if (isAlive) {//如果为真，绘制左路子弹
            canvas.save();
            canvas.clipRect(object_x, object_y, object_x + object_width,object_y + object_height);
            canvas.drawBitmap(bullet, object_x, object_y, paint);
            canvas.restore();
        }
        if (isAlive2) {//如果为真，绘制右路子弹
            canvas.save();
            canvas.clipRect(object_x2, object_y2, object_x2 + object_width,object_y2 + object_height);
            canvas.drawBitmap(bullet, object_x2, object_y2, paint);
            canvas.restore();
        }
        logic();
    }
    //检测碰撞的方法
    @Override
    public boolean isCollide(GameObject obj) {
        attack = false;
        attack2 = false;
        //判断左边的子弹是否存活
        if (isAlive) {
            if (object_x <= obj.getObject_x()
                    && object_x + object_width <= obj.getObject_x()) {}
            //矩形 1 位于矩形 2 的右侧
            else if (obj.getObject_x() <= object_x
                    && obj.getObject_x() + obj.getObject_width() <= object_x) {}
            //矩形 1 位于矩形 2 的上方
            else if (object_y <= obj.getObject_y()
                    && object_y + object_height + 30 <= obj.getObject_y()) {}
            //矩形 1 位于矩形 2 的下方
            else if (obj.getObject_y() <= object_y
                    && obj.getObject_y() + obj.getObject_height() + 30 <= object_y)
            {
                if(obj instanceof SmallPlane){
                    if(object_y - speed < obj.getObject_y()){
                        isAlive = false;
                        attack = true;
                    }
                }
            }
            else {
                isAlive = false;
```

```
                attack = true;
            }
        }
        if (isAlive2) {
            if (object_x2 <= obj.getObject_x()
                    && object_x2 + object_width <= obj.getObject_x()) {}
            //矩形 1 位于矩形 2 的右侧
            else if (obj.getObject_x() <= object_x2
                    && obj.getObject_x() + obj.getObject_width() <= object_x2) {}
            //矩形 1 位于矩形 2 的上方
            else if (object_y2 <= obj.getObject_y()
                    && object_y2 + object_height + 30 <= obj.getObject_y()) {}
            //矩形 1 位于矩形 2 的下方
            else if (obj.getObject_y() <= object_y2
                    && obj.getObject_y() + obj.getObject_height()+30 <= object_y2)
            {
                if(obj instanceof SmallPlane){
                    if(object_y - speed < obj.getObject_y()){
                        isAlive2 = false;
                        attack2 = true;
                    }
                }
            }
            else {
                isAlive2 = false;
                attack2 = true;
            }
        }
        if (attack && attack2)
            harm = 2;
        return attack || attack2;
    }
}
```

18.6.3　BOSS 子弹

BOSS 子弹同玩家子弹类似，同样具有伤害。唯一的不同是运动方向，它与玩家的子弹是不同方向运行的。在 Object 包中创建 Java 类并命名为 BossBullet。该类的部分代码如下：

```
public class BossBullet extends Bullet{
    private Bitmap bullet;//子弹的图片
    public BossBullet(Resources resources) {
        super(resources);
        this.harm = 1;//伤害值
    }
    //检测碰撞的方法
    @Override
    public boolean isCollide(GameObject obj) {
        //矩形 1 位于矩形 2 的左侧
        if (object_x <= obj.getObject_x()
                && object_x + object_width <= obj.getObject_x()) {
            return false;
        }
        //矩形 1 位于矩形 2 的右侧
        else if (obj.getObject_x() <= object_x
                && obj.getObject_x() + obj.getObject_width() <= object_x) {
            return false;
        }
        //矩形 1 位于矩形 2 的上方
        else if (object_y <= obj.getObject_y()
                && object_y + object_height <= obj.getObject_y()) {
            return false;
```

```
            }
            //矩形 1 位于矩形 2 的下方
            else if (obj.getObject_y() <= object_y
                    && obj.getObject_y() + obj.getObject_height() <= object_y) {
                return false;
            }
            isAlive = false;
            return true;
        }
    }
```

18.7　角色类

角色类的特点是可以自动发送子弹，有开始时间与结束时间，为发出的子弹设置一个链表，通过遍历链表判断是否碰撞。

在 Object 包中创建 Java 类并命名为 MyPlane，实现自定义接口。该类的部分代码如下：

```
public class MyPlane extends GameObject implements IMyPlane {
    private float middle_x;//飞机的中心坐标
    private float middle_y;
    private long startTime;//开始的时间
    private long endTime;  //结束的时间
    private boolean isChangeBullet; //标记更换了子弹
    private Bitmap myplane;//飞机飞行时的图片
    private Bitmap myplane2;//飞机爆炸时的图片
    private List<Bullet> bullets;//子弹的序列
    private MainView mainView;
    private GameObjectFactory factory;
    public MyPlane(Resources resources) {
        super(resources);
        initBitmap();
        this.speed = 8;
        isChangeBullet = false;
        factory = new GameObjectFactory();
        bullets = new ArrayList<Bullet>();
        changeButtle();
    }
    public void setMainView(MainView mainView) {
        this.mainView = mainView;
    }
    //设置屏幕宽度和高度
    @Override
    public void setScreenWH(float screen_width, float screen_height) {
        super.setScreenWH(screen_width, screen_height);
        object_x = screen_width/2 - object_width/2;
        object_y = screen_height - object_height;
        middle_x = object_x + object_width/2;
        middle_y = object_y + object_height/2;
    }
    //初始化图片资源
    @Override
    public void initBitmap() {
        myplane = BitmapFactory.decodeResource(resources, R.drawable.myplane);
        myplane2 = BitmapFactory.decodeResource(resources, R.drawable.myplaneexplosion);
        object_width = myplane.getWidth()/2;//获得每一帧位图的宽
        object_height = myplane.getHeight(); //获得每一帧位图的高
    }
    //对象的绘图方法
```

```
    @Override
    public void drawSelf(Canvas canvas) {
        if(isAlive){
            int x = (int) (currentFrame*object_width); //获得当前帧相对于位图的x轴坐标
            canvas.save();
            canvas.clipRect(object_x, object_y, object_x + object_width, object_y + object_height);
            canvas.drawBitmap(myplane, object_x - x, object_y, paint);
            canvas.restore();
            currentFrame++;
            if (currentFrame >= 2) {
                currentFrame = 0;
            }
        }
        else{
            int x = (int) (currentFrame*object_width); //获得当前帧相对于位图的y轴坐标
            canvas.save();
            canvas.clipRect(object_x, object_y, object_x + object_width, object_y
                    + object_height);
            canvas.drawBitmap(myplane2, object_x - x, object_y, paint);
            canvas.restore();
            currentFrame++;
            if (currentFrame >= 2) {
                currentFrame = 1;
            }
        }
    }
    //发射子弹
    @Override
    public void shoot(Canvas canvas,List<EnemyPlane> planes) {
        //遍历子弹的对象
        for(Bullet obj:bullets){
            if(obj.isAlive()){//子弹是否为存活状态
                for(EnemyPlane pobj:planes){ //遍历敌机对象
                    //判断敌机是否被检测碰撞
                    if( pobj.isCanCollide()){
                        if(obj.isCollide((GameObject)pobj)){//检查碰撞
                            pobj.attacked(obj.getHarm());//敌机增加伤害
                            if(pobj.isExplosion()){
                                mainView.addGameScore(pobj.getScore());//获得分数
                                if(pobj instanceof SmallPlane){
                                    mainView.playSound(2);
                                }
                                else if(pobj instanceof MiddlePlane){
                                    mainView.playSound(3);
                                }
                                else if(pobj instanceof BigPlane){
                                    mainView.playSound(4);
                                }
                                else{
                                    mainView.playSound(5);
                                }
                            }
                            break;
                        }
                    }
                }
                obj.drawSelf(canvas); //绘制子弹
            }
        }
    }
    //初始化子弹
    @Override
    public void initButtle() {
```

```
        for(Bullet obj:bullets){
            if(!obj.isAlive()){
                obj.initial(0,middle_x, middle_y);
                break;
            }
        }
    }
    //更换子弹
    @Override
    public void changeButtle() {
        bullets.clear();
        if(isChangeBullet){
            for(int i = 0;i < 4;i++){
                MyBullet2 bullet = (MyBullet2) factory.createMyBullet2(resources);
                bullets.add(bullet);
            }
        }
        else{
            for(int i = 0;i < 4;i++){
                MyBullet bullet = (MyBullet) factory.createMyBullet(resources);
                bullets.add(bullet);
            }
        }
    }
    //判断子弹是否超时
    public void isBulletOverTime(){
        if(isChangeBullet){
            endTime = System.currentTimeMillis();
            if(endTime - startTime > 15000){
                isChangeBullet = false;
                startTime = 0;
                endTime = 0;
                changeButtle();
            }
        }
    }
}
```

第 19 章

提高阶段——开发员工管理系统

学习指引

本章将开发一套员工管理系统，通过员工管理系统可以深入体会整项目规划开发思路。该项目实际应用面广，通过扩展可以开发出更多类似应用。

重点导读

- 熟悉开发背景。
- 掌握人员管理的数据库操作方法。
- 掌握工资管理的数据库操作方法。
- 掌握部门管理的数据库操作方法。

19.1　开发背景

随着移动技术不断发展，公司人员管理系统也可以通过移动端操作完成，既可以满足移动办公，还可以提高工作效率。

设计这套软件分为 4 个部分，即人员管理、工资管理、部门管理及综合管理，具体项目规划如图 19-1 所示。其中综合管理相当于将前三个管理进行汇总查询。

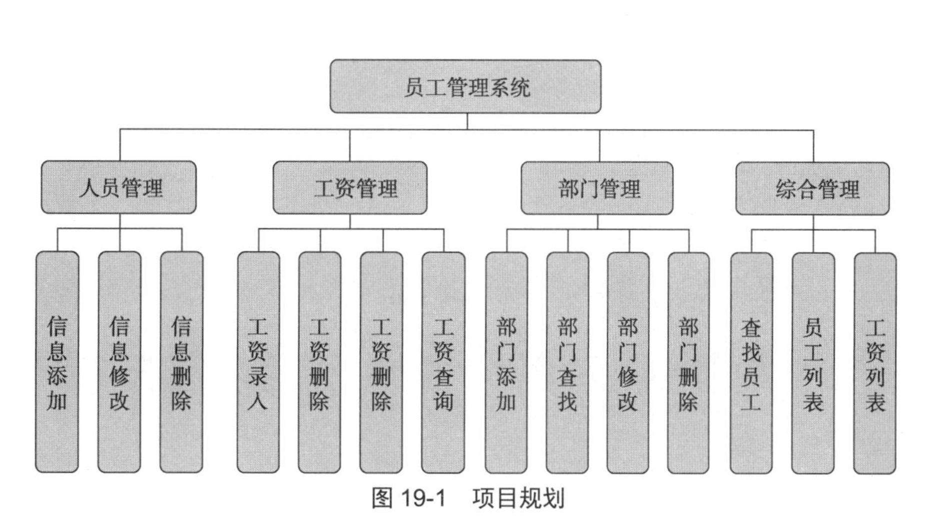

图 19-1　项目规划

19.2　人员管理

为了便于管理，将人员管理单独创建一个包并命名为 personManagerment，其中涵盖了人员信息实体类、人员管理界面和数据库操作。

19.2.1　人员实体类

人员管理需要有人员信息实体类，这个是管理类软件的基础。

在 personManagerment 包下新建 Java 类并命名为 Person，该类中的具体代码如下：

```
public class Person {
    public String id;           //员工编号
    public String name;         //员工姓名
    public String sex;          //员工性别
    public int age;             //员工年龄
    private String password;    //密码
    private String job;         //职务
    private String department;  //部门
    private String power;       //权限
public Person(String id, String name, String sex, int age, String password,
String job, String department, String power) {
  super();
  this.id = id;
  this.name = name;
  this.sex = sex;
  this.age = age;
  this.password = password;
  this.job = job;
  this.department = department;
  this.power = power;
}
public String toString() {
  return "编号: " + id + ", 姓名: " + name + ",性别 : " + sex + ",年龄: " + age +",
  密码: "+password+", 职务: " + job +",部门: "+department+",权限: "+power;
}
```

19.2.2　人员管理界面

拥有实体后需要有一个操作界面，这个界面供用户进行操作。

在 personManagerment 包下创建一个活动并命名为 PersonActivity，其界面布局如图 19-2 所示。

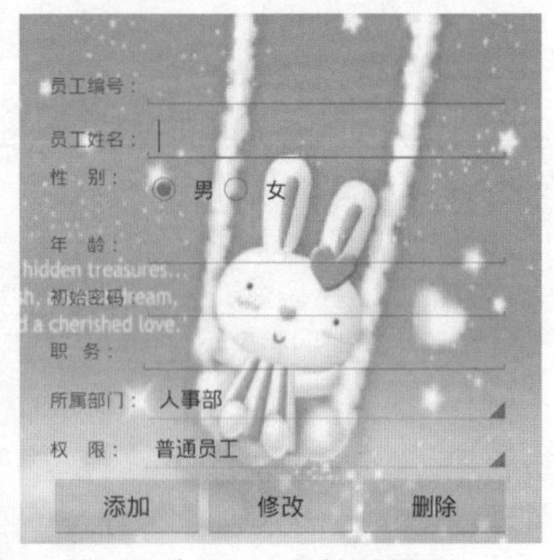

图 19-2　人员管理界面

该活动的具体代码如下：

```
    public  class  PersonActivity  extends  Activity  implements
OnClickListener{
      final int DIALOG_DELETE=0;
      final int DIALOG_UPDATE=1;
      private static final String TAG = "Add";
      private EditText ednumber,edname,edsex,edage,  edpassword,
edjob;
      private Spinner spdepartment,spinner_power;
      private TextView datashow;
      private RadioButton radio1,radio2;
      private Button buadd,buupdate,budelete;
      PersonDAO personDAO = new PersonDAO(this);
```

```
    @Override
    public void onCreate(Bundle savedInstanceState) {
        super.onCreate(savedInstanceState);
        setContentView(R.layout.staff_management);
        getWindow().setBackgroundDrawableResource(R.drawable.activitybg);
        //引入组件
        ednumber = (EditText)findViewById(R.id.ednumber);
        edname = (EditText)findViewById(R.id.edname);
        edage = (EditText)findViewById(R.id.edage);
        edpassword=(EditText)findViewById(R.id.edpassword);
        edjob=(EditText)findViewById(R.id.edjob);
        spdepartment = (Spinner)findViewById(R.id.spdepartment);
        spinner_power= (Spinner)findViewById(R.id.spinner_power);
        datashow = (TextView)findViewById(R.id.datashow);
        buadd = (Button)findViewById(R.id.buadd);
        buupdate = (Button)findViewById(R.id.buupdate);
        budelete = (Button)findViewById(R.id.budelete);
        radio1 = (RadioButton)findViewById(R.id.radio0);
        radio2 = (RadioButton)findViewById(R.id.radio1);
        ArrayAdapter<CharSequence> adapter=ArrayAdapter.createFromResource(this,
                R.array.departmentName, android.R.layout.simple_spinner_item);
        adapter.setDropDownViewResource(android.R.layout.simple_spinner_dropdown_item);
        spdepartment.setAdapter(adapter);
        spdepartment.setPrompt("请选择部门");
        spdepartment.setSelection(0, true);

        ArrayAdapter<CharSequence> adapter2=ArrayAdapter.createFromResource(this,
                R.array.powerName, android.R.layout.simple_spinner_item);
        adapter.setDropDownViewResource(android.R.layout.simple_spinner_dropdown_item);
        spinner_power.setAdapter(adapter2);
        spinner_power.setPrompt("请选择权限");
        spinner_power.setSelection(0, true);
        spdepartment.setOnItemSelectedListener(new Spinner.OnItemSelectedListener(){
            @Override
            public void onItemSelected(AdapterView<?> arg0, View arg1,
                    int arg2, long arg3) {
                //TODO Auto-generated method stub
                arg0.setVisibility(View.VISIBLE);
            }
            @Override
            public void onNothingSelected(AdapterView<?> arg0) {
                //TODO Auto-generated method stub
            }
        });
    @Override
    protected Dialog onCreateDialog(int id){
        Dialog dialog=null;
        final PersonDAO personDAO = new PersonDAO(this);
        Builder builder=new AlertDialog.Builder(this);
        switch(id) {
        case DIALOG_DELETE:
            builder.setTitle("提示");
            builder.setMessage("确认删除此员工信息吗? ");
            builder.setPositiveButton(R.string.btnOK, new DialogInterface.OnClickListener(){
                public void onClick(DialogInterface dialog,int which) {
                    //TODO Auto-generated method stub
                    try{
                        personDAO.delete(ednumber.getText().toString());
                        Toast.makeText(PersonActivity.this, "员工编号为"+ednumber.getText().toString()+
                        "的员工删除成功! ", Toast.LENGTH_LONG).show();
                        empty();
                    }
                    catch (Exception e) {
                        Log.i("Delete", e.getMessage());
                    }
```

```
            }
        });
        builder.setNegativeButton(R.string.btnCancel, new DialogInterface.OnClickListener(){
            public void onClick(DialogInterface dialog,int which) {
                //TODO Auto-generated method stub
            }
        });
        dialog=builder.create();
        break;
    case DIALOG_UPDATE:
        builder.setTitle("提示");
        builder.setMessage("确认修改此员工信息吗？");
        builder.setPositiveButton(R.string.btnOK, new DialogInterface.OnClickListener(){
            public void onClick(DialogInterface dialog,int which) {
                //TODO Auto-generated method stub
                try{
                    Person person = personDAO.find(ednumber.getText().toString());
                    if(!edname.getText().toString().equals(""))
                        person.setName(edname.getText().toString());
                    if(radio1.isChecked())
                        person.setSex("男");
                    else{
                        person.setSex("女");
                    }
                    if(!edpassword.getText().toString().equals(""))
                        person.setPassword(edpassword.getText().toString());
                    if(!edjob.getText().toString().equals(""))
                        person.setJob(edjob.getText().toString());
                    if(!spdepartment.getSelectedItem().toString().equals(""))
                        person.setDepartment(spdepartment.getSelectedItem().toString());
                    if(!spinner_power.getSelectedItem().toString().equals(""))
                        person.setPower(spinner_power.getSelectedItem().toString());
                    if(!edage.getText().toString().equals("")){
                        person.setAge(Integer.valueOf(edage.getText().toString()));
    personDAO.update(person);
        Toast.makeText(PersonActivity.this, "修改成功",Toast.LENGTH_LONG).show();
        datashow.setText("修改后数据为："+"\n"
        +"编号："+ednumber.getText().toString()
        +",姓名："+edname.getText().toString()
        +",性别："+person.getSex()
        +",年龄："+Integer.valueOf(edage.getText().toString())
        +",密码："+edpassword.getText()
        +",职务："+edjob.getText().toString()
        +",所属部门:"+spdepartment.getSelectedItem().toString()
        +",权限："+spinner_power.getSelectedItem().toString());
        empty();
    }
    else{
    personDAO.update(person);
        Toast.makeText(PersonActivity.this, "修改成功",
        Toast.LENGTH_LONG).show();
        datashow.setText("修改后数据为："+"\n"
        +"编号："+ednumber.getText().toString()
        +",姓名："+edname.getText().toString()
        +",性别："+edsex.getText().toString()
        +",年龄："
        +",密码："+edpassword.getText()
        +",职务："+edjob.getText().toString()
        +",所属部门:"+spdepartment.getSelectedItem().toString()
```

```
        +",权限: "+spinner_power.getSelectedItem().toString());
        empty();
                    }
                }
                catch (Exception e) {
                    Log.i("Update", e.getMessage());
                    Toast.makeText(PersonActivity.this, "出错了", Toast.LENGTH_LONG).show();
                }
            }
        });
        builder.setNegativeButton(R.string.btnCancel, new DialogInterface.OnClickListener(){
            public void onClick(DialogInterface dialog,int which) {
                //TODO Auto-generated method stub
            }

        });
        dialog=builder.create();
        break;
    }
    return dialog;
}
@Override
public void onClick(View v) {
    switch (v.getId()) {
    //增加
    case R.id.buadd:
        try{
            if(ednumber.getText().toString().equals("")){
                Toast.makeText(PersonActivity.this, "员工编号不能为空! ", Toast.LENGTH_LONG).show();
            }
            else{
                Person person = personDAO.find(ednumber.getText().toString());
                if(person==null){
                    if(edage.getText().toString().equals("")){
                        if(radio1.isChecked()){
                            person = new Person(ednumber.getText().toString(), edname.
                                getText().toString(), "男",0,edpassword.getText().toString(),
                                edjob.getText().toString(),
                                String.valueOf(spdepartment.getSelectedItem()),
                                spinner_power.getSelectedItem().toString());
                        }
                        else{
                            person = new Person(ednumber.getText().toString(), edname.
                                getText().toString(), "女",0,edpassword.getText().toString(),
                                edjob.getText().toString(),
                                String.valueOf(spdepartment.getSelectedItem()),
                                spinner_power.getSelectedItem().toString());
                        }
                        personDAO.add(person);
                        Toast.makeText(PersonActivity.this,"成功添加! ",Toast.LENGTH_LONG).show();
                        datashow.setText("新添数据为: "+"\n"
                        +"编号: "+ednumber.getText().toString()
                        +",姓名: "+edname.getText().toString()
                        +",性别: "+person.getSex()
                        +",年龄: "+",密码: "+edpassword.getText()
                        +",职务: "+edjob.getText().toString()
                        +",所属部门: "+spdepartment.getSelectedItem().toString()
                        +",权限: "+spinner_power.getSelectedItem().toString());
                        empty();
                    }
                    else{
                        if(radio1.isChecked()){
```

```
                        person = new Person(ednumber.getText().toString(), edname.getText().
                            toString(), "男",Integer.valueOf(edage.getText().toString()),
                            edpassword.getText().toString(),
                            edjob.getText().toString(),
                            String.valueOf(spdepartment.getSelectedItem()),
                            String.valueOf(spinner_power.getSelectedItem()));
                        }
                        else{
                            person = new Person(ednumber.getText().toString(), edname. getText().
                                toString(), "女",Integer.valueOf(edage.getText().
                                toString()),edpassword.getText().toString(),edjob.getText().
                                toString(),String.valueOf(spdepartment.getSelectedItem()),
                                String.valueOf(spinner_power.getSelectedItem()));
                        }
                        personDAO.add(person);
                        Toast.makeText(PersonActivity.this,"成功添加! ",Toast.LENGTH_LONG).show();
                        datashow.setText("新添数据为: "+"\n"
                        +"编号:"+ednumber.getText().toString()+",姓名:"+edname.getText().
                        toString()+",性别: "+person.getSex()
                        +",年龄:"+Integer.valueOf(edage.getText().toString())
                        +",密码: "+edpassword.getText()
                        +",职务: "+edjob.getText().toString()
                        +",所属部门:"+spdepartment.getSelectedItem().toString()
                        +",权限: "+spinner_power.getSelectedItem().toString());
                        empty();
                    }
                }
                else{
                    Toast.makeText(PersonActivity.this, "此编号的员工已存在! ", Toast.
                    LENGTH_LONG).show();
                    empty();
                }
            }
            }
            catch (Exception e) {
                Log.i(TAG, "出错了");
                Log.i(TAG, e.getMessage());
            }
            break;
        default:
            break;
        }
    }
}
```

19.2.3 数据库操作

员工信息管理需要将数据永久保存，为了方便存取，这里选用数据库。使用数据库不仅可以永久存储数据，还可以方便操作。

在 PersonManagerment 包下创建一个 Java 类并命名为 PersonDAO。该类部分代码如下：

```
public class PersonDAO {
    private SqliteHelper helper;//数据库帮助类对象
    //写入，不然会是出错，是空指针
    public PersonDAO(Context context){
        helper=new SqliteHelper(context);
    }
    //添加人员
    public void add(Person person){
```

```
            SQLiteDatabase db=helper.getWritableDatabase();
            String sql="Insert into staff(pnumber,pname,psex,page,password,job,pdepartment,power)
                    values(?,?,?,?,?,?,?,?)";
            db.execSQL(sql, new Object[]{person.getId(),person.getName(),person.getSex(),person.getAge(),
                    person.getPassword(),person.getJob(),
                    person.getDepartment(),person.getPower()});
            db.close();
        }
        //删除指定编号的员工
        public void delete(String...id){
            if(id.length>0){
                StringBuffer sb=new StringBuffer();
                for(int i=0;i<id.length;i++){
                    sb.append("?").append(",");
                }
                sb.deleteCharAt(sb.length()-1);
                SQLiteDatabase database=helper.getWritableDatabase();
                String sql="delete from staff where pnumber in ("+sb+")";
                database.execSQL(sql, (Object[])id);
            }
        }
        //删除表中的全部数据
        public void deleteall(){
                SQLiteDatabase database=helper.getWritableDatabase();
                String sql = "delete from staff";
                database.execSQL(sql);
        }
        //根据员工编号修改数据
        public void update(Person person){
            SQLiteDatabase db=helper.getWritableDatabase();
            String sql="update staff set pname=?,psex=?,page=?,password=?,
                job=?,pdepartment=?,power=?  where pnumber=?";
            db.execSQL(sql, new Object[]{person.getName(),person.getSex(),person.getAge(),person.
getPassword(),person.getJob(),person.getDepartment(),person.getPower(),person.getId()});
        }
        //查找指定员工编号的信息
        public Person find(String  id){
            SQLiteDatabase db=helper.getWritableDatabase();
            String sql="select pnumber,pname,psex,page,password,job,pdepartment,power from staff
where pnumber=?";
            Cursor cursor=db.rawQuery(sql, new String[]{String.valueOf(id)});
            if(cursor.moveToNext()){
                return new Person(
                        cursor.getString(cursor.getColumnIndex("pnumber")),
                        cursor.getString(cursor.getColumnIndex("pname")),
                        cursor.getString(cursor.getColumnIndex("psex")),
                        cursor.getInt(cursor.getColumnIndex("page")),
                        cursor.getString(cursor.getColumnIndex("password")),
                        cursor.getString(cursor.getColumnIndex("job")),
                        cursor.getString(cursor.getColumnIndex("pdepartment")),
                        cursor.getString(cursor.getColumnIndex("power")));
            }
            return null;
        }
        //查找指定员工姓名的信息
        public Person findName(String name){
            SQLiteDatabase db=helper.getWritableDatabase();
            String sql="select pnumber,pname,psex,page,password,job,pdepartment,power from staff
where pname=?";
            Cursor cursor=db.rawQuery(sql, new String[]{String.valueOf(name)});
            if(cursor.moveToNext()){
                return new Person(
                        cursor.getString(cursor.getColumnIndex("pnumber")),
```

```
                    cursor.getString(cursor.getColumnIndex("pname")),
                    cursor.getString(cursor.getColumnIndex("psex")),
                    cursor.getInt(cursor.getColumnIndex("page")),
                    cursor.getString(cursor.getColumnIndex("password")),
                    cursor.getString(cursor.getColumnIndex("job")),
                    cursor.getString(cursor.getColumnIndex("pdepartment")),
                    cursor.getString(cursor.getColumnIndex("power")));
        }
        return null;
    }
    //显示员工信息
    public Cursor select() {
        SQLiteDatabase db = helper.getReadableDatabase();
        Cursor cursor = db.query("staff",null, null, null, null,null,"_id asc");
        return cursor;
    }
}
```

19.3 工资管理

为了便于管理，创建一个 SalaryManagement 包，将与工资相关的类存储于该包内。

19.3.1 工资实体类

这里单独设置一个工资类，该类存放与工资相关的所有信息。

在 SalaryManagement 包下新建 Java 类并命名为 Salary。该类的部分代码如下：

```
public class Salary {
    private String gzid;//工号
    private String gzname;//姓名
    private String salary;//底薪
    private String award;//奖金
    private String attach;//补贴
    private String workelse;//加班费
    private String old;//养老金
    private String medical;//医疗保险
    private String fine;//罚金
    private String Truel;//实发工资
    private String month;//月份
    public Salary(String gzid, String gzname, String salary, String award,
                  String attach, String workelse, String old, String medical,
                  String fine, String truel, String month) {
        super();
        this.gzid = gzid;
        this.gzname = gzname;
        this.salary = salary;
        this.award = award;
        this.attach = attach;
        this.workelse = workelse;
        this.old = old;
        this.medical = medical;
        this.fine = fine;
        Truel = truel;
        this.month = month;
    }
```

19.3.2 工资管理界面

为了方便用户操作，这里创建一个工资管理界面，通过该界面修改与工资相关的信息。

在 SalaryManagement 包下新建活动并命名为 Salary，该活动界面如图 19-3 所示。

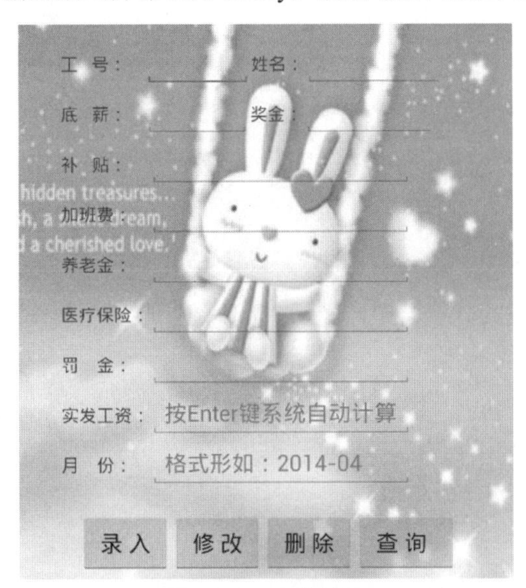

图 19-3 工资管理

该活动类的部分代码如下：

```
public class SalaryManagement extends Activity  implements OnClickListener{
 final int DIALOG_DELETE=0;
 final int DIALOG_UPDATE=1;
 public static String USER=null;
 public static String USERID=null;
 private Button submit,select,update,delete;
 private EditText gzid,gzname,money,award,attach,workelse,old,medical,fine,Truel,month;
 SalaryDAO salaryDAO = new SalaryDAO(this);
 PersonDAO personDAO = new PersonDAO(this);
 public void onCreate(Bundle savedInstanceState) {
      super.onCreate(savedInstanceState);
      setContentView(R.layout.salary_management);
      getWindow().setBackgroundDrawableResource(R.drawable.activitybg);
      submit=(Button)findViewById(R.id.submit);
      select=(Button)findViewById(R.id.select);
      update=(Button)findViewById(R.id.update1);
      delete=(Button)findViewById(R.id.delete);
      gzid = (EditText)findViewById(R.id.gzid);
      gzname = (EditText)findViewById(R.id.gzname);
      money = (EditText)findViewById(R.id.salary);
      award = (EditText)findViewById(R.id.award);
      attach = (EditText)findViewById(R.id.attach);
      workelse = (EditText)findViewById(R.id.workelse);
      old = (EditText)findViewById(R.id.old);
      medical = (EditText)findViewById(R.id.medical);
      fine = (EditText)findViewById(R.id.fine);
      Truel = (EditText)findViewById(R.id.Truel);
      month = (EditText)findViewById(R.id.month);

      Truel.setOnKeyListener(new View.OnKeyListener(){
          public boolean onKey(View arg0, int arg1, KeyEvent arg2) {
              //TODO Auto-generated method stub
```

```
    if(money.getText().toString().equals("")||award.getText().toString().equals("")||attach.get
Text().toString().equals("")||workelse.getText().toString().equals("")||old.getText().toString().
equals("")||medical.getText().toString().equals("")||fine.getText().toString(). equals("")){
            dialog_event("你还有未填写的信息，请先填写完整！");
            //return;
    }
    else{
        double truel=Double.valueOf(Double.valueOf(money.getText().toString())+Double. valueOf
            (award.getText().toString())+Double.valueOf(attach.getText().toString())+Double.
            valueOf(workelse.getText().toString())+Double.valueOf(old.getText().toString())+
            Double.valueOf(medical.getText().toString())-Double.valueOf(fine.getText().toString()));
            Truel.setText(String.valueOf(truel));
        }
        return false;
    }
    });
    submit.setOnClickListener(this);
    select.setOnClickListener(this);
    update.setOnClickListener(new View.OnClickListener() {
            @Override
            public void onClick(View v) {
                //TODO Auto-generated method stub
                if(gzid.getText().toString().equals("")){
                    Toast.makeText(SalaryManagement.this, "工号不能为空！", Toast.LENGTH_LONG).show();
                }
                else if(gzname.getText().toString().equals("")){
                    Toast.makeText(SalaryManagement.this, "请填写姓名！", Toast.LENGTH_LONG).show();
                }
                else{
                    Salary salary = salaryDAO.find(gzid.getText().toString());
                    Person person = personDAO.find(gzid.getText().toString());
                    if(salary==null){
                        Toast.makeText(SalaryManagement.this, "此员工不存在！", Toast.LENGTH_LONG).
show();
                    }
                    else if(!(person.getName()).equals(gzname.getText().toString())){
                        Toast.makeText(SalaryManagement.this, "员工编号与姓名不匹配！", Toast.
LENGTH_LONG).show();
                    }
                    else{
                        showDialog(DIALOG_UPDATE);
                    }
                }
            }
        });

        delect.setOnClickListener(new View.OnClickListener() {
            @Override
            public void onClick(View v) {
                //TODO Auto-generated method stub
                if(!gzid.getText().toString().equals("")){
                    Person person = personDAO.find(gzid.getText().toString());
                    if(person==null){
                        Toast.makeText(SalaryManagement.this, "此员工不存在！", Toast.LENGTH_LONG).
show();
                        empty();
                    }
                    else{
                        showDialog(DIALOG_DELETE);
                    }
                }
                else {
                    Toast.makeText(SalaryManagement.this, "请输入你想要删除的工资信息工号", Toast.
LENGTH_LONG).show();
                }
```

```
            }
        });
    }
    @Override
    protected Dialog onCreateDialog(int id){
            Dialog dialog=null;
            final PersonDAO personDAO = new PersonDAO(this);
            Builder builder=new AlertDialog.Builder(this);
            switch(id) {
            case DIALOG_DELETE:
                builder.setTitle("提示");
                builder.setMessage("确认删除此员工工资信息吗? ");
                builder.setPositiveButton(R.string.btnOK, new DialogInterface.OnClickListener(){
                    public void onClick(DialogInterface dialog,int which) {
                        //TODO Auto-generated method stub
                        try{
                            salaryDAO.delete(gzid.getText().toString());
                            Toast.makeText(SalaryManagement.this, " 工 号 为 "+gzid.getText().
toString()+"的工资信息删除成功! ", Toast.LENGTH_LONG).show();
                            empty();
                        }
                        catch (Exception e) {
                            Log.i("删除工资信息", e.getMessage());
                        }
                    }
                });
                builder.setNegativeButton(R.string.btnCancel, new DialogInterface.OnClickListener(){
                    public void onClick(DialogInterface dialog,int which) {
                        //TODO Auto-generated method stub
                    }
                });
                dialog=builder.create();
                break;
                builder.setNegativeButton(R.string.btnCancel, new DialogInterface.OnClickListener(){
                    public void onClick(DialogInterface dialog,int which) {
                        //TODO Auto-generated method stub
                    }
                });
                dialog=builder.create();
                break;
            default:
                break;
            }
            return dialog;
    }
    //提示对话框的事件处理
    public void dialog_event(String message){
        final Dialog dialog1 = new AlertDialog.Builder(SalaryManagement.this)
        .setTitle("提示")
        .setMessage(message).create();
        new Thread(){
            public void run(){
                try{
                    Thread.sleep(6000);
                }
                catch (InterruptedException e) {
                    e.printStackTrace();
                }
                finally{
                    dialog1.dismiss();
                }
            }
        }.start() ;
        dialog1.show();
    }
```

```
    public void onClick(View v) {
        switch (v.getId()) {
        //录入工资
        case R.id.submit:
            try{
                if(gzid.getText().toString().equals("")){
    Toast.makeText(SalaryManagement.this, "工号不能为空！", Toast.LENGTH_LONG).show();
                }
                else if(gzname.getText().toString().equals("")){
    Toast.makeText(SalaryManagement.this, "请填写姓名！",Toast.LENGTH_LONG).show();
                }
                else{
                    Salary salary = salaryDAO.find(gzid.getText().toString());
                    Person person = personDAO.find(gzid.getText().toString());
                    if(person==null){
    Toast.makeText(SalaryManagement.this, "此员工不存在！", Toast.LENGTH_LONG).show();
                    }
    else if(!(person.getName()).equals(gzname.getText().toString())){
    Toast.makeText(SalaryManagement.this, "员工编号与姓名不匹配！",
    Toast.LENGTH_LONG).show();
                    }
                    else
                        if(salary==null||!salary.getMouth().
                            equals(month.getText().toString())){
                        String date="";
     if(money.getText().toString().equals("")||award.getText().toString().equals("")||attach.get
Text().toString().equals("")||workelse.getText().toString().equals("")||old.getText().toString(
).equals("")||medical.getText().toString().equals("")||fine.getText().toString().equals("")){
                            dialog_event("你还有未填写的信息，请先填写完整！");
                            break;
                        }
                        date=month.getText().toString();
                        char []ch=date.toCharArray();
                        if(ch.length!=7||ch[4]!='-'){
                            dialog_event("日期格式输入不正确，请重新输入！");
                            break;
                        }
                       salary=new Salary(gzid.getText().toString(),gzname.getText().toString(),
money.getText().toString(),award.getText().toString(),attach.getText().toString(),workelse.getT
ext().toString(),old.getText().toString(),medical.getText().toString(),fine.getText().toString
(),Truel.getText().toString(),date);
                        salaryDAO.add(salary);
                        Toast.makeText(SalaryManagement.this, "工资信息录入成功!^_^", Toast.
                            LENGTH_LONG).show();
                        empty();
                    }
                    else{
                        Toast.makeText(SalaryManagement.this, "此员工该月的工资信息已生成!^_^",
                            Toast.LENGTH_LONG).show();
                        empty();
                    }
                }
            }
            catch (Exception e) {
                Log.i("工资信息录入", e.getMessage());
                Log.i("工资信息录入", "出错了");
            }
            break;
        //查询
        case R.id.select:
            try{
     if(gzid.getText().toString().equals("")&&gzname.getText().toString().equals("")){
                    Toast.makeText(SalaryManagement.this, "员工编号或姓名不能同时为空！！", Toast.
```

```
LENGTH_LONG).show();
                    }
                    else if(!gzname.getText().toString().equals("")){
                        Salary salary = salaryDAO.findName(gzname.getText().toString());
                        if(salary==null){
                            Toast.makeText(SalaryManagement.this, "此员工的工资信息不存在！！", Toast.
LENGTH_LONG).show();}
                        else{
                            USER=gzname.getText().toString();
                            Intent intent=new Intent(SalaryManagement.this, ShowSalaryInfo1.class);
                            startActivity(intent);
                        }
                        empty();
                    }
                    else if(!gzid.getText().toString().equals("")){
                        Salary salary = salaryDAO.find(gzid.getText().toString());
                        if(salary==null){
                            Toast.makeText(SalaryManagement.this, "此员工的工资信息不存在！！", Toast.
LENGTH_LONG).show();  }
                        else{
                            USERID=gzid.getText().toString();
                            Intent intent=new Intent(SalaryManagement.this, ShowSalaryInfo1.class);
                            startActivity(intent);
                        }
                        mpty();
                    }
                }
                catch (Exception e) {
                    Log.i("查询", e.getMessage());
                }
                break;
            default:
                break;
        }
    }
    }
```

19.3.3　数据库操作

工资管理也采用操作数据库的方式，既可以方便增/删、修改数据，也可以通过多种条件查询数据。

在 SalaryManagement 包下新建 Java 类并命名为 SalaryDAO。该类的部分代码如下：

```
    public class SalaryDAO {
    private SqliteHelper helper;//数据库帮助类对象
     //写入，不然会出错，是空指针
     public SalaryDAO(Context context){
     helper=new SqliteHelper(context);
     }
      //查找指定员工姓名的信息
      public Salary findName(String  name){
      SQLiteDatabase db=helper.getWritableDatabase();
      String  sql="select  gzid,gzname,salary,award,attach,workelse,old,medical,fine,Truel,month  from
salarytable where gzname=?";
      Cursor cursor=db.rawQuery(sql, new String[]{String.valueOf(name)});
      if(cursor.moveToNext()){
          return new Salary(
              cursor.getString(cursor.getColumnIndex("gzid")),
              cursor.getString(cursor.getColumnIndex("gzname")),
              cursor.getString(cursor.getColumnIndex("salary")),
```

```
            cursor.getString(cursor.getColumnIndex("award")),
            cursor.getString(cursor.getColumnIndex("attach")),
            cursor.getString(cursor.getColumnIndex("workelse")),
            cursor.getString(cursor.getColumnIndex("old")),
            cursor.getString(cursor.getColumnIndex("medical")),
            cursor.getString(cursor.getColumnIndex("fine")),
            cursor.getString(cursor.getColumnIndex("Truel")),
            cursor.getString(cursor.getColumnIndex("month")));
      }
      return null;
     }
    //显示所有员工工资信息
    public Cursor select() {
       SQLiteDatabase db = helper.getReadableDatabase();
       Cursor cursor = db.query("salarytable",null, null, null, null,null,"_id asc");
       return cursor;
    }
    public Cursor selectSalary(String  name) {
       SQLiteDatabase db = helper.getWritableDatabase();
       Cursor cursor = db.query("salarytable",null ,"gzname=?", new String[]{String.valueOf(name)},
null,null,"_id asc",null);
       return cursor;
    }
    public Cursor selectSalaryById(String id) {
       SQLiteDatabase db = helper.getWritableDatabase();
       Cursor cursor = db.query("salarytable", new String[]{"_id,gzid,gzname,salary,award,attach,
workelse,old,medical,fine,Truel,month"},
    "gzid=?", new String[]{String.valueOf(id)}, null,null,"_id asc",null);
       return cursor;
    }
    }
```

19.4 部门管理

大型的公司都会设有不同的部门，该项目提供了部门管理模块。为了方便管理工程，这里创建一个包并命名为 department，用来存放部门管理类。

19.4.1 部门实体类

在 department 包下创建一个 Java 类并命名为 Department，该类的部分代码如下：

```
    public class Department {
     private String departmentID;
     private String departmentName;
     private String principal;//部门负责人
     private String tel;//电话
     public Department(String departmentID, String departmentName,String principal, String tel) {
     super();
     this.departmentID = departmentID;
     this.departmentName = departmentName;
     this.principal = principal;
     this.tel = tel;
     }
    public String toString() {
       return "id=" + departmentID + ", name=" + departmentName + ",sex=" +
       principal + ",age=" + tel;
     }
    }
```

19.4.2 部门管理界面

创建一个部门管理界面，用户可以通过该界面对部门进行管理。该界面如图 19-4 所示。

图 19-4 部门管理界面

在 department 包下创建一个活动并命名为 DepartmentActivity。该活动类的部分代码如下：

```
    public class DepartmentActivity extends Activity implements OnClickListener{
        final int DIALOG_DELETE=0;
        final int DIALOG_UPDATE=1;
        private static final String TAG = "Add";
        private Button add,find,update,delect;
        private EditText departmentID,principal,tel;
        private TextView title;
        private ListView listview;
        private Spinner departmentName;
        private TextView datashow;
        public void onCreate(Bundle savedInstanceState) {
            super.onCreate(savedInstanceState);
            setContentView(R.layout.department_management);
            getWindow().setBackgroundDrawableResource(R.drawable.activitybg);
            add=(Button)findViewById(R.id.add);
            find=(Button)findViewById(R.id.find);
            update=(Button)findViewById(R.id.select);
            delect=(Button)findViewById(R.id.selectAll);
            departmentID=(EditText)findViewById(R.id.departmentID);
            departmentName=(Spinner)findViewById(R.id.departmentName);
            principal=(EditText)findViewById(R.id.edID);
            tel=(EditText)findViewById(R.id.tel);
            title=(TextView)findViewById(R.id.Information);
            listview = (ListView)findViewById(R.id.list);
            title.setTextColor(Color.BLUE);
            datashow = (TextView)findViewById(R.id.datashow);
            ArrayAdapter<CharSequence> adapter=ArrayAdapter.createFromResource(this,
                    R.array.departmentName, android.R.layout.simple_spinner_item);
            adapter.setDropDownViewResource(android.R.layout.simple_spinner_dropdown_item);
            departmentName.setAdapter(adapter);
            departmentName.setPrompt("请选择部门");
            add.setOnClickListener(this);
            find.setOnClickListener(this);
            update.setOnClickListener(new View.OnClickListener() {
              @Override
              public void onClick(View v) {
                  //TODO Auto-generated method stub
                  if(departmentID.getText().toString().equals("")){
                      Toast.makeText(DepartmentActivity.this, "部门编号不能为空！", Toast.LENGTH_
LONG).show();
                  }
              else{
                  Department depertment = departmentDAO.find(departmentID.getText().toString());
                  if(depertment==null){
                      Toast.makeText(DepartmentActivity.this, "此部门不存在！", Toast.LENGTH_LONG).
```

```
show();
                    empty();
                }
                else{
                    showDialog(DIALOG_UPDATE);
                }
            }
            }
        });
    DepartmentDAO departmentDAO=new DepartmentDAO(this);
    protected Dialog onCreateDialog(int id){
        Dialog dialog=null;
        Builder builder=new AlertDialog.Builder(this);
    switch(id) {
    case DIALOG_DELETE: //删除指定编号的部门
        builder.setTitle("提示");
        builder.setMessage("确认删除此部门信息吗? ");
        builder.setPositiveButton(R.string.btnOK, new DialogInterface.OnClickListener(){
                public void onClick(DialogInterface dialog,int which) {
                    //TODO Auto-generated method stub
                    try{
                        departmentDAO.delete(departmentID.getText().toString());
                        Toast.makeText(DepartmentActivity.this, "编号为"+departmentID.
                            getText(). toString()+"的部门删除成功! ", Toast.LENGTH_LONG).show();
                        empty();
                    }
                    catch (Exception e) {
                        Log.i("Delete", e.getMessage());
                    }
                }
        });
        builder.setNegativeButton(R.string.btnCancel, new DialogInterface.OnClickListener(){
                public void onClick(DialogInterface dialog,int which) {
                    //TODO Auto-generated method stub
                }
          });
        dialog=builder.create();
        break;
    case DIALOG_UPDATE:
        builder.setTitle("提示");
        builder.setMessage("确认修改此部门信息吗? ");
    return dialog;
    }
```

19.4.3 数据库操作

部门管理同样需要使用数据库，这里创建数据库操作类。

在 SalaryManagement 包下新建 Java 类并命名为 DepartmentDAO。该类的部分代码如下：

```
    public class DepartmentDAO {
        private SqliteHelper helper;
        //写入，不然会出错，是空指针
        public DepartmentDAO(Context context){
            helper=new SqliteHelper(context);
        }
        //添加部门
        public void add(Department department){
            SQLiteDatabase db=helper.getWritableDatabase();
            String sql="Insert into department(departmentID,departmentName,principal,tel) values
(?,?,?,?)";
            db.execSQL(sql, new Object[]{department.getDepartmentID(),department.getDepartmentName(),
```

```
                department.getPrincipal(),department.getTel()});
            db.close();
        }
        //删除指定编号的部门
        public void delete(String...id){
            if(id.length>0){
              StringBuffer sb=new StringBuffer();
              for(int i=0;i<id.length;i++){
                  sb.append("?").append(",");
              }
              sb.deleteCharAt(sb.length()-1);
              SQLiteDatabase database=helper.getWritableDatabase();
              String sql="delete from department where departmentID in ("+sb+")";
              database.execSQL(sql, (Object[])id);
            }
        }
        //删除表中的全部数据
        public void delelteall(){
             SQLiteDatabase database=helper.getWritableDatabase();
             String sql = "delete from department";
             database.execSQL(sql);
        }
        //根据编号修改数据
        public void update(Department department){
            SQLiteDatabase db=helper.getWritableDatabase();
            String sql="update department set departmentName=?,principal=?,tel=? where departmentID=?";
            db.execSQL(sql, new Object[]{department.getDepartmentName(),department.getPrincipal(),
department.getTel(),department.getDepartmentID()});
        }
        //查找指定部门 编号的信息
        public Department find(String  id){
            SQLiteDatabase db=helper.getWritableDatabase();
            String sql="select departmentID,departmentName,principal,tel from department where
departmentID=?";
            Cursor cursor=db.rawQuery(sql, new String[]{String.valueOf(id)});
            if(cursor.moveToNext()){
              return new Department(
                  cursor.getString(cursor.getColumnIndex("departmentID")),
                  cursor.getString(cursor.getColumnIndex("departmentName")),
                  cursor.getString(cursor.getColumnIndex("principal")),
                  cursor.getString(cursor.getColumnIndex("tel")));
            }
            return null;
        }
      //显示部门信息
      public Cursor select() {
          SQLiteDatabase db = helper.getReadableDatabase();
          Cursor cursor = db.query("department",null, null, null, null,null,"_id asc");
          return cursor;
      }
  }
```

第 20 章

高级阶段——开发公共交通线路查询系统

学习指引

随着“绿色出行，节能减排”的提出，同时为了缓解城市交通压力，许多城市都在城市发展中优先发展公共交通事业，人们也越来越习惯乘公共交通出行。由于人们出行的随机性比较大，因此怎么能随时随地、方便、快捷地获取出行路线，为自己的行程做合理安排，就显得非常有意义。本章介绍的是基于 Android 平台的公共交通查询系统。

重点导读

- 了解系统开发背景和功能概述。
- 熟悉系统数据库设计。
- 掌握界面相关类的方法。
- 熟悉辅助界面的相关类。
- 掌握数据库表的创建和操作方法。

20.1 系统开发背景及功能概述

1. 开发背景简介

公共交通查询系统通过信息技术的应用，为人们提供方便、快捷的查询功能。其主要包括以下功能。

（1）车次查询：查询本车次的停靠路线。

（2）站点查询：查询所有经过本站点的公共交通车辆。

（3）站站查询：查询经过两站点的公共交通车辆及中转情况。

（4）系统维护：对车次、站点进行维护与更新。

2. 功能概述

通过对人们出行的需求进行分析，我们对公共交通查询系统的功能有了深入了解。下面就可以确定系统实现的功能结构。

本系统包括车次查询、站点查询、站站查询、系统维护等功能，其结构如图 20-1 所示。

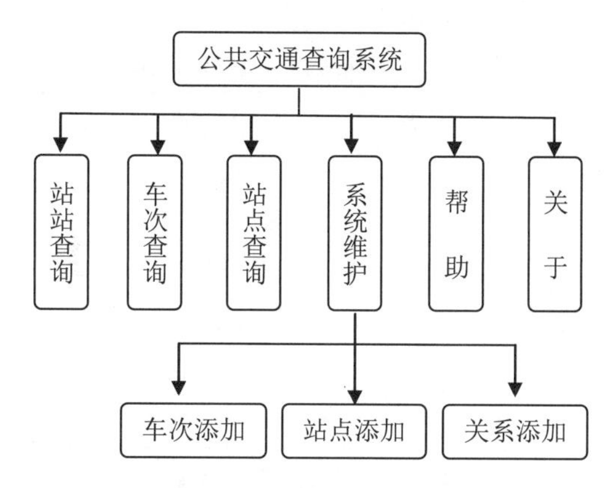

图 20-1　公共交通查询系统的结构

3. 开发环境和目标平台

开发该管理系统需要如下软件环境。

（1）JDK 7 及其以上版本。

（2）Android Studio 集成开发 IDE 工具。

（3）数据库 SQLite。

20.2　开发前的准备工作

数据库是信息查询系统的基础，设计时保证其合理性对提高信息检索效率和后期数据库维护都有很大的好处。一个设计良好的数据库系统同时也可以减少开发的难度和缩短开发周期。

本系统规模比较小，又是单机，故采用 SQLite 作为开发数据库。本系统共有 3 张数据表，分别是车次表（bus）、站点表（busstop）和关系表（relation）。各表间的关系如图 20-2 所示。

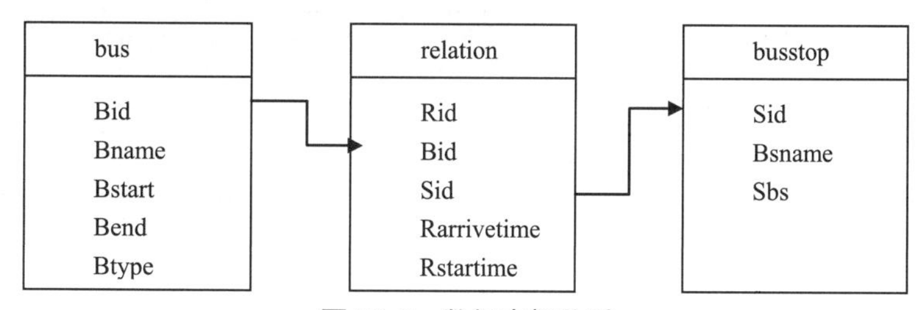

图 20-2　数据表间关系

下面将对图 20-2 的 3 张数据表逐一介绍。

（1）车次表：用于记录车次的基本信息，其具体字段设置情况如表 20-1 所示。

该表的 SQL 语句如下：

```
create table if not exists bus (
    Bid integer primary key,    //车次 ID
    Bname char(20),             //车次名称
    Bstart char(20),            //始发站
    Bend char(20),              //终点站
    Btype char(20));            //车次类型
```

表 20-1　车次表的字段设置情况

字段名称	数据类型	字段大小	是否为主键	是否为空	说　明
Bid	数字	整型	是	否	车次 ID
Bname	文本	20	否	否	车次名称
Bstart	文本	20	否	否	始发站
Bend	文本	20	否	否	终点站
Btype	文本	20	否	否	车次类型

（2）站点表：用于记录站点的基本信息，其具体字段设置情况如表 20-2 所示。

表 20-2　站点表的字段设置情况

字段名称	数据类型	字段大小	是否为主键	是否为空	说　明
Sid	数字	整型	是	否	站点 ID
Bsname	文本	20	否	否	站点名称
Sbs	文本	20	否	否	首字母拼音

该表的 SQL 语句如下：

```
create table if not exists  busstop(
    Sid integer primary key,     //站点 ID
    Bsname char(20),             //站点名称
    Sbs char(10));               //首字母拼音
```

（3）关系表：用于把站点表与车次表关联起来，其具体字段设置情况如表 20-3 所示。

表 20-3　关系表的字段设置情况

字段名称	数据类型	字段大小	是否为主键	是否为空	说　明
Rid	数字	整型	是	否	关系表 ID
Bid	数字	整型	否	否	车次 ID
Sid	数字	整型	否	否	站点 ID
Rarrivetime	文本	20	否	否	到达时间
Rstarttime	文本	20	否	否	出发时间

该表 SQL 语句如下：

```
create table if not exists relation(
    Rid integer primary key,  //关系表 ID
    Bid integer,              //车次 ID
    Sid integer,              //站点 ID
    Rarrivetime char(20),     //到达时间
    Rstarttime char(20));     //出发时间
```

20.3 系统功能预览

本系统实现了公共交通车次查询及车次添加的功能，主要界面设计效果如下。

（1）欢迎界面：人机交互程序有一个好的欢迎界面往往能给用户留下特别的印象，这里的欢迎界面设计效果如图 20-3 所示。

（2）主菜单界面：欢迎界面进入后是主菜单界面，其设计效果如图 20-4 所示。

（3）站站查询界面：效果如图 20-5 所示。

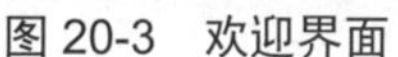

图 20-3 欢迎界面

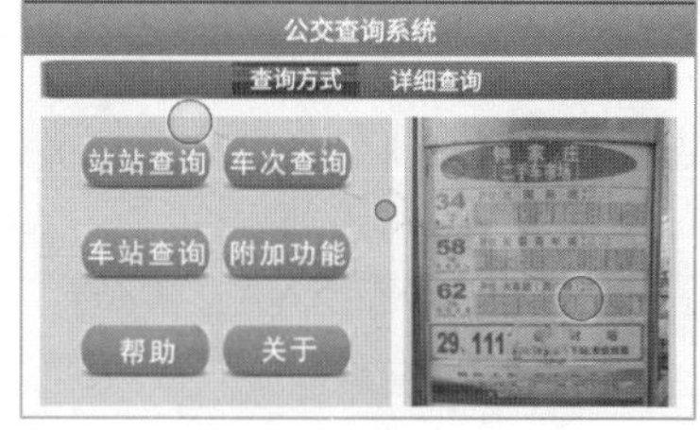

图 20-4 主菜单界面

图 20-5 站站查询界面

（4）车站查询界面及详细资料界面：其设计效果如图 20-6 和图 20-7 所示。

（5）关于界面效果如图 20-8 所示。

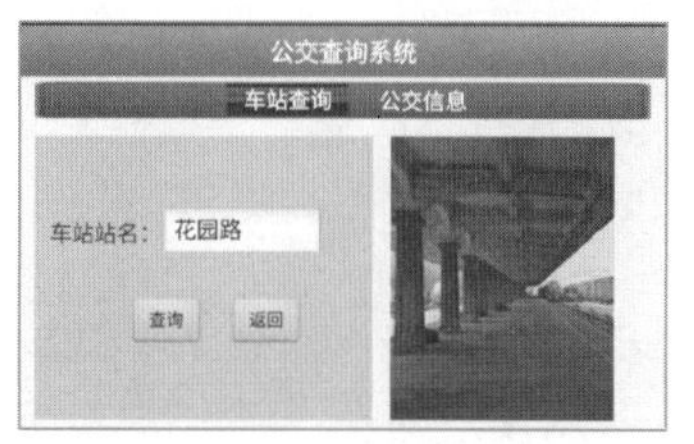

图 20-6 车站查询界面

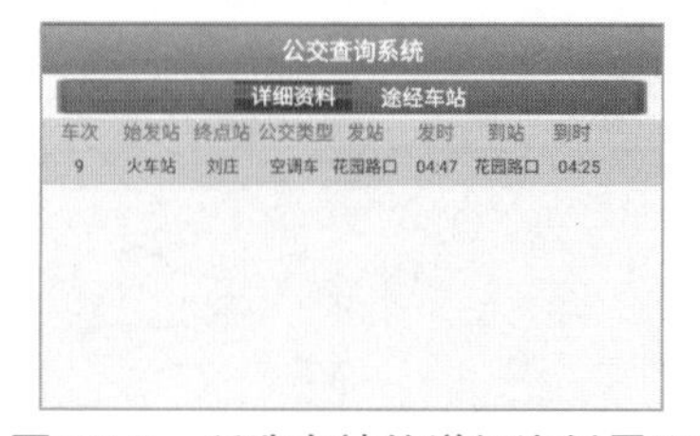

图 20-7 所选车站的详细资料界面

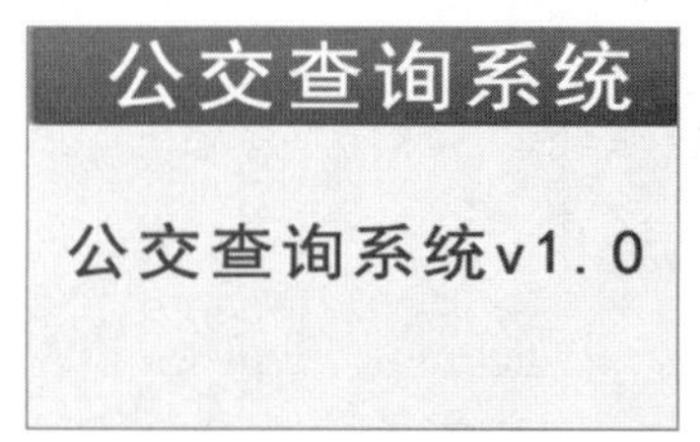

图 20-8 关于界面

（6）车次查询界面及详细资料界面：其设计效果如图 20-9 和图 20-10 所示。

（7）系统维护主界面（图 20-11）：其中设有 3 个子菜单，分别为“车次添加”“车站添加”和“关系添加”界面，设计效果分别如图 20-12～图 20-14 所示。

图 20-9 车次查询界面

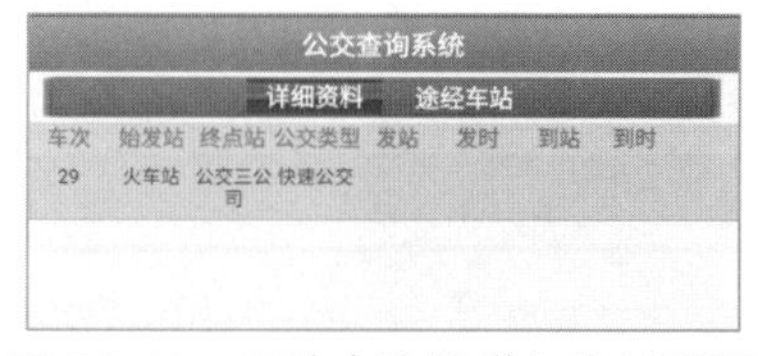

图 20-10 所选车次的详细资料界面

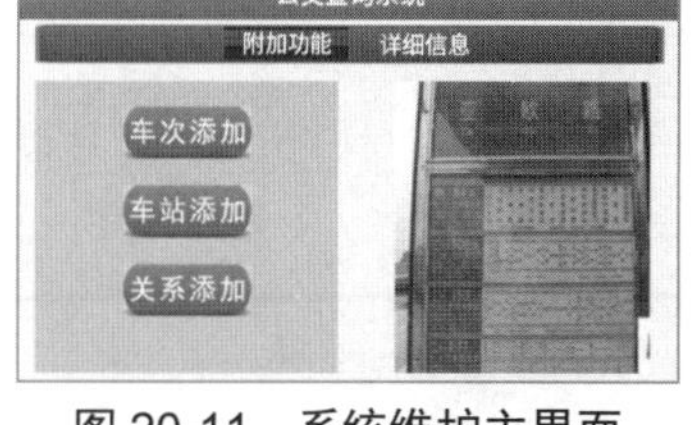

图 20-11 系统维护主界面

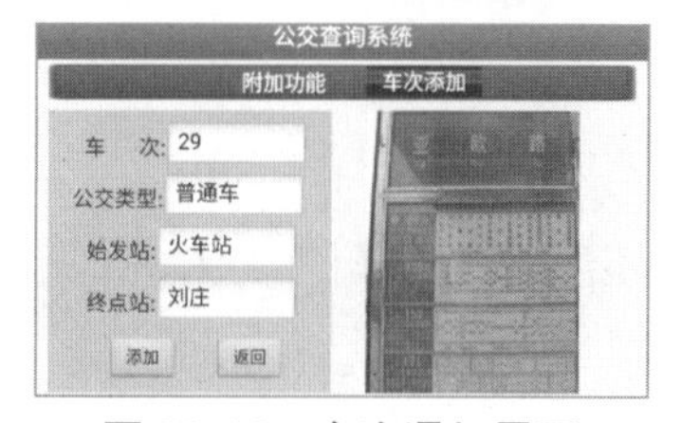

图 20-12 车次添加界面

图 20-13 车站添加界面

图 20-14 关系添加界面

20.4 界面主类 GJCXActivity

界面主类的作用是监听用户操作，做相应界面切换，并实现相应功能。实现过程的主要框架代码如下：

```
package com.gjcx;
import java.util.List;
⋮
//省略部分类引入代码
import static com.gjcx.DbUtil.*;
enum WhichView {MAIN_MENU,ZZCX_VIEW,CCCX_VIEW,CZCCCX_VIEW,LIST_VIEW,PASSbusstop_VIEW,
   CCTJ_VIEW,CZTJ_VIEW,GXTJ_VIEW,xtwh_VIEW,WELCOME_VIEW,ABOUT_VIEW,HELP_VIEW}
public class GJCXActivity extends Activity
{
   Welcome wv;                                          //声明欢迎界面变量
   WhichView curr;                                      //声明当前枚举变量
   static int flag;   //设置界面的标志位。其中，0代表站站查询；1代表车次查询；2代表车站（或站点查询）
   String[][]msgg=new String[][]{{""}};                 //存放 listview 中的数组
   String s1[];
   String s2[];
   String currcc;                                       //声明车次变量
   String currzd;                                       //声明站点变量
   Handler hd=new Handler()                             //声明消息处理器
   {
      @Override
      public void handleMessage(Message msg)            //重写方法
      {
         switch(msg.what)
         {
            case 0:                                     //进入欢迎界面
               goToWelcome();
               break;
            case 1:                                     //进入主菜单界面
               goToMainMenu();
               break;
            case 2:                                     //进入关于界面
               setContentView(R.layout.about);
               curr=WhichView.ABOUT_VIEW;
               break;
            case 3:                                     //进入帮助界面
               setContentView(R.layout.help);
               curr=WhichView.HELP_VIEW;
               break;
         }
      }
   };

   @Override
   public void onCreate(Bundle savedInstanceState)
   {
      super.onCreate(savedInstanceState);
      requestWindowFeature(Window.FEATURE_NO_TITLE);//设置为全屏模式
      getWindow().setFlags(WindowManager.LayoutParams.FLAG_FULLSCREEN                          ,
WindowManager.LayoutParams. FLAG_FULLSCREEN);                 //设置为横屏模式
      setRequestedOrientation(ActivityInfo.SCREEN_ORIENTATION_LANDSCAPE);
      display = getWindowManager().getDefaultDisplay();
```

```
        //通过 WindowManager 获取
        DisplayMetrics dm = new DisplayMetrics();
        getWindowManager().getDefaultDisplay().getMetrics(dm);
        density = dm.density;                       //屏幕密度（像素比例: 0.75/1.0/1.5/2.0）
        int densityDPI = dm.densityDpi;
                                                    //屏幕密度（每寸像素: 120/160/240/320）
        float xdpi = dm.xdpi;
        float ydpi = dm.ydpi;

        CreatTable.creattable();                    //建表
        iniTLisit();                                //初始化数组
        this.hd.sendEmptyMessage(0);                //发送消息，进入欢迎界面
    }
    public void goToWelcome()                       //进入欢迎界面的方法
    {
    ⋮   //代码省略
    }
    public void goToMainMenu()                      //进入主菜单界面的方法
    {
    ⋮   //代码省略
    }
    public void goTozzcxView()                      //进入站站查询界面
    {
    ⋮   //代码省略
    }
    public void goToccccxView()                     //进入车次查询界面
    {
    ⋮   //代码省略
    }

    public void initccSpinner()                     //初始化车次
    {
    ⋮   //代码省略
    }
    public void goTozdcccxView()                    //进入站点车次查询界面
    {
    ⋮   //代码省略
    }

    public void initzdSpinner()                     //初始化站点
    {
    ⋮   //代码省略
    }
    public void goToxtwhView()                      //进入系统维护界面
    {
    ⋮   //代码省略
    }
    public void goTocctjView()                      //进入车次添加界面
    {
    ⋮   //代码省略
    }
    public void goToczt jView()                     //进入车站添加界面
    {
    ⋮   //代码省略
    }
```

```
    public void goTogxtjView()                          //进入关系添加界面
    {
    ⋮   //代码省略
    }
    public void goToListView(String[][]mssg)            //进入查询结果界面
    {
    ⋮   //代码省略
    }
    public void goTogjxlView(String[][]mssg)            //某公交经过的所有站点，进入经过站点界面查询
    {
    ⋮   //代码省略
    }

    //查看在某个界面中单击“查询”按钮时，判断输入框是否为空
    public boolean isLegal()
    {
    ⋮   //代码省略
    }
    @Override
    public boolean onKeyDown(int keyCode, KeyEvent e) //键盘监听
    {
    ⋮   //代码省略
    }

    public void iniTLisit()                             //初始化适配器中需要的数据函数
    {

    ⋮   //代码省略
    }

    public void iniTLisitarray(int id)                  //为对应 ID 的输入框添加适配器
    {
    ⋮   //代码省略
    }
}
```

上述的代码先进行了变量声明，并重写了 onCreate()方法（执行该方法可以为系统初始化数据），接下来定义了切换到各个界面的方法，当需要切换到某个界面时，直接在消息处理器中调用对应方法即可。需要注意的是，调用站站查询方法时使用了适配器，调用车次查询和站点查询时使用了列表的初始化方法。此外，还定义了数据验证方法——当某个执行查询和某个输入框不能为空时，可以调用此方法进行校验。下面详细介绍上述框架中各个功能模块的具体实现方法。

20.4.1 goToWelcome()方法

该方法用来将当前界面切换到欢迎界面。主要代码如下：

```
public void goToWelcome()
{
    if(wv==null)    //如果该对象没创建，则创建
    {
        wv=new Welcome(this);
    }
    setContentView(wv);
    curr=WhichView.WELCOME_VIEW;//标示当前所在界面
}
```

提示：要实现界面切换，在网页中使用超链接或重定位方法，在 Android 中则使用 setContentView()方法。

20.4.2 goToMainMenu()方法

该方法用来将当前界面切换到主菜单界面，并对各个按钮创建监听。主要代码如下：

```
public void goToMainMenu()
{
        setContentView(R.layout.main);          //切换界面
        curr=WhichView.MAIN_MENU;               //更改标示界面
        //获取主菜单界面中各个按钮的引用
        ImageButton ibzzcx=(ImageButton) findViewById(R.id.ibzzcx);
        ImageButton ibcccx=(ImageButton) findViewById(R.id.ibcccx);
        ImageButton ibczcccx=(ImageButton) findViewById(R.id.ibczcccx);
        ImageButton ibxtwh=(ImageButton) findViewById(R.id.ibxtwh);
        ImageButton ibabout=(ImageButton) findViewById(R.id.about_button);
        ImageButton ibhelp=(ImageButton) findViewById(R.id.help_button);
        ibabout.setOnClickListener              //关于按钮的监听
        (
            new OnClickListener()
            {
                public void onClick(View v)
                {
                    hd.sendEmptyMessage(3);     //发消息进入关于界面
                }
            }
        );
        ibhelp.setOnClickListener               //帮助查询的监听
        (
            new OnClickListener()
            {
                public void onClick(View v)
                {
                    hd.sendEmptyMessage(2);     //发消息进入帮助界面
                }
            }
        );
        ibzzcx.setOnClickListener               //站站查询按钮的监听
        (
            new OnClickListener()
            {
                public void onClick(View v)
                {
                    goTozzcxView();             //进入站站查询模块
                }
            }
        );
        ibcccx.setOnClickListener               //车次查询按钮的监听
        (
            new OnClickListener()
            {
                public void onClick(View v)
                {
                    goTocccxView();             //进入车次查询模块
                }
            }
        );
        ibczcccx.setOnClickListener             //站点所有车次查询的监听
        (
```

```
            new OnClickListener()
            {
                public void onClick(View v)
                {
                    goTozdcccxView();           //进入站点查询模块
                }
            }
        );
        ibxtwh.setOnClickListener               //系统维护按钮的监听
        (
            new OnClickListener()
            {
                public void onClick(View v)
                {
                    goToxtwhView();             //进入系统维护模块
                }
            }
        );
}
```

提示：Handler()方法是 Android 中的消息处理器，用于接收子线程发送的数据，并用此数据配合主线程更新界面。

20.4.3 goTozzcxView()方法

该方法实现站站查询功能，并可选择是否设置中转站。主要代码如下：

```
public void goTozzcxView()
{
    setContentView(R.layout.zzcx);
    curr=WhichView.ZZCX_VIEW;
    flag=0;//标志位
    Button bcx=(Button) findViewById(R.id.zzcxbt);          //定义“查询”按钮
    Button bfh=(Button) findViewById(R.id.zzcxfhbt);        //定义“返回”按钮
    iniTLisitarray(R.id.EditText01);                        //为各个站点的输入框添加适配器
    iniTLisitarray(R.id.zzcxzzz);
    iniTLisitarray(R.id.zzcxzdz);
    final CheckBox zzzcx=(CheckBox)findViewById(R.id.zzcxzzzbt);   //中转站复选框的引用
    bcx.setOnClickListener          //为“查询”按钮添加监听
    (
        new OnClickListener()
        {
            @Override
            public void onClick(View v)
            {
                if(!isLegal())
                {
                    ⋮
                }
            }
        }
    );
    bfh.setOnClickListener          //为“返回”按钮添加监听
    (
        new OnClickListener()
        {
            @Override
            public void onClick(View v)
            {
                goToMainMenu();       //返回到主菜单界面
```

```
            }
        }
    );
    //建立适配器
}
```

提示：在上述代码中，为出发站、中转站、终点站都添加了一个适配器。这样，在输入拼音首字母时会出现一个下拉列表，供用户选择，从而方便了手机用户的输入。

20.4.4 goTocccxView( )方法

该方法实现车次查询，选择所要查询的车次并确定后，返回该车次具体信息。主要代码如下：

```
public void goTocccxView()
{
    setContentView(R.layout.cccx);        //切换到车次查询界面
    curr=WhichView.CCCX_VIEW;             //标示界面
    flag=1;
    initccSpinner();                      //初始化下拉列表框
    List<String> linesList=DbUtil.searchccList();
    currcc=linesList.get(0);
    Button bcx=(Button) findViewById(R.id.cccx_cx);
    Button bfh=(Button) findViewById(R.id.cccx_fh);
    bcx.setOnClickListener
    (
        new OnClickListener()
        {
            @Override
            public void onClick(View v)
            {
                if(!isLegal())            //如果各个输入框不满足规则，则返回
                {
                    return;
                }
                Vector<Vector<String>> temp= DbUtil.busSearch(currcc); //调用工具函数查询得到结果集
                currcc=null;
                if(temp.size()==0)        //如果结果向量长度为 0，说明没有查询结果，即无此车次相关信息
                    {
                        Toast.makeText(GJCXActivity.this, "没有相关信息!!!",
                        Toast.LENGTH_ SHORT).show();
                        return;
                    }                     //新建对应于向量的数组
                String[][] msgInfo=new String[temp.elementAt(0).size()][temp.size()];
                    for(int i=0;i<temp.size();i++)  //否则将向量中的数据导入对应的数组
                    {
                        for(int j=0;j<temp.elementAt(i).size();j++)
                        {
                            msgInfo[j][i]=(String)temp.get(i).get(j);
                        }
                    }
                    goToListView(msgInfo); //切换到结果显示界面（ListView 界面）
            }
        }
    );
    bfh.setOnClickListener                //为“返回”按钮添加监听
    (
        new OnClickListener()
        {
            @Override
```

```
            public void onClick(View v)
            {
                goToMainMenu();            //返回到菜单界面
            }
        }
    );

}
```

提示：在上述代码中也使用了方便输入的和有效输入的处理，即通过 initccSpinner()方法初始化下拉列表框数据。

20.4.5 goTozdcccxView( )方法

该方法实现按站点查找经过本站点所有车次的功能。与 goTocccxView()方法的实现过程类似，并且也对下拉列表框进行了初始化，减少用户的输入。主要代码如下：

```
public void goTozdcccxView()
{
    setContentView(R.layout.zdcx);                         //切换到站点查询界面
    curr=WhichView.CZCCCX_VIEW;                            //标示界面
    flag=2;//标示所在界面为车次查询界面
    //为站点文本框添加适配器来完成文本输入的提示功能
    initzdSpinner();//初始化站点信息
    List<String> linesList=DbUtil.searchzdList();
    currzd=linesList.get(0);
    Button bcx=(Button) findViewById(R.id.zdcx_cx);   //获取“查询”按钮的引用
    Button bfh=(Button) findViewById(R.id.zdcx_fh);   //获取“返回”按钮的引用
    bcx.setOnClickListener                                 //为“查询”按钮添加监听
    (
        new OnClickListener()
        {
            @Override
            public void onClick(View v)
            {
                if(!isLegal())                             //如果某个文本框不合规则，则返回
                {
                    return;
                }
                ⋮
                goToListView(msgInfo);
            }
        }
    );
    bfh.setOnClickListener                                 //为“返回”按钮添加监听
    (
        new OnClickListener()
        {
            @Override
            public void onClick(View v)
            {
                goToMainMenu();                            //切换到主菜单界面
            }
        }
    );
}
```

20.4.6 goToListView( )方法

该方法用于显示查询结果，双击某一查询结果，可以查看具体车次信息。主要代码如下：

```
public void goToListView(String[][]mssg)
{
    msgg=mssg;                                         //赋值给全局数组，用来实现“返回”按钮功能
    setContentView(R.layout.zzcxjg);                   //切换界面
    curr=WhichView.LIST_VIEW;                          //标示界面
    final String[][]msg=mssg;                          //新建数组，并赋值
    ListView lv_detail=(ListView)this.findViewById(R.id.ListView_detail);
   //获取 ListView 的引用
    BaseAdapter ba_detail=new BaseAdapter()            //新建适配器
    {
        @Override
        public int getCount()
        {
            return msg[0].length;                      //得到列表的长度
        }
        @Override
        public Object getItem(int arg0){return null;}
        @Override
        public long getItemId(int arg0){return 0;}
        @Override
        public View getView(int arg0, View arg1, ViewGroup arg2)
        //为每一项添加内容
        {
            LinearLayout ll_detail=new LinearLayout(GJCXActivity.this);
            ll_detail.setOrientation(LinearLayout.HORIZONTAL);
            //设置朝向
            ll_detail.setPadding(5,5,5,5);             //四周留白
            for(int i=0;i<msg.length;i++)              //为每一行设置显示的数据
            {
                TextView s= new TextView(GJCXActivity.this);
                s.setText(msg[i][arg0]);               //TextView 中显示的文字
                s.setTextSize(14);                     //字体大小
                s.setTextColor(getResources().getColor(R.color.black));  //字体颜色
                s.setPadding(1,2,2,1);                 //四周留白
                s.setWidth(60);//宽度
                s.setGravity(Gravity.CENTER);
                ll_detail.addView(s);                  //放入 LinearLayout
            }
            return ll_detail;                          //将此 LinearLayout 返回
        }
    };
    lv_detail.setAdapter(ba_detail);                   //将适配器添加进 ListView
    lv_detail.setOnItemClickListener                   //为列表添加监听
    (
        new OnItemClickListener()
        {
            @Override
            public void onItemClick(AdapterView<?> arg0, View arg1, int arg2, long arg3)
            //arg2 为点击的第几项，当点击列表中的某一项时调用此函数
                {
                String cccx=msg[0][arg2];              //取出对应项中对应的车次信息
                Vector<Vector<String>> temp= DbUtil.getInfo(cccx);
                //查询该车次经过的所有站点
```

```
                if(temp.size()==0)                      //判断是否有查询结果
                {
                    Toast.makeText(GJCXActivity.this, "没有相关信息!!!", Toast.LENGTH_
                        SHORT).show();
                    return;
                }
                String[][] msgInfo=new String[temp.elementAt(0).size()][temp.size()];
                //如果有，则将结果放入对应的数组
                for(int i=0;i<temp.size();i++)
                {
                    for(int j=0;j<temp.elementAt(0).size();j++)
                    {
                        msgInfo[j][i]=(String)temp.get(i).get(j);
                    }
                }
                msgg=msg;
                goTogjxlView(msgInfo);                  //切换到车次具体情况显示界面
            }
        }
    );
}
```

20.4.7 goTogjxlView( )方法

该方法实现把某一车次经过的站点显示出来。主要代码如下：

```
public void goTogjxlView(String[][]mssg)
{
    setContentView(R.layout.gjxl);                          //切换界面
    curr=WhichView.PASSbusstop_VIEW;                        //标示界面
    ListView lv_detail=(ListView)this.findViewById(R.id.ListView_passstation);
                                                            //得到 ListView 的引用
    final String[][]msg=mssg;
    BaseAdapter ba_detail=new BaseAdapter()                 //新建适配器
    {
        @Override
        public int getCount()
        {
            return msg[0].length;                           //得到列表的长度
        }
        @Override
        public Object getItem(int arg0){return null;}
        @Override
        public long getItemId(int arg0){return 0;}
        @Override
        public View getView(int arg0, View arg1, ViewGroup arg2)
        {
        ⋮
    };
    lv_detail.setAdapter(ba_detail);                        //将适配器添加进列表
}
```

20.4.8 goToxtwhView( )方法

该方法实现切换到系统维护界面中，并建立相应功能按钮监听。主要代码如下：

```
public void goToxtwhView()
{
    setContentView(R.layout.xtwh);                              //切换到系统维护界面
```

```
    curr=WhichView.xtwh_VIEW;                                    //标示当前所在界面为系统维护界面
    ImageButton ibcctj=(ImageButton)findViewById(R.id.ibcctj);    //获取“车次添加”按钮引用
    ImageButton ibcztj=(ImageButton)findViewById(R.id.ibcztj);    //获取“车站添加”按钮引用
    ImageButton ibgxtj=(ImageButton)findViewById(R.id.ibgxtj);    //获取“关系添加”按钮的引用
    ibcctj.setOnClickListener                                    // “车次添加”按钮的监听
    (
        new OnClickListener()
        {
            public void onClick(View v)
            {
                goTocctjView();                                  //进入车次添加界面
            }
        }
    );
    ibcztj.setOnClickListener                                    // “车站添加”按钮的监听
    (
        new OnClickListener()
        {
            public void onClick(View v)
            {
                goTozdtjView();                                  //切换到车站添加界面
            }
        }
    );
    ibgxtj.setOnClickListener                                    // “关系添加”按钮的监听
    (
        new OnClickListener()
        {
            public void onClick(View v)
            {
                goTogxtjView();
            }
        }
    );
}
```

20.4.9 goTocctjView()方法

该方法实现车次添加。主要代码如下：

```
public void goTocctjView()
{
    setContentView(R.layout.cctj);                               //切换界面
    curr=WhichView.CCTJ_VIEW;                                    //标示界面
    Button bcctjtj=(Button)findViewById(R.id.cctj_tj);          //获取“添加”按钮的引用
    Button bcctjfh=(Button)findViewById(R.id.cctj_fh);          //获取“返回”按钮的引用
    iniTLisitarray(R.id.cctj_sfz);                               //为始发站文本框添加适配器
    iniTLisitarray(R.id.cctj_zdz);                               //为终点站文本框添加适配器
    final int Bid=DbUtil.getInserBid("cc","Bid")+1; //获取此时站点表中 Bid 列的最大 ID，然后加 1 得出
要插入此车次的 ID。
    bcctjtj.setOnClickListener                                   //为“添加”按钮添加监听
    (
        new OnClickListener()
        {
            @Override
            public void onClick(View v)
```

```
            {
                if(!isLegal())                              //判断输入框是否符合规则
                {
                    return;
                }
                ⋮
            }
        }
    );
    bcctjfh.setOnClickListener                              //为返回按钮添加监听
    (
        new OnClickListener()
        {
            @Override
            public void onClick(View v)
            {
                goToxtwhView();                             //返回到系统维护界面
            }
        }
    );
}
```

20.4.10 goTozdtjView( )方法

该方法实现站点添加。主要代码如下：

```
public void goTozdtjView()
{
    setContentView(R.layout.zdtj);//切换界面
    curr=WhichView.CZTJ_VIEW;//标示界面
    Button bcztjtj=(Button)findViewById(R.id.zdtj_tj); //获取“添加”按钮的引用
    Button bcztjfh=(Button)findViewById(R.id.zdtj_fh); //获取“返回”按钮的引用
    final int Sid=DbUtil.getInserBid("busstop","Sid")+1;//查出 Sid 列中最大的 ID, 加 1 得到此时需要插
入站点的 ID
    bcztjtj.setOnClickListener                          //为“添加”按钮添加监听
    (
        new OnClickListener()
        {
            @Override
            public void onClick(View v)
            {
                if(!isLegal())
                {
                    return;
                }
                EditText cztjmc=(EditText)findViewById(R.id.et_cztj_czmc);//得到各输入框中的引用
                EditText cztjjc=(EditText)findViewById(R.id.et_cztj_czjc);
                String cnm=cztjmc.getText().toString().trim();//得到对应的文本
                String clx=cztjjc.getText().toString().trim();
                if(!clx.matches("[a-zA-Z]+"))//正则式匹配, 查看简称输入框中的文本是否符合都是字母的规则
                {
                    //发不匹配消息
                    Toast.makeText(GJCXActivity.this, "对不起, 简称只能为字母!!!",
                        Toast.LENGTH_SHORT).show();
                    return;
                }
                String sql="select * from busstop where Bsname='" +cnm+"'";
                Vector<Vector<String>> ss=query(sql);   //查看该站点是否已经存在
```

```
                if(ss.size()>0)                                 //如果结果向量的长度大于0，说明已经有了该车
                {
                    Toast.makeText(GJCXActivity.this, "对不起，已经有了此站点!!!",
                        Toast. LENGTH_SHORT).show();
                    return;
                }
                sql="insert into busstop values(" +Sid +   ",'" +cnm +   "','" +   clx +"')";
                if(!insert(sql))                                //进行插入操作，如果结果为"是"，则添加失败
                {
                    Toast.makeText(GJCXActivity.this, "对不起，添加失败!!!", Toast.LENGTH_SHORT). show();
                    return;
                }else{                                          //否则为添加成功
                    iniTLisit();
                    Toast.makeText(GJCXActivity.this, "恭喜你，添加成功!!!", Toast.LENGTH_SHORT). show();
                }
            }
        }
    );
    bcztjfh.setOnClickListener                                  //为"返回"按钮添加监听
    (
        new OnClickListener()
        {
            @Override
            public void onClick(View v)
            {
            goToxtwhView();                                     //返回到系统维护界面
            }
        }
    );
}
```

20.4.11 goTogxtjView()方法

该方法实现在站点与车次上建立对应关系。主要代码如下：

```
public void goTogxtjView()
{
    setContentView(R.layout.gxtj);                              //切换界面
    curr=WhichView.GXTJ_VIEW;                                   //标示界面
    Button bgxtjtj=(Button)findViewById(R.id.gxtj_tj); //获取"添加"按钮的引用
    Button bgxtjfh=(Button)findViewById(R.id.gxtj_fh); //获取"返回"按钮的引用
    iniTLisitarray(R.id.et_gxtj_zm);                            //为站点名称添加适配器

    bgxtjtj.setOnClickListener                                  //为"添加"按钮添加监听
    (
        new OnClickListener()
        {
            @Override
            public void onClick(View v)
            {
                EditText gxtjcnm=(EditText)findViewById(R.id.et_gxtj_cm);
                //获取车名输入框的引用
                AutoCompleteTextView gxtjclx=(AutoCompleteTextView)findViewById(R.id.et_gxtj_zm);
                //获取站名输入框的引用
                EditText gxtjcsf=(EditText)findViewById(R.id.et_gxtj_dzsj);
                //拿到到站时间输入框的引用
                EditText gxtjczd=(EditText)findViewById(R.id.et_gxtj_kcsj);
                //拿到发车时间输入框的引用
                ⋮
```

```
            }
        }
    );
    bgxtjfh.setOnClickListener                              //为“返回”按钮添加监听
    (
        new OnClickListener()
        {
            @Override
            public void onClick(View v)
            {
            goToxtwhView();                                 //返回到系统维护界面
            }
        }
    );
}
```

20.4.12 initccSpinner()方法

该方法实现把车次数据从数据库中取出，加载到车次选择列表中。主要代码如下：

```
public void initccSpinner()
{
    //初始化 Spinner
    Spinner sp=(Spinner)this.findViewById(R.id.cccxcc);
    final List<String> linesList=DbUtil.searchccList(); //查询车次表

    //为 Spinner 准备内容适配器
    BaseAdapter ba=new BaseAdapter()
    {
        @Override
        public int getCount() {
            return linesList.size();                    //总共 3 个选项
        }
        @Override
        public Object getItem(int arg0) { return null; }
        @Override
        public long getItemId(int arg0) { return 0; }

        @Override
        public View getView(int arg0, View arg1, ViewGroup arg2) {
            /*
             * 动态生成每个下拉项对应的 View，每个下拉项 View 由一个 TextView 构成
             */

            //初始化 TextView
            TextView tv=new TextView(GJCXActivity.this);
            tv.setText(linesList.get(arg0));            //设置内容
            tv.setTextSize(18);                         //设置字体大小
            tv.setTextColor(Color.BLACK);               //设置字体颜色
            return tv;
        }
    };
    sp.setAdapter(ba);                                  //为 Spinner 设置内容适配器
    //设置选项选中的监听器
    sp.setOnItemSelectedListener(
    new OnItemSelectedListener()
    {
        @Override
        public void onItemSelected(AdapterView<?> arg0, View arg1, int arg2, long arg3)
        {                                               //重写选项被选中事件的处理方法
```

```
            TextView tvn=(TextView)arg1;                    //获取其中的 TextView
            currcc=tvn.getText().toString();
        }
        @Override
        public void onNothingSelected(AdapterView<?> arg0) { }
        }
    );
}
```

20.4.13　initzdSpinner()方法

该方法实现从数据库中取出站点信息，加载到站点选择列表中。主要代码如下：

```
public void initzdSpinner()//初始化站点
{
    //初始化 Spinner
    Spinner sp=(Spinner)this.findViewById(R.id.czcxwb);
    final List<String> linesList=DbUtil.searchzdList();   //查询车次表
    //为 Spinner 准备内容适配器
    BaseAdapter ba=new BaseAdapter()
    {
        @Override
        public int getCount() {
            return linesList.size();                          //总共 3 个选项
        }
        @Override
        public Object getItem(int arg0) { return null; }
        @Override
        public long getItemId(int arg0) { return 0; }
        @Override
        public View getView(int arg0, View arg1, ViewGroup arg2) {
            /*
             * 动态生成每个下拉项对应的 View，每个下拉项 View 由一个 TextView 构成
             */

            //初始化 TextView
            TextView tv=new TextView(GJCXActivity.this);
            tv.setText(linesList.get(arg0));                  //设置内容
            tv.setTextSize(18);                               //设置字体大小
            tv.setTextColor(Color.BLACK);                     //设置字体颜色
            return tv;
        }
    };
    sp.setAdapter(ba);//为 Spinner 设置内容适配器
    //设置选项选中的监听器
    sp.setOnItemSelectedListener(
    new OnItemSelectedListener()
    {
        @Override
        public void onItemSelected(AdapterView<?> arg0, View arg1, int arg2, long arg3)
        {   //重写选项被选中事件的处理方法
            TextView tvn=(TextView)arg1;//获取其中的 TextView
            currzd=tvn.getText().toString();
        }
        @Override
        public void onNothingSelected(AdapterView<?> arg0) { }
    }
    );
}
```

20.4.14 isLegal()方法

该方法用于验证用户输入数据的有效性。主要代码如下：

```
//查看在某个界面中单击“查询”按钮时，判断输入框是否为空
public boolean isLegal()
{
    if(curr==WhichView.ZZCX_VIEW)//如果当前为站站查询界面，对相应的文本框等进行合法验证
    {
        EditText etcfz=(EditText)findViewById(R.id.EditText01);      //出发站
        EditText etzzz=(EditText)findViewById(R.id.zzcxzzz);          //中转站
        EditText etzdz=(EditText)findViewById(R.id.zzcxzdz);          //终点站
        CheckBox cbzzz=(CheckBox)findViewById(R.id.zzcxzzzbt);        //中转站复选框
        if(etcfz.getText().toString().trim().equals(""))              //出发站为空
        {
            Toast.makeText(this, "出发站不能为空！！！",Toast.LENGTH_LONG).show();
            return false;
        }
        if(etzzz.getText().toString().trim().equals("")&&cbzzz.isChecked())//中转站为空
        {
            Toast.makeText(this, "中转站不能为空！！！",Toast.LENGTH_LONG).show();
            return false;
        }
        if(etzdz.getText().toString().trim().equals(""))              //终点站为空
        {
            Toast.makeText(this, "终点站不能为空！！！",Toast.LENGTH_LONG).show();
            return false;
        }
        if(etcfz.getText().toString().trim().contentEquals(etzdz.getText().toString(). trim()))
        //出发站和终点站相同
        {
            Toast.makeText(this, "出发站和终点站不能相同！！！",Toast.LENGTH_LONG).show();
            return false;
        }
if(cbzzz.isChecked()&&etcfz.getText().toString().trim().contentEquals(etzzz.getText().
        toString().trim()))                                           //出发站和中转站相同
        {
            Toast.makeText(this, "出发站和中转站不能相同！！！",Toast.LENGTH_LONG).show();
            return false;
        }
        if(cbzzz.isChecked()&&etzdz.getText().toString().trim().contentEquals
            (etzzz.getText().toString().trim()))
    //终点站和中转站相同
        {
            Toast.makeText(this, "终点站和中转站不能相同！！！",Toast.LENGTH_LONG).show();
            return false;
        }
    }
    if(curr==WhichView.CCTJ_VIEW)//如果当前为车次添加界面，对相应的文本框进行合法验证
    {
        EditText et_cm=(EditText)findViewById(R.id.cctj_cm);          //车名
        EditText et_lclx=(EditText)findViewById(R.id.cctj_lclx);      //公交类型
        EditText et_sfz=(EditText)findViewById(R.id.cctj_sfz);        //始发站
        EditText et_zdz=(EditText)findViewById(R.id.cctj_zdz);        //终点站
        if(et_cm.getText().toString().trim().contentEquals(""))
        {
            Toast.makeText(this, "车名不能为空！！！",Toast.LENGTH_SHORT).show();
            return false;
```

```
        }
        if(et_lclx.getText().toString().trim().contentEquals(""))
        {
            Toast.makeText(this, "公交类型不能为空！！！",Toast.LENGTH_SHORT).show();
            return false;
        }
        if(et_sfz.getText().toString().trim().contentEquals(""))
        {
            Toast.makeText(this, "始发站不能为空！！！",Toast.LENGTH_SHORT).show();
            return false;
        }
        if(et_zdz.getText().toString().trim().contentEquals(""))
        {
            Toast.makeText(this, "终点站不能为空！！！",Toast.LENGTH_SHORT).show();
            return false;
        }
    }
    if(curr==WhichView.CZTJ_VIEW)//如果当前在站点添加界面
    {
        EditText et_czmc=(EditText)findViewById(R.id.et_cztj_czmc);//站点名称
        EditText et_czjc=(EditText)findViewById(R.id.et_cztj_czjc);//站点简称
        if(et_czmc.getText().toString().trim().contentEquals(""))
        {
            Toast.makeText(this, "站点名称不能为空！！！",Toast.LENGTH_SHORT).show();
            return false;
        }
        if(et_czjc.getText().toString().trim().contentEquals(""))
        {
            Toast.makeText(this, "站点简称不能为空！！！",Toast.LENGTH_SHORT).show();
            return false;
        }
    }
    if(curr==WhichView.GXTJ_VIEW)//如果当前在关系添加界面
    {
        EditText et_cm=(EditText)findViewById(R.id.et_gxtj_cm);     //车名
        EditText et_zm=(EditText)findViewById(R.id.et_gxtj_zm);     //站名
        if(et_cm.getText().toString().trim().contentEquals(""))
        {
            Toast.makeText(this, "车名不能为空！！！",Toast.LENGTH_SHORT).show();
            return false;
        }
        if(et_zm.getText().toString().trim().contentEquals(""))
        {
            Toast.makeText(this, "站名不能为空！！！",Toast.LENGTH_SHORT).show();
            return false;
        }
    }
    return true;
}
```

提示：数据有效性验证在程序中很有用，它是衡量一个程序健壮性和稳定性的标准之一，有些未经验证的数据可能会导致程序崩溃。isLegal()方法检验当前界面的文本框是否能为空，如果满足要求，返回 true，否则返回 false。

20.5 辅助界面的相关类

上节主要介绍了软件的界面主类，下面简单介绍与界面相关的其他类，主要有 WelcomeView 类、

GGview 类及 CityAdapter 类。

20.5.1 欢迎界面 WelcomeView 类

WelcomeView 类对应的是软件运行后出现的第一个界面——欢迎界面，主要作用是加载一个欢迎图片，给用户一种友好化的界面感觉。其主要代码如下：

```
public class WelcomeView extends View
{
    GJCXActivity activity;                                  //activity 的引用
    Paint paint;                                            //画笔
    int currentAlpha=0;                                     //当前的不透明值
    int screenWidth=480;                                    //屏幕宽度
    int screenHeight=320;                                   //屏幕高度
    int sleepSpan=50;                                       //动画的时延（ms）
    Bitmap[] logos=new Bitmap[1];//logo 图片数组
    Bitmap currentLogo;                                     //当前 logo 图片引用
    int currentX;                                           //图片位置
    int currentY;
    public Welcome(GJCXActivity activity)
    {
        super(activity);
        this.activity = activity;
        screenWidth=activity.display.getWidth();
        screenHeight=activity.display.getHeight();
        this.getHolder().addCallback(this);                 //设置生命周期回调接口的实现者
        paint = new Paint();                                //创建画笔
        paint.setAntiAlias(true);                           //打开抗锯齿
        //加载图片
        logos[0]=BitmapFactory.decodeResource(activity.getResources(), R.drawable.welcome);
    }
    public void onDraw(Canvas canvas)
    {
        //绘制黑色矩形
        paint.setColor(Color.BLACK);                        //设置画笔颜色
        paint.setAlpha(255);                                //设置不透明度为 255
        canvas.drawRect(0, 0, screenWidth, screenHeight, paint);
        //进行平面贴图
        if(currentLogo==null)return;
        paint.setAlpha(currentAlpha);
        canvas.drawBitmap(currentLogo, currentX, currentY, paint);
    }
    public void surfaceChanged(SurfaceHolder arg0, int arg1, int arg2, int arg3)
    {
        ⋮
    }
    public void surfaceCreated(SurfaceHolder holder)  //创建时被调用
    {
        new Thread()
        {
            public void run()
            {
                ⋮
        }.start();
    }
    public void surfaceDestroyed(SurfaceHolder arg0)
    {    //销毁时被调用
```

```
        ⋮
    }
}
```

提示： 在上述代码中我们仅为欢迎界面加载了一幅图片，如果要加载多张图片，则需要对 Bitmap[] logos=new Bitmap[1]的定义做相应更改。surfaceCreated()方法可以实现对加载图片进行渐变效果处理。

20.5.2　自定义控件 GGView 类

该类实现几张图片循环播放的幻灯效果，用于显示广告或人性化图片，增加软件的友好性。

```
public class GGView extends View {
    int COMPONENT_WIDTH;                                    //该控件宽度
    int COMPONENT_HEIGHT;                                   //该控件高度
    boolean initflag=false;                                 //是否要获取控件的高度和宽度标志
    static Bitmap[] bma;                                    //需要播放的图片的数组
    Paint paint;                                            //画笔
    int[] drawablesId;                                      //图片 ID 数组
    int currIndex=0;                                        //图片 ID 数组下标，根据此变量画图片
    boolean workFlag=true;                                  //播放图片线程标志位
    public GGView(Context father,AttributeSet as) {         //构造器
        super(father,as);
        drawablesId=new int[]{                              //初始化图片 ID 数组
            R.drawable.adv1,                                //将需要播放的图片 ID 放于此处
            R.drawable.adv2,
            R.drawable.adv3,
        };
        bma=new Bitmap[drawablesId.length];                 //创建存放图片的数组
        initBitmaps();                                      //调用初始化图片函数，初始化图片数组
        paint=new Paint();                                  //创建画笔
        paint.setFlags(Paint.ANTI_ALIAS_FLAG);              //消除锯齿
        new Thread(){                                       //创建播放图片线程
            public void run(){
                while(workFlag){
                    currIndex=(currIndex+1)%drawablesId.length;//改变 ID 数组下标值
                    GGView.this.postInvalidate();           //绘制
                    try {
                        Thread.sleep(3000);                 //休息 3s
                    } catch (InterruptedException e) {
                        e.printStackTrace();
                    }}}}.start();                           //启动线程
    }
    public void initBitmaps(){                              //初始化图片函数
        Resources res=this.getResources();                  //获取 Resources 对象
        for(int i=0;i<drawablesId.length;i++){
            bma[i]=BitmapFactory.decodeResource(res, drawablesId[i]);
        }}
    public void onDraw(Canvas canvas){                      //绘制函数
        if(!initflag) {                                     //第一次绘制时需要获取宽度和高度
            COMPONENT_WIDTH=this.getWidth();                //获取 view 的宽度
            COMPONENT_HEIGHT=this.getHeight();              //获取 view 的高度
            initflag=true;
```

```
        }
        int picWidth=bma[currIndex].getWidth();         //获取当前绘制图片的宽度
        int picHeight=bma[currIndex].getHeight();       //获取当前绘制图片的高度
        int startX=(COMPONENT_WIDTH-picWidth)/2;        //得到绘制图片的左上角 x 轴坐标
        int startY=(COMPONENT_HEIGHT-picHeight)/2;      //得到绘制图片的左上角 y 轴坐标
        canvas.drawARGB(255, 200, 128, 128);            //设置背景色
        canvas.drawBitmap(bma[currIndex], startX,startY, paint);    //绘制图片
    }}
```

提示：这是一个自定义控件，我们可以用在任何需要的地方。

20.5.3 适配器 CityAdapter 类

该类用在站站查询时车站名称的输入，以增加软件操作的人性化和方便性。在用户输入框下出现一个下拉列表，显示用户可能的输入，供用户选择，这很贴合我们的记忆习惯（当我们记不准某个站点时，这样的功能就显得很重要），同时也提高了用户的输入效率。其主要代码如下：

```
public class CityAdapter<T> extends BaseAdapter implements Filterable
{
private List<T> mObjects;                               //车站名称 - 汉字数组
private List<T> mObjects2;                              //车站名称 - 拼音数组
private final Object mLock = new Object();
private int mResource;                                  //展示数组适配器内容的 View Id
private int mDropDownResource;                          //下拉框中内容的 Id
private int mFieldId = 0;                               //下拉框选项 ID
private boolean mNotifyOnChange = true;
private Context mContext;                               //当前上下文对象 - Activity
private ArrayList<T> mOriginalValues;                   //原始数组列表
private ArrayFilter mFilter;
private LayoutInflater mInflater;
public CityAdapter(Context context, int textViewResourceId, T[] objects,T[] objects2)
{
    init(context, textViewResourceId, 0, Arrays.asList(objects),Arrays.asList(objects2));
}
public void add(T object)
{
    ⋮
}
public void insert(T object, int index)
{
    ⋮
}
public void remove(T object)
{
    ⋮
}
public void clear()                                     //从列表中删除所有的信息
{
    ⋮
}
public void sort(Comparator<? super T> comparator)    //根据指定的比较器，对适配器中的内容进行排序
{
    Collections.sort(mObjects, comparator);
    if (mNotifyOnChange) notifyDataSetChanged();
```

```
    }
    @Override
    public void notifyDataSetChanged()
    {
        super.notifyDataSetChanged();
        mNotifyOnChange = true;
    }
    //设置自动修改
    public void setNotifyOnChange(boolean notifyOnChange)
    {
        mNotifyOnChange = notifyOnChange;
    }
    //构造器初始化所有信息
    private void init(Context context, int resource, int textViewResourceId, List<T> objects ,List<T>
objects2)
    {
        mContext = context;
        mInflater = (LayoutInflater)context.getSystemService(Context.LAYOUT_INFLATER_SERVICE);
        mResource = mDropDownResource = resource;
        mObjects = objects;
        mObjects2 = objects2;
        mFieldId = textViewResourceId;
    }
    //返回与数组适配器相关联的上下文对象
    public Context getContext()
    {
        return mContext;
    }
    public int getCount()                                   //返回车站名称汉字列表的大小
    {
        return mObjects.size();
    }

    public T getItem(int position)                          //返回车站名称汉字列表中指定位置的字符串值
    {
        return mObjects.get(position);
    }
    public int getPosition(T item)                          //返回车站名称汉字列表中指定字符串值的索引
    {
        return mObjects.indexOf(item);
    }
    public long getItemId(int position)                     //将 int 型整数以长整型返回
    {
        return position;
    }
    public View getView(int position, View convertView, ViewGroup parent)//创建 View
    {
        return createViewFromResource(position, convertView, parent, mResource);
    }
    private View createViewFromResource(int position, View convertView, ViewGroup parent,int resource)
    {
        View view;
        TextView text;
        if (convertView == null)                            //如果当前为空
        {
            view = mInflater.inflate(resource, parent, false);
```

```
        }
        else                                                    //如果不为空
        {
            view = convertView;
        }

        try {
            if (mFieldId == 0)                                  //如果当前域为空，假定所有的资源就是一个 TextView
            {
                text = (TextView) view;
            }
            else                                                //否则,在界面中找到 TextView
            {
                text = (TextView) view.findViewById(mFieldId);
            }
        }
        catch (ClassCastException e)                            //异常处理
        {
            throw new IllegalStateException
            (
            "ArrayAdapter requires the resource ID to be a TextView", e
            );
        }
        text.setText(getItem(position).toString());        //为 Text 设值,返回当前车站名称汉字列表中选中的值
        return view;
    }
    public void setDropDownViewResource(int resource)     //创建下拉视图
    {
        this.mDropDownResource = resource;
    }
    @Override
    public View getDropDownView(int position, View convertView, ViewGroup parent)
    {
        return createViewFromResource(position, convertView, parent, mDropDownResource);
    }
    public static ArrayAdapter<CharSequence> createFromResource(Context context,int textArrayResId,
int textViewResId)
        //从外部资源中创建新的数组适配器
    {
        CharSequence[] strings = context.getResources().getTextArray(textArrayResId);
        //创建字符串序列
        return new ArrayAdapter<CharSequence>(context, textViewResId, strings);
        //返回数组适配器
    }
    public Filter getFilter()                                   //得到过滤器
    {
        if (mFilter == null)                                    //如果为空，创建数组过滤器
        {
            mFilter = new ArrayFilter();
        }
        return mFilter;
    }
    //数组过滤器限制数组适配器以指定的前缀开头，如果与提供的前缀不匹配则将其从中删除
    private class ArrayFilter extends Filter
    {
        @Override
```

```
protected FilterResults performFiltering(CharSequence prefix)//执行过滤
{
    FilterResults results = new FilterResults();//创建 FilterResults 对象
    if (mOriginalValues == null)                    //如果为空
    {
        synchronized(mLock)
        {
            mOriginalValues = new ArrayList<T>(mObjects);
        }
    }
    if (prefix == null || prefix.length() == 0)
    {
        synchronized (mLock)
        {
            ArrayList<T> list = new ArrayList<T>(mOriginalValues);
            results.values = list;
            results.count = list.size();
        }
    }
    else
    {
        String prefixString = prefix.toString().toLowerCase(); //转换成小写
        final ArrayList<T> values = mOriginalValues;
        final int count = values.size();
        final ArrayList<T> newValues = new ArrayList<T>(count);
        for (int i = 0; i < count; i++)
        {
            final T value = values.get(i);
            final String valueText = value.toString().toLowerCase();
            final T value2 = mObjects2.get(i);
            final String valueText2 = value2.toString().toLowerCase();
            //查找拼音
            if(valueText2.startsWith(prefixString))
            {
                newValues.add(value);
            }                                       //查找汉字
            else if(valueText.startsWith(prefixString))
            {
                newValues.add(value);
            }
            else
            {   //添加汉字关联
                final String[] words = valueText.split(" ");
                final int wordCount = words.length;
                for (int k = 0; k < wordCount; k++)
                {
                    if (words[k].startsWith(prefixString))
                    {
                        newValues.add(value);
                        break;
                    }
                }
                //添加拼音关联汉字
                final String[] words2 = valueText2.split(" ");
                final int wordCount2 = words2.length;
                for (int k = 0; k < wordCount2; k++) {
                    if (words2[k].startsWith(prefixString))
```

```
                    {
                        newValues.add(value);
                        break;
                    }
                }
            }
        }
        results.values = newValues;
        results.count = newValues.size();
    }
    return results;
}
@SuppressWarnings("unchecked")
protected void publishResults(CharSequence constraint, FilterResults results)
{
    mObjects = (List<T>) results.values;
    if (results.count > 0)
    {
        notifyDataSetChanged();
    } else
    {
        notifyDataSetInvalidated();
    }
}
}
}
```

20.6 数据库操作相关类

本软件主要涉及数据库创建类和数据库操作类。

20.6.1 数据库表的创建——CreatTable 类

该类用于本软件数据初始化，可以通过执行建立表和插入数据的 SQL 语句来实现建表和数据初始化功能。主要代码如下：

```
package com.gjcx;
public class CreatTable {
    public static void creattable(){
        try{
            String sqll[]=new String[]{
                    "create table if not exists bus " + //建立车次表
                    "(Bid integer primary key,Bname char(20)," +
                    "Bstart char(20),Bend char(20),Btype char(20))", "create  table if not exists
                    busstop(Sid integer primary key," +
                    "Bsname char(20),Sbs char(10))",     //建立站点表
                    "create table if not exists relation" +
                    "(Rid integer primary key,Bid integer,Sid integer,Rarrivetime " +
                    "char(20),Rstarttime char(20))",     //建立关系表
                    //插入一些初始化数据
                    "insert into bus values(10001,'9','火车站','刘庄','空调车')",
                    ⋮
```

```
                "insert into busstop values(1,'车次站','hcz')",
                ⋮
                "insert into relation values(1,10001,1,'','6:00')",
                ⋮
            };
            for(String o:sqll){ //循环所有 SQL 语句，进行建表和初始化数据的操作
                DbUtil.createTable(o);
            }
        }catch(Exception e){
            e.printStackTrace();
        }}}
```

20.6.2 数据库操作——LoadUtil 类

该类是一个功能类，实现对数据库的操作，可以在需要的地方调用。

```
public class LoadUtil {
    public static SQLiteDatabase createOrOpenDatabase()    //连接数据库
    {
        SQLiteDatabase sld=null;
        try{
            sld=SQLiteDatabase.openDatabase                //连接并创建数据库，如果不存在则创建
            (
                "/data/data/com.gjcx/mydb",
                null,
                SQLiteDatabase.OPEN_READWRITE|SQLiteDatabase.CREATE_IF_NECESSARY);
        }catch(Exception e)
        {
            e.printStackTrace();
        }
        return sld;//返回该连接
    }
    public static void createTable(String sql){            //创建表
        SQLiteDatabase sld=createOrOpenDatabase();         //连接数据库
        try{
            sld.execSQL(sql);//执行 SQL 语句
            sld.close();//关闭连接
        }catch(Exception e){
        }
    }
    public static boolean insert(String sql)               //插入数据
    {
        ⋮
    }
    /*=======================================begin==========================================*/
    //获得线路名称列表
    public static List<String> searchccList()
    {
        ⋮
    }
    /*=======================================begin==========================================*/
    //获得线路名称列表
```

```
    public static List<String> searchzdList()
    {
        ⋮
    }
    public  static Vector<Vector<String>> query(String sql)    //查询
    {
        ⋮
    }
    //查找某车经过的所有车站
    public static Vector<Vector<String>> getInfo(String Bname)
    {
        ⋮
    }
    //站站查询
    public static Vector<Vector<String>> getSameVector(String start,String end)
    {
        ⋮
    }
    //某车次的情况，初始站和末尾站还有车型等时间
    public static Vector<Vector<String>> busSearch(String Bname)
    {//车次查询
        ⋮
    }
    public static Vector<Vector<String>> busstopSearch(String busstop) //根据车站名字,查询经过车
站的所有车
    {  //车站查询，得到经过每一辆车的到站时间和出站时间
       //查询有关车次的信息
        ⋮
    }
    //查询其插入表项 ID 的最大值
    public static int getInsertBid(String name,String Bid)
    {
        ⋮
    }
}
```

createOrOpenDatabase()方法用来连接数据库；createTable()方法用于创建表；insert()方法用来执行数据插入操作；query()方法用来执行查询操作；getInfo()方法实现检索车次详细情况；getSameVector()方法实现站站查询操作；busSearch()方法实现在数据库中检索车次；busstopSearch()方法实现通过传入站点名称，检索经过该站点的所有车次，再结合首班时间和末班时间等信息；getInsertBid()方法实现插入数据时初始化 ID。